"十三五"国家重点出版物出版规划项目·重大出版工程规划

中国工程院重大咨询项目成果文库

当代公共安全科技发展丛书

自然灾害对公共安全的影响及防御对策

李泽椿　毕宝贵　郭安红
王月冬　延昊　谌芸　等　著

科学出版社

北京

内 容 简 介

本书系统论述我国气象灾害、地震灾害、地质灾害、海洋灾害和生物灾害发生发展状况、演变规律及对公共安全的影响，分析我国在这些自然灾害领域监测预警科技发展需求与趋势、当前技术的优势与不足及国际先进技术手段的借鉴等，提出未来5~10年我国防御自然灾害的科技发展战略与关键技术和方法。本书战略决策指导性强，有助于明确自然灾害监测预警科技发展规划研究的重点任务，对政府、部门、企业等各级社会机构的防灾减灾科技理论和安全应急管理实践工作具有重要的指导意义。

本书可供相关防灾减灾研究人员、大专院校师生及决策者参考。

图书在版编目（CIP）数据

自然灾害对公共安全的影响及防御对策 / 李泽椿等著. —北京：科学出版社，2020.6

（中国工程院重大咨询项目成果文库. 当代公共安全科技发展丛书）

"十三五"国家重点出版物出版规划项目·重大出版工程规划

ISBN 978-7-03-064932-4

Ⅰ.①自… Ⅱ.①李… Ⅲ.①自然灾害–影响–公共安全–安全管理–研究–中国 Ⅳ.①X43 ②D63

中国版本图书馆 CIP 数据核字（2020）第 068191 号

责任编辑：陈会迎 / 责任校对：王丹妮
责任印制：霍 兵 / 封面设计：正典设计

科学出版社 出版
北京东黄城根北街 16 号
邮政编码：100717
http://www.sciencep.com

三河市春园印刷有限公司 印刷
科学出版社发行 各地新华书店经销

*

2020 年 6 月第 一 版 开本：720×1000 1/16
2020 年 6 月第一次印刷 印张：18 3/4
字数：370 000
定价：**188.00 元**
（如有印装质量问题，我社负责调换）

"当代公共安全科技发展"丛书
编委会

编委会主任

范维澄

编委会副主任（按姓氏拼音排序）

陈丙珍　陈运泰　陈肇元　丁一汇　金翔龙　李立涅　李晓红
李泽椿　刘　耀　刘　奕　潘自强　庞国芳　彭苏萍　汪旭光
徐祥德　袁　亮　张铁岗　郑静晨　钟群鹏

编委会成员（按姓氏拼音排序）

曹保榆　常巧英　陈长坤　丁　辉　范春林　黄　弘　李润森
厉　剑　刘乃安　陆佳政　闪淳昌　孙连英　孙振文　王大宁
王金华　王月冬　翁文国　吴永宁　吴宗之　张　辉　赵劲松
赵作周　周福宝　朱　伟　朱抚刚

工　作　组

工作组组长

刘　奕

工作组成员（按姓氏拼音排序）

常巧英　陈　艳　陈长坤　崔冠峰　郭安红　郭旦怀　贾　楠
刘　冰　刘　艺　刘慧念　倪顺江　钱　静　乔　婷　秦绪坤
孙连英　孙振文　王月冬　周　红　周　玲　周　强　周　睿

自然灾害对公共安全的影响及防御对策
编 委 会

"当代公共安全科技发展"丛书总序

　　公共安全以保障人民生命财产安全、社会安定有序和经济社会系统持续运行为核心目标，是总体国家安全的重要组成部分。党和国家领导人指出，公共安全建设对于构建和谐社会，推动全面小康建设，乃至于中华民族的伟大复兴都具有非常现实和深远的意义。

　　公共安全作为一个重要领域纳入国家经济社会发展规划和国家科技规划始于2003年开始的国家中长期科技发展规划的战略研究和纲要制定，党和国家高度重视，全社会普遍关注，民众积极参与，我国公共安全科技水平和保障能力迅速提升，成果显著。同时，必须清晰地看到，我国正处在公共安全事件易发、频发和多发期，维护公共安全的任务重要而艰巨。随着工业化、信息化、城镇化、市场化和国际化快速推进，各种变革调整速度之快、范围之广、影响之深前所未有。公共安全问题总量居高不下，复杂性加剧，潜在风险和新隐患增多，防控难度加大，给公共安全工作提出新的挑战。健全公共安全体系，全面提升公共安全保障能力，构建安全保障型社会是重大而紧迫的历史使命。

　　健全公共安全体系必须依靠创新。贯彻实施创新驱动发展的国家战略，大力推进公共安全保障的思路理念、体制机制、方法措施和技术装备创新，充分发挥科技创新在全面创新中的支撑和引领作用，实现国家公共安全治理体系和治理能力的现代化。公共安全的科技创新将力图在以下三方面取得突破：一是构建全方位、立体化公共安全网技术体系。面向国家公共安全保障的突出问题和重大需求，重点围绕共性基础科学问题、安全信息系统、社会安全综合治理、生产安全、城镇安全、重大基础设施安全、抵御和应对自然灾害、公共卫生安全、生物安全、农产品食品药品安全等方面的关键科技瓶颈问题开展研究和应用示范，建立公共安全风险评估、预防准备、监测预警、态势研判、救援处置、综合保障等关键环节的公共安全风险防控技术体系。二是构建标准化的公共安全应急技术装备体系。针对突发事件应对中人员救护和现场处置薄弱的问题，围绕公共安全应急的关键装备和应急服务，开展基础科学问题、共性关键技术、技术标准化和产业化等研究，研发出一批标准化、体系化、成套化的应急技术装备，服务于提升应急保障能力和培育形成新的应急产业经济增长点。三是建设代表国家水平、世界一流的国家实验室等不同类型研究基地。其中包括：能在实验室中再现公共安全事件灾害性耦合作用，再现承灾载体破坏，导致次生、衍生事件及事件链过程的大型试验基地；能对公共安全装备和产品进行检验和测试的检测认证中心；能对公共安全事件发生、发展和应对处置全过程进行动态模拟仿真、情景构建推演、态势研判、优化决策、指挥跟踪的专题数据库和先进显示系统。

健全公共安全体系必须重视增强安全韧性。韧性是国际组织和发达国家在涉安（涉及安全）领域广泛使用的概念，可以简单表述为在逆变环境中的承受、适应和迅速恢复的能力。美国在 2010 年《国家安全战略》、2014 年《国土安全报告》中均提出增强国家韧性，强调建设一个安全韧性的国家，使整个国家具有预防、保护、响应和恢复能力。英国制定了国家韧性计划，由首相担任部长级韧性小组组长，旨在提高英国遭受民事紧急情况时的应对和恢复能力。我国公共安全领域也需要实施增强从个人到国家诸多层面安全韧性的"强韧工程"：坚持问题导向和需求导向，做好顶层设计；辨识和防控突发事件风险，科学预警；认识和评价承灾载体的脆弱性，增强其抵御突发事件的能力；重视应急管理的复杂性，通过制度创新和能力建设，实现对突发事件的灵活应对和高效处置；重心下移，把基层作为公共安全主战场，夯实公共安全的社会基础，最大限度地减少突发事件造成的损失。

健全公共安全体系必须动员全社会参与。民众是公共安全保障的主体，既是公共安全保护的主要对象，又是实施公共安全保障的重要力量。公众参与对维护公共安全、预防和应对安全风险非常关键。在灾害事故来临时，公众第一时间的自救和互救对提高生存率发挥着不可替代的作用。要完善公共安全学科建设和教育体系，构建覆盖专业人才培养与基层民众科普的公共安全教育体系，建设一批公共安全体验、培训、演练基地。着力提高民众的安全意识、安全素质和自救互救能力。

"当代公共安全科技发展"丛书是在中国工程院重大咨询项目"国家公共安全科技发展战略研究"的支持下完成的。丛书汇聚了国内公共安全领域多位院士带领的研究团队的丰富研究成果，并得到众多专家学者的支持和参与。期待丛书的出版，能够为公共安全科技创新发展和安全保障型社会的构建增益其能！

丛书主编　范维澄

2020 年 1 月

前　　言

　　自然灾害一直是制约国家发展、影响人民生计的重大因素，水灾、旱灾、蝗灾曾被并称为历史上的三大自然灾害。"十一五"时期是中华人民共和国成立以来自然灾害较为严重的时期，南方雨雪冰冻、汶川特大地震、舟曲特大山洪泥石流等特大灾害接连发生，严重洪涝、干旱及台风、冰雹、高温热浪、雪灾、森林火灾等灾害多发、并发，给经济社会发展带来严重影响。"十二五"时期，随着我国工业化和城镇化进程明显加快，城镇人口密度增加，基础设施承载负荷不断加大，自然灾害对城市的影响日趋严重；广大农村尤其是中、西部地区，经济社会发展相对滞后，设防水平偏低，农村居民抵御灾害的能力较弱。因此，我国自然灾害的时空分布、损失程度和影响深度与广度出现新变化，各类灾害的突发性、异常性、难以预见性日益突出，自然灾害引发次生、衍生灾害的风险仍然很大。

　　我国自然灾害的空间分布及其地域组合与自然和社会经济环境的区域差异具有很强的相关性。主要表现如下：我国自然灾害横贯东西，纵布南北，或点状、带状集中突发，或面状、流域迅速蔓延，空间分布具有集聚性和不平衡性，威胁着我国大部分范围。由于灾害系统存在内部关联性，不同类型灾害之间按一定灾害链构成相关分布，不同地域有其相对独特的灾种组合。就宏观分布而言，多发生在春、秋季的干旱主要分布在西北、黄土高原和华北；多发生在夏季的暴雨、洪涝灾害主要分布于东部季风区，集中在七大江河流域；森林火灾主要分布在西南和东北林区，多发生在冬、春干旱季节；地震主要分布在西南、西北、台湾和华北的活动构造带上；冻害和冰雪灾害在青藏高原和高寒地区尤为突出；台风、风暴潮多发生在东南沿海地区；西南地区伴随地震、暴雨引起滑坡、崩塌、泥石流和山洪的集群发生。我国自然灾害的空间分布还呈现一定的共轭性，经常出现南涝北旱或南旱北涝，以及同一地区先涝后旱或先旱后涝的现象。例如，1991年江淮地区遭受特大洪涝的同时，华南却蒙受严重干旱。

　　本书分述我国在气象、地震、地质、海洋、生物五个领域灾害多发的现状、对国家公共安全的影响及近几十年各类灾害的演变规律，系统分析各类自然灾害目前在监测预报预警技术方面的成就和不足，并与先进国家相关技术手段进行对比和借鉴，提出未来5~10年我国自然灾害监测预报及防御的科技发展战略与关键技术和方法。其中，第一章气象灾害由谌芸、王业桂、王秀荣、钱传海、刘鑫华、张自银、梅双丽、向纯怡、马杰、缪旭明执笔撰写；第二章地震灾害由陈章立、张晓东执笔撰写；第三章地质灾害由韦方强、谌芸、徐辉、狄靖月、许凤雯执笔撰写；第四章海洋灾害由刘桂梅、李本霞、原野、付翔、刘煜、孟素婧、杨静、高姗、杨逸秋、郑静静、王辉等执笔撰写；第五章生物灾害由郭安红、许红梅执笔撰写；第六章结论与防御对策由毕宝贵、李泽椿、郭安红、王月冬、延昊、谌芸执笔撰写；全书统稿为李泽椿、王月冬、郭安红、延昊、谌芸。

本书的出版有助于明确未来一段时间自然灾害监测预警科技发展的重点任务，对自然灾害防灾减灾和公共安全应急管理具有重要的科学理论和实践应用价值。

目　　录

第○章　绪　论

我国灾害之重、灾史之长、灾域之广、灾种之多是世界少有的。现在，自然灾害已经越来越成为制约我国经济发展的因素。从总体上看，我国自然灾害有以下特点。

1. 种类多，几乎囊括了世界上各种类型的自然灾害

我国幅员辽阔，地质、地理条件复杂，气候异常多变，环境基础脆弱，经常遭受多种自然灾害的侵袭。我国遭受的自然灾害主要如下：洪涝、干旱、台风、风暴潮、雷暴、雪暴、冰雹、低温冻害、高温热浪、龙卷、沙尘暴和大风等气象灾害；地震、滑坡、崩塌、泥石流、地表塌陷、地裂缝、地面沉降、海水入侵、荒漠化、盐渍化、水土流失和黄土湿陷等地质灾害；农作物与森林草场的病害、虫灾、鼠害，赤潮和恶性杂草等生物灾害以及森林和草原火灾；等等。在各类灾害中，尤以洪涝、干旱和地震的危害最大。

2. 灾害发生的频率高，强度大，损失严重

《淮南子·天文训》说："三岁而改节，六岁而易常，故三岁而一饥，六岁而一衰，十二岁一康。"史料统计，我国水旱灾害几乎年年都有，死亡万人以上的灾害 10~20 年出现一次，并且洪涝、干旱灾害的发生频率呈加快趋势。近 40 年来，平均每年出现旱灾 7.5 次，洪涝灾害 5.8 次，台风 7 次，冷冻灾害 2.5 次，远远超出世界的平均频度。我国一直是世界上地震灾害最严重的国家之一。20 世纪全球发生 7.0 级以上地震 1 200 余次，其中 1/10 在我国境内。

我国历史上许多重大自然灾害的强度和造成的损失都是举世罕见的。例如，1628~1644 年（明崇祯年间）长达 16 年的大旱，涉及 23 个省（区、市），河流干涸，井泉枯竭，蝗灾遍布，因饥饿死亡人数不计其数。1900~1987 年全世界发生 54 次重大自然灾害，我国居首位，有 7 次，死亡人数最多。中华人民共和国成立以来，一般年份农作物受灾面积为 4 000 万~4 700 万公顷，粮食产量减少 200 多亿千克，受灾人口约 2 亿，因灾死亡成千上万人，直接经济损失 500 多亿元。遇到大灾或特大灾害年份，损失更加惨重。20 世纪 90 年代初我国自然灾害造成的

年均直接经济损失约为世界年均灾害损失的 1/4，每年近千亿元。

3. 时空分布广，灾害的地域组合明显

我国自然灾害的空间分布及其地域组合，与自然和社会经济环境的区域差异具有很强的相关性，主要表现为以下方面。

我国地质构造复杂、气候类型多样，造成我国自然灾害空间分布具有集聚性和不平衡性。分灾种来看，干旱灾害在全国各地都有发生，北方以春旱为主，长江流域、江南和江淮之间伏旱较多；暴雨洪涝灾害主要分布于东部季风区，集中在七大江河流域，主要发生在强降水频发的 5~9 月；平均每年约有 7 个台风登陆我国，登陆时段主要集中于 7~9 月，登陆地点主要集中在我国华南及华东南部沿海。我国大陆有近 1/3 以上的国土位于Ⅶ度以上的高地震烈度区，以东经 107 度为界表现出西强东弱的特点，强地震主要分布在新疆沿天山地震带、青藏高原周边地震带、川滇地区、鄂尔多斯周缘地震带以及华北活动构造带。滑坡、崩塌、泥石流等地质灾害主要分布在川滇山地、秦岭、云贵高原、黄土高原、祁连山、太行山等地，强降水诱发的地质灾害多发、频发时间主要集中在每年的 5~9 月。我国海岸线漫长，濒临的太平洋又是产生海洋灾害最严重、最频繁的大洋，约有70%以上的大城市、一半以上的人口和近 60%的国民经济都集中在最易遭受海洋灾害袭击的东部经济带和沿海地区。

另外，由于灾害系统存在内部关联性，不同类型灾害之间按一定灾害链构成相关分布，不同地域有其相对独特的灾种组合。例如，西南地区独特的地质构造以及夏季的强降水频发，导致该地区暴雨洪涝、滑坡、泥石流灾害常常相伴发生（丁一汇等，2009）。此外，自然灾害也常常表现出地域和时间的共轭性，如我国常常出现南涝北旱或南旱北涝，或一个地区先涝后旱或先旱后涝的现象。此外，自然灾害的空间分布及其地域组合，与自然和社会经济环境的区域差异具有很强的相关性，如黄淮海地区和长江三角洲是灾害经济危害重灾区，西南地区是灾害导致人员伤亡的重灾区。

多方面的研究资料还表明，近半个世纪以来，灾害呈不断加剧的趋势。

公共安全：是指多数人的生命、健康和公私财产的安全。其涉及的范围包含生产安全、信息安全、食品安全、公共卫生安全、建筑安全、城市生命线安全等。公共安全是国家安全和社会稳定的基石，是预防与应对各类重大事件、事故和灾害，保护人民生命财产安全，减少社会危害和经济损失的基础保障，是政府加强社会管理和公共服务的重要内容。

自然灾害：我国地形地貌复杂，自然灾害多发，影响机理复杂。自然灾害是一类突发事件，具有自身孕育、发生、发展到突变成灾的演化规律，并且携带或产生一些作用，而这些作用又随着时间或地域空间发生变化。自然灾害具有一定

程度的数理规律，因而具有一定程度的可预测性，但需要实时、多源信息的科学融合与分析，才能对灾害进行预测评估。自然灾害的破坏性表现为人员伤亡、财产损失、社会失稳和资源破坏。自然灾害有可预防性：不可避免损失，但可以减少损失。自然灾害一直是制约国家发展、影响人民生计的重大因素，水灾、旱灾、蝗灾曾被并称为历史上的三大自然灾害。

21世纪以来，虽然随着国家防灾减灾能力的提升和社会经济水平的提高，自然灾害造成的死亡（含失踪）人数有所下降，造成的直接损失占国内生产总值（gross domestic product，GDP）的比重有下降趋势，但是自然灾害仍给人民生命财产、生活安全带来了较严重损失。其中，2006年为我国海洋灾害的重灾年，风暴潮、海浪、海冰、赤潮和海啸等灾害性海洋过程共发生179次，造成直接经济损失218.45亿元，死亡（含失踪）492人；2010年由气象灾害造成死亡（含失踪）人数超过5 000人，直接经济损失接近5 000亿元；地质灾害造成经济损失最重的是2013年，死亡（含失踪）人数最多的是2010年。此外，我国农业人口众多，农村的基础设施等抗灾条件、农民的防灾减灾意识和应对能力比较薄弱，每年气象灾害导致的死亡人员90%以上在农村。"十二五"以来，我国城镇化建设快速发展、城镇规模不断扩大；城镇是一个人口集中且依赖于交通、通信、供水、供电、供气等生命线工程而运行的大系统，任何外界的"刺激"都会引起连锁反应，打乱正常的运行秩序，最终导致灾害。因此，我国自然灾害的时空分布、损失程度和影响深度与广度出现新变化，灾害的突发性、异常性、难以预见性日显突出。

本书所说的自然灾害主要包括气象灾害、地震灾害、地质灾害、海洋灾害、生物灾害等。

1. 气象灾害

我国是一个气象灾害较多的国家，各地在不同的季节都会发生气象灾害，几乎每年都会由此造成严重的人员伤亡和财产损失。气象灾害造成的损失占所有自然灾害损失的70%以上，1991~2012年平均每年气象灾害造成的损失相当于GDP的2.12%，平均每年农作物受灾面积为4 606.7万公顷，平均每年气象灾害受灾人口有3.84亿人次，平均每年造成3 761人死亡。

随着全球气候、生态、环境等的变化，我国极端性天气气候事件增多，暴雨、洪涝、干旱、雷电、大风、冰雹、强降水、沙尘暴、冰冻、大雾等气象灾害越来越频繁，波及交通、通信、民航、铁路、商业等多个领域，对公共安全造成了重大影响。例如，1998年长江发生全流域性大洪水，持续性暴雨导致江西、湖南、湖北、浙江等地发生严重洪涝灾害；2008年初中国南方持续性低温雨雪冰冻灾害给贵州、湖北、湖南、安徽、江西、广西等20个省区市带来重大灾害，受灾人口达 1 亿多人，直接经济损失达到了 500 多亿元，特别是对春运期间的交通运输、能源供应、电力传输、通信设施、农业及人民群众的生活造成严重影响和损失；2012 年"7·21"北京特大暴雨引发房山地区山洪暴发，拒马河上游洪峰下泄，房山转移 2 万多名受灾群众，全市受灾人口达 190 万人，其中 79 人遇难，经济损失近百亿元（谌芸等，2012）。

中华人民共和国成立以来，特别是改革开放以来，我国十分重视天气预报、气候预测和气候变化、气象灾害预警以及交通、环境等应用气象领域的技术发展，气象预报和服务能力不断提升。例如，2012~2017 年，24 小时、48 小时、72 小时暴雨预报准确率提高了 2.1%~6.5%，台风路径预报误差下降了 13%~18%，精细化温度要素指导预报准确率提高了约 10%，台风 24 小时、48 小时路径预报和沙尘暴数值预报水平达到了世界先进水平；气象预报预测也为国家防灾减灾宏观决策、保障国家粮食安全和民众衣食住行提供了方方面面的服务。但是，相对于国家气象防灾减灾需求和国际先进水平而言，我国在基于天气预报的气象灾害预警方面仍存在较大差距，主要表现在：①天气预报的准确率和精细化水平仍有待进一步提高；②高时空分辨率的灾害性天气种类、强度和落区，以及精细化气象要素预报技术有待实现；③数值预报的变分同化技术、模式物理过程的优化改进，以及模式产品的解释应用水平与世界先进水平有较大差距；④气象灾害预警信息的发布需要进一步拓展渠道；⑤群众对气象灾害的认知能力和防范能力需要进一步提高。

2. 地震灾害

地震灾害是世界上造成经济损失最严重和人员伤亡最多的自然灾害之一。大地震直接造成人员伤亡和经济损失。1976 年 7 月 28 日，唐山市发生 7.8 级地震。地震的震中位置位于唐山市区（陈章立等，1981）。这是中国历史上一次罕见的城市地震灾害，是中华人民共和国成立以来造成人员伤亡和经济损失最惨重的一次地震。2008 年 5 月 12 日 14 时 28 分，汶川发生 8.0 级大地震，是中华人民共和国成立以来我国破坏性最强、波及范围最大的一次地震。此外，地震造成的次生灾害包括火灾、水灾、毒气泄漏、疫病蔓延、海啸等。例如，地震时电器短路引燃煤气、汽油等会引发火灾；水库大坝、江河堤岸倒塌或震裂会引起水灾；公路、铁路、机场被地震摧毁会造成交通中断；通信设施、互联网络被地震破坏会造成信息灾难；化工厂管道、储存设备遭到破坏会形成有毒物质泄漏、蔓延，危及人们的生命和健康；城市中与人们生活密切相关的电厂、水厂、煤气厂及各种管线被破坏会造成大面积停电、停水、停气；卫生状况的恶化会造成疫病流行；等等。

我国的地震事业以地震监测预报为基础，以科技为支撑和引领，进行地震预报的理论探索和科学实践，在对地震孕育机理初步认识的基础上，应用经验性预报方法，在中长期地震预测的十年尺度强震重点监视防御区判定、中期年度地震预测，以及短临震情跟踪判定等多方面取得了较好的成绩。但是地球的不可入性，地壳介质组合的复杂性及它们之间在受力后互相耦合的非线性，震源孕育边界的不清晰性，地震现象的多样性，大震样本的稀遇性，前兆大小与干扰的同量级性及干扰的多样性，前兆与非震动态的难区别性，等等，对于地震预报工作来说都是极大的挑战且难以克服。因而，从世界范围来说，地震预报仍处于探索阶段，尚未从科学上真正地掌握地震的孕育过程及发生规律。目前的预报方法主要是根据多年积累的大量观测资料和震例而做出的经验性预报，因而这种预报不可避免地带有很大的局限性。当前对地震的孕育和发生的原理、规律虽然有了一些认识，但并没有完全了解；能够对某些类型的地震做出一定程度的预报，但还不能预报所有类型的地震；较大时间尺度的中长期预报具有一定的可信度，但短临预报的成功概率还相对较低（陈章立，2007）。从地震灾害的监测预测及灾害防御来说，今后还有大量的工作要做，包括提升地震快速准确监测能力，探索地震孕育的机理和规律以提升地震预测预报能力，建立健全地震突发事件预警评估体系，加大地震监测预报的宣传力度，以及发展城市及重大基础设施主动减灾技术和加强灾后紧急救援的能力，等等。

3. 地质灾害

我国山地（33%）、高原（26%）、丘陵（10%）占到了国土面积的69%，再加上地震、雪崩、突发强降水等多发、频发，导致了地质灾害点多面广，防御难度极大。我国每年滑坡、崩塌、泥石流地质灾害发生数量一般在2万起以内，近十几年造成的死亡（含失踪）人数基本在1 000人以内（2000年前为2 000人左右），造成的经济损失有大幅度增加的趋势，近十年平均为50多亿元。

滑坡、崩塌、泥石流是我国发生数量最多、分布范围最广、危害最严重的地质灾害，主要分布在川滇山地、秦岭、云贵高原、黄土高原、祁连山、太行山、燕山和长白山等地区。其中，95%以上的山体滑坡、崩塌、泥石流都是由强降水诱发的；此外，强降水诱发的地质灾害多发、频发时间主要集中在每年的汛期（5~9月）。例如，2010年8月7日舟曲发生特大山洪泥石流灾害（张成勇，2010），据监测，8月7日8时至8月8日8时舟曲县东南部的东山镇降水量为96.3毫米，且降水主要集中在7日23时至24时，1小时降水量达77毫米；位于舟曲县上游的迭部县代古寺降水量为93.8毫米，降水主要集中在7日20时至21时，1小时降水量达55毫米（王根龙等，2013）。

伴随气候变化和人类社会经济快速发展，地质灾害的发生有加重趋势。一是在气候变化背景下，极端强降水有频发、多发的趋势，因此其诱发的地质灾害数量、规模、强度等都有增加和加重的趋势。二是在经济社会快速发展背景下，人类活动对地质环境干扰成倍增加，人类居住范围扩展到地质环境脆弱区域，各种经济设施成本更高，使得地质灾害对国家公共安全的影响和危害加大，导致的社会经济损失加重。

4. 海洋灾害

近十几年来，受气候变暖及海平面上升的影响，风暴潮、海浪、海冰等海洋灾害的危害呈现上升的趋势。"十一五"期间，海洋灾害造成沿海直接经济损失746亿元，死亡人数约1 037人，相对于"十五"期间，直接经济损失增加了18%。历史上出现过多次死亡万人以上的海洋灾害事件，如1922年8月2日，从汕头席卷而过的一次风暴潮，在几小时内吞噬了8万条无辜的生命，伤残者无以计数，这也是20世纪中国沿海地区生命财产损失最惨重的一次风暴潮。进入21世纪，随着海洋预报预警水平和沿海海洋防灾减灾能力的提高，尚未出现过严重的海洋灾害，但是潜在的危险仍然很大。例如，2013年5月26日19时至28日12时在渤海和黄海沿海发生温带风暴潮，山东省因灾直接经济损失达1.44亿元，给沿海地区人们的生活和财产造成了较大损失。

目前我国的海洋灾害预警主要包括风暴潮、海浪、海冰、海啸、溢油、赤潮（绿潮）预报和海岸侵蚀等预报预警。我国的风暴潮按照引发的天气系统不同，分温带风暴潮和台风风暴潮；海浪数值预报的预报范围覆盖全球大洋到我国近海到近岸区域；海冰的预报范围包括辽东湾、渤海湾、莱州湾和黄海北部海域；在海啸预警方面，对于发生在我国近海（渤海、黄海、东海、南海）的海啸事件，国家海洋局海啸预警中心能够在获得地震参数五分钟左右的时间内做出海啸预报预警。在风暴潮、海啸数值预报系统建设方面我国具有较强的自主研发能力，业务化应用的数值预报系统性能与国际主流预报机构水平相当，并且具有我国独特的地域和技术特点，风暴潮漫堤预报、并行海啸计算模型等方面甚至走在了国际前沿。但在赤潮（绿潮）的预警预测和防灾减灾研究方面仍凸显很多问题，与发达国家相比仍存在不小差距。例如，我国近海浒苔的预报系统就是参考美国赤潮监测预报系统来设计的，依靠卫星遥感图片的解析和风场、流场的数值预报对未来三天浒苔发生的水文气象环境、漂移扩散的空间轨迹及移动距离和速度进行预报；但是，由于缺乏现场同步观测数据及没有考虑浒苔本身的生长繁殖过程，现阶段我国的浒苔预报系统还不能对浒苔的潜在影响范围和环境影响强度进行预测。对于海岸侵蚀、海水入侵等的监测预报我国才刚刚开始。

5. 生物灾害

生物灾害是指生物（包括动物、植物和微生物）过多过快繁殖（生长）而引起的对国家粮食安全、生态安全、经济安全、公共安全和社会稳定造成危害的自然事件。根据危害对象的不同，大致分为农作物病虫害、森林病虫害、畜禽和水产养殖动物疫病、生物入侵等。

我国重要的农作物病虫、草、鼠害达 1 400 多种，其中重大流行性、迁飞性病虫害有 20 多种。1991~2013 年我国主要农作物病虫害平均发生面积约 3×10^4 万公顷，粮、棉、油损失约 6 800 万吨/年。我国农业有害生物监测预报工作主要由农业农村部全国农业技术推广服务中心承担，是目前在监测网络、技术方法、标准规范、预警发布服务等各个层面较为完善、规范的一个生物灾害监测预报预警领域（刘万才等，2010）。中华人民共和国成立以来，农业有害生物监测预警工作为各级农业领导部门指挥重大病虫防治工作做出了重要贡献。

我国现有林业有害生物 8 000 余种，能造成严重危害的达 292 种，年发生面积约 1 067 万公顷，直接经济损失和生态服务价值损失达 880 多亿元（苏宏钧等，2004），相当于全国林业总产值的 1/10。林业生物灾害是"不冒烟的森林火灾"，更是森林的"内伤"，具有很强的隐蔽性、潜伏性、暴发性和毁灭性，严重威胁着我国国土生态安全和人民生命财产安全。2007 年至今林业有害生物适生范围不断扩大，发生期提前，世代数增加，发生周期缩短，发生范围和危害程度加大，发生面积均维持在 1 000 万~1 300 万公顷。我国林业有害生物监测预报工作主要由国家林业和草原局森林病虫害防治部门承担。

随着国际贸易和旅游业的快速发展，有害生物入侵我国的频次增加。目前入侵我国的外来生物已经确认有 544 种，其中大面积发生、危害严重的达 100 多种；在世界自然保护联盟公布的最具危害性的 100 种外来入侵物种中，我国有 50 多种，涉及农田、森林、水域、湿地、草地、岛屿、城市居民区等几乎所有的生态系统。由于我国南北跨度 5 500 千米，东西距离 5 200 千米，跨越 50 个纬度及 5 个气候带（寒温带、温带、暖温带、亚热带和热带），来自世界各地的大多数外来物种都可能在我国找到合适的栖息地。我国长期以来实行进出境对外检疫与国内检疫分立的体制。进出境时由国家市场监督管理总局负责审查，进入国内后检疫由农业、林业等部门分别管理。2004 年我国建立了由农业部牵头，国家环境保护总局、国家质量监督检验检疫总局、国家林业局、海关总署、国家海洋局等相关部门参加的全国外来生物防治协作组，农业部成立外来物种管理办公室，专门解决外来入侵物种的问题。

中华人民共和国成立以来，我国针对危害农业的几种重大病虫害开展了系统研究，包括东亚飞蝗、水稻"两迁"害虫等，基本上摸清了这些病虫害发生、演变的规律，预测预报的方法及综合防控的技术。但是，针对大多数病虫害来说，发生演变的机理尚不明确，特别是近年来气候变化导致的我国降水、温度分布格局的变化，以及人类活动对生态系统的干扰，导致一些次要或偶发农林牧有害生物突发或常发成灾，给人民生命财产造成损失；针对大多数林业有害生物、畜禽和水产养殖动物疫病及外来生物入侵方面的基础性研究更是相对较少。此外，农林病虫害的监测自动化程度尚不高，如林业病虫害主要靠踏查，并且由于林业有害生物隐蔽性较高，监测难度大；同时，基于"3S"技术①的农林病虫害监测管理技术尚不完善，特别是利用遥感技术监测病虫害的发生发展尚未开展起来。最后，针对目前生物灾害预警防控中各职能部门"我管辖、我治理"的体制，迫切需要建立健全多部门、多学科联合，科研与服务相结合的预报预警机制。

参 考 文 献

陈章立. 2007. 地震预报的实践与整改. 北京：地震出版社.

陈章立，薛峰，吕培莹，等. 1981. 唐山 7.8 级地震孕育过程的地震活动特征. 西北地震学报，3（4）：9-16.

丁一汇，张建云，等. 2009. 暴雨洪涝. 北京：气象出版社.

刘万才，姜玉英，张跃进，等. 2010. 我国农业有害生物监测预警 30 年发展成就. 中国植保导刊，30（9）：35-38.

谌芸，孙军，徐珺，等. 2012. 北京 721 特大暴雨极端性分析及思考（一）观测分析和思考. 气象，38（10）：1255-1266.

苏宏钧，赵杰，尤德康，等. 2004. 我国森林病虫害灾害经济损失. 中国森林病虫，23（5）：1-6.

王根龙，张茂省，于国强，等. 2013. 舟曲 2010 年"8·8"特大泥石流灾害致灾因素. 山地学报，31（3）：349-355.

王琪. 2012. 气候变化对中国国家安全的影响. 江南社会学院学报，（2）：11-14.

张成勇. 2010. 舟曲泥石流地质灾害形成原因分析. 甘肃水利水电技术，46（12）：44-46.

---

① "3S" 技术是 RS（remote sensing，遥感技术）、GIS（geography information systems，地理信息系统）、GPS（global positioning system，全球定位系统）的统称。

第一章　气象灾害

第一节　气象灾害发生发展及演变规律

一、中国气象灾害总体特征

气象灾害是自然灾害之一，是自然灾害中最频繁且严重的灾害，是指大气对人类的生命财产和国民经济建设及国防建设等造成的直接或间接的损害。我国地处东亚季风区，自然条件复杂，气候变化剧烈，气象灾害发生十分频繁，是世界上遭受气象灾害损失严重的少数国家之一。主要气象灾害包括暴雨洪涝、干旱、台风、风暴潮、雷暴、雪暴、冰雹、低温冻害、高温热浪、龙卷、沙尘暴和大风等。气象灾害不仅给人民生命财产及社会发展带来了严重的影响，还对我国的粮食安全、社会安定、资源环境等构成严重威胁。

我国气象灾害种类多，属世界少见。我国地理位置、特定的地形地貌和气候特征，致使我国气象灾害的种类之多属世界少见。我国的气象灾害大致可分为 7 大类 20 余种。世界高纬、中纬和低纬度，内陆和沿海发生的气象灾害，我国均有可能发生，其他国家没有的，我国也存在。例如，气象因素导致死亡人数较多的孟加拉国有台风、暴雨洪涝和干旱灾害，但没有雪灾、冰凌灾害；美国地形和纬度等条件与我国相似，气象灾害种类较多，但没有黄河冬末春初的凌汛；西欧各国只有中高纬度天气系统造成的灾害，没有台风灾害。我国独有的高原上的冰坝、冰湖，夏季气温升高，导致冰坝崩溃而使下游形成洪涝灾害也时有发生。

我国气象灾害发生频次高，分布地域广。整体而言，我国是受气象灾害影响最严重的国家之一，也是气象、气候资源十分丰富的国家之一，在我国 960 万平方千米的国土上，一年四季均会发生不同类别的气象灾害。春季以干旱、沙尘暴、寒潮、雪害、低温连阴雨等灾害为主；夏季暴雨洪涝、台风、干旱、风雹、雷暴、干热风、高温酷热等灾害影响最大；秋季台风、干旱、冷害、连阴雨、霜冻等灾害最重；冬季寒潮、大风、雪害、冻害等危害突出。各类气象灾害发生频次高，持续时间长。例如，我国平均每年发生 7.5 次较大范围的旱灾；每年平均要发生

12 次范围较大的强降水天气过程,最高年份达 18 次(1991 年),由此引发的洪涝灾害平均每年为 5.8 次。

气象灾害每年会给我国造成重大经济损失和人员伤亡。据近 20 年资料,我国每年由各种气象灾害和次生灾害造成农业受灾面积达 5 000 万公顷以上,受灾人口约达 4 亿人次,平均每年因气象灾害死亡人数约 4 000 人次,造成的直接经济损失约 2 000 亿元,相当于 GDP 的 1%~3%。其中,平均每年发生 12 次范围较大的强降水天气过程,直接经济损失达 816.19 亿元,占气象灾害年经济总损失的62.78%;台风灾害方面,平均每年登陆我国的台风有 7 个;我国平均每年遭受干旱的农作物面积达 2 557.3 万公顷,占气象灾害受灾总面积的 51.15%。

气象灾害影响面非常广泛,涉及各行各业。由于地球各个圈层之间的相互作用和反馈关系,气象灾害往往会诱发更多的次生灾害。例如,持续性降水会引发江河洪涝、农田渍涝、城市积涝等灾害,同时会引发山体滑坡、泥石流等次生灾害,涉及水利、交通、农业等领域;台风带来的暴雨和大风天气除可造成上述暴雨引发的灾害外,同时还会对设施农业、海上养殖、航海运输等造成重大危害;暴雪天气对交通运输、农牧业、设施农业等会造成严重影响;高温天气可引发人体中暑、工农业用电指数上升、火灾等灾害;雾霾天气的影响和危害也较大,由于水滴形成的小颗粒物增多,加重空气污染,使人的呼吸不畅,又因光照减少,会使人忧郁等,会对人体健康等严重不利,其相关不利天气条件可能会影响交通、航空航天正常运行,影响突发情况下有害气体的扩散,等等。

二、各类气象灾害特征

(一)持续性强降水

持续性强降水是我国重大气象灾害的主要致灾原因之一,初步统计,1951~2005 年在淮河流域发生的超过 3 天的持续性暴雨过程有 17 次,长江中下游有 40 次,华南地区有 18 次(鲍名,2007)。而近年来持续性强降水事件,如 2013年 6~7 月,西南地区降水过程频繁,降水强度极强,每次降水过程的持续时间长,造成四川多地发生洪水,其中以四川盆地西北部受灾最为严重。2013 年 6 月 1 日至 7 月 20 日共发生了 6 次区域持续性强降水过程,其中 7 月 7~11 日降水强度最强,相邻的 7 个站发生了持续 3 天以上的暴雨(每站日降水量均超过 50 毫米)。持续性强降水容易造成积水、洪涝等现象,还可以引起山体滑坡、山泥倾泻等地质灾害,持续性强降水可以通过自身引起的灾害和次生灾害威胁国家安全和公共安全。国家安全和公共安全是互为影响的,持续性强降水事件既可以通过影响国家安全来影响公共安全,也可以通过影响公共安全从而影响国家安全。例如,持续性强降水事件可以造成人民生命财产损失而影响公共安全，同时通过降低人民生活质量而影响地区和社会稳定，从而影响国家安全。

1. 持续性强降水的定义

国内外对持续性强降水事件引发的灾害广泛重视，气象学者从不同角度给出了持续性强降水的定义。早期陶诗言等（1980）定义连续三天或三天以上且总量大于 200 毫米的暴雨过程为连续性暴雨，也定义五天或五天以上的暴雨过程为连续性暴雨，一次连续性暴雨过程可持续 3~7 天。许艳峰（2008）定义持续性暴雨过程为单站首日降水量大于 50 毫米，其后各日的降水量均大于 30 毫米的一个持续过程，且此过程连续三天或三天以上，并且总降水量在 200 毫米以上，日均降水量在 50 毫米以上。以上是从完整的降水过程角度定义持续性强降水事件，除了持续时间长的特点外，持续性强降水通常有一定的影响范围，即区域性特征，以下区分单站和区域来进行定义。鲍名（2007）定义单站逐日降水量连续三天或三天以上均大于等于 50 毫米为一次局地持续性暴雨；在一定区域范围连续三天降水量总和大于等于 100 毫米且每天降水量大于等于 25 毫米的面积超过某一阈值为区域持续性暴雨。中国气象科学研究院灾害天气国家重点实验室定义了单站到多站的持续性暴雨，持续性强降水指标为，某区域 24 小时累积降水量满足大到暴雨（25 毫米以上），其降水持续时间在 3 天及以上。另外，于文勇（2012）定义持续 3 个时次及以上的降水事件为持续性强降水，其中一个时次为 12 小时。从致灾性角度而言，采用绝对阈值来定义极端事件更为合理也更有实际意义，采用 50 毫米/天作为致灾极端降水的阈值，综合考虑逐日降水的致灾性、极端性、持续性及过程雨量，单站持续性暴雨需满足以下条件：某站前三日逐日降水量均需大于等于 50 毫米，从第四日起，暴雨日可以间断一日，但降水过程仍需持续，以连续两日日降水量小于 50 毫米作为一次过程结束的标志（陈阳，2013）。目前对持续性强降水的定义还比较主观，根据研究的需要具体定义有所不同（董颜，2015）。

2. 持续性强降水的时空分布特征

我国持续性暴雨相对高频出现地区主要为江淮流域、江南地区及华南地区，另外，四川盆地东部地区也是一个高发区。在我国北方大部分地区基本没有持续性暴雨发生，仅部分站点发生过 1 次持续性暴雨。在西部地区（95°E）也没有发生过持续性暴雨事件。总体而言，最近的 60 年中发生 10 次以上持续性暴雨事件的站点较少（17 个），大部分集中在华南地区。区域持续性暴雨的空间分布与季风暴发有关（鲍名，2007），季风暴发前区域持续性暴雨中心主要位于广东省中部和西南部，中心分别位于清远、佛冈和阳江，中心值都超过 150 毫米；季风暴发后，整个华南地区降水量增加，广东地区主要有阳江，清远、佛冈一带，汕头、揭阳一带 3 个暴雨中心，广西地区整体雨量比起季风暴发前显著增大，其北部和南部沿海分别为 2 个暴雨中心（吴丽姬等，2007）。1969~2008 年华南前汛期平均各极端降水指数空间分布表明，广东大部和广西北部存在明显的强降水中心，广东大部、广西北部和西南部及赣闽交界处总降水量偏大，降水强度也偏大，强降水量、暴雨日数同样偏多，广东大部强降水频率也偏多（李丽平等，2010）。

持续性暴雨季节性分布特征表现如下：4~6 月，华南地区多发持续性暴雨，6月达到盛期，对应华南前汛期；6~7 月，持续性暴雨多发生于江淮、江南地区，对应江淮梅雨期；我国北方的持续性暴雨主要发生在 7~8 月，对应雨带的北移；8~10 月，持续性暴雨又主要发生于华南地区，对应华南后汛期，其间台风可能是造成此阶段持续性暴雨的重要因素。

从降水强度来看，较强的持续性暴雨主要发生在江淮、江南地区及华南地区，最强的持续性暴雨主要发生在江南、华南地区。有两种持续性暴雨事件可能会导致强度指数大于 9 的极强事件：一种是日降水强度极大，持续时间并不长。例如，2010 年 10 月 3~7 日发生在海南琼海站的一次事件，日降水量分别为 91.9 毫米、228.8 毫米、614.7 毫米、293.7 毫米、128.9 毫米，5 日内总降水量为 1 358.0 毫米。另一种是事件的持续时间较长，如发生在武夷山站的持续性暴雨事件，持续 12日（1998 年 6 月 13~24 日），总降水量为 1 021.2 毫米。

3. 持续性强降水引发的灾害和次生灾害

持续性强降水引发的灾害和次生灾害主要包括城市内涝、洪涝及泥石流、滑坡、崩塌等地质灾害，各种灾害呈链式反应持续暴发，影响范围广、致灾严重。

（1）持续性强降水引发城市内涝。

城市暴雨内涝是指由于强降水或连续性降水超过城市排水能力致使城市内产生积水灾害的现象。内涝灾害发生时，城市交通、网络、通信、水、电、气、暖等生命线工程系统瘫痪，社会经济活动中断，其灾害损失已远远大于建筑物和物资破坏所引起的直接经济损失。近年来，强降水引发的城市内涝灾害发生的频率、强度及其影响日益加剧。住房和城乡建设部调研显示，2008~2010 年，全国 62%的城市发生过城市内涝灾害，遭受内涝灾害超过 3 次的城市有 137 个。近年来，北京、上海、广州等大城市频发的城市内涝引发了社会广泛关注。2004 年 7 月 10日，北京遭遇特大暴雨的袭击，造成 40 多处严重积水，21 处严重堵车，其中有 8个立交桥交通发生瘫痪；2005 年 8 月 16 日早晨，太原市区出现 28.2 毫米/小时的强降水，位于市区南郊的观象台测到 06：00~10：00 的 4 小时之内降水量达到 52.3毫米，而市中心新建路自动站测到 06：00~10：00 的 4 小时内的降水量高达 105.0

毫米，造成中心城区多条主干道平均积水深度 40 厘米，最深积水 2 米，交通瘫痪数小时；2005 年 8 月 28 日 15：30，河北省邢台市遭遇一场大暴雨，道路排水不畅，城市内涝，给市民出行带来不便，部分汽车被困在积水的道路中；2007 年 7 月 18 日 17：00 左右，山东省济南市及其周边地区遭受特大暴雨袭击，低洼地区积水，部分地区受灾，大部分路段交通瘫痪，造成重大生命财产损失。暴雨是城市内涝形成的重要外在因素，而持续性强降水或暴雨持续时间长、强度大，更容易引起城市内涝。另外，缺乏城市排水防涝系统规划、标准体系不完善、排水防涝设施建设滞后、重建轻管等现象突出，也是导致城市内涝频发的重要内在因素。

（2）持续性强降水引发洪涝灾害。

洪涝灾害为所有气象灾害中造成经济损失最为严重的。据近 20 年资料，暴雨洪涝灾害及由此引发的泥石流、山体滑坡等地质灾害年均造成死亡人数为 1 991 人，占气象灾害年均总死亡人数的 66.37%，年均直接经济损失为 816.19 亿元，占气象灾害年均经济总损失的 62.78%。据统计，1961~2013 年，我国年累计暴雨站日数呈显著增加趋势，每 10 年增加 3.8%；全国多年平均年暴雨日数为 2.14 天，近 30 年来呈现增加趋势。华南、长江中下游为暴雨多发区。20 世纪 70 年代前，全球因灾害每年的经济损失达 400 亿美元，其中 40% 是洪涝灾害损失。1998 年我国发生的重大灾害损失 220 次在百万元以上，经济损失达 470 多亿元，其中洪涝灾害 62 次，居 20 多个常见灾种的首位，经济损失达 254 亿元，占灾害总损失的 54%。据《中国历史上死亡万人以上重大灾害年表》，近 2 000 年来发生频率最高的也是洪涝灾害。而持续性强降水是洪涝灾害形成的最主要原因之一。从持续性强降水与洪水的发生关系来看，出现持续性强降水与洪水的相关性在 0.5 以上，流域较大范围降水与洪水的相关性较高（田刚等，2015）。例如，1998 年四川盆地的面雨量与长江宜昌站洪峰的关系表明，1998 年 6~8 月宜昌出现洪峰之前，四川盆地通常至少有一场明显的降水出现（孙佳和何丙辉，2007）。一般前 1~6 天累积面雨量达 40 毫米以上，最大日面雨量达 17 毫米以上时，未来 4 天左右，长江宜昌站有一次径流大于等于 4 500 米^3/秒的洪峰出现（何明琼等，2000）。

（3）持续性强降水引发地质灾害。

1949~2002 年的重大地质灾害数量分布统计结果表明，云南、四川和贵州是我国重大地质灾害发生数量最多的 3 个省（张国平，2014），贵州、甘肃和青海重大地质灾害极容易发生。四川、云南、贵州、湖北、甘肃、重庆、陕西 7 个省（直辖市）是我国重大地质灾害死亡人数较多的省（直辖市）。持续性强降水是引发严重的滑坡、泥石流、崩塌等地质灾害的重要原因。以三峡库区为例说明持续性强降水与地质灾害的关系：第一，三峡库区滑坡灾害的发生主要是由暴雨和前期降水量的累积程度引起的。三峡库区出现暴雨和多日出现中到大雨这两种类型的降水诱发的滑坡占到总滑坡次数的 72.92%（马占山等，2005）。当 24 小时内最大降水强度大于等于 100 毫米时，山体发生滑坡的概率将增加到 70% 左右（陈剑等，2005）。在降水的累积量方面，当日和前 5 日（共 6 日）的暴雨日数及当日和前 10 日（共 11 日）的累积降水量与滑坡发生的关系十分密切，大雨日数也起着一定的作用。第二，三峡库区地质灾害频发的区域与降水的空间分布有紧密联系。分析显示，库区 5~9 月降水量、暴雨日数和 10 毫米以上降水日数的分布形势相类似，皆存在两个高值区，一个高值区位于湖北省五峰土家族自治县和建始县一带，另一个高值区位于四川省东北部（马占山等，2005）。三峡库区山地灾害的高发区多位于两个高值区之间。从重庆的石柱土家族自治县沿江向下的忠县、万州区、开州区、云阳县直到巫溪县和巫山县，是三峡库区山地灾害发生频率最高的县区，5~9 月对应的降水量大都分布在 800 毫米以上的范围内，暴雨日数多在 3 日以上。

（二）强对流

1. 强对流天气定义

强对流天气指发生突然、天气剧烈、破坏力极强，常伴有雷雨大风（风速达到或超过 17.2 米/秒）、冰雹、龙卷、短时强降水（1 小时降水量达到或超过 20 毫米）等强烈对流性灾害天气，是具有极强破坏力的灾害性天气之一。强对流天气发生于中小尺度天气系统中，空间尺度小，一般水平范围在十几千米至两三百千米，有的水平范围只有几十米至十几千米。其生命史短暂并带有明显的突发性，生命史为一小时至十几小时，较短的仅有几分钟至一小时。

2. 雷暴

雷暴活动最旺盛的空间区域为华南、西南地区南部及青藏高原中、东部地区，年雷暴日数超过 70 天以上，其中云南、海南、广西 3 个省（自治区）部分地区超过 100 天。在我国，夏季（6~8 月）雷暴活动最为活跃，冬季（12~2 月）相对最弱，气候概率值低于 5%。雷暴活动主要集中于 14~20 时，20~02 时次之。其他两时段（02~08 时、08~14 时）雷暴概率较低。

3. 短时强降水

我国短时强降水的多发地区主要位于长江以南、黄淮及江淮地区，其中，华南南部地区短时强降水气候概率最高，最容易发生短时强降水。从时间分布特征看，我国的短时强降水主要从 4 月开始，一直持续到 10 月，华南地区持续时间最长。其中，5~8 月为短时强降水多发月。由不同区域短时强降水气候概率日变化可见，我国大部分地区短时强降水的概率在午后至傍晚时段出现高峰，其中华南、江南、黄淮及江淮地区最为明显。

4. 雷暴大风

我国雷暴大风主要出现在西藏地区、青海南部地区及内蒙古中部地区。青藏高原地区是雷暴大风活动的多发地区，其气候概率明显高于其他区域。除高原地区和高山站外，我国北方地区雷暴大风活动明显强于南方地区，北方的雷暴大风概率大值中心区域位于华北北部地区（年气候概率值> 2 %）。

除高原地区和高山站外，我国各区域出现雷暴大风的季节时段非常集中，全国的雷暴大风活动以夏季（6~8月）最为活跃，春季次之，其中，内蒙古中部部分地区夏季概率可达3%以上。由全国分区域雷暴大风日变化曲线可见，总体上各区域的雷暴大风概率日变化特征符合统一的规律，即雷暴大风活动集中发生在午后14~20时的单峰规律，极值基本出现于午后16~19时。

5. 冰雹

我国冰雹分布的特点是山地多于平原，内陆多于沿海。多发地区主要位于西藏地区、青海东部地区。除高原地区外，我国北方地区冰雹活动明显强于南方地区，南、北方的冰雹概率大值中心区域分别位于华北北部山区（年气候概率>0.5%），以及贵州、湖南西部地区（年气候概率>0.3%）。

我国北方地区（包括西北地区东部、华北地区、东北地区）的冰雹活动主要集中于白天，即08~20时，而南方地区（包括西南地区东部和江南西部地区）的冰雹活动更倾向于出现在夜间，即20~08时。由全国分区域冰雹概率日变化曲线可见，总体上各区域的冰雹概率日变化特征符合统一的规律，即冰雹活动集中发生在午后13~21时的单峰规律，极值基本出现于午后16~18时。另外，黄淮、江淮、江南以及华南地区的冰雹概率相对其他地区明显偏弱，这可能是由于冰雹活动多发生于山区和丘陵地带，而上述地区的地形主要以大范围平原地形为主，因此总体气候概率较低。

6. 小结

我国强对流天气气候概率分布特征如下。

我国短时强降水天气的总体气候概率分布特征包括：①华南短时强降水天气气候概率明显高于其他地区。②短时强降水主要出现在下午到前半夜。③5月上旬，短时强降水开始变得活跃，最活跃区域位于25°N以南，108°E以东（华南中、东部，江南东、南部地区）；而北方地区（35°N以北）的短时强降水在6月下旬至 8 月上旬比较活跃，且活跃区域有逐渐向东扩展的特点。

我国雷暴大风活动的总体气候概率分布特征包括：①青藏高原地区是雷暴大风活动的多发地区，其气候概率明显高于其他区域；②山东泰山、安徽黄山及福建九仙山等为高山站数据，导致上述地区雷暴大风统计概率较大；③除高原地区和高山站外，我国北方地区雷暴大风活动明显强于南方地区，北方的雷暴大风概率大值中心区域位于华北北部地区（年气候概率值> 2 %）；④我国北方地区雷暴大风主要集中于午后 14~20 时，凌晨 02~08 时最弱。

我国冰雹活动的总体气候概率分布特征包括：①青藏高原地区是冰雹活动的多发地区，其气候概率明显高于其他区域；②除高原地区外，我国北方地区冰雹活动明显强于南方地区，南、北方的冰雹概率大值中心区域分别位于华北北部山区（年气候概率>0.5%）及贵州、湖南西部地区（年气候概率>0.3%）；③我国北方地区（包括西北地区东部、华北地区、东北地区）的冰雹活动主要集中于白天，即 08~20 时，而南方地区（包括西南地区东部和江南西部地区）的冰雹活动更倾向于出现在夜间，即 20~08 时。

（三）台风

西北太平洋海域（含南海）平均每年约有 27 个台风生成（含热带风暴、强热带风暴、台风、强台风、超强台风）。虽然西北太平洋全年各月均可能有台风生成，但台风的生成还是有明显的季节性，7~10 月为台风生成的活跃期，其间平均共有 18.7 个台风生成，占全年台风总数的近 70%，其中 8 月最多，达 5.7 个，9 月次之，达 5.1 个。

平均每年约有 7 个台风登陆我国，登陆时段主要集中于 7~9 月，约占全年登陆数的 80%，其中 7 月最多，达 1.9 个；登陆地点主要集中在我国华南及华东南部沿海，其中，台风登陆最频繁的省是广东，每年平均约有 2.7 个台风登陆。当然，由于每年海洋和大气状况的变化，台风年度生成数和登陆数是不一样的，1949~2016 年生成台风最多的是 1967 年，有 40 个台风生成，最少的年份是 1998 年和 2010 年，分别只有 14 个台风生成；登陆台风最多的年份是 1971 年，有 12 个台风登陆，登陆台风最少的年份是 1950 年和 1951 年，分别只有 3 个台风登陆。

（四）雾霾

近年来我国中、东部地区尤其是京津冀地区，频繁发生的雾霾与空气重污染日趋成为当前社会公众普遍关注和重视的灾害性天气，给政府带来了巨大压力，也给国家形象造成了一定的负面影响。事实上，雾霾污染并不是我国或少数国家或地区独有的现象，而是世界范围内广泛存在的重大环境问题，只是程度和时间上有差异（Schichtel et al., 2001；Akimoto, 2003；Kinney, 2008）。尽管雾和霾的定义及其形成过程和理化特征不同（吴兑等，2006），但目前一般公众感受到的雾霾天气大都是雾和霾同时存在的污染天气（穆穆和张人禾，2014）。简单地说，雾霾的成因可主要归纳为三个方面，即大气污染物的排放及有利的气象、地形条件，如图 1.1 所示。现阶段排入对流层中大气的气体污染物主要来自人类活动，即大量化石燃料的燃烧与建筑施工粉尘等。在现阶段污染源排放背景下，不利的气象气候条件是导致雾霾污染发生的决定性因素。一方面，大尺度气候条件和局地气象条件对污染物传输、累积、消散、清除及污染物的光化学反应等产生直接影响；另一方面，雾霾也反作用于气象气候条件，进而更进一步影响雾霾污染的发生发展过程。此外，大尺度及区域地形条件也是我国中、东部尤其是京津冀地区雾霾污染频繁发生的有利背景条件（徐祥德等，2015；Zhang et al., 2018a）。

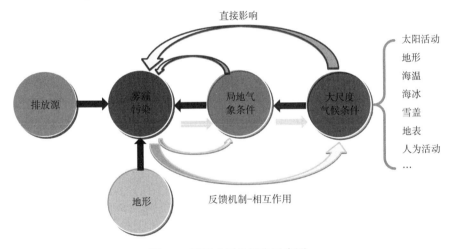

图 1.1　雾霾成因的概念示意图

　　中国的雾、霾基本出现在 100°E 以东地区。1961~2013 年，中国 100°E 以东地区平均年雾日数总体呈减少趋势，但平均年霾日数呈显著的增加趋势，平均每 10 年增加 2.9 天。21 世纪以来，年霾日数呈加速增长趋势。2013 年，中国 100°E 以东地区平均霾日数为 36 天，比常年多 29.2 天。

　　根据 2014~2016 年全国 1 490 个环境监测站的逐时 $PM_{2.5}$ 浓度观测值，我国冬半年雾霾污染整体上要明显比夏半年严重，其中又以 1 月、12 月和 2 月最为严重（图 1.2）。这主要是由于冬季我国北方很多地区需要燃煤取暖，向大气中排放了大量的污染物，加上冬季多静稳、高湿的天气，故冬半年雾霾污染更为严重，如在新疆乌鲁木齐及周边地区冬季雾霾污染十分严重。在空间分布上，我国东部地区尤其京津冀地区空气污染最为严重，东北地区、川渝地区、长三角地区及珠三角地区次之。这种空间分布特征，主要是工业生产活动强度的空间分布及气候与地形分布特征共同造成的。

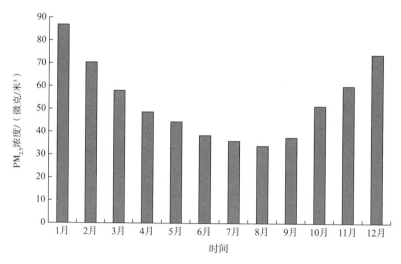

图 1.2　全国平均各月 PM$_{2.5}$ 浓度柱状图

雾霾污染除了具有空间分布和季节分布差异外，也存在长期的演化趋势。利用北京城区宝联站和郊区上甸子站（大气本底站，反映了区域性空气质量变化）2004 年以来的持续 PM$_{2.5}$ 浓度观测资料，以及 Kolmogorov-Zurbenko 滤波方法（Rao and Zurbenko，1994）来考察 2005~2015 年的北京及我国华北地区空气污染物浓度的变化趋势，如图 1.3 所示。可以看出，在对原始序列（a）（e）去除天气尺度（b）（f）信号、季节尺度（c）（g）信号后，不管是北京城区宝联站还是郊区上甸子站的长期趋势线（d）（h）都呈明显的降低趋势。同时考察了对雾霾污染有显著影响的风速、湿度等气象要素的长期趋势变化，结果显示风速呈减小趋势、湿度呈增加趋势，表明气象条件长期变化趋势是不利于雾霾污染治理的。在此气候条件变化背景下，京津冀及周边大部分地区雾霾污染的减少趋势主要归因于污染物排放量的降低。保守估计，北京地区环境治理成效的 15% 以上被不利的气象气候条件抵消了（Zhang et al.，2018b）。总体来看，尽管我国东部地区大气污染还是很严重，但是降低趋势十分明显。

由于空气污染对人体健康、城市交通、全球气候、生态系统等各方面的潜在危害性，国内外科学家已经对其开展了大量的科学研究工作（Kaufman et al.，2002；吴兑等，2006；Carlo et al.，2007；Chan and Yao，2008；Lee et al.，2009；Yu et al.，2011；Zhao et al.，2011；Fann et al.，2012；Xu et al.，2013；Zhang et al.，2013；

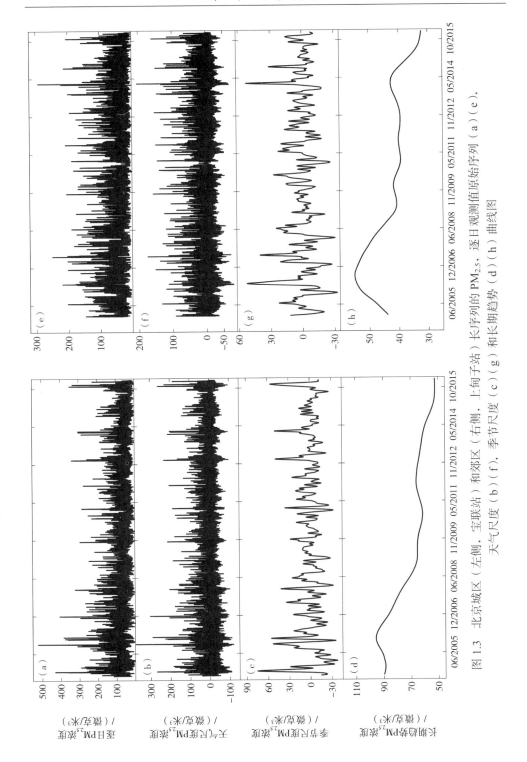

图 1.3 北京城区（左侧，至联站）和郊区（右侧，上甸子站）长序列的 PM$_{2.5}$，逐日观测值原始序列（a）（e），天气尺度（b）（f），季节尺度（c）（g）和长期趋势（d）（h）曲线图

Kang et al.，2013a；赵秀娟等，2013；张延君等，2015）。雾、霾及空气污染的成因均可以简单概括为两个方面：一是排入大气中的污染物及其（光）化学反应造成的气溶胶污染；二是有利于污染物累积的气象条件（Malm，1992；Watson，2002；Macdonald et al.，2005；Quan et al.，2011；Kang et al.，2013b）。气象条件是影响某一地区或区域空气污染状况的最为重要的外因，不管是局地的还是区域性的污染与雾、霾天气，其发生与发展过程都是与诸多近地层和空间气象条件或气候要素紧密相连的。有利于污染物累积的气象条件主要是静稳型天气，加上空气湿度大、混合层薄、逆温强度大等特点，这些气象条件制约着空气污染物的输送、堆积、稀释和扩散，进而影响霾污染的形成与发展。

雾霾污染不仅对天气依赖性强，同时对气候变化敏感（Racherla and Adams，2006；Dawson et al.，2007；Avise et al.，2009；Jacob and Winner，2009；Pye et al.，2009）。由于大气污染与全球气候之间是一个高度复杂的耦合系统，尽管科学家在气候变化对空气污染影响方面已经做了大量研究工作，取得了丰富的科学成果，但目前这些在认识上还并不完全一致。例如，Racherla 和 Adams（2006）研究指出，在未来气候变化情景下，降水量增加的湿沉降损失率的增加，会导致 $PM_{2.5}$等气溶胶负荷和生命期减少，同时强调气溶胶浓度变化具有很强的区域差异性，区域性降水的减少将导致地面气溶胶浓度增加。Avise 等（2009）的研究表明，未来气候变化情景下美国的 $PM_{2.5}$ 浓度将会降低，尤其是降水和湿沉降增加将导致美国南部地区 $PM_{2.5}$ 浓度降低更为明显。Pye 等（2009）的研究结果表明，气候变化导致美国东南部硫酸盐、铵盐气溶胶减少，但是美国中东部、东北部增加，而全美范围内的硝酸盐气溶胶浓度将减少。Jacob 和 Winner（2009）研究指出全球气候变暖将导致全球大气环流变弱，尤其是中纬度地区气旋活动减弱，将使得未来的气候可能更趋稳定，会造成臭氧浓度增加，而气候变化对 $PM_{2.5}$ 等气溶胶浓度的影响更加复杂和不确定，区域性差异明显。Allen 等（2015）在 *Nature Climate Change* 上发表研究论文，指出温室气体增加导致的全球气候变暖将导致陆地上大尺度降水减少、湿沉降减少，导致气溶胶负荷和地面浓度的增加，尤其是在热带和北半球中纬度地区，进而对未来的空气质量造成不利的影响，即全球气候变暖将可能加重大气的霾污染。尽管这些结果之间存在一些差异，但可以看出气候变化与空气污染之间存在的相互作用是毋庸置疑的。这些方方面面的影响或相互作用，都与当前及未来的国家公共安全息息相关。

（五）其他主要气象灾害

干旱灾害：干旱是影响我国农业生产的最主要气象灾害。干旱灾害在全国各地都有发生，但分布不均，北方以春旱为主；长江流域、江南和江淮之间伏旱较多。据统计，1961~2013 年，我国平均每年遭受干旱灾害的农作物面积为 2 254.4

万公顷，约占农作物播种总面积的 15.2%。

沙尘暴：我国北方属中亚沙尘暴多发地区之一。据统计分析，1961~2000 年塔里木盆地及其周围地区、阿拉善高原及其相邻的河西走廊东北部每年沙尘暴日数达 20 天以上，局地超过 30 天。近几年强沙尘暴有上升趋势。沙尘暴会掩埋农田、草场，降低能见度，影响交通，污染环境，影响人体健康。

气象衍生灾害：由于我国特殊的地形地貌等地质条件，台风、强降水等气象因子引发的山体滑坡、泥石流等地质灾害发生频率很高，造成的经济损失每年达上百亿元；干旱、高温、大风、雷电等气象因素是引发或直接造成森林、草原火灾的主要原因；此外，气象灾害衍生的海洋灾害、生物灾害、农作物病虫害、污染物扩散、流行病、水土流失、荒漠化等造成的损失也十分明显。

第二节　气象灾害对国家公共安全的影响

一、总体认识

公共安全是指社会和公民个人从事和进行正常的生活、工作、学习、娱乐和交往所需要的稳定的外部环境和秩序。公共安全事件包括自然灾害、事故灾难、公共卫生事件、社会安全事件等几个方面。国家安全是国家的基本利益和生存保障。国家安全涉及的领域众多，在经济、社会、科技、军事等不断发展，竞争格局不断演化的今天，不仅国土、政治、军事、经济等传统安全领域的挑战依然复杂严峻，环境、资源、信息等非传统安全领域的重要性也日益凸显，成为国际社会和国际政治博弈的热点问题。自然灾害是公共安全事件的主要组成部分，而气象灾害是我国最主要的自然灾害之一。因此可以说气象灾害监测预警等事业的发展与国防、环境、资源等安全领域直接关联。气象领域的建设发展不仅是自身的科学问题，也是环境问题，还是与公共安全、国家安全的方方面面面均密切相关的战略问题。加强对气象灾害的分析研究，提升气象灾害预测预警服务能力和水平，是保障人民生命财产安全，构建社会主义和谐社会，加快推进资源节约型和环境友好型社会建设，促进经济发展、社会进步的迫切需要。我国是受气象灾害影响最严重的国家之一，也是气象、气候资源十分丰富的国家之一，如何科学地规划和制定国家气象事业发展战略，是事关国家安全发展的重大问题。

二、气象灾害对国家公共安全的总体影响

气象对国家安全的影响主要体现在气象灾害和极端天气气候事件对国家安全

多方面的影响上，大致包括以下几方面。

一是温度异常、暴雨、台风、风暴潮等极端天气及其衍生灾害直接威胁人民的生命财产安全，诱发社会的恐慌和不安情绪。我国处在东亚季风影响下的复杂天气气候区域，高温、严寒、暴雨、洪涝、台风、沙尘暴等气象灾害频繁发生，平均每年造成的直接经济损失达 2 000 多亿元，占全部自然灾害损失的 70% 以上。随着我国经济的快速增长，经济总量显著增加，近年来气象灾害造成的经济损失越来越大。以 2010 年汛期为例，我国 29 个省（区、市）遭受的洪涝灾害就使得农作物受灾 1 148 万公顷，受灾人口 1.66 亿人，因灾死亡 2 706 人，失踪 1 134人，转移受洪水威胁区域人员 1 404 万人，倒塌房屋 151 万间，直接经济损失 2 975亿元。这些气象灾害突发性强、频率高、范围大，对能源、交通、水利、通信等基础设施造成严重损害，直接威胁人民的生命财产安全，诱发社会的恐慌和不安情绪，给社会安全稳定带来威胁，在一定程度上挑战中国政府的治理能力和政局稳定。

二是温度异常、干旱、洪涝灾害的加剧，导致部分地区出现粮食减产、食物缺乏、水资源短缺等灾难，可能引发国家和地区政局的不安定。在全球变暖的背景下，干旱、洪涝、高温、严寒等气象灾害的频发、易发，导致部分地区出现粮食减产、食物缺乏、能源断供、水资源短缺、严重疫情等生态和人道主义危机，极易引发国家和地区政局的不安定。此外，极端气候导致的能源、水资源短缺也会对国家和地区安定构成潜在威胁。在亚洲，有多国主要河流源地相同，通过源自同一山系（喜马拉雅山系）的冰川融水补给，尤其是旱区，河流在很大程度上都依赖于冰川融水，如果气候变化导致冰川消融速度进一步加快，国家或地区间可能因为水资源问题而使地缘政治压力增大甚至发生冲突，影响国家的安全利益。

三是气候变化而导致的领海、领土面积的变化或领土质量的下降带来的国内社会、经济的不稳定，以及新的边界争端风险。从国家内部来说，气候变暖导致的海平面上升，将引起海岸线的撤退及沿海地区资源和生态环境的破坏，增加了大量民众向内迁移的风险；对我国来说，因干旱而日益加重的荒漠化、沙漠化，导致国土质量下降，严重威胁我国的生态安全、经济社会的持续发展、民族的繁衍生息，增加了沙尘暴等灾害性天气事件的发生频数，民众转移安置、劳动就业、社会保障等一系列社会经济和安全稳定问题将更加突出。从地区上来说，我国周边的太平洋、印度洋沿岸国家受海平面升高影响最直接，不仅存在海岸线变化后的主权治权问题，一旦赖以生存的土地和资源锐减，气候移民将成为我国和周边国家或地区安全的共同挑战。

四是气象、气候问题的政治化导致政府或非政府行为体的政策选择受到较大限制，国家未来发展战略和空间受到制约。IPPC（International Plant Protection

Convention，《国际植物保护公约》）第五次评估报告一再确认气候变暖的事实及
人类对气候系统不断增强的影响，国际社会加强全球气候治理的意识日益强化、
行动力度不断增大，使得气象、气候问题已脱离了环境问题本身的范畴，而演变
为国家层面的发展权之争和政治外交斗争，这无疑对中国未来发展的政策选择形
成较大的约束。我国正处于工业化、城镇化快速发展阶段，面临着发展经济、消
除贫困、改善民生、保护环境等多重挑战，在应对气候变化的全球行动中面临多
重压力：①温室气体减排压力。作为全球碳排放大国，减排压力不断增大，势必
限制国家经济发展政策的选择，影响经济社会发展。②作为世界经济大国，在应
对气候变化问题时的发展中国家地位认同及承担更多国际责任等方面的压力增
大。③由于发展中国家内部情况不同、地理位置不同、资源条件不同，应对气候
变化的立场和原则也有很大差异，这不仅使得中国利用发展中国家维护自身利益
的程度受到一定限制，还要承担来自发展中国家内部的压力。

　　五是极端天气气候事件直接影响军事行动实施，以及作战平台、武器装备安
全使用和效能发挥，影响重大国防工程建设，制约军队综合作战能力发挥，进而
影响国防安全。国防安全历来是国家安全体系中的关键因素，事关国家安危、民
族兴衰、人民荣辱。强大的军事力量是维系国防安全的基石，是国家安全的核心
要素。现代军事对抗，是陆、海、空、天、电多维空间、多维战场的全方位较量，
是体系与体系的对抗。战争的形态、范围、方式和手段等虽然发生了很大变化，
但永远不变的是一切军事活动无一例外地受到天气和气候的影响。从古至今，战
场气象环境始终是作战筹划和指挥的客观条件与依据，能否正确认识和利用战场
气象环境，直接影响战争的进程和结局。

　　（1）气象环境影响和制约武器装备、作战行动和兵力运用。

　　从一般意义上来说，气象环境对军事行动的影响包括：①影响有生力量的
生理机能、行为和野战生存能力；②影响部队的机动、火力和防护能力；③影
响和制约武器装备的作战效能，包括武器系统的杀伤效率、命中精度、生存能
力、发现目标能力和控制能力等；④影响或决定作战方式和作战时机选择。特
别是对复杂昂贵的高技术武器装备来说，其可靠性和安全性要求更高，对气象
环境的敏感性相对增大，作战应用气象条件更加精确量化，气象环境的影响容
易成为主要矛盾。

　　现代高技术战争，以体系对抗为特征、以信息对抗和高技术武器装备大量使
用为主要形式，战争强度、战争消耗日益增大，战略目标、战争进程日益精确可
控。鉴于气象环境对武器装备使用、作战方式和时机选择等往往产生至关重要的
影响，提高军事气象保障能力及基于信息系统体系作战的气象信息保障对抗能力，
是事关军事和国防安全的重要问题。从对保障能力需求上来说，主要包括以下三
个方面。

一是时空连续的无缝隙军事气象保障。军事气象保障与各类作战和保障力量密切相关，覆盖陆、海、空、天、电多维作战空间，贯穿战略筹划、指挥决策、部队行动及作战效能评估全过程，在预报保障范围上，需要具备全球范围的、从地表（海底）到日面整个日地空间的无缝隙保障能力；在预报时效上，则需提供从几小时的短时临近到月和季节时间尺度的全时效无缝隙预报，满足战役筹划、作战任务规划、作战时机选择、战术行动等各类保障需要。

二是要素齐全的精细化军事气象保障。军事气象保障涉及不同作战阶段、不同作战样式、不同武器平台，保障要素多、要求高，特别是以精确打击为显著特征的高技术信息化武器装备作战应用保障要求更高。目前，各国竞相发展的精确制导武器已近千种，其作战效能的发挥取决于能否准确识别打击目标和保持安全可控的运动状态，因此，受到战场气象环境的严重影响。鉴于不同用途的武器系统有不同的打击目标特性，制导方式更是各不相同，因此需要提供精确的目标及航路的气象要素预报。不仅需要提供严重影响制导武器打击精度的低云、降水、浓雾、沙尘暴等高影响气象要素，以及影响生存能力的雷暴、闪电和强风等灾害性天气，还要提供诸如云的宏微观参数、风速、风切变、能见度等具体定量数据。

三是诸军兵种联合的一体化军事气象保障。一体化联合作战本质上就是充分运用现代信息技术，把陆、海、空、天、电等多维作战力量与指挥控制、情报侦察、火力打击、综合保障等作战要素高度融合，形成体系作战能力。军事气象保障是战斗力的重要组成部分，在战略决策、战役谋划和行动实施过程中，无论是作战时机把握、目标选择、打击效果评估，还是侦察预警、信息对抗、特种作战及通信、装备和后勤保障等，都对气象保障提出了明确具体的要求。军事气象保障必须形成大系统一体化联合保障能力。

（2）气象灾害直接影响人员和装备安全、重大国防战略工程建设和多样化军事任务实施。

第一，台风、暴雨、雷电、大风、沙尘暴等灾害性天气直接危害人员和装备安全。例如，1996年9月，受第15号台风影响，多架战机、多艘舰艇遭到不同程度损坏，有多艘主力战舰搁浅；1998年4月，北疆地区遭强沙尘暴袭击，造成驻疆部队部分兵器设施受损；2005年10月2日和2006年7月26日，驻福建武警部队和驻江西某导弹部队分别遭暴雨山洪袭击，造成我军重大人员伤亡和财产损失。

第二，高温、洪涝、干旱等极端天气气候事件对重大国防工程建设产生重要影响。例如，受气候变化影响，冻土地带差异性冻胀和融沉将对诸如青藏铁路、中-俄输油管道等重大国防和战略工程安全运营带来严重影响，并使位于该地带的导弹等阵地工程受到影响；风暴潮和海岸洪水将对我国沿海重要军事设施和港口武器装备安全造成巨大威胁。

第三，极端天气气候事件的频发不仅使军队支援地方抢险救灾任务更加繁重，影响日常作战训练，也对部队遂行多样化军事任务的能力提出了新的要求。与传统军事行动相比，军队执行处置突发事件、抢险救灾等多样化军事任务，往往具有很强的突然性和紧迫性，事件规模、地理气候环境等具有很高的不确定性，这无疑对军队所担负的任务提出了新的挑战。例如，在抗击 2008 年的南方雨雪冰冻灾害过程中，当地先后 6 次下达命令，出动近十万名官兵和上百万名民兵预备役人员参与救灾，40 多名军以上领导、340 多名师职干部在一线指挥。

此外，极端天气气候事件增加了水资源争夺、难民迁移、非法入境、恐怖活动风险，增大了我国边境封控和边防安全的压力，对我国应对边境军事危机提出了新的要求，军队可能面临的非传统军事行动越来越多。

三、各主要气象灾害对国家公共安全的影响

（一）持续性强降水

1. 持续性强降水对社会经济和人民生命、财产的影响

持续性强降水是我国产生重大气象灾害的主要致灾原因之一，其中我国夏季持续性强降水引发洪涝灾害是对我国影响最为严重、影响范围最广的主要气象灾害。夏季持续性暴雨洪涝，往往造成更严重的人民生命和财产损失，对我国社会发展和国民经济的影响日益加剧。例如，1991 年江淮流域下游地区，第一期梅雨在 5 月下旬初至 6 月中旬末，平均降水量在 300~450 毫米，为常年的 4~5 倍；第二期梅雨在 6 月底至 7 月上中旬，平均降水量在 600 毫米左右，其中兴化高达近 950 毫米，创造了历史上罕见的"半个月下了将近一年雨"的纪录。雨期长达 55 天，降水总量达 1 310 毫米，为常年同期降水量的 5.7 倍，比 1954 年同期高出 2 倍多。持续大范围的大到暴雨，使 7 月间最高水位达 3.34 米，超出 1954 年水位 0.28 米。据初步估计，1991 年特大洪涝直接经济损失近百亿元（陈家其，1991）。1998 年夏季，长江流域持续性暴雨天气异常长达 40 天，前后发生了两次分别长达 10 天和 6 天的持续性强降水，尤其是发生在 1998 年 7 月 20~25 日的一次持续性暴雨，3 天（20~22 日）的总雨量达 655 毫米，造成洞庭湖水系发生 20 世纪第二位大洪水，受其影响，长江中下游连续发生 3 次洪峰，水位超过历史最高水位。这次持续性暴雨天气异常所引发的全流域洪涝灾害造成直接经济损失达 2 500 亿元，死亡人数超过 3 000 人。2007 年 6 月 29 日至 7 月 9 日淮河流域持续性强降水，整个流域的平均日降水量达 60 毫米以上，水利部门先后启用 10 个蓄洪区分洪，受洪水影响的受灾人口达 2 922.2 万人，死亡 35 人，失踪 7 人，这是安徽省仅次

于 1954 年受灾最严重的一次洪涝灾害。2010 年 5~7 月，我国南方共出现了持续 14 轮的强降水天气过程，且主要集中在 5 月至 6 月。广东、福建、浙江、江西等地共 29 个观测站日降水量达到或突破历史极值。5~7 月，长江流域平均总降水量达 567.7 毫米，较常年同期（517.8 毫米）偏多 9.6%，导致较大范围发生洪涝灾害。初步统计，这次持续性强降水过程中南方诸省（区、市）因灾死亡达 878 人，直接经济损失近 1 384.81 亿元。

另外，持续性降水及强降水是我国滑坡、崩塌、泥石流地质灾害的主要诱因之一。近几十年来，持续性降水及强降水仅在三峡库区引发的地质灾害损失就非常惨重。1975 年 8 月 8~10 日三峡库区的秭归县发生强暴雨，降水量大于 300 毫米，此次暴雨触发了多处滑坡，其中产生严重灾害的有 876 处。1998 年宜昌—江津段大范围滑坡及边坡变形，造成 19 个县市不同程度受灾，涉及 135 个乡镇，受灾人口 8 万余人，死亡 5 人，直接经济损失 6.1 亿元。1990~2000 年，巴东县因滑坡灾害损失惨重，1991 年 8 月 6 日因降水而发生山体滑坡，损失近亿元。1998 年 8 月 1~12 日在云阳县、万县等地区持续降水 24 小时，降水量达 260 毫米，触发了多处大型滑坡。2003 年 7 月 13 日 0 时 20 分，即在三峡水库初次蓄水至 135 米后的第 43 天，湖北省秭归县沙镇溪镇千将坪村山体突然下滑约 1 500 余万立方米，历时 5 分钟。滑坡造成 15 人死亡、9 人失踪，4 家乡镇企业被摧毁，当时引起社会广泛关注。千将坪滑坡是三峡蓄水以后发生的第一个大型滑坡，其造成的社会影响和经济损失引起了社会各方面极大的关注。2014 年 9 月重庆三峡库区大暴雨，云阳、巫溪、奉节受灾严重，云阳县江口镇永发煤矿发生滑坡，云阳县南溪镇天河村附近的一场山洪引发了泥石流。

2. 持续性强降水对城镇建设的影响

持续性、区域性范围暴雨对城镇群的影响需引起注意的是与城市病相关的城市内涝，它会对关系国计民生的重要基础设施建设带来不利影响，对人民正常生活所必需的交通运输设施、通信网络设施、水利设施及城乡供水网络、电气等能源运输设施及其网络造成损害，对人民正常生活、交通出行及社会经济发展带来巨大影响，近年来城市内涝已引起社会广泛关注。例如，2011 年 5 月 11 日下午，暴雨突袭广州，天河立交、沙河立交、中山大道师大暨大站社会车道等多处出现"水浸街"，大片积水导致车辆与路人通行受阻。而在 2010 年 5 月 7 日，广州同样遭遇特大暴雨导致城市内涝，并导致全市经济损失多达 5.438 亿元，6 人因洪涝次生灾害死亡。2012 年北京"7·21"特大暴雨期间市区有 67 处道路积水，43 处断路，有路段被数米深的大水阻断接近 8 小时，大批车辆滞留，70 多处发生地下室倒灌，地铁六号线的施工现场有路段坍塌，十号线雨水管爆裂，造成严重经济损失和人员伤亡。2014 年 5 月 11 日深圳这座年轻的城市也在区域性暴雨造成的城市内涝中沦陷，约 150 处道路积水，20 处片区发生内涝，5 000 多辆公交车无法正常运营，约 2 000 辆汽车被淹，多处居民被内涝围困。

除城市内涝外，我国东部城镇群建设还受到区域性暴雨引发的中小河流洪涝和泥石流、塌方等地质灾害的影响，威胁人民生命安全。相关部门统计，2013 年造成洪涝灾害死亡的主要原因是强降水造成中小河流发生洪水和山洪灾害，共造成 560 人死亡，占洪涝灾害死亡总人数的 72%。其中，四川省中小河流洪水和山洪灾害死亡（含失踪）人数占全省死亡（含失踪）总人数的 90%，仅都江堰"7·9"山洪引发特大型高位山体滑坡就导致 45 人死亡、116 人失踪。2013 年 6 月下旬至7 月下旬，西部地区接连出现多次暴雨过程，其中 7 月 7~15 日四川盆地、西北地区东部等多地降水量超历史极值，四川都江堰市幸福镇 7 日晚至 11 日累计降水量达 1 151 毫米，相当于当地年均降水量。受持续强降水影响，四川多地发生山洪、滑坡、泥石流等灾害，较大规模的山洪地质灾害达 358 处；有 12 条河流出现超警戒水位，岷江、沱江、涪江、青衣江等暴发大洪水并造成洪峰叠加，导致 256 人死亡和失踪，其中都江堰市中兴镇特大地质灾害初步核实造成 44 人死亡、117 人失踪，直接经济损失 285.4 亿元。陕西中部强降水天气过程诱发滑坡等灾害，造成 20 多人死亡和失踪，直接经济损失 18.9 亿元。

3. 持续性强降水对农作物粮食生产的影响

持续性强降水会造成农作物大面积受灾、粮食大幅减产。自 20 世纪 90 年代以来，中国年均暴雨频次显著增加，其中长江流域表现明显。1970 年以来，中国农作物雨涝受灾面积显著增长。预计到 2030 年，中国种植业的整体生产能力可能会下降 5%~10%，华北、江南、东北南部和四川盆地等粮食主产区减产严重（姚雪峰等，2011）。持续性强降水对农作物造成损失的例子不胜枚举。例如，2004年 9 月 5 日，重庆市万州区受暴雨影响发生特大型地质灾害，滑坡总受灾面积约3 平方千米，400 余户、1 281 人受其影响。垮塌房屋 180 余幢，损毁农田 1 800余亩①，直接经济损失 5 000 多万元，间接经济损失达 1 亿多元。2010 年 7 月 17日三峡库区的秭归县遭受区域性不均衡特大暴雨袭击，秭归县四个沿长江乡镇遭受严重暴雨灾害，其中归州镇降水量达 143.4 毫米、郭家坝镇降水量达 136.7 毫米，秭归县因灾倒塌房屋 340 户 760 间，涉及 1 400 人，房屋严重受损 1 561 户 1 823间，涉及 2 122 人；因灾损失 1.6 亿元左右，因灾死亡 2 人、受伤 4 人，紧急转移7 865 人；农作物受灾 48 955 亩，成灾 13 836 亩，绝收 7 622 亩，直接经济损失 1 043万元。2013 年 6 月 5~13 日、18~30 日江苏、浙江、安徽、福建、江西、湖北、湖南、广东、广西、重庆、四川、贵州、云南等地遭受暴雨、山体滑坡、泥石流等

---

① 1 亩 ≈ 666.67 平方米。

灾害，受灾人口 1 769.12 万人，因灾死亡 98 人；农作物受灾面积 90.87 万公顷；直接经济损失 121.41 亿元。2013 年 7 月辽宁、吉林、黑龙江等暴雨洪涝、山体滑坡等灾害受灾人口 211.53 万人，因灾死亡 14 人；农作物受灾面积 81.73 万公顷；直接经济损失 29.47 亿元。2013 年 7 月北京、河北、山西、内蒙古、山东、河南等暴雨洪涝、滑坡等灾害导致受灾人口 1 057.53 万人，因灾死亡 49 人，失踪 9 人；农作物受灾面积 117.37 万公顷；直接经济损失 75.27 亿元。2013 年中、西部地区仅持续性区域性暴雨引发的洪涝及其他灾害造成的特别重大型突发气象灾害事件（死亡 100 人以上，或伤亡总数 300 人以上，或者直接经济损失 10 亿元以上）就有 7 起。其中，7 月重庆、四川、贵州、云南、西藏等地暴雨洪涝、山体滑坡、石崩、泥石流等灾害造成受灾人口 711.42 万人，因灾死亡 118 人，失踪 207 人；农作物受灾面积 28.08 万公顷；直接经济损失 245.28 亿元；陕西、甘肃、宁夏、青海、新疆等地受灾人口 455.5 万人，因灾死亡 105 人，失踪 13 人；农作物受灾面积 37.27 万公顷；直接经济损失 127.49 亿元。

除了持续性强降水，长时间的低温连阴雨也是引起大范围气象灾害的重要原因。1972 年 3 月底至 4 月上旬，受强冷空气影响，南方大部持续低温阴雨，早稻烂秧严重，油菜、豌豆遭受冻害。在近几十年中，还有 1976 年春季南方低温阴雨；1984 年湖北、贵州低温阴雨；1996 年春季江南、华南及西南低温连阴雨，以及 1982 年春季南方低温阴雨。这些都对国民生产生活带来了很大的危害。

4. 持续性强降水对水库及其运行的影响

持续性强降水过程对水库和水库运行及其季节性调度具有重要的影响。例如，1975 年 8 月 5~7 日，河南省中南部历史上罕见的特大暴雨中心 3 天降水总量 1 605 毫米，24 小时最大降水量 1 054.7 毫米，1 小时最大降水量 189.5 毫米。其中 1~6 小时暴雨创我国历史最高纪录。"75·8"暴雨使两个大水库，不少中小水库几乎同时垮坝，洪水迅速泛滥，是中华人民共和国成立后我国人民生命财产损失最为惨重的暴雨。而近年来水库在汛期防洪上起着重要作用，持续性强降水严重影响着水库的运行和调度。例如，2010 年主汛期 6~8 月长江流域发生 4 次降水，降水日累计达 65 天，各阶段暴雨过程频繁，均以大到暴雨或以上强度为主，且上述 4 次降水超过 50 毫米笼罩面积共约 380.4 万平方千米。受流域内集中性降水阶段影响，2010 年长江流域内发生的洪水具有明显的阶段性特点，即 6 月中下旬两湖水系区域洪水、7 月中下旬长江上游及汉江上游第一次洪水、7 月下旬长江上游及汉江上游第二次洪水和 8 月中下旬长江上游及汉江上游第三次洪水阶段。此次洪水期间，长江中下游防洪形势严峻，三峡水库实施了自蓄水以来的首次大幅度拦洪削峰调度，库水位调洪最高水位达到 161.01 米，此次洪水过程，三峡水库共拦蓄水量 90 亿立方米，削减洪峰流量 40%，大大降低了中下游干流江段的防汛压力。

2014年9月18~19日，长江上游金沙江、岷江、沱江、嘉陵江、三峡区间先后出现大到暴雨，局部大暴雨。18日宜宾至重庆段日面雨量达52.2毫米，19日重庆至万州段日面雨量达56.7毫米。强降水导致三峡入库流量迅速上涨，长江上游流域干流寸滩站出现了超警戒洪水，19日8时，三峡入库流量达到5.1万米³/秒。到9月20日2时，三峡入库流量峰值上涨至5.45万米³/秒左右，为当年入汛以后长江上游出现的最大洪水。三峡枢纽根据长江防汛抗旱总指挥部防汛三级应急响应，在三峡电站满负荷发电的同时，即时开启10个泄洪深孔，三峡枢纽控制出库流量按4.5万米³/秒下泄，以确保防汛安全。2015年6月29~30日，受西太平洋副热带高压减弱东退、西南低涡东移影响，嘉陵江、宜宾—重庆、三峡区间先后出现大到暴雨，局部大暴雨。29日嘉陵江流域的北碚、武胜、大庙、蓬溪、万古及三峡区间的北拱等测站日面雨量达130.0~190.5毫米，暴雨致使江水陡涨。7月1日2时，三峡入库流量达3.85万米³/秒，较6月29日入库流量1.90万米³/秒上涨了1.95万米³/秒。为迎战此次洪水，三峡电站开启全部32台水电发电机组发电。7月1日8时，三峡水库入库流量3.9万米³/秒，坝上水位145.25米，坝后水位68.70米，至7月2日20时三峡入库流量回落至2.6万米³/秒。

5. 持续性强降水对国防军队建设的影响

持续性强降水引起的灾害和次生灾害，会极大地削弱重要的国家防御资源，对国家安全产生直接的影响，主要表现为所造成的灾害往往需要动用军队的力量给予支持和救援，从而转移了国家的防御资源，使国家对外防御能力降低。例如，1998年6月中下旬，持续性强降水造成我国长江地区发生自1954年以来第二次全流域洪水，截至当年8月23日，解放军、武警部队投入兵力达到了433.22万人次，组织民兵预备役部队更是达到500多万人次，动用车辆23.68万台次，舟艇3.75万艘次，飞机和直升机1 289架次。同时，在此次抗洪救灾的过程中，救灾的官兵有大量的伤亡，这些都对我国的军事资源产生了一定的影响，增加了军事资源的不稳定因素，对国家军事安全构成威胁（王琪，2012）。另外，洪涝等极端天气事件频发对国防和军队建设产生了不利影响，使军队抢险救灾等非战争军事行动增加，同时还对部队人员、装备和设施安全造成了严重威胁，并影响了部队的正常训练和武器装备效能的发挥（姚雪峰等，2011）。

（二）强对流

强对流天气指的是发生突然、天气剧烈、破坏力极强，常伴有雷雨大风（风速达到或超过17.2米/秒）、冰雹、龙卷、短时强降水（1小时降水量达到或超过20毫米）等强烈对流性灾害天气。强对流天气空间尺度小，一般水平范围在十几千米至两三百千米，有的水平范围只有几十米至十几千米。其生命史短暂并带有明显的突发性，生命史为一小时至十几小时，较短的仅有几分钟至一小时。

下面主要介绍短时强降水、雷暴大风和冰雹、龙卷、雷电等不同对流性天气造成的影响，以及可能涉及的敏感行业和部门。

1. 短时强降水的影响

短时强降水对农业、工业、军事、交通等公共安全造成较大影响。短时强降水可造成农田渍涝、城市内涝、山洪、滑坡、泥石流等灾害；还可从破坏道路、中断运输、引发交通事故、致人伤亡等方面影响交通运输；短时强降水引起的洪涝还可以从垮坝、冲毁排、灌渠道，破坏发电设施等方面对水利设施造成破坏；同时其还可对工业生产和人们的社会生活产生重大影响。随着社会的发展，我国的城市快速扩大，集中了大量人口，成为一个地区的政治、经济、文化中心，并且集中了大部分的工业部门，因而受短时强降水的威胁也非常严重。2011 年 6~8 月，我国部分大中城市遭受强降水袭击，北京、武汉、长沙、杭州、成都、南京、上海、深圳等城市短时降水强度大，造成城市内涝，城市运行受到严重影响。以成都为例，7 月 2 日 20 时至 3 日 21 时，部分地区出现暴雨，局部大暴雨，城区最大降水量达到 215.9 毫米，部分道路和低洼处出现积水，个别地方发生内涝，6 个隧道交通一度受阻。2009 年 6 月 27~28 日，重庆万州、长寿、垫江、南川、丰都、潼南、北碚等 17 个县（区）129.5 万人受灾，失踪 1 人，紧急转移安置 2.8 万人；倒塌房屋 3 494 间；直接经济损失 2.9 亿元。6 月 28~29 日，四川乐山、自贡、雅安、宜宾、凉山等 5 个市（州）8 个县（区）105 万人受灾，因灾死亡 5 人，失踪 1 人，紧急转移安置 0.9 万人；倒塌房屋 1 700 间；直接经济损失 1.4 亿元。1975 年 8 月 5~7 日河南大暴雨，1975 年 8 月上旬在河南省南部、淮河上游的丘陵地区发生了一次历史上罕见的特大暴雨，暴雨中心最大过程雨量（8 月 4~8 日）达 1 631 毫米，3 天（8 月 5~7 日）最大降水量达 1 605 毫米。暴雨的降水强度极强，1 天最大降水量为 1 005 毫米，6 小时最大降水量为 685 毫米，1 小时最大降水量为 189.5 毫米。造成河南省西南部地区两个大型水库，不少中型水库几乎同时垮坝，一时洪水泛滥，人民生命、国家财产遭到重大损失。1991 年 5~7 月江淮地区特大暴雨是我国近 40 年出现的一次著名大暴雨事件。这场暴雨发生在江淮的梅雨季节，雨带稳定，降水集中，强度大。24 小时最大降水量达 362 毫米（安徽金寨县桥店河，7 月 9 日），1 小时最大降水量达 101 毫米（安徽蚌埠，6 月 12 日）。

2. 雷暴大风和冰雹的影响

冰雹灾害是由强对流天气系统引起的一种剧烈的气象灾害，每年都给农业、建筑、通信、电力、交通及人民生命财产带来巨大损失。冰雹对农业的危害主要是对农作物枝叶、茎秆、果实产生机械损伤，从而引起各种生理障碍和诱发病虫害，降雹造成土壤板结，导致作物受冻害，使作物减产或绝收。据有关资料，每年冰雹所造成的经济损失达几亿元甚至几十亿元。例如，1987 年 8 月 9~11 日的一次大范围降雹就是一个重灾的个例，这次冰雹横扫了河北、山东、山西、河南、陕西、甘肃、安徽、湖北、江苏、上海、江西 11 个省市，有 113 个县（市）降雹，受灾农作物 28 万公顷，毁房 10 余间，伤 160 余人，死 20 人。其中安徽省 23 个县（市）降雹，当涂县持续降雹半小时，肥西县最大冰雹直径 4 厘米，全省 4.7 万公顷农田受灾，早稻、棉花被打成光杆、落蕾；江西省景德镇市降雹，储田乡降雹持续一个多小时，最大冰雹似鹅蛋；河南省 18 个县（市）受雹击，唐河县持续 30~60 分钟，鲁山县最大雹径 3.5 厘米；河北省 7 个县降雹，孟村回族自治县降雹半小时，最大雹径 5 厘米，最大降雹密度每平方米达到 3 500 个。

冰雹灾害发生时，有时还伴随着强风和强降水，往往给人民的生命财产造成损失，形成灾害；狂风能吹倒房屋、吹折树木；冰雹会砸坏房瓦、玻璃和汽车等，还会对人、畜和家禽造成伤害；狂风还能刮断电杆、电线，造成人员触电或停电事故，尤其是航行中的船只突然遭到冰雹、大风的袭击，容易造成船只损坏或沉没。1980 年 6 月 26~27 日，浙江省 9 个地区 26 个县（市）都出现了冰雹、狂风和暴雨。冰雹直径最大的在 5 厘米以上；有的地方每平方米降雹 50 余个。此次降雹造成 151 人死亡，262 人受伤，23 人下落不明；各种农作物受灾约 6 万公顷；房屋倒塌 2 844 间，损坏房屋 11 882 间；倒断电杆 1 万余根；损坏、沉没渔船、农船 326 条；一些水利设施也受到破坏。

强烈的降雹天气会给交通运输造成影响，大的冰雹会砸坏汽车挡风玻璃，伴随强降水和大风会影响汽车的正常行驶，车速越快，越容易失控，引发交通事故；有时候大的降雹淤积还会造成高速公路关闭，影响高速公路的正常运营。2007 年 4 月 29 日，四川省渝宜高速公路突然遭受冰雹袭击，冰雹堆积路面厚达 10 厘米左右，使高速公路被迫关闭。

冰雹对飞机的飞行也会造成很大影响。冰雹云中有大量的正负电荷，形成巨大的正负电场，会产生强烈的放电现象。当飞机进入这一区域航行时就有遭到雷击或被冰雹砸击的可能。由于飞机和冰雹的相对速度比较大，直径 10~20 毫米的冰雹就会对飞机造成较大的损害，大的冰雹可以打坏机舱玻璃、雷达天线罩和水平安定面等部件。强烈的上升气流和下沉气流，可使飞机产生左右摇摆，前后冲击，上下颠簸和机身震动、抖动现象。轻则影响正常飞行，严重时还会损坏飞机，危及飞行安全。例如，强的下击暴流会造成飞机在起飞和着陆时发生因飞机动态失速而坠地的危险。

风雹过程对农业、房屋的损坏更是不容小觑。2005 年重庆市有 28 个区、县、

市发生风雹灾害 55 次，其中"4·8""4·21""5·3""5·15""7.15""8.3" 6
次风雹突发性强、强度大、造成损失最重。2005 年重庆市因为风雹灾害造成受灾
人口 491 万人、死亡 12 人、伤病 3 900 多人、紧急转移人口 5.3 万人，农作物
受灾面积 9.8 万公顷，绝收面积 1.7 万公顷，房屋倒塌 3.9 万间，房屋损坏 20.3
万间，直接经济损失 7.2 亿元。1972 年 4 月 18 日，安徽全省 30 多个县（市）
遭冰雹、大风、暴雨袭击。冰雹大似拳头、鸡蛋，小似核桃、蚕豆，造成庄稼
损毁、船只翻沉、房屋倒塌、人畜伤亡。安庆市停电，工厂停产。据不完全统
计，安庆地区的棉花、油菜等作物受灾面积 7.6 万公顷，损失山芋 20.5 万千克，
播种 192 万千克。巢湖地区刮坏房屋 120.518 万间，倒塌 10.17 万间，死亡 33
人，伤 2 273 人。这次灾害性天气影响范围之广，造成灾情之严重，在历史上是
少见的。

3. 龙卷的影响

龙卷是一种由雷暴云底伸展至地面的漏斗状云产生的强烈旋风，是强对流天
气的一种，是对流风暴产生的最猛烈的天气现象，其中心最大风速可超过 140 米/
秒。龙卷生消迅速，常与雷暴、冰雹和暴雨等强对流天气系统相伴出现，可造成
重大的人员伤亡和财产损失，是建筑设计、防灾减灾、工农业生产和财产保险等
诸项事业中应予重视的灾害性天气现象。

龙卷时空尺度很小，直径一般在 100 米以下，强龙卷可达几百米到 1 千米，
其持续时间一般为几分钟到几十分钟，生命史长的可持续数小时。

龙卷会导致较为严重的财产损失和人员伤亡。1983 年 4 月 11 日龙卷袭击了福
建省，造成 54 人死亡。1987 年 7 月 31 日黑龙江省发生龙卷，14 座城镇遭到严重
破坏，至少 16 人死亡，400 多人受伤。2008 年 6 月 20 日，安徽省灵璧县灵城镇部
分地区遭受龙卷袭击。受灾 2 万余人，死亡 1 人，受伤 45 人；民房倒塌 653 间，
损坏 965 间；直接经济损失 1 852 万元。2008 年 7 月 23 日，安徽省颍上县慎城、
润河等 10 个乡镇遭受龙卷袭击。4.4 万人受灾；作物受灾面积 2 958 公顷；房屋倒
塌 208 间、损坏房屋 934 间；折断树木 1 万多棵；损毁电力线路 1.4 万米；直接经
济损失 800 万元。

4. 雷电的影响

雷电因其强大的电流、炙热的高温、猛烈的冲击波及强烈的电磁辐射等物理
效应而能够在瞬间产生巨大的破坏作用，常常导致人员伤亡，建筑物、供配电系
统、通信设备、民用电器的损坏，引起森林火灾，造成计算机信息系统中断，仓
储设施、炼油厂、油田等燃烧甚至爆炸，危害人民财产和人身安全，也会严重威

胁航空航天等运载工具的安全。雷电灾害泛指雷击或雷电电磁脉冲的入侵和影响造成人员伤亡或财物受损、部分或全部功能丧失，酿成不良的社会和经济后果的事件。雷电灾害的损失包括直接的人员伤亡和经济损失，以及由此衍生的经济损失和不良社会影响。

我国 21 个省会城市每年雷暴日数在 50 天以上，最多的 134 天。每年造成三四千人伤亡，财产损失 50 亿~100 亿元。雷电灾害波及面广，涉及人类社会活动、农业、林业、牧业、建筑、电力、通信、航空航天、交通运输、石油化工、金融证券等各行各业。雷电灾害的影响主要包括对人身安全、经济建设、信息安全、航天安全、军事安全、交通安全、生态安全和体育活动安全的影响。例如，1989年，我国青岛市黄岛油库于 8 月 12 日遭雷击起火，燃烧 104 小时才勉强扑灭。伤亡人员近百名，烧毁原油 3.6 万吨。2007 年 5 月 23 日 16 时 34 分，雷电袭击了重庆市开县（现为开州区）义和镇兴业村小学上课的学生。全校 3 个年级中的四、六两个年级的 95 名学生遭到雷击，当场死亡 7 人，受伤 44 人。此次事件为 1949年以来最为严重的一次学生遭雷击事件。

表 1.1 给出了不同类型强对流天气可能造成的影响及涉及的敏感行业和部门。

表 1.1　不同类型强对流天气可能造成的影响及涉及的敏感行业和部门

强对流天气类型	影响	敏感行业和部门
短时强降水	短时强降水经常造成城市洪灾和内涝，还常在山区和丘陵的城市引发山洪、滑坡和泥石流等山地灾害。对社会经济和生态环境产生重大影响	农业、航运、交通运输、旅游业、水产业（丁一汇等，2009）
雷暴大风和龙卷	雷暴大风和龙卷属于风灾天气。强大的风力摧毁房屋，损坏电力设施与农业设施，易造成大范围受灾	农业、建筑、交通、电力
冰雹	冰雹突发性强，大尺寸的冰雹具有很强的破坏性，对无处躲藏的人、畜易造成严重的伤害。同时，冰雹一般伴随着大风与雷电天气，在一定程度上加大其破坏性	农业、建筑、通信、电力、交通（段英，2009）
雷电	雷电灾害分为直击雷、感应雷（雷电波侵入、雷电感应、雷击电磁脉冲）。直击雷主要损坏放电线路上的建筑物、输电线和造成人、畜死伤，感应雷主要破坏电子设备。现代城市中前者的危害有所减弱，后者的危害日益加重	农业、林业、牧业、建筑、电力、通信、航空航天、交通运输、石油化工等各行各业（张义军等，2009）

（三）台风

每年全球范围内约有 80 余个台风生成，其中北太平洋是台风生成频率最高的海域，占全球台风总数的一半以上，受台风影响的国家和地区达 20 多个。近年来，随着城镇化的发展，人口越来越密集，社会经济飞速发展，自然灾害给社会发展和人民生活带来的影响越来越大。台风灾害由于其登陆前后的强风暴雨发生时段集中，地域性明显，主要集中在沿海地区等高风险区域，台风灾害一旦发生，受灾程度大，影响范围广，带来经济损失巨大。

近年来全球范围内屡有极端台风（飓风）灾害事件出现，如 2005 年登陆美国路易斯安那州的"卡特里娜"飓风、2012 年登陆美国新泽西州的"桑迪"飓风、2013 年在我国浙江造成重灾的台风"菲特"、2013 年重创菲律宾的"海燕"超强台风等，这些台风（飓风）不仅造成严重的经济损失和人员伤亡，给防灾减灾带来严峻挑战，甚至给国家公共安全带来较大影响。

以下介绍 2005~2013 年的几个典型台风灾害事件。

1）"卡特里娜"飓风

2005 年 8 月墨西哥湾三级飓风"卡特里娜"登陆美国路易斯安那州，给美国南部的部分地区带来毁灭性的破坏，汹涌的风暴潮直扑密西西比河河口三角洲地带，导致位于河口地区的新奥尔良市几乎完全被淹没，造成巨大的人员和财产损失。"卡特里娜"飓风带来的灾难还几乎使新奥尔良市陷入无政府状态的混乱局面，部分地区抢劫之风盛行。为应对"卡特里娜"飓风给路易斯安那州和密西西比州造成的严重影响和社会混乱，时任美国总统布什不得不相继宣布路易斯安那州和密西西比州进入紧急状态。另外，"卡特里娜"飓风还给美国佛罗里达、佐治亚、田纳西、肯塔基、印第安纳、俄亥俄等地造成不同程度的损失。此外，"卡特里娜"飓风还迫使墨西哥湾附近三分之一以上油田关闭，七座炼油厂和一座美国重要原油出口设施也不得不暂时停工，导致国际原油市场价格上扬，并给全球经济带来影响。

此次飓风被认为是美国历史上损失最大的自然灾害之一。根据美国国家气候资料中心的统计数据，"卡特里娜"飓风在美国造成的直接经济损失约为 1 338 亿美元，总共有 1 833 人死亡，其死亡人数仅次于 1900 年的加尔维斯顿飓风的 8 000 人和 1928 年的佛罗里达飓风的 2 500 人以上，使之成为 1928 年佛罗里达飓风袭击美国以来造成死亡人数最多的飓风。

2）"桑迪"飓风

2012 年 10 月 29 日晚，北大西洋一级飓风"桑迪"在美国东部新泽西州大西洋城附近沿海登陆，登陆时中心附近最大风力有 12 级。根据凤凰卫视等媒体报道，截至 11 月 2 日，受"桑迪"飓风影响，共有 96 人死亡，一度有 18 个州超过 820 万个住户和商家停电，1.95 万架次航班取消，纽约、华盛顿与费城三大城市全部的地铁、公交车与地区铁路出现不同时长的中断运营，美国大选中断，纽约交易所停市两天，石油冶炼公司 Motiva 的一个储油设施破裂导致 30 万加仑[①]柴油泄漏，数百个银行自动取款机也无法运作，纽约市及新泽西州的约半数加油站关闭，联合国大楼连续关闭三天。美国国际经济顾问公司 IHS 环球

---

① 1 加仑 ≈ 3.785 升（美制）。

透视估计物质损失将达 200 亿美元，纽约州政府官员称，单单纽约州的损失估计就将超过 180 亿美元，加上商业、保险等损失，"桑迪"飓风带来的经济损失或达到 300 亿~500 亿美元，远远超过常年一年中所有飓风给美国造成经济损失的多年平均值（142.2 亿美元），成为美国历史上最严重的自然灾害之一，并很可能拖累美国经济增长。

另外，综合国内外媒体消息，先前受"桑迪"飓风袭击的海地、古巴等加勒比海国家，也至少造成 69 人死亡，古巴经济损失超过 21 亿美元。

3）"菲特"台风

2013 年第 23 号台风"菲特"是 2001 年以来 10 月登陆我国大陆地区强度最强的台风，10 月 7 日在福建福鼎市沙埕镇登陆时中心最大风力达 14 级（42 米/秒），时恰逢天文大潮，造成的风、雨、潮强度大，浙江安吉天荒坪降水达 1 014 毫米，导致浙江、福建、江苏、上海 4 省市 11 人死亡，130 多万人紧急转移，9 500 余间房屋倒塌或严重损坏，直接经济损失 631 亿元，为 2001 年以来造成直接经济损失最严重的一次台风。

受"菲特"台风影响，浙江省狂风暴雨和高潮位三碰头，致使浙江省部分城乡内涝、积水严重，城镇、农田受淹，一些民房倒塌，电力、通信、道路等基础设施被毁损，堤塘出险，多处发生泥石流、塌方等灾害。受"菲特"台风影响，余姚平均雨量 450 毫米，虽然余姚国家站过程雨量（544.8 毫米）没有超过其历史极值（566.7 毫米，6214 号台风），但是最大日雨量已超过该地历史极值（267.7 毫米，6214 号台风）的近一半，达 394.1 毫米。浙江余姚遭遇历史罕见水灾，城区 70%以上地区受淹，交通基本瘫痪，因为余姚的变电所、水厂、通信等设备进水，供电、供水、通信中断。受余姚特殊低洼地形和杭州湾天文潮汐的托顶，一天中只有在退潮时才能打开闸门进行排涝，导致城区洪水泄洪缓慢，给全市工农业生产和日常生活带来严重影响。

4）"海燕"超强台风

2013 年第 30 号台风"海燕"于 11 月 8 日在菲律宾莱特岛北部沿海登陆，登陆时中心附近最大风力达 17 级（75 米/秒），成为全球有气象记录以来登陆岛屿或大陆的强度最强的台风。虽然包括菲律宾国家气象局在内的多国气象部门已对"海燕"超强台风的威力发布预警，但是菲律宾政府在灾前没有强制沿海居民撤离，灾中应急处置和救灾表现不力，以及菲律宾百姓对超级台风防御意识薄弱，导致菲律宾遭遇海啸般洗劫。据当地媒体报道，"海燕"超强台风过后随处可见遭到严重损毁的房屋、树木，几乎无法下脚的街道，流离失所的人群。"海燕"超强台风从菲律宾东海岸登陆，然后迅猛地从东到西横扫菲律宾中部多个地区，所到之处一片疮痍。"海燕"超强台风造成多个地方电力、通信中断，多座机场、海港被迫关闭。菲律宾莱特省的帕洛镇和塔克洛班市是这次台风的重灾区，台风过后，当地的水已经齐腰深，不少车翻倒在水中，救援工作十分缓慢。不只物资缺乏，菲律宾也面临维护安全人员不足的窘境。在塔克洛班市，商店和大型超市都出现抢劫的状况，民众纷纷抢食物、电视机等。据 2014 年 1 月 14 日菲律宾国家减灾委员会的灾情通报，"海燕"超强台风共造成菲律宾至少 6 201 人死亡，1 785 人失踪，44 个省 1 608 万人受灾，409.5 万人无家可归，直接经济损失达 398 亿菲律宾比索。

（四）雾霾

雾霾与大气污染对国家公共安全的影响大致可以概括为对人体健康、交通运输、气候、工农业生产、电力、旅游、建筑物等的影响，如表 1.2 所示。

表 1.2　大气污染和雾霾的主要影响及典型事例

分类	主要影响	典型事例
人体健康	呼吸系统疾病、心脏病、肺病、致癌、死亡	伦敦烟雾事件、洛杉矶光化学烟雾事件
交通运输	交通拥堵、事故频发，对公路、航空、铁路、航海均有影响	2013 年 10 月 6 日首都机场航班大面积延误；2013 年 12 月 6 日上海机场多架次航班延误或取消；2013 年 1 月严重雾霾天气造成北京市区严重堵车
气候	能见度降低、日照减少、气候变化	南极臭氧空洞；南京日照时数 40 年减少 500 小时；武汉日照时数每 10 年减少 50 小时；全球气候变暖导致海平面上升
工农业生产	设备腐蚀、成本增加、酸雨污染、作物产量降低	中国已是仅次于欧洲和北美的第三大酸雨区，1998 年，全国一半以上的城市，其中 70% 以上的南方城市及部分北方城市都下了酸雨
电力	污闪、雾闪、跳闸、短路、断电	2012 年 1 月西安—郑州高铁因雾闪影响而晚点；1989 年 12 月底至 1990 年 2 月污闪等天气原因造成华北大面积停电
旅游	旅客减少、旅游收入降低、体验、形象变差	2013 年 1 月，到北京旅游的外国人较上年同期增长 13%，但浓雾霾事件报道后，2 月与上年同期相比锐减 37%；1997 年新加坡因烟雾灾害给旅游业带来影响
建筑物	腐蚀破坏、寿命缩短、影响视觉景观	乐山大佛、加拿大议会大厦、卢沟桥石狮被腐蚀

1. 对人体健康的影响

大气污染对人体健康的影响，最常见的便是对呼吸系统的影响，首先是感觉上不舒服，再进一步就可能出现急性危害症状。1952 年 12 月，伦敦出现严重阴霾天气，在大雾持续的 5 天时间里，伦敦的能见度只有几英尺①，交通陷入混乱，4 000 多人被毒雾夺去生命，随后的 3 个月估计共有 1.3 万人死于呼吸系统并发症，这一悲剧是英国历史上最严重的空气污染灾难（周桔，2013）。总体上，大气污染

---

① 1 英尺≈0.3 米。

对人的危害大致可分为急性中毒、慢性中毒、致癌三种。

大气中的污染物浓度较低时，通常不会造成人体急性中毒，但在某些特殊条件下，如工厂在生产过程中出现特殊事故，大量有害气体泄漏外排、外界气象条件突变等，便会引起人群的急性中毒。例如，印度博帕尔农药厂异氰酸甲酯泄漏，直接危害人体，造成了 2.5 万人直接死亡，55 万人间接死亡。

大气污染对人体健康的慢性毒害作用主要表现为污染物质在低浓度、长时间连续作用于人体后，出现的患病率升高等现象。中国城市居民肺病发病率很高，其中城市居民呼吸系统疾病明显高于郊区，很多有害的元素和化合物都富集在大气细颗粒物上，一旦被人从呼吸道吸入，就会沉积于人的肺泡，沉积肺泡的烟尘被溶解后进入血液，容易造成血液中毒，未被溶解的部分被细胞吸收容易破坏细胞并造成尘肺病。

致癌是大气污染物长期影响的结果，是由于污染物长时间作用于肌体，损害体内遗传物质，引起突变（常桂秋等，2003），会造成生殖细胞发生突变，使后代肌体出现各种异常，或者引起生物体细胞遗传物质和遗传信息发生突然改变甚至诱发肿瘤等。

此外，雾霾天气对新生儿健康也产生重大影响，一项大型的国际研究证实，接触过某些较高浓度空气污染物的孕妇，更容易产下体重不足的婴儿，增加此类儿童的死亡率和患病风险，并且与婴儿未来一生的发育及健康都有很大关系。

2. 对交通运输的影响

大气污染特别是雾霾天气中空气能见度较低，视野模糊不清，易引发交通事故、空难和海难。严重雾霾污染不仅会造成交通阻塞，甚至还会发生汽车追尾事故，尤其是在山区公路和高速公路上。雾霾对航空影响更大，遇有大雾，须临时关闭机场，影响飞机的按时起飞和降落，甚至造成飞机失事。在江、河、湖、海上出现大雾，可影响船只正点出航或导致船只晚点，甚至因看不见信号灯、航标或其他航行的船只，造成船只相撞或触礁事故。大气污染对铁路运输也会产生影响，其中雾霾引起的雾闪会导致铁路断电、临时停车或者延误事件发生，影响铁路正常的客货运输。例如，2012 年 1 月，西安到郑州的高铁 D1002 次列车两次出现雾闪断电事故，造成动车晚点。

3. 对气候的影响

大气污染物质会影响天气和气候。大气污染物中的颗粒物能够减少到达地面的太阳光辐射量，尤其是在大工业城市中，在烟雾不散的情况下，日光比正常情况大幅度减少，进而影响或改变当地正常的气候状况。另外，高层大气中的氮氧化物、碳氢化合物和氟氯烃类等污染物使臭氧大量分解，引发的"臭氧洞"问题早已成为全球关注的焦点。

从工厂、发电站、汽车、家庭小煤炉中排放到大气中的颗粒物，大多具有水汽凝结核或冻结核的作用。这些微粒能吸附大气中的水汽使之凝成水滴或冰晶，从而改变该地区原有降水情况。人们发现在离大工业城市不远的下风向地区，降水量比四周其他地区要多，这就是拉波特效应（陈宝冲，1990）。如果微粒中央夹带着酸性污染物，那么下风向地区就可能受到酸雨的侵袭。大气污染除对天气产生不良影响外，对全球气候的影响也逐渐引起人们的关注。由大气中二氧化碳浓度升高引发的温室效应的加强，是对全球气候最主要的影响，地球气候变暖会给生态环境带来许多不利影响。

4. 对工农业生产的影响

大气污染对工农业生产的危害十分严重，这些危害可影响经济发展，造成大量人力、物力和财力的损失。大气污染物对工业的危害主要有两种：一是大气中的酸性污染物和二氧化硫、二氧化氮等，对工业材料、设备和建筑设施的腐蚀；二是飘尘增多给精密仪器、设备的生产、安装调试和使用带来的不利影响。大气污染对工业生产的危害，主要体现在增加了生产的费用，提高了成本，缩短了产品的使用寿命。

大气污染对农业生产也会造成很大危害。酸雨可以直接影响植物的正常生长，又可以通过渗入土壤及进入水体，引起土壤和水体酸化、有毒成分溶出，从而对动植物和水生生物产生毒害，如严重的酸雨会使森林衰亡和鱼类绝迹。

5. 对电力、旅游、建筑物等的社会影响

大城市的热岛效应使城区的空气相对湿度偏低，而城市中吸湿性大气污染微粒是很好的水汽凝结核，这种含有大量二氧化硫、氮氧化物等的污染气体，与水汽结合形成的酸性污染物质对建筑有很大的腐蚀作用，特别是对文物、景观建筑等造成的危害更大。

大气污染所带来的能见度下降和对健康的危害，会引起游客减少，影响旅游业发展（李海萍和王可，2011），如 2013 年上半年，到中国的外国游客数量比上年同期减少 5%，而到北京的游客则减少了 15%，这其中雾霾污染"贡献"了很大比例。

大气污染较严重环境下，输电线路导线及附属设备表面经常积攒大量污垢，使其绝缘能力下降，易造成线路短路继而跳闸，发生污闪现象，出现大面积停电，对居民生活、工业生产和城市运行造成一定影响。1989 年 12 月底至 1990 年 2 月，

河南北部电网、河北南部电网、陕西南部和中部电网、京津唐电网及辽宁西部和南部电网相继出现大雾和雨雪天气，污闪逐渐由南向北发展，先后有 172 条 110 千伏至 500 千伏线路掉闸，其中 81 条线路停运，有 27 座 110 千伏和 220 千伏的变电站全部或部分瞬时停电，电量损失超过 3 100 千瓦时，给工农业生产和人民生活带来严重损失（宿志一和李庆峰，2010）。

第三节　气象灾害监测预警现状与水平

在我国，每年致灾性比较强的灾害性天气主要有持续性强降水、台风、短时强降水或雷电大风等强对流天气；近年来，随着人们环境保护意识的增强，雾霾天气对人体健康的危害也日益得到重视，其对环境造成的影响曾一度引起社会的恐慌和民众的不安，防霾减排也成为公共安全构建中的内容。因此，本节将重点论述四类灾害性天气的监测预警现状及不足之处，以期为国家未来科技发展规划提出建设思路。

一、气象灾害监测预警整体现状分析

（一）现状

气象灾害的发生主要起源于灾害性天气的出现，做好气象灾害防御的首要重点是对灾害性天气准确的预报。近十年来，我国天气预报服务工作受到了国际社会高度关注，受到我国各级政府、社会公众的高度认可，这与气象部门在防灾减灾和应对气候变化工作中发挥的积极作用密不可分。其中最重要的原因是天气预报技术的发展所带来的预报准确率和精细化程度的提高。我国已经初步构建了包括天气监测、天气尺度和中尺度分析、临近预报（0~2 小时）、短时预报（0~12 小时）、短期预报（0~72 小时）、中期预报（3~10 天）和延伸期预报（10~30 天）等无缝隙预报业务体系。天气预报产品的精细化程度明显提高。开展全国范围灾害性天气的实时监测，天气分析实现了由单一天气尺度分析向以天气尺度和中尺度分析相结合的综合分析转变；气象要素预报已经精细化到乡镇，格点产品时空分辨率为 3 小时间隔 10 千米格距；开展了雷雨大风、冰雹和短时强降水等强对流分类短期、短时临近预报业务；发布了未来 24 小时 6 小时间隔及未来 168 小时 24 小时间隔的定量降水预报（quantitative precipitation forecasts，QPF）产品，实现了降水预报由定性的落区向定量的格点化、单一的降水向雨雪相态的根本性转变；发布了登陆台风未来 24 小时 6 小时间隔 10 千米风雨预报；建立了强对流分类、台风路径及中期基本气象要素和灾害性天气概率预报业务；实现了 13 个海区海洋气象预报向沿岸、近海、远海 73 个海区的精细化海洋气象预报拓展；等等。这些使得基本气象要素预报、突发性中小尺度灾害性天气及重大天气过程的监测预报预警能力明显提高。

国家气象中心作为中国气象局主要的气象预报业务单位，近几年来，进一步完善了以多源资料综合分析应用为基础，以集合预报、概率预报、集成预报及模式解释应用等预报技术为核心，以精细化的预报产品制作为特征的现代天气预报技术体系。实现了灾害性天气的监测及短时、短期、中期、长期预报等 30 天时效内监测预报预警服务的无缝隙衔接。初步建立了格点化、数字化的产品体系和上下互动的格点化业务流程。截至 2013 年，全国 24 小时晴雨预报和最高温度、最低温度预报准确率分别为 87.6% 和 77.1%、82.3%，暴雨预报 TS（threat score，风险评分）为 19.1%，较十年前提高了 7 个百分点，台风路径 5 天预报误差小于日本和美国，24 小时预报误差 82 千米，较十年前降低了 63 千米，接近同期世界先进水平。

（二）问题与不足

预报服务能力与国家需求有较大差距。天气业务专业化技术体系有待完善，精细化水平仍然不高；传统的天气业务亟待向影响预报及风险预警业务转变；决策气象服务产品种类不多，针对性不强；为农服务定量化水平不高，海洋气象、航空气象、生态气象、环境气象等重点领域预报服务基础薄弱；各项业务能力距离满足小康社会需求仍存在较大的差距。

关键技术支撑比较薄弱。自主发展的 GRAPES（global/regional assimilation and prediction system，全球/区域同化预报系统）尚未达到现行业务 T639 全球模式 1~15 天集合预报系统的预报水平，模式预报误差增长较快、全球同化系统中所使用的观测资料量不到欧洲中期天气预报中心（European Centre for Medium-Range Weather Forecasts，ECMWF）资料使用量的 20%，数值预报模式和同化方面的核心与关键技术仍需加快发展和取得突破；台风精细化预报、定量降水预报、延伸期预报等关键技术尚未取得实质性的突破；分类强对流强度和风险等级精细化预报技术欠缺；高时空分辨率的灾害性天气种类、强度和落区，以及精细化气象要素预报技术有待实现；灾害性天气影响评估技术尚未突破；气象对农业生产影响定量评估指标体系缺乏；预报服务的综合数据和产品应用环境高效性、集成性不高；对天气雷达、气象卫星等多种资料的综合分析应用不足，技术与平台支撑能力薄弱；距离建成具有国际一流水平的国家级业务中心仍有较大差距。

二、各主要灾害性天气监测预警现状分析

（一）持续性降水监测预警状况分析

持续性降水及其造成的洪涝灾害是我国主要自然灾害之一，持续性降水及其引发的次生灾害，对国家安全、公共安全都有重要影响。一直以来，持续性强降水的预报和服务也是每年汛期天气气候预报会商的重点，其预报的准确率在一定程度上决定了气象预报服务水平，也是体现防灾、减灾能力的重要因素。

1. 主汛期持续性暴雨的预报服务流程现状

夏季，我国暴雨多发，降水量可占正常年降水量的 60%~80%。这些降水往往又出现在几次强降水过程中，其中的持续性暴雨过程更是在很大程度上决定了大江、大河的防汛形势，以及地质脆弱地区的山洪、泥石流灾害的强度。例如，1991 年 6 月 29 日到 7 月 11 日、1998 年 6 月 12 日至 28 日及 7 月 21 日至 31 日、1999 年 6 月 23 日至 7 月 1 日的暴雨过程，均为此类降水，造成了重大的人员伤亡和经济损失。持续性暴雨事件作为一种典型的强影响天气，表现为大范围的强雨带长时间维持在某一特定地区，一直以来是我国预报业务部门关注和服务的主要方面之一。目前，中央气象台的中期预报产品《中长期天气预报》，每日在未来一段时间的"重点关注"中会针对此类"持续性明显天气过程"给出预报的文字说明。进一步的可能影响示意产品，则由决策气象和水文气象部门依据预报意见来分析加工。另外，在主汛期中央气象台还与国家气候中心共同发布主要雨带落区的趋势预测产品，这部分产品基于季风系统推进动态，预测未来我国主雨带位置和强度，并发布相应的降水过程产品。中央气象台的短期预报及各省区市气象台在主汛期主要发布 24 小时预报时效的各类暴雨预报及预警产品。

总的来讲，当前中、短期的日常业务预报对持续性暴雨及其可能影响，还缺乏专门的预报产品。现有产品的落区只是逐日的落区预报，强调的是等级，缺少具体点的降水强度，精细化程度不高；同时，哪些区域会出现持续性降水、持续时间长短、总的累积量是否致灾等均缺少对应产品，且需要下游用户主观判断。这均限制了产品的针对性和敏感性的提高。

2. 预报能力现状

中央气象台日常业务中关于降水产品，日常主要是提供 1~7 天主观的、确定性的降水落区预报。其准确率取决于预报员对数值预报的订正和理解能力。纵观近

几年来暴雨预报的 TS 情况，以 2010~2013 年为例，24 小时暴雨 TS 分别为 0.163、0164、0.166 和 0.191；48 小时时效为 0.135、0.13、0.141 和 0.158；72 小时时效为 0.111、0.106、0.12 和 0.131。4~7 天时效 TS 较数值模式略有提高。总体而言，中短期预报时效内暴雨预报 TS 均呈增长趋势。然而进一步统计发现，预报员对数值模式预报的订正能力，或者说暴雨的 TS 主要来源于持续性和成片性等类别的暴雨过程；而分散性暴雨，无论数值模式还是预报员的得分均非常低。另外，目前中央气象台对降水只是提供量级的预报，虽然对于最大值会有所体现，但还是无法满足预报服务的要求，更不能满足防灾减灾的需求。同时，中央气象台一直采用的 TS 标准，其在衡量降水尤其是暴雨预报能力方面也存在一些不足。测算表明，当对一项暴雨事件的把握性达到 13% 时，此时预报暴雨，将有利于 TS 的提高。无疑，这种评定会造成明显的空报。

3. 预报支撑技术现状

持续性暴雨及其造成的洪涝灾害是我国主要自然灾害之一。因此，暴雨预报的准确率在一定程度上是影响气象预报服务水平和防灾减灾能力的重要因素。目前暴雨预报准确率主要依赖于数值模式预报能力的提高。然而，一个不能回避的事实是，数值模式对不同变量场的预报能力差异明显，如对质量场（高度、气压、温度）等预报能力最好，而对水汽、垂直速度等预报能力最差。这也就决定了当前我们对那些与质量场联系紧密的区域性的、连续性的暴雨预报准确率最高，而对局地的、分散性的暴雨把握能力较弱。

面对这一现状，如何提高暴雨预报准确率？大量的研究和预报个例总结表明，针对不同类型暴雨进行相应的模式性能评估和订正必不可少。然而，数值预报还存在误差，包括初始条件误差、模式动力和计算误差、物理参数化误差等。面对这些模式问题，迫切需要针对不同模式进行长期和实时的数值模式检验评估，以及建立相应的业务支撑系统，帮助预报员更好地了解模式误差，确定最优的模式预报结论，以及进行可能的订正。

1）检验评估技术现状

目前，业务中对于数值模式预报的偏差检验、预报评估还存在许多问题，主要包括：①模式天气学检验评估仍以主观为主，定量和客观化的技术方法较少，不利于模式预报质量评价的总结；②"数值模式天气学检验公报"逐渐流于形式，与预报实际业务需求脱节，其发挥检验评估的支撑效果不足；③模式检验评估的支撑平台越来越满足不了业务应用的需求，预报员不能快速、有效地从支撑平台获得包括实时、历史的模式预报性能及未来天气不确定性的信息。

2）订正技术现状

经过近几年气象现代化的建设，对于模式降水的订正技术也取得了许多进展，包括：多模式降水集成预报技术，该技术通过计算确定性模式成员之间的相似度来判定权重并进行集成；强降水等级预报技术，采用配料法思想，建立预报模型制作强降水等级预报技术；集合预报多统计量融合技术，即针对不同的降水等级，采用最优的集合统计量，最终得到融合产品；另外，与南京大学合作，引入美国国家环境预报中心（National Centers for Environmental Prediction, NCEP）的频率订正技术，有效提高降水评分。通过对上述方法的检验评估，发现上述方法都表现出较好的订正效果。面对多项定量降水预报订正技术，目前其业务应用还存在各种问题，包括：业务化程度还不高，由于数据、系统、平台等因素，部分订正技术成果还处于实验阶段，没有形成业务应用能力；系统和实时的检验评估缺乏，造成预报员应用客观订正降水的动力不足，业务应用深度不够；新技术、新产品的说明文档及培训还不够，也是客观产品难以推动的另一个原因；还有客观技术的整合程度不高，技术方法太多也会给预报员造成选择上的困难，需要发展整合技术，将不同产品的优势集中起来，为预报员提供便捷、有效的客观参考产品。

3）中尺度模式在暴雨预报中的应用现状

目前中央气象台的定量降水预报产品制作主要依托全球业务模式，预报思路也停留在天气尺度迟迟未深入中尺度层面。然而暴雨主要由中尺度对流系统（mesoscale convective system，MCS）造成，全球业务模式受分辨率、积云对流、微物理参数化和边界层参数化等的影响对 MCS 的预报能力有限，在暴雨预报上存在严重局限性。具体表现在预报员基于全球模式的定量降水预报除了对局地性暴雨把握较差外，对区域性暴雨往往以大量空报换取命中，漏报也较多，直接导致 TS 不理想。

欧美等发达国家和地区的中尺度模式经过三十多年的发展现已成为成熟的业务技术手段，目前欧美主流的业务高分辨率模式评估结果表明 1~5 千米分辨率的模式能够提供有效的定量降水信息。而我国至今仅在科研与业务结合的新技术测试中进行了南京大学 4 千米 WRF（weather research and forecasting model，天气研究和预报模式）、GRAPES-meso 等中尺度模式的测试应用，中尺度模式的业务应用方面还处于起步阶段，突显的问题有预报员对定量降水预报的思路还停留在天气尺度层面，中尺度暴雨的理论和预报相关技术基础薄弱，同时，预报员也严重缺乏对中尺度模式的理解和应用技术。可见，中尺度模式业务应用面临从无到有的巨大挑战。

4）集合预报在暴雨预报中的应用现状

近年来，定量降水预报业务流程中还是以确定性模式支撑为主，但随着 2012 年集合预报数据进入业务系统，并在国家气象中心集合预报团队的努力下，集合数据在降水预报中得到广泛应用，包括集合统计值、概率匹配值、降水概率预报等产品已经进入预报员的桌面平台，并在天气分析、预报会商中得到有效展示。然而，集合预报相对于确定性模式的优势还挖掘不足，包括：需要提供更稳定、可靠的定量降水预报客观产品；在提供不确定性信息方面，作用体现不明显；在针对极端性暴雨天气方面，还需要进一步检验评估，评价其预报效果。

5）多源资料的应用现状

对于由中小尺度系统所造成的暴雨过程，常规观测资料由于其较粗的时空分辨率，往往难以捕捉，严重制约了对暴雨中尺度结构的认识和预报水平的提高。随着气象现代观测网的逐步完善，雷达、风廓线仪、微波辐射计、GPS水汽、闪电定位仪等一些新型的观测手段和观测资料逐步被引入气象业务体系中，为我们加深对暴雨的中小尺度特征的认识和理解提供了可能。然而在实际业务中，由于缺乏相应的数据显示平台等，预报员对这一类资料的分析和应用还显得很不足。此外，高分辨率中小尺度数值模式逐渐在业务中开始应用，为我们准确预报一些中小尺度系统所造成的暴雨提供了可行的手段，但中小尺度数值模式预报效果究竟如何，也迫切需要有对应的高分辨率的实况观测对其预报效果进行更为精细的检验分析。因此，开展多源资料的应用研究，无论是对加深中小尺度暴雨过程的认识和理解，还是对预报员更好地掌握中小尺度模式的预报性能，都显得十分必要，然而目前这项工作还显得很不足。

6）业务支撑平台现状

目前，中央气象台主要预报平台为MICAPS 3.2工作站版和MICAPS 3.2微机版，这两个版本在调阅高分辨率数值模式数据方面具有显示速度慢、功能单一的缺点，不能完整地查看模式预报的各个细节，严重制约了对暴雨预报相关产品的精细化分析。由于大部分非常规资料具有高时空分辨率的特点，在数据传输、存储、业务应用上都有很大困难，这也严重制约了暴雨预报准确率的提高。另外，中央气象台缺乏统一的暴雨客观产品显示及订正平台，预报员不能很好地分析各模式预报偏差、可信度等信息，这也是制约暴雨预报准确率提高的一个重要方面。

此外，多年来，中期预报业务平台对中长期预报业务的支撑主要体现在天气趋势、天气过程等方面，尚缺乏专门针对中期时效暴雨等强降水预报的支撑，急需投入力量进行研发，以增加对各种新资料、新方法的集成显示、分析功能，促进中期时效暴雨预报准确率的提高。

7）预报业务流程及预报员队伍建设现状

定量降水预报业务日新月异，逐步向格点化、概率化发展，但原有的预报技术流程逐渐不适应业务的快速发展，完整规范的技术流程尚未建立，预报员的主观性较强。目前中央气象台从事定量降水尤其是暴雨预报的预报员相对年轻，工作年限大多在5~10年，预报经验和能力各有差异。同时，受限于大气科学发展的不均衡性，预报员对大尺度天气系统和天气过程把握较准确，但对中小尺度系统和突发性暴雨天气的把握能力尚待加强。另外，由于目前业务流程规定的定量降水预报产品下发时间比起报时间提早 3~4 小时，也不利于预报员根据实况进行短临外推，对预报准确率的提高有一定的阻碍。

8）持续性降水监测现状

目前在中央气象台预报业务中，持续性降水的监测具有明显的随时间和空间变化而变化的特征。总的来讲，空间范围涵盖华南、江南、江淮、华北、东北及西南地区东部等中、东部大部地区，时间演变则从华南前汛期（3月左右）开始到华西秋雨（10月）结束，前后持续 8 个月左右。日常监测业务主要关注持续性降水的区域及其持续时间。一般而言，我国雨季随着季风的发展而自南向北推进。因此，监测中首先要确定各个地区雨季的起、止日期，在此基础上针对每次降水过程进行分析。与此同时，监测工作一般贯穿于日常的中短期预报中，目的是服务于及早发现、及早预防，为汛期防灾、减灾提供参考。

目前该项业务按规定分为国家级、省级和地县级。以 6~8 月主汛期的江淮梅雨为例：国家级业务单位，一般为国家气象中心和国家气候中心。它们依据相关规定的指标和方法，对江南梅雨区、长江梅雨区、江淮梅雨区等跨行政区的梅雨发生、中断、结束进行实时监测，并会及时组织省级会商，分析总结梅雨期的天气气候特点，发布梅雨监测产品，指导相关省级业务单位开展梅雨监测业务。而省级，则基于梅雨发生的具体分布，相关省（市）级业务单位要依据相关的指标和方法，开展对本区域梅雨的发生、中断和结束的实时监测业务，及时总结梅雨期的天气气候特点，发布梅雨监测产品，对地县级的梅雨监测进行指导。地县级，原则上不开展梅雨监测业务，直接采用省级梅雨监测产品开展相关的服务。汛期结束后，国家级单位会发布统一的汛期特征说明文档。

而持续性降水预警的制作和发布，除了依据监测的前期降水总量和影响范围外，更多依据国家气象中心的中、短期预报结论，并参考现行暴雨预警标准（涵盖三个层级，即暴雨黄色、橙色和红色信号）。发布时，除了包含降水量级和范围，还会提及相应防范措施。

（二）强对流天气监测与预警现状

强对流天气指的是发生突然、天气剧烈、破坏力极强，常伴有雷雨大风（风速达到或超过 17.2 米/秒）、冰雹、龙卷、短时强降水（1 小时降水量达到或超过 20 毫米）等强烈对流性灾害天气。强对流天气空间尺度小，一般水平范围在十几千米至两三百千米，有的水平范围只有几十米至十几千米。其生命史短暂并带有明显的突发性，一般为一小时至十几小时，较短的仅有几分钟至一小时。

1. 强对流天气业务发展现状

总的来看，多年以来，强对流天气业务一直是短期天气预报的一部分。近些年，我国强对流天气业务取得了一定的进展，国家和省区市气象台初步建立起比较完善的强对流天气落区预报业务。全国大部分省区市先后建立了短时强降水、雷雨大风等强对流天气临近预警业务；国家级和省级建立了中尺度灾害性天气潜势分析业务，预报员应用中尺度模式产品诊断分析能力和综合分析多种资料的能力明显提高。建立了精细到县的短时强降水、大风、雷电等强天气自动识别与实时报警业务，基于外推和数值模式融合技术的短时预报业务得到发展。以中央气象台强对流业务为例，2003 年，中央气象台正式发布强对流天气 24 小时落区预报。2007 年 3 月，下发全国 24 小时内 12 小时间隔强对流天气落区预报。2009年 4 月，随着国家级强对流天气专业化中心的建立，开始下发强对流天气潜势预报产品，产品的精细化水平逐步提高。具体而言，强对流业务主要包括以下四个方面。

（1）全国强对流专业化业务体系初步建立。发展专业化的业务技术体系是天气业务由"传统"向"现代"转变的客观要求。为提高天气预报准确率和精细化水平，根据我国灾害性天气的特点，2009 年 3 月，国家气象中心组建了强天气预报中心，并开展强对流落区潜势预报业务，标志着强对流天气业务向专业化的方向发展，并以此带动全国强对流精细化预报业务体系的建设。之后，部分省级气象台站逐步设置了针对强对流天气的专门岗位，主要职责是在国家级强对流潜势预报的基础上，结合本地天气气候特点，制作更加精细的强对流短时临近预报。专业化中心的成立和专业化岗位的设置体现了以国家和省级为重点的预报业务指导流程。与此同时，市级、县级也逐步完善了强对流天气预警信号发布的业务流程。到目前为止，全国已经初步建立了业务流程清晰、岗位职责明确的强对流业务体系。

（2）强对流天气监测和短临预报业务迅速发展。新的监测手段促进了强对流天气监测业务的迅速发展。1998 年，具有多普勒测速功能的新一代天气雷达开始建设。截至 2012 年 6 月，全国已布设了 160 多部多普勒天气雷达，有效地提升了对强对流天气的监测预警能力。近些年来，我国气象卫星探测技术不断发展，目前使用风云二号 D 星和 E 星组成双星业务系统，对我国和周边地区的天气系统进行了有效的监测。每年 6~8 月可以每 15 分钟获取一幅云图。2012 年汛期，还启动了风云二号 F 星的区域加密观测，针对重点区域可以实现每 6 分钟一次的卫星加密观测，大大提高了对中小尺度天气系统的监视能力。不仅如此，风廓线雷达、分钟雨量、GPS 水汽及微波辐射计等资料也在强对流天气的监测分析中发挥了越来越重要的作用。

监测能力的迅速发展也促进了强对流天气短时临近预报能力的提升。我国从 2004 年开始逐步开展强对流天气的短时临近预报业务。国家级主要发布未来 6~12 小时的短时指导预报，省级及地方气象台站在定时发布短时预报的基础上，重点开展临近预报业务，并根据强对流天气的种类、影响范围及强度等发布相应的预警信号。

（3）中尺度天气分析业务在全国稳步推进。中尺度天气分析是结合强对流天气特点、适应强对流业务专业化发展的一项新的天气分析内容。相对于常规的天气分析而言，中尺度分析更加注重强对流天气发生发展的天气系统配置和各种物理条件的综合分析，目前已经成为强对流天气业务的重要内容之一。2009 年，国家气象中心试验性开展中尺度天气分析业务；2010 年，制定《中尺度天气分析技术规范》，并通过中国气象局预报司向全国推广；2011 年，针对《中尺度天气分析技术规范》进行进一步的改进完善，2013 年向全国推广的新版《中尺度天气分析技术规范》完全按照"配料法"的思路来研发对流和不同类型强对流天气的分析技术，并简化了地面和高空分析，增加了探空 $T\text{-}\log P$ 图分析及基于非常规资料和中尺度数值预报的中尺度系统、结构和发生条件分析等，更适合省级及以下台站充分利用高时空分辨率的观测资料，开展更加精细的本地区强对流天气过程的分析。

（4）强对流业务产品的精细化程度不断提高。强对流专业化业务体系的建立，促进了业务产品的精细化水平不断提高。目前，国家级初步建立了集监测、分析、预报、检验等为一体的较为完整的强对流天气业务产品体系，实现了基于多源观测资料的不同类别、不同时间段的强对流天气客观监测；开展了强对流天气中尺度分析业务及针对较强天气过程的中尺度系统滚动分析业务试验；实现了由原来单一的强对流天气预报向短时强降水、雷雨大风和冰雹的分类强对流潜势预报的转化；预报时效从 24 小时延长至 72 小时；预报产品由确定性预报逐渐向分类概率预报发展；尝试开展了基于 TS 的强对流天气落区预报检验和概率预报检验。省级及地方气象台站在强对流天气监测的实时性、准确性方面不断提高，在短临预报预警方面，逐渐由原来概述性的强对流天气向不同种类（雷电、短时强降水、雷暴大风、冰雹等）转变，对强对流天气的强度也由原来的定性预报向定量化转变，更加注重在预报准确率基础上的精细化程度的提高。随着近几年强对流天气业务的专业化发展，预报准确率和精细化水平有所提高，特别是对于区域性的强对流天气过程，预报能力有所提升。以 2012 年 4 月 10 日至 13 日我国南方地区一次较大范围的飑线过程为例，中央气象台提前 3 天预报出了此次强对流天气过程，并随着时效的临近不断进行订正，24 小时内对于强对流天气类型和落区进一步精细化，整个过程预报较为准确。广东省最新的统计数据表明，广东省对中小尺度突发灾害性天气监测率达 80%，强对流天气预报准确率达 70%。

2. 强对流天气业务发展的技术支撑

随着气象现代化建设不断推进，综合气象观测能力明显增强，数值预报预测能力逐步完善，基于灾害性天气发生发展的动力、热力条件诊断分析技术和数值预报产品解释应用技术不断发展，网络通信与计算机技术飞速发展等，都为我国强对流天气业务发展提供了坚实的基础和良好的发展机遇。

1）新一代天气雷达资料和卫星资料的应用

由于时空分辨率高和较好的三维空间覆盖性，多普勒天气雷达资料不仅用于定量降水估测（quantitative precipitation estimate，QPE），也是目前强对流风暴和天气（尤其是冰雹、雷暴大风和龙卷）监测与临近预警的最重要资料。例如，强冰雹的雷达反射率因子特征是悬垂强回波，中层径向速度辐合和弓形回波是指示雷暴大风天气的重要雷达观测特征，等等。基于多普勒天气雷达资料中的这些特征，强冰雹、中气旋、龙卷涡旋特征等的识别算法逐步得到了发展和完善。新一代天气雷达网的建设，大大促进了雷达资料在强对流天气业务中的应用。2006 年，中国气象局培训中心的俞小鼎等编写了《多普勒天气雷达原理与业务应用》，详细介绍了多普勒天气雷达在探测和预警冰雹、龙卷、灾害性大风、短时暴雨、暴洪等强对流天气方面的业务应用。近些年来，针对每年发生的较强的强对流天气过程，如 2002 年 5 月 27 日安徽北部一次典型超级单体风暴造成的强对流天气，2004 年 7 月 10 日北京短时强降水和 7 月 12 日上海飑线引发的灾害性大风过程，2005 年 3 月 22 日广东一次罕见的强飑线过程，2009年 6 月 3 日、5 日和 14 日淮河中下游三次飑线过程等，一些气象学家也综合应用多普勒雷达资料进行了全面的分析总结，得出了一些有益的结论，并应用于强对流天气的监测和预报，特别是短时临近预报预警中。俞小鼎等（2012）在借鉴美国强对流主观识别技术和客观算法的基础上，总结提炼了有利于我国强对流天气发生发展的环境条件及雷达特征，并给出了建议使用的雷达产品，为实际业务应用提供了较好的参考。

随着气象卫星定量遥感探测能力的增强，卫星探测资料在 MCS 方面的研究更加深入。一方面，利用卫星资料对 MCS 的特征进行了统计分析，包括中国及邻近地区、华南、华北和青藏高原等地的中尺度对流云团的特征，以及南方地区的中尺度对流复合体（mesoscale convective complex，MCC）的特征，其中，南方地区 MCC 的研究表明，其平均生命史为 18 小时，最长 22 小时，最短 11 小时，90%以上发生于北京时间 18~05 时，具有显著的夜发性。另一方面，基于静止卫星红外云图 MCS 判断标准的修订，结合我国天气特点和卫星云图的分辨率，定义了 MCS 云团的识别判据，发展了 MCS 的识别与追踪方法，在强对流天气的短时临近预报中具有很好的指导作用。下一代的中国 FY-4 号试验卫星、美国 GOES-R 气象卫星、欧洲 MTG 气象卫星通道数将增加到 15 个左右，能够实现分钟级的快速扫描，时空分辨率大幅提高，不仅能够监测大气中的云系和 MCS 信息，还能够获取晴空大气温湿廓线以监测对流的发生条件。通过这些监测资料不仅可以识别、追踪 MCS，还可以分析对流活动不同发展阶段的特征：对流发生前的大气稳定度状态；对流初生（convective initiation，CI）阶段的积云对流状态；对流成熟阶段的纹理特征、上冲云顶特征和微物理特征等。

2）数值预报模式的发展

数值预报模式的发展及应用对天气业务现代化发展的推动是根本性的。强对流天气业务的发展离不开全球数值预报和区域中尺度数值预报模式的发展，同时也得益于中尺度集合预报和快速更新循环（rapid update cycle，RUC）同化技术的发展。

（1）中尺度集合预报。由于观测、分析同化方法、模式过程和计算都存在误差，时效越长、尺度越小，预报不确定性越大。因此，集合预报是一种必然的选择，不仅对于气候预测、延伸预报如此，对于短期天气预报，特别是灾害性天气短期预报亦如此。

集合预报从 20 世纪 90 年代兴起，自 1992 年集合预报系统在美国 NCEP 和 ECMWF 投入业务运行以来，集合预报系统在发达国家数值预报业务体系中占据了非常重要的位置。我国是世界上较早开展集合预报系统研发的国家之一。自 2004 年中国气象局国家气象中心承担世界气象组织世界天气研究计划"2008 年北京奥运会中尺度集合预报研究开发项目"（简称 B08RDP）以来，根据我国数值预报业务需求和集合预报技术发展特点，中国气象局研究了我国区域中尺度模式预报误差快速增长特点、地形地貌细致特征和综合观测资料分布特点对误差增长幅度的影响，研制了与全球集合预报系统嵌套的多预报初始值、多物理过程的基于 WRF 的区域中尺度集合预报业务系统。该系统于 2010 年开始准业务运行。目前，该系统共有集合成员 15 个，每天 12 时（世界时，下同）运行 1 次，预报时效 60 小时，产品空间分辨率 0.15°×0.15°，时间间隔 3 小时，主要包括风、温、湿、位势高度、降水等多要素、多层次的集合平均、离散度、概率等，其中，强天气威胁指数、集合动力因子等产品为强对流天气预报提供了较好的参考。

（2）RUC 系统。RUC 系统的建立是为了充分利用高时空分辨率的观测资料，为数值模式提供高质量的初始场，同时在高分辨率数值模式的基础上进行精细的数值预报，为预报员做短时、临近、精细化预报提供更加丰富的数值预报产品。

RUC 技术在国外发展较早。1994 年美国 NCEP 已有水平分辨率为 60 千米，

3 小时更新周期的业务 RUC 系统。我国虽然在这方面起步较晚，但发展迅速。为做好 2008 年北京奥运会气象服务，北京城市气象研究所建立了一个基于 WRF 三维变分同化的模式、具有同化多种中小尺度观测资料的 RUC 同化预报系统（BJ-RUC），提供的临近探空对北京地区强对流潜势预报具有一定的指示作用。国家气象中心准业务运行的 GRAPES-RUC 系统于 2010 年 4 月起投入准业务试验。GRAPES-RUC 系统预报模式水平分辨率为 0.15°×0.15°，预报范围覆盖了整个中国区域，每天 00 时和 12 时两次冷启动，可以实现逐时或每 3 小时一次同化分析，每 3 小时做一次 24 小时预报。通过对 2009 年汛期连续 3 个月的不同循环更新频次 RUC 对比试验的检验，从 TS 和预报偏差 B 值看，无论逐时或 3 小时周期同化，GRAPES-RUC 同化预报系统比业务预报效果有明显的改进。

3）强对流天气机理的研究和主要技术方法的研发

（1）强对流天气机理的研究。

强对流天气系统的中小尺度结构和发展机理研究仍是当前强对流天气研究中的难点问题，尤其是触发和发展加强机制以及小尺度的结构特征仍有待进一步研究。边界层辐合线（锋面、阵风锋、干线、海陆风辐合线等）、地形和海陆分布（山脉抬升、上坡风等）、重力波等是对流活动的重要触发机制。一些研究也表明对流系统消散后残留的边界层冷池、下垫面摩擦作用产生的水平涡度等对对流系统的发展起到了重要的触发和维持作用。需要说明的是，海陆分布或者地形分布导致的边界层辐合线（如海风锋）通常比较浅薄，需要与大尺度的上升运动或者大气低层垂直风切变或者适当的大气热力条件相配合才能有利于对流系统的发展和维持。

高架雷暴或者高架对流是由边界层以上空气抬升触发的对流。美国自 20 世纪 90 年代以来对其已有较多研究；近年来我国也有一些关于高架雷暴的研究，结果表明我国高架雷暴伴随较多的强对流天气是冰雹和短时强降水。

短时强降水天气可以由大陆型对流或者热带型对流产生，这两种不同的对流产生的雨强有很大差异。热带型对流是高降水效率的系统，其雷达回波强度为 45~50dBz，但降水强度可达 80 毫米/小时以上，极易导致灾害。需要注意的是，热带型对流并不只发生在热带海洋，只要发生对流的环境条件达到或者接近热带海洋大气条件就可能发生。据统计，大气中垂直累积可降水量达到 60 毫米是引起≥20 毫米/小时短时强降水天气发生的充分条件，而达到 70 毫米则是目前大气环境中非常极端的水汽条件，这时大气非常暖湿、极易发生热带型对流性强降水，如 2007 年 7 月 18 日济南极端强降水和 2012 年 7 月 21 日北京和河北极端降水。

绝大多数雷暴大风是对流系统内强烈下沉气流（下击暴流）所导致的。需要说明的是，对流系统内强烈下沉气流的产生机制比较复杂，通常对流层中层或以上有明显干层、对流层中下层大气较大温度递减率的环境条件下易于导致强下沉气流；但是高原地区低层大气存在干层时（T-log$P$ 图上呈现倒"V"形的温湿廓线）的对流活动也能够导致强下沉气流，有时甚至会产生干下击暴流；在对流层大气都较湿的情况下，强降水的拖曳和蒸发作用也会导致强下沉气流（湿下击暴流），加以动量下传作用，是强降水时常伴随大风的直接原因。由于产生大冰雹的环境条件要求有较大的对流有效位能与合适的湿球零度层高度，故要求环境大气有较大的温度递减率，这既有利于强上升气流，也有利于强下沉气流；此外，云中冰相粒子尤其是雪片粒子在下落过程中融化、升华吸收环境大气大量热量也非常有利于加强下沉气流，这些因素是大冰雹天气通常伴随大风天气的重要原因，并且这类大风通常强于强降水所伴随的大风。

龙卷是诸多强对流天气现象中突发性相对更强、生命史相对更短、预报预警难度更大的一种强对流天气现象。龙卷通常分为两类：一类为超级单体龙卷；另一类为非超级单体龙卷。Agee 等（Agee and Jones，2009；Agee，2014）进一步将龙卷分为超级单体龙卷、线状对流龙卷和其他类型龙卷等三类。通常超级单体龙卷强度较强，但仅约有 25%的超级单体能够产生龙卷；非超级单体龙卷通常由辐合线上的中小尺度涡旋和快速发展对流风暴中的强上升气流共同作用形成；与下击暴流相联系的弓形回波会生成中小尺度的中涡旋（mesovortices），也能够发展为强度可达 F4 或者 EF4 级的气旋式或者反气旋式龙卷。目前只有对超级单体龙卷有可能进行有效预警。F2 级及以上超级单体龙卷要求有利于超级单体风暴的环境条件是，一定的对流有效位能和强的 0~6 千米垂直风切变，还包括低的抬升凝结高度和较大的低层（0~1 千米）垂直风切变。王秀明等（2015）给出的我国东北龙卷发生的环境条件与此存在一些差异，主要是湿层高度偏低。对于非超级单体龙卷，重点关注边界层辐合线上是否有有利于小尺度涡旋发展的条件，包括强水平风切变、波动状弯曲、两个边界的碰撞点和快速发展的对流风暴的低层环流场及弓形回波附近的 γ 中尺度涡旋等区域。

中纬度飑线系统经常导致大范围冰雹、雷暴大风天气，是当前强对流天气业务预报中的关注重点，已有非常多的相关研究，不一一列举，但其维持机理尚未完全清楚。

（2）基于多源资料的强对流天气监测和临近预报技术。

在 SWAN（severe weather automatically nowcast system，强天气自动临近预报系统）监测技术的基础上，综合利用卫星、雷达、地闪和稠密区域自动站资料，建立较为完善的基于多源观测资料、多类型、多时段的实时强对流天气监测技术。其中，在对自动站大风和降水资料、地闪资料进行质量控制的基础上，发展包括雷暴、冰雹、大风及短时强降水的强对流信息提取和统计技术；开发地闪监测技术，通过地闪密度反映雷暴系统的强弱；改进基于雷达资料的 CTREC（cartesian tracking radar echoes by correlation，直角坐标交叉相关雷达回波追踪技术）和 TITAN（thunderstorm identification tracking analysis and nowcasting，雷暴识别追踪分析和临近预报技术）算法，降低对雷暴单体识别的错误率；研发基于风云卫星的深对流云提取技术与 MCS 的识别追踪和外推预报技术。

对流风暴和降水的 0~2 小时临近预报技术主要包括外推预报、经验预报（或者称为专家预报）、统计预报、概率预报等方法。Wilson 等（2010）认为 2020 年前 0~2 小时临近预报技术仍然主要是外推预报和经验预报。

目前同化了雷达资料的对流尺度高分辨率数值（集合）模式水平分辨率为 1~4 千米，称为"对流可分辨"（convection allowing）模式，具有预报对流系统生消的一定能力，在对流风暴和降水临近预报中已经得到较广泛关注。Weisman 等（1997）指出：尽管无法描述对流尺度（1 千米以下）的细节，采用 4 千米分辨率和无对流参数化方案的模式能很好地描述与中纬度飑线系统相联系的中尺度对流结构，其主要原因是 4 千米分辨率模式数据已经能较好地刻画出对飑线系统发展非常重要的冷池强度和大小。

需要说明的是，由于资料传输和准备、计算时效等，目前及可预见的未来几年内 0~1 小时时效高分辨率数值预报在实际业务中的可用性较低。Migliorini 等（2011）评估发现 1.5 千米水平分辨率的英国气象局"统一模式"（unified model，UM）集合预报系统还不能改进 1 小时时效的降水预报技巧。但 Stensrud 等（2009）预计同化了雷达等高时空分辨率观测资料的对流尺度 warn-on-forecast（基于数值预报的预警）数值预报系统能够提供 90 分钟预报时效的强对流预警信息。

由于临近预报具有一定的不确定性，故概率预报技术也在临近预报中得到了较为广泛的应用。例如，加拿大 MAPLE（McGill algorithm for precipitation nowcasting by Lagrangian extrapolation，使用拉格朗日外插的降水临近预报的 McGill 算法）系统基于外推预报和任一点邻域空间分布的分级降水临近概率预报技术；美国国家海洋和大气管理局（National Oceanic and Atmospheric Administration，NOAA）基于雷达、闪电、卫星、降水、北美中尺度模式数值预报等资料使用统计回归的方法发展了 0~3 小时累积定量降水临近概率预报技术；Mecikalski 等（2015）使用 Logistic 回归和人工智能随机森林（random forest）等方法发展了基于卫星资料和数值模式资料的对流初生临近概率预报技术。

总体来看，目前临近预报技术的预报对象主要是对流风暴、雷电和降水，针对分类强对流天气的临近预报技术还存在较多不足；冰雹、雷暴大风、龙卷和短时强降水这些强对流天气的临近预报预警主要综合对流风暴和降水临近预报、强对流天气识别和实况观测来进行；基于自动站、风廓线等观测资料和高分辨率数值预报资料应用不同类型强对流天气发生发展环境条件和中尺度机理的对流天气分析和预报产品可在临近预报技术和业务中发挥重要作用。

（3）中尺度天气诊断分析技术。

中尺度天气的天气图分析已经成为强对流天气潜势预报的重要依据，而中尺度客观分析技术为中尺度天气分析业务的开展提供了重要的技术支持。利用Cressman逐步订正法实现了对探空资料、常规地面观测和加密自动站资料的快速客观分析与诊断，其中，探空资料分析 2 次/天，常规地面观测分析 8 次/天，加密自动站资料分析 1 次/小时，一定区域（如京津冀地区）的加密自动站资料 1 次/10分钟，分析内容除了常规要素以外，主要包括与水汽、抬升和稳定度条件相关的物理量参数。开展了基于数值预报模式〔如 T639、ECMWF（European Centre for Medium-Range Weather Forecasts，欧洲中期天气预报中心）等）的强对流天气物理量参数的诊断，并在全面调研美国风暴预报中心（Storm Prediction Center, SPC）构建的强对流参数的基础上，结合我国强对流天气特点，对冰雹指数等综合参数进行引进与试用。

（4）分类强对流客观预报技术。

决定对流产生和组织结构的环境因素包括大气层结的稳定性、风的垂直切变、水汽条件和抬升（触发）机制。结合我国强对流天气特点，加强了对于雷暴生成、加强和消散的概念模型的认识与理解，总结了有利于强冰雹、雷暴大风、龙卷及对流性暴雨等不同类别的强对流天气发生发展的环境条件。分类强对流客观预报技术就是在充分考虑各类对流天气产生的环境条件的基础上，综合利用物理量的统计特征和预报员的实践经验，选取对某一类强对流天气预报具有指示意义的物理参数作为预报因子进行预报，即"配料法"的技术思路。分类强对流客观预报技术自 2011 年汛期在国家气象中心投入业务试验，为预报员提供了直接的强对流预报产品，在强对流的预报中发挥了一定的作用。但对于不同地区、不同季节，该方法的预报能力还存在较大的差异，仍需在检验的基础上做进一步的改进与完善。

4）专业化业务系统的建设

在强对流天气业务向专业化方向发展的同时，业务系统的研发也由原来的综合性逐渐向专业化方向转变。近年来，在气象信息综合分析处理系统 3.0（MICAPS 3.0）的基础上开发了结合强对流天气业务特点的专业化版本，开发了灾害性天气短时临近预报系统，这些系统的研发推广对全国强对流天气业务的开展起到了很好的推动作用。

（1）MICAPS 强对流天气专业化版本。1996 年开发了 MICAPS 1.0；2007 年完成 MICAPS 3.0 的系统升级；2008 年 MICAPS 3.0 系统在中央气象台和省级气象台推广应用。结合强对流天气业务的特点，在 MICAPS 3.0 的基础上，增加了非常规观测资料的显示分析；增加了中尺度天气分析功能，不仅定义了每一类中尺度天气符号，同时也提供了便捷的基于高空、地面观测的多种要素的客观分析和变化场计算；改进了 T-log$P$ 图制作，增加了大量基于探空资料的物理参数计算，目前可计算的参数有 50 多种，并增加了风矢端图、高空风分析和多种物理量的垂直分析，提供了在探空图上的交互订正功能。

（2）SWAN 系统。2008 年，中国气象局启动灾害性天气短时临近预报系统开发工作。SWAN 系统在 MICAPS 系统的基础上，融合了数值模式产品和雷达、卫星、自动站等探测资料，提供了丰富的产品和功能，主要包括六大类，分别为基于实况资料的探测和分析产品、外推预报产品、数值模式与雷达资料的融合预报产品、实时客观检验产品、灾害性天气综合自动报警，以及预报预警制作和发布功能。在系统的开发过程中，研发了多项监测预报技术方法，包括三维雷达拼图技术、改进的交叉相关法、风暴识别技术、TITAN（风暴识别、追踪、分析和临近预报系统）等。目前，SWAN 系统已经在全国气象台投入了业务应用，并在强对流天气的短临预报中发挥了越来越重要的作用。

5）预报检验技术

预报检验是天气预报业务和技术发展的重要一环，其目的是给出预报与实况之间的一致性和差异程度及可能原因。不同的预报检验需求所要求的检验技术不同。常规与非常规的实况观测资料是天气预报检验的基础。目前强对流天气预报检验面临的一个难点是地面观测实况资料的缺乏。

传统的强对流天气确定性预报检验方法是基于站点观测或者目击者报告的通过二维列联表计算得到的检验指标，如 TS、命中率、虚警率等，美国 SPC 采用了直观的预报检验图形来展示这些检验指标之间的关系。但这些指标对于极端天气预报来说有明显的缺陷，当事件发生概率非常低时，TS、命中率等指标趋近于零。除了这些传统检验指标外，其他的预报检验方法包括空间检验方法、概率预报和集合预报检验方法、极端事件检验方法等。Brown（2009）把空间检验方法总结为四类：第一类为邻域空间检验方法，也称为模糊检验方法；第二类为尺度分离检验方法；第三类为场变形信息（度量预报场与实况场之间总体的变形、位移或者相位误差等）检验方法；第四类为基于"对象"或者"特征"的检验方法。

强对流天气空间分布通常具有分散性、不连续性等特点，即局地性特点，且通常持续时间短，因此传统的"点对点"检验方法易于导致"双重惩罚"，尤其对于高时空分辨率的数值预报或者临近预警。目前基于邻域（一定的半径范围）的检验方法在降水和强对流天气预报检验中得到了较为广泛的应用，该方法是空间检验方法的一种，又称为模糊检验方法。美国 SPC 和中国国家气象中心强天气预报中心对主观确定性预报产品的检验主要采用"点对面"（即评分站点上的预报与对应的"半径 40 千米圆"内出现的实况比对）的 TS 方法，检验指标为 TS、漏报率、空报率等。

基于"对象"或者"特征"的强对流预报检验也是空间检验方法的一种，目前已得到了较为广泛的应用。Davis 等（2009）首先发展了对于模式降水预报的"对象"检验方法，检验的属性包括强度、面积、质心、夹角、长短轴比、曲率等，并发展了 MODE 软件包。戴建华等（2013）采用对比预报与实际的强对流天气目标的强度、面积、空间距离、形态和相似度等评价指标，建立了包括格点型、站点型和概率型的强对流预报检验方法、预报检验指标调整与合成方法，以实现对强对流短临预报的综合检验和评价。

概率预报和集合预报检验不同于确定性预报检验，包括 Brier 评分、Brier 技巧评分、可靠性、可分辨性、等级直方图（rank histogram）、ROC（receiver operating characteristic，接收者操作特征）检验等。

3. 问题与不足

近年来，虽然全国强对流天气监测和预报业务取得了一定的进展，但由于我国强对流天气业务的专业化发展还处于起步阶段，与美国等强对流预报技术发达的国家相比，在很多方面还存在一定的差距，面临着严峻的挑战。因此，从整体上提高我国强对流天气业务的监测预报水平，仍是一项长远的任务。目前存在的主要问题包括以下几个方面。

（1）分类的强对流天气精细化预报基础还比较薄弱。分类的强对流天气预报是强对流预报精细化必须面临和解决的问题。美国 SPC 基于多年的强对流天气实况和高分辨率的再分析资料，对不同类别的强对流天气，特别是龙卷天气的物理量阈值进行了详细的统计分析，这些结果对实际业务具有很好的参考价值。同时，基于强对流天气发生发展的物理机制，构建了适用于不同类别强对流天气预报的综合参数，并在集合预报的基础上研发了强对流天气的概率预报技术。相对而言，目前我国对不同类别的强对流天气演变特征及形成机理还缺乏深入系统的认识，分类的强对流天气的客观预报方法的研发刚刚起步，业务试用的基于"配料法"的客观预报产品仍需不断进行检验评估与改进。同时，针对强对流天气的短时预报方法尚在研发中，目前还没有比较有效的技术方法解决未来 2~12 小时短时预报时效内的预报问题。

尚未建立起国家级强对流天气预报与省及以下的灾害性天气预警信号发布业务相适应的上下联动业务流程，尚不具备对生命财产影响重大的龙卷、下击暴流等小尺度的强对流灾害天气的业务监测和预报能力。

强对流天气预报，尤其分类强对流天气及其强度的短时预报在当前和可预见的未来仍然是天气预报业务的难点之一。

（2）以中尺度数值模式为基础的业务技术支撑不足。数值预报是天气预报的基础，中尺度数值预报对强对流天气预报非常重要。SPC 于 2001 年 5 月开始在业务中使用短期集合预报（short range ensemble forecasting，SREF），经过十余年的业务应用，SREF 已经成为 SPC 业务的重要参考。同时，RUC 系统也不断改进，2012 年 5 月，RAP（rapid refresh model，快速更新模式）取代了 1994 年开始在业务中使用的 RUC，成为 NOAA 下一代逐小时更新的同化/模式系统。相比较而言，我国现有的中尺度数值预报模式在预报性能、产品时效等方面还有很多有待改进之处，同时基于 GRAPES 的区域集合预报系统尚未业务化，相应地，以中尺度数值模式为基础的强对流业务产品研发受到一定限制，适合强对流天气预报的客观产品不多。

（3）科学规范的强对流预报检验业务尚未开展。检验是天气预报业务的重要环节之一，既可以对预报进行实时的评定评估，同时也能及时发现预报中的问题，促进预报能力的不断提高。SPC 对各类预报的检验业务非常完善，对于分类概率预报，主要采用以 Brier 评分和可靠性曲线为主的概率预报检验；对于警戒状态信息，分析百分之几的警戒包含有强天气的发生，百分之几的强天气发生在警戒区中。对于地方台站发布的预警信息，一般用预警准确率、虚警率和提前时间来表示，如对于龙卷，2010 年，龙卷的预警准确率为 72%、虚警率为 74%，提前发布时间为 14 分钟。我国强对流天气业务起步比较晚，且其检验与一般的降水预报检验在技术方法等方面存在很大的不同之处，因此，到目前为止，无论是强对流天气的落区预报，还是预警信号的发布，都还没有建立全国统一规范的检验标准，检验业务尚未开展。这也是强对流天气业务发展亟待解决的主要问题之一。

（4）强对流天气业务系统还不健全。专业化的业务系统是现代天气业务发展的重要支撑。SPC 根据强对流天气特点和业务需要，开发了专门针对强对流天气分析预报的业务系统。人机交互的探空分析诊断系统能够提供实况高空观测、数值预报资料、点预报和飞机探空报文资料的分析与诊断，具有丰富的显示功能和人机交互功能，是强对流天气预报不可或缺的有力工具。综合地面观测和 RAP 的地面客观分析（surface objective analysis，SFCOA）系统能够提供逐小时、40 千米分辨率的三维要素场，为强对流天气诊断分析提供支持。目前，我国强对流天气主要业务系统的专业化程度相对还比较低，与实际业务需求还有一定的差距，MICAPS 强对流专业版本在探空资料分析、集合预报产品的显示分析，以及基于常规和非常规观测资料、灾情资料和预警信号等信息的综合监测等方面仍有很大的提升空间，SWAN 等短时临近预报业务系统仍需结合不同地区的特点进行本地化的改进与完善。

（三）台风监测和预警现状

随着气象观测技术的发展和数值天气预报（包括集合预报）能力的不断提高，以及台风预报员对新资料和数值产品的开发与娴熟的应用，近几年，我国的台风预报能力有了长足的进步，预报水平不断提高，并且逐渐向更精、更细的方向发展，在进展不足的方面还需要多加关注。经过数十年的发展，在不断改进现有业务现状和充分借鉴国际成熟台风业务体系基础上，我国已初步形成了功能齐备、布局合理、分工明确的台风监测及预报预警体系。

1. 台风监测体系

目前我国已基本建成高时空分辨率的台风立体监测体系，截至 2018 年底，各类自动气象站近 6 万个，其中海洋（海岛、船舶、石油平台）站约 400 个，浮标站 37 个。这些稠密的地面自动气象站每 10 分钟（甚至可密集到每 5 分钟，如广东等）采集风、雨及气压等信息，为做好台风监测奠定了基础。

从 20 世纪末期开始我国在东南沿海布设无缝隙的多普勒雷达站网，能每 6 分钟获取台风的实时监测信息，预报员不仅能及时确定近海台风中心位置，而且能通过多普勒雷达反演的风场和降水等产品了解台风风雨分布特征并进行适当外推预报。

气象卫星自 1966 年问世以来就已成为全球热带气旋监测最有效的工具，我国自主研发的风云系列气象卫星在台风监测业务中发挥了重要作用。中国气象局从 2007 年汛期开始启动了双星加密观测模式，每 15 分钟便能获取最新台风监测图像，提高了我国台风监测分析能力。同时，不断改进的卫星分析技术为台风定位和强度估计提供了行之有效的支撑，而且很多量化的卫星反演产品有助于了解台风结构及其变化，从而有利于提高台风分析预报水平。

台风生成并且大部分时间活动于热带和副热带广阔的暖水洋面上，利用常规气象观测手段观测风和气压来判定热带气旋的位置和强度几乎是不可能的。目前，世界各国台风预报中心主要依靠静止卫星的红外和可见光波段，根据台风云型的特征或变化，利用 Dvorak 技术方法，估计热带气旋的位置和强度。该技术于 1987 年由世界气象组织推荐使用。

但是，实际业务中看到的台风云型比 Dvorak 技术方法中定义的几种云型要复杂得多，所以确定台风强度的精度还取决于预报员长期的业务实践经验，不同的预报员估测的台风强度可能有一定的差异，表示其中包含一定的主观成分。

2. 台风预报预警业务体系

台风路径、强度及风雨预报是防台减灾的关键。台风路径受台风内部结构和外部环境等诸多因素共同影响。当前，随着台风探测手段日趋丰富、台风理论认知水平逐步提高、计算机性能和数值预报模式的快速发展，台风路径预报已由半经验半理论的定性预报方法，发展到以数值预报为基础，以人机交互处理系统为平台，综合应用多种资料和方法的预报技术路线。这些预报方法包括动力统计预报、动力释用预报、神经网络方法、多模式集成预报、（单一模式）集合预报、（多模式）超级集合预报等。正是由于方方面面的改进，近20年来，我国台风业务预报取得了持续而稳定的进步。台风业务预报时效也逐步延长，2001年之前中央气象台只发布24~48小时时效的台风路径和强度预报，2001年开始将台风预报时效延长至72小时，2009年延长至120小时预报。台风路径预报准确率也不断提高，2012~2018年，中央气象台24~72小时台风路径预报误差平均值分别为76千米、136千米、205千米，其中24小时路径预报误差和20年前相比减少了80~100千米，48小时路径预报准确率和20年前的24小时预报准确率相当，而72小时路径预报准确率甚至高于20世纪90年代初48小时预报水平，目前我国台风路径预报准确率和国际先进水平基本相当。

虽然过去20年世界各国在热带气旋路径预报方面取得了相当大的进展，但强度预报仍是一个世界性的难题，各国在热带气旋强度预报方面进展非常缓慢。目前业务中广泛应用的还是一些气候持续性方法和统计动力模式，如美国联合台风警报中心的台风强度统计预报方案（statistical typhoon intensity prediction scheme，STIPS）、国家飓风中心的飓风强度统计预报模式（statistical hurricane intensity forecast model，SHIFOR）和飓风强度统计预报方案（statistical hurricane intensity prediction scheme，SHIPS）等。我国台风强度预报方法包括气候持续方法、基于数值模式输出场的统计动力释用方法等，另外值得一提的是近几年广西壮族自治区气象局开发的基于遗传神经网络方法的台风强度客观预报方法。目前我国台风强度预报水平与国外各预报中心基本相当，24小时强度预报误差一般为4~6米/秒，48小时一般为6~10米/秒，72小时一般为8~12米/秒。

台风路径和强度预报的准确性最终要体现在台风风雨预报的准确性上，因为登陆台风的强风和暴雨才是致灾的直接因素。目前我国尚无有效的台风大风客观预报方法，实际业务中多根据预报员主观经验或概念模型，然后再基于台风登陆时的强度及局部地形等来判断受影响区域的大风级别。

一般而言，台风强风的破坏多限于近海海域和沿海地区，而台风暴雨洪涝引起的灾害往往比台风大风更加严重，如1975年8月第3号超强台风Nina登陆福建晋江后继续深入内陆，其减弱后的残涡在河南驻马店林庄创下1 062毫米的我国大陆地区24小时降水量的历史记录，称为"75·8"河南特大暴雨，强降水致使汝河板桥和滚河石漫滩两座大型水库垮坝，26 000余人死亡，经济损失达100亿元。因此，台风定量降水估测和定量降水预报是台风业务的重要内容，也是国际热带气旋学界的热点问题。

1）路径预报现状与不足

早期的台风路径预报以基于大尺度环境场的经验判断的天气学和气候学特征分析为主，包括持续性（也称外推）、相似路径、气候持续性等方法，这些方法基本上是定性的。之后较普遍的客观预报方法主要是统计预报方法和数值预报发展初期的动力统计预报方法。这些预报方法局限性很大，预报时效也不宜过长。直到 21 世纪初，在我国无论主观预报，还是以统计为主的客观预报，其预报时效不超过 48 小时。

随着计算机运行速度的提高和气象观测手段的发展，特别是资料同化技术的发展，数值预报和集合预报的准确性越来越高，预报时效越来越长。在此基础上，台风预报人员针对业已提高的数值预报和集合预报产品，应用多种订正技术和方法，使得中央气象台台风路径预报精度和预报时效延长的进展非常明显，特别是，近几年发展的集合预报实时订正方法（ensemble forecasts real-time correction method，ERCM）在业务预报中发挥了重要作用。

到目前为止，中央气象台综合预报的时效延长到 120 小时，其中 2012~2018年 24 小时路径综合预报误差不到 80 千米，目前的 48 小时、72 小时误差明显小于 20 年前的 24 小时、48 小时误差。24~120 小时所有时效的年度预报平均误差一般比美国、日本等发达国家台风预报中心的预报误差要小。

2）台风强度预报现状与不足

相对于路径预报水平的不断提高，强度方面的预报进展相当缓慢。目前我国关于强度预报主要还是基于海表温度、湿度层厚度和稳定度、垂直风切变等环境场天气形势的定性判定上。虽然国内外台风预报中心发展过一些定量客观的预报方法，如我国的气候持续性、动力-统计释用和神经网络等方法，以及美国也已经发展多年的台风强度统计预报、飓风强度统计预报模式和飓风强度统计预报方案，但是，所有这些定量统计模式未必比天气学条件的定性判定更加准确，数值预报暂时还不能准确地描述和预报台风强度，过去 20 多年来，国内外关于强度预报水平的进展不大。24 小时、48 小时和 72 小时强度预报误差一般分别为 4~6 米/秒、6~10 米/秒和 8~12 米/秒。

3）风雨预报现状与不足

因为台风的强风和暴雨才是影响人类活动的直接因素，所以台风的路径预报和强度预报的准确性最终还体现在台风风雨预报的准确性上，如果路径和强度预报误差较大，往往会使台风风雨分布预报几乎没有任何意义。但是，即使路径和强度预报较为准确，台风内部结构和环境条件的差异也可能使得风雨分布预报产生很大误差。

我国目前尚无有效的台风大风预报方法，实际业务中基本根据天气学概念模型和基于台风登陆预报的时间和地点，预报员以主观经验判定影响区域的大风级别。

目前关于台风定量降水预报依然是基于历史个例的统计学模型和基于数值模式物理量诊断指标方法（如"叠套法"和"配料法"等）发挥着重要作用。最新的进展包括概率预报和多模式集成方法，不过，这些还是在开发和试验阶段，未能完全应用于业务台风暴雨预报。

而关于台风大风和暴雨预报的精度问题，目前中央气象台还没有专门的业务评估系统。

3. 台风数值预报体系

台风业务预报的核心支撑来自数值预报。最近 10 年来，随着数值预报技术的发展，尤其是资料同化技术的发展应用及计算机性能的快速提高，数值模式的准确性越来越高，预报时效越来越长，预报指导产品也越来越丰富。

国家气象中心台风数值预报的研发始于"八五"期间。经过 20 多年的发展，国家气象中心的台风数值预报经历了从有限区域模式到全球模式、最优插值到三维变分、单一确定性预报到概率预报的升级。同时，台风涡旋初始化技术也由单纯的人造涡旋技术升级到较为复杂的涡旋初始化技术（包括初始涡旋生成技术、涡旋重定位技术、涡旋强度调整技术）。预报时效从发展初期的 2 天延长到目前的 5 天。目前，国家气象中心已建立了覆盖各种业务需求的台风数值预报系统（中尺度区域台风模式、中期全球模式台风预报系统和台风路径集合预报系统），可以为预报员提供较全面的技术支持。

4. 台风灾害评估体系

台风灾害评估在制定防灾减灾策略、评价防灾减灾效益和制定社会发展规划中起着重要作用。近年来，台风灾害评估越来越受到国际社会的重视，第七届国际热带气旋科学大会（7th International Workshop on Tropical Cyclones，IWTC-Ⅶ）首次将热带气旋风险评估（risk assessment）列入会议议题。近些年国家气象中心、中国气象局上海台风研究所、浙江省气象局等相继开展了台风灾害评估业务（试验）和台风风险区划研究。

（四）雾霾天气的监测与预报预警现状

1. 雾霾与空气污染监测的现状和不足

纵观国际雾霾污染治理历程，不难发现，治理大气污染的前提和基础是对环境的科学监测。雾霾的治理和预防不仅关乎国家形象和国家治理能力，也关乎整个国家未来的发展。展开对雾霾与大气污染主要成分长时间的综合监测，为科学认知、及时控制、有效治理雾霾污染提供科学的数据依据。

目前，我国大气环境质量的监测主要有三个方面。首先主要是环境保护局系统的环境监测站点。其次是气象局系统的环境监测站，还有部分高校及科研院所的试验性观测等。如何实现现有监测资源的整合与效益最大化是国家层面需要考虑的问题。例如，监测站点的空间布局是否合理，监测仪器型号及标定是否统一，数据质量的质控标准是否科学，等等。最后是现有监测手段单一，迫切需要多维实时在线监测网络。现有监测六要素——（地面）PM_{10}、$PM_{2.5}$、二氧化硫、二氧化氮、一氧化碳和臭氧，尚缺乏污染物垂直分布特征的连续有效监测，缺乏污染物成分的连续有效监测。这限制了对污染物浓度快速增长的机理认识，限制了对数值模式的验证、改进及数值预报水平的提高。例如，开展边界层污染物成分的垂直分布特征观测，深入探讨污染物在不同高度上的形成机制，对于开展重污染事件的数值模式预报技术提升、污染防治均具有重要意义。因此，需要整合资源，加强精细化的、多成分的、实时在线的、多维度的、多源综合的监测网络建设和技术提升。

2. 雾霾与空气污染的预报预警现状和不足

目前，气象部门每天发布空气污染气象条件等级预报，而环境部门发布空气质量/污染物浓度预报和重污染预警。雾霾-大气污染与气象条件是紧密联系的，如何整合不同部门之间的技术力量，提高整体的预报预警水平是国家管理层面需要统筹考虑的问题之一。

雾霾与空气质量短期预报水平还有待提高。雾霾与空气质量的数值模式预报主要受限于两个方面：一是准确的气象场预报；二是真实的排放源数据。因此，需要加强数值气象预报能力的研发，同时需要实现污染源排放清单的真实、及时更新。

需要统筹考虑雾霾与空气污染的预警发布机制，雾霾与空气污染的预警是否应该统一。例如，北京市在2015年12月7日发布了北京首个空气重污染红色预警，而气象部门发布霾橙色预警。同一个雾霾污染过程，两种级别的预警信号，让老百姓感到很迷惑。

公众、政府、商业等都对雾霾污染的中、长期预报有迫切的需求，而目前雾霾与空气质量的中长期客观化预报技术缺乏。对雾霾的中长期预报，不仅能对公众的生产生活、交通出行等提供参考，而且是政府决策部门应对空气重污染能够提前采取减排措施的必要科学依据。因此，需要加强雾霾与空气质量的中长期预报技术研发。

第四节　未来 5~10 年的气象灾害监测预警发展战略和关键技术突破

近些年，国内外受到气象灾害影响的公共安全事件频发，不断增加社会防灾减灾成本，而因此提出的如何提高应对公共安全事件的危机管理能力问题也成为各国必须面对的重大挑战。纵观世界各国在发展自身的防灾减灾项目和建立应急管理体系方面都有很多成功的经验指导和借鉴。从根本上看，如何发布准确、及时、高效的气象灾害预警预报和预估信息是提高防灾减灾能力的前提和基础；同时建立有组织的自然灾害应急管理机制是面对突发公共安全事件，降低生命财产损失风险的有力手段。

未来 5~10 年，我国气象事业将重点发展：①以数值预报技术为重点的客观天气预报技术方法；②开发卫星、雷达等遥感资料在天气业务中的综合和定量应用技术；③研究灾害性天气演变的细致规律、物理模型、发生发展机理，开展基于交叉学科和建模的专业气象和气象灾害风险评估技术体系建设；④强化气象信息质量监控和网络系统的结构功能，以及专业平台的技术集成和运行效率的改进，以提升气象预报服务业务能力。需重点解决的关键技术主要体现在以下四个方面：一是新一代高分辨率 GRAPES 全球区域一体化数值预报技术；二是基于数值预报和集合预报产品、融合多源观测数据的精细化天气分析与预报释用技术；三是智能化的新一代预报平台技术（以 MICAPS 为核心）；四是物理模型和统计模型相结合的气象服务技术。

一、主要灾害性天气预报技术未来发展方向和建议

（一）持续性降水

1. 发展趋势及对策建议

预报水平的提升离不开数值预报模式的发展，随着我国现代天气业务的发展和自主 GRAPES 数值模式的进步，持续性降水的监测和预报技术在可期的 5~10 年内，呈现以下三个特点。

1）不断向精细化、格点化发展

精细化指的是空间和时间分辨率的不断提升。格点化则指在每个格点上实现降水量级的数字化的显示，替代目前的量级预报。预计 2020 年将基本建成适应需求、结构完善、功能先进、运行高效的天气气候业务现代化体系。

天气气候业务现代化体系具体体现在：建成从分钟到年际的无缝隙集约化预报预测业务体系。0~10天精细化气象要素预报水平分辨率达1千米，时间分辨率达1小时，全国暴雨公众预报24小时准确率达到65%，24小时台风路径预报误差小于65千米，强对流预警时间提前量超过30分钟，延伸期（月）温度和降水预测评分分别达到80分和72分，夏季降水预测评分达到80分。

发展建议：建议建立以国家—省为核心的国家—省—市（县）三级集约化业务布局和实时滚动更新的业务流程。

建立以高分辨率数值模式为核心的客观化、精准化技术体系。GRAPES全球数值天气预报业务模式水平分辨率达到10千米，预报时效达到8.5天；区域高分辨率数值天气预报业务模式水平分辨率达到1千米；建立能够同化非常规资料的逐小时快速更新同化系统。全球气候预测业务模式分辨率达到30千米。发展多源资料融合分析、数值预报动力-统计释用、集合预报应用和影响预报与风险预警等客观化预报预测技术体系。

建设开源开放和汇集众智的智能化众创型业务发展平台。应用云计算、大数据、互联网+、智能化等现代信息技术，搭建基于统一数据环境和计算资源的众创型业务发展平台，提供开放共享的操作系统、通用软件、基础算法、大数据分析工具和应用模型。在众创平台上，实现MICAPS、CIPAS（climate interactive plotting and analysis system，气候信息交互显示与分析平台）和数值模式等技术方法与系统平台的开源开放，形成汇集众智和激励众创的业务发展生态。

形成适应业务技术发展的创新型、专家型人才体系。逐步实现全国预报员占比达10%~15%，国家级预报员占本单位人数20%以上，省级预报员人数占全省预报员总数的30%以上，首席预报员数量占本级预报员总数的15%以上。建立有利于预报员提升科学素养的体制机制，推进预报员队伍向创新型、专家型转变。

健全覆盖业务全流程的标准化、规范化管理体系。建立预报预测业务标准化体系，分类制定预报预测质量检验评估办法，建立各类业务准入制度，实现业务标准、业务检验、业务准入对无缝隙预报预测业务全流程的全覆盖，推进业务管理的标准化、规范化发展。

2）预报时效不断延长

随着低频［季节内振荡（Madden-Julian oscillation，MJO）］预报技术、集合预报技术及动力统计预报方法等的发展，以及数值模式向天气-气候一体化发展，数值产品的预报时效将不断延长。在11~30天时间尺度内，针对重大天气过程（降水过程、冷空气过程）的预报将有望首先实现业务化发布。

预报时效的延长具体体现在：到2020年，在延伸期时效的11-30天，开展逐日更新、时空分辨率为1天和10-30公里的全国气温、降水等主要气象要素格点/站点预报业务，建立逐旬更新的精细到县的重要天气过程预测业务，并且围绕"强降水、强降温、高温、台风、沙尘暴等重要天气过程的转折期为预测重点，加快发展全国精细到县的延伸期重要天气过程预测业务，发展灾害性天气过程延伸期集合预报和概率预测业务"等。

发展建议：除发展我国的数值预报模式外，应尽早建立长时效预报数据的接收、加工及处理平台，设立专项课题进行11~30天数值预报产品的解释应用和产品研发。同时，加强对进入业务的数值模式的检验和评估工作，定期发布各国数值产品在预报服务中的评估对比报告。

3）现有常规预报转向影响预报领域

预报时效的延长不可避免伴随着预报结论不确定性的增加。高影响天气事件的发生是小概率事件，但风险很高，其后果可能是灾害性的。在中长期时效内，预报预测工作应基于集合预报的概率产品，发展具有显著影响的天气过程的预报（如持续性降水、高温及台风、雾霾等）。该领域的发展对于提升公共预报预警水平、减少人类生命和财产损失及国民经济和社会发展均具有重要意义。

发展建议：目前长时效的预报和影响预报在整个预报服务体系中地位不明显，建议增强对该领域的重视，同时国家在该领域及早立项、增加相应的课题经费分配。

2. 未来发展的主要技术

1）主要天气系统11~20天低频信号监测和预报技术

基于影响汛期降水过程的大气低频模态的关键影响区和关键因子之间的超前关系，建立对于汛期强降水过程具有预报指示意义的大气低频系统客观定量指标，用于11~20天的大气环流形势预报。

利用低频系统客观定量指标和降水过程间的统计关系，并结合国内外数值预报模式对关键指标的预测，建立统计预报模型，进行我国汛期延伸期强降水过程的预报。

利用历史近30年全国台站观测资料，对我国的持续性重要天气事件进行分级挑选，包括持续性低温、高温、雨雪冰冻等，分析这些事件发生前期、发生期及转折期对应的大气低频环流特征。

2）集合预报的极端天气早期预警技术

（1）延伸期预报历史资料库建设。统计中国区域降水、气温等常规气象要素数据集，在质量控制的基础上，针对中期天气预报业务和服务需要，开发气候平均值资料、各气象要素的极端信息、灾害性天气事件信息等，建成较完备的基本气象要素和灾害性天气气候背景历史资料数据库。

（2）基于集合预报的极端天气地面要素中期概率预报产品开发。通过差值、合成法及其他统计方法，结合中期集合预报产品和极端天气地面气象要素历史背景资料，开发地面要素极端概率预报产品，输出数据和直观图形。

（3）基于集合预报的大气环流极端异常中期概率预报产品研发。采用历史再分析逐日资料，对高空物理量的日值、旬或任意时段（如 10 天）平均值进行统计分析，分别以"标准差法"（2σ）和"出现概率法"（95%、90%）定义历史极端异常阈值。基于全球集合预报高空要素产品，采用天气型识别或聚类分析等方法，分析其日值和时段平均值与历史极端异常阈值的统计关系，开发大气环流极端异常中期概率客观预报产品。

3）应用 SDSM 进行延伸期格点要素预报技术

应用 SDSM（statistical downscaling model，统计降尺度模型），根据大尺度环流模式资料、NCEP 再分析资料及北京温度、降水历史资料，制作北京单站的延伸期要素预报产品，并评估其性能。

将北京单站的延伸期要素预报方法推广到全国重点城市（如各省会城市），制作出全国重点城市的延伸期预报产品。

将整套制作延伸期城市要素预报流程本地化、自动化，最终实现每天自动运行生成的预报产品。

4）基于多中心集合预报的中期概率预报产品研发技术

基于多中心集合预报的天气趋势集合平均、概率预报产品研发：开发基于多中心集合预报任意中期预报时间段的平均气温和降水量集合平均、离散度及概率预报产品；研究基于多中心集合预报任意中期预报时间段的平均气温和降水量相对于气候态异常的概率预报方法，开发设计此类预报产品的表现形式。

基于多中心集合预报的平均环流形势、物理量的集合平均、离散度和概率预报产品开发：开发基于多中心集合预报任意中期预报时间段的平均高度（200 百帕、500 百帕）、平均风场（200 百帕、500 百帕、700 百帕、850 百帕）平均温度、平均海平面气压、相对湿度和水汽通量（700 百帕、850 百帕）的集合平均、离散度及概率预报产品。开发基于多中心集合预报任意中期预报时间段的 500 百帕平均高度、850 百帕平均温度相对于气候态异常的概率预报产品。

此外，各个气象强国均在大力发展天气气候一体化的数值预报，我国也不例外，这些均有利于在时效和准确性方面提升持续性降水预报服务水平。持续性降水监测和预报产品、发布渠道等将形成统一国家规范。

3. 未来 20 年发展趋势

未来 20 年，目前方兴未艾的大数据、云存储技术将会被应用到气象领域的方方面面。其对持续性降水预报技术的促进将体现在两个方面：预报技术和预报服务产品。在预报技术方面：①基于气象大数据技术的发展，持续性降水的监测和预报将便捷地与"影响预报服务"相连接。②基于天气气候模式的不断发展，持续性降水的预报技术在定量、定性化预报准确率方面会明显提高，在时效上达到从日到月无缝隙。而在预报服务产品方面：①伴随着持续性降水预报服务时效的延长，概率预报产品将进一步推广和丰富。即预报产品在精细化的基础上实现概率化。②持续性降水预报服务的重点向"影响预报"延伸。相关预报产品基于历史灾害的阈值，给出可能的灾害影响范围和强度供决策部门参考。

（二）强对流

结合我国实际，并适应社会经济发展带来的承灾脆弱性对强对流天气更加精细化的需求，适应互联网和智能穿戴设备发展带来的气象数据观测的时空密度剧增及移动性等数据新特点，强对流天气的监测、分析和预报业务将继续向业务产品的精细化、发布高频化、预报对象小尺度化、业务布局扁平化方向发展。

1. 加大对中小尺度天气各方面的支持力度

目前无论是从发生发展的机理还是从预报技术水平来看，相比较天气尺度系统而言，中小尺度天气过程相关方面的发展还极不完善。以降水为例，目前天气尺度系统造成的稳定性降水的预报准确率较高，而造成重大影响的暴雨、大暴雨天气过程预报难度较大，其主要原因均是其中对流性降水预报难度较大。从历次大暴雨来看，多由中小尺度天气系统造成，而对中小尺度天气发生机理的认识尚不深入，因此，国家需要从以下三个方面加大对中小尺度天气各方面的支持力度。

调整国家各类基金的支持比例。应适当提高国家自然科学基金等国家级基金项目对中小尺度天气机理研究的支持力度。加强对中尺度系统的空间结构、要素配置和物理过程演变的认识和理解；进一步完善基于高空、地面和数值模式产品的中尺度天气高空地面综合图分析；发展针对重点区域、重点时段的基于快速分析预报资料和多源观测资料的中尺度滚动分析技术和业务产品；开发基于GRAPES-RUC 的高时空分辨率的客观综合分析产品；修订《中尺度天气分析技术规范》。

加大国家对中小尺度天气实况监测设施仪器的建设投入。

拓展中小尺度天气业务技术人才交流渠道。国家应在中小尺度天气业务技术人员国际人才交流方面给予特别的关注和支持，适当降低选拔标准，扩大长期交流机会。英国、美国等西方国家在强对流天气方面业务成熟、技术先进，让我国相关业务技术人员有更多机会和充足的时间去国外交流，会极大促进我国业务技术的发展。

2. 加强强对流天气监测和预报技术研发

1）监测方面

（1）加大多种资料观测网的建设力度，努力建立多源资料融合的强对流数据集。

目前我国综合多源观测资料的分类强对流天气和对流风暴的强度监测还存在较大不足，尤其冰雹和雷暴大风监测更多依靠常规观测站和重要天气预报资料，需要充分利用雷达、目击者或者气象信息员、自动站、闪电等多源观测资料进行短时强降水、冰雹、雷暴大风等天气和对流风暴的质量控制和分强度等级综合判识，以提高强对流监测的时空分辨率和可靠性，并生成高质量的综合监测格点数据。此外，在对流天气和对流风暴的极端性（包括极端强度、持续时间和空间分布等）监测方面也需要结合历史气候资料开发相应的技术和产品以为该类天气的预报预警提供监测数据基础。

不同的观测资料具有不同的特点，常规地面观测虽然能够给出比较可靠的观测结果，但时空分辨率低。重要天气报告虽然能够弥补常规观测时间分辨率不足的问题，但空间分辨率依然有限。自动站观测能够进行连续的雨量、大风等监测，但尚缺乏可靠的天气现象观测。自动站小时雨量观测能够监测短时强降水天气，而分钟雨量监测能够更进一步提供和反映不同性质的 MCS 特征，如飑线、梅雨锋对流、热带对流系统等。

我国目前的地闪定位系统能够提供连续的高时空分辨率的地闪监测，但其不足是尚未对我国大陆区域实现完全覆盖，对海洋区域的覆盖面积也只有近海区域，范围有限；另外，目前还不能监测对流系统中发生更为频繁和具有提前指示对流发展的云闪信息。2016 年底发射的我国 FY-4 号试验卫星的闪电成像仪能够提供覆盖我国及周边区域的高时空分辨率的闪电监测资料，能够与地闪监测互相补充，将极大地提高我国的闪电监测能力。

双偏振多普勒天气雷达观测资料能够提高降水粒子形态的识别能力，以有效提高定量降水估测精度和冰雹的识别率，如判断冰雹在落地之前是否完全融化还是部分融化等。美国、法国等已完成了多普勒天气雷达业务网的双偏振改造升级。

美国已发展了全国范围三维雷达反射率因子拼图及其降水估测系统，其WDSS- Ⅱ（warning decision support system Ⅱ，预警决策保障系统 Ⅱ）可提供美国大陆整个区域的冰雹识别、风暴追踪和降水估测等产品的拼图；法国发展了全国范围的低层 3-D 风场和反射率因子、水平风切变识别和拼图技术；目前我国还缺乏类似美国和法国这些产品的全国拼图业务系统与产品。

风廓线雷达、GPS 水汽反演和微波辐射计等能够分别提供高时间分辨率的晴空大气垂直风廓线、大气可降水量、温湿廓线等资料，这些资料虽然难以直接监测强对流系统和天气，但可监测强对流天气发生发展的前期条件，已经在强对流天气分析预报中初步展示出重要作用。但我国风廓线雷达和微波辐射计等观测尚未形成全国性的业务化网络。

（2）建立健全非传统的实况观测收集机制。需要建立适应龙卷、下击暴流等小尺度对流天气预报业务所需的强对流天气灾后调查业务、目击者报告机制和移动智能穿戴的气象信息获取机制，后两者将极大地弥补业务观测对小尺度对流天气监测能力的局限性。除了常规地面观测和重要天气预报外，经过质量控制的目击者或者气象信息员报告将是提供更高时空分辨率强对流天气实况监测的重要直接来源，而经过质量控制的互联网提供的强对流天气信息将是天气实况监测的有力补充。

（3）结合多种观测资料提高观测质量控制水平。目前我国地面自动站观测网、新一代多普勒天气雷达网虽然已经在强对流天气研究和业务中发挥了极其重要的作用，但极小部分数据质量存在一些问题，需要综合应用包括闪电、卫星观测等的多源探测资料来进一步提高这些资料的质量水平，并需要进一步发挥稠密地面自动站网在地面湿度和风场观测方面的优势。

（4）大力发展基于多普勒天气雷达的强对流监测。我国还需要大力发展基于多普勒天气雷达数据的全国三维数据和导出产品拼图业务系统与产品以提高对全国强对流天气的监测能力。

2）短临预报方面

（1）临近预报技术有待发展和完善。

强对流临近预报外推技术虽然已经比较成熟，但目前对流系统的生消和发展预报还存在较大不足。在分类强对流天气和对流风暴综合监测技术基础上，利用模糊逻辑或者随机森林等方法发展和完善基于多源资料的多尺度（多阈值）自适应对流天气系统的综合识别、追踪和外推（概率）预报技术是分类强对流天气识别和分等级临近预报技术发展的主要方向，结合高分辨率数值预报等其他资料发展完善对流系统的初生、增长、衰减和消亡的概率预报技术是临近预报发展的重要方面。新一代静止气象卫星的快速扫描多通道资料及其闪电成像仪观测资料及高时空分辨率的地面自动站等其他观测资料在对流初生临近预报方面将发挥重要作用。

关键技术方面：以短时强降水、雷暴大风、冰雹、龙卷等强对流天气的雷达识别技术为基础，发展以分钟级观测资料［地面自动站、雷达（包括风廓线雷达）等］为核心的快速四维变分同化技术，构建快速预报预警系统。强化预报员对风暴尺度系统的动力学结构与对流天气现象、强度、传播路径的科学认识，提高强对流天气现象分类预报、强度预报和路径预报的能力。

（2）短时预报方面的技术支撑有待加强。

基于高分辨率数值预报及融合预报技术的强对流天气的短时预报技术虽然取得了一定进展，但还仅处于试验阶段。虽然"对流可分辨"的高分辨率数值模式及其快速更新同化技术已经取得了重大进展，但并非仅仅提高数值模式分辨率和发展同化技术就能够提高模式的预报能力，还需要考虑不同尺度天气系统的可预报性、模式框架本身性能的改进、不同物理过程的参数化等方面的问题以进一步改进这些模式的预报性能。"对流可分辨"的高分辨率数值（集合）预报的应用需要针对不同尺度天气系统的可预报性来开展相关工作，也需要采用类似美国"Testbed"的运行机制来对这些预报产品进行业务应用试验和评估。发展多源资料的同化技术、提高高分辨率数值模式的（集合）预报水平是分类强对流天气短时（概率）预报技术的模式基础；发展调整模式预报对流系统相位的多尺度分析技术、加权平均法与 ARMOR（adjustment of rain from models with radar data，雷达数据订正模式降水预报）法相结合的融合预报技术是短时预报技术发展的重要方面。

关键技术方面：以中尺度数值模式快速循环预报产品与高分辨率观测资料（地面自动站、卫星、雷达等）中尺度自动分析产品的融合技术为基础，构建强对流天气系统移动（传播）、发展、消亡的快速循环预报技术。

（3）短期分类强对流预报精细化水平有待进一步提高。

分类强对流天气短期预报的准确率在稳步增长，但不同等级的强对流天气及具有高影响性的极端强对流天气（如强飑线或者超级单体导致的大冰雹和极端雷暴大风天气、极端短时强降水天气）预报的精细化方面还存在较大不足。因此，需要在强对流天气发生发展机理基础上，利用更高分辨率的监测和分析资料，结合历史个例综合统计不同强度和极端强度的分类强对流天气的多物理量分布和结构特征，应用模糊逻辑等方法，综合利用高分辨率数值（集合）预报，发展不同等级的分类强对流天气概率预报和风险等级预报技术，包括极端性强对流天气的预报技术。虽然时效越长预报结果的不确定性越大，但美国 SPC 的业务预报表明，在全球集合预报系统基础上发展 3~8 天的中期强对流天气概率预报具有一定可行性；不过需要指出的是，预报时效越长，所能够预报的天气系统尺度越大、预报的精细化程度和准确率相对越低。

关键技术方面：发展短时强降水、雷暴大风、冰雹、龙卷等强对流天气在层结不稳定、动力不稳定，以及水汽条件、特性层高度和启动机制等环境条件特征物理量的差异与区分度方面的统计分析技术；构建以高分辨率数值预报模式诊断特征物理量为基础的网格化强对流分类概率预报技术。

（4）建立国家级与省级协调的短时和短期强对流天气落区预报业务技术流程。

在省级（或地市级）开展针对 MCS 触发、加强/减弱等影响机制的中尺度天气分析业务，定时或及时制作相关分析产品。在国家级和省级建立 12 小时内时间分辨率小于 3 小时的灾害性天气种类、强度和落区预报业务。国家级发布短期分类强对流天气落区预报。发展并完善短期分类强对流天气落区概率预报。在国家级建立基于集合预报的短时灾害性天气概率预报业务。建立全国上下联动的短时预报业务技术流程（该段为 10~15 年的规划）。

3）稳步推进强对流预报的检验业务

强对流天气预报传统检验，如基于站点观测的 TS、空报率等虽然存在较多缺陷，但依然是检验技术的重要方面。在综合多源资料的强对流天气实况站点和格点监测产品数据基础上，需要继续完善现有的基于邻域（一定的半径范围）的强对流天气检验技术，如重新评估定义适用于我国的评分站覆盖区域的半径大小；对于短时临近预报，更需要综合应用基于"对象"的空间检验技术，实现对对流预报落区形态、位移及强度的定量检验，给出强对流预报的综合检验和评价；发展和完善强对流天气或者罕见天气事件预报技巧检验也是检验技术发展的一个重要方向。

（三）台风

1. 发展卫星、飞机等监测体系，提高台风观测条件和能力

观测条件限制了对台风内部结构的认识。目前我国已初步建成了以气象卫星、多普勒天气雷达、高空观测、地面自动气象观测站为基础的台风综合观测体系，但在台风外场观测技术和能力方面，尤其是在常规观测资料稀缺的海洋上空对台风实施飞机观测方面和先进国家（地区）有很大差距。纵观最近几十年台风预报水平取得了不小的进步，也主要是路径预报精度的提高比较明显，相反，强度和风雨预报水平或变化不大，或没有有效的评估方法。这可能是强度和风雨预报需要更多地了解台风内部的中小尺度结构，无论是观测，还是理论认识，我国在这方面还有很大的差距。例如，美国的台风飞机观测已有 70 年的历史，取得了非常令人鼓舞的成果，有关台风观测和动力分析的文章大部分都包括飞机观测资料的应用。

因此，未来 5~10 年，我国气象事业中针对台风观测能力，需要采取以下措施。

一是大力发展卫星监测系统。近十年来随着国内外航天科技的快速发展，气象卫星在提供高效、及时的气象信息方面起到了越来越重要的作用。目前，比较先进的气象卫星观测系统有美国的 GOES（Geostationary Operational Environmental Satellite，地球同步环境卫星）和日本的 MTSAT（Multi-functional Transport SATellite，多用途传输卫星），以及中国的风云 FY-2 和 FY-3 系列气象卫星，还有 EUMETSAT（European Organisation for the Explotation of Meteorological Satellites，欧洲气象卫星应用组织）气象静止卫星、韩国的 COMS（Communication, Ocean and Meteorological Satellite，通信、海洋和气象卫星）和印度的 Oceansat-2 等气象卫星。通过卫星上搭载的遥测探头和感应器，能实时地将反映热带气旋强度变化特征的卫星数据传输到地面，通过气象专家的分析和解读获取台风最新的变化情况。

二是开展飞机观测外场试验。飞机观测是在获取台风临近登陆前的气象信息方面最直接和有效的手段之一。国际上开展台风飞机观测已有近70年历史,作为一个移动观测平台,台风飞机观测所获得的宝贵的现场观测资料,不仅极大地丰富和修正了先前对台风动力学、热力学、台风结构及其变化、台风与其环境场相互作用等的描述和理解,同时对提高台风路径、强度和风雨预报起到了至关重要的作用。目前美国和中国台湾地区已开展台风飞机观测试验和业务,在台风监测预警和防灾减灾中发挥了巨大作用。近年来,我国大陆地区气象部门只针对有限台风开展了非常简单的飞机观测试验,所取得的科学成果和经验还非常有限,尚不能为一线业务提供有效支撑。

2. 提高数值预报的应用能力

静观综合路径预报水平的提高和预报时效的延长,主要还是在数值预报水平和数值预报应用能力提高的情况下取得的;如果希望在强度和风雨预报方面能够取得成果,同样需要数值预报水平进一步地提高,预报人员站在数值预报(包括集合预报)这一"巨人的肩膀"上进行再次开发。

3. 加强对台风理论和预报技术研究,创造科研和技术人员与国内外同行交流的机会

我国台风业务预报还存在诸多难点,如台风的生成、强度和路径的突变、台风风雨分布,以及与环境天气系统的相互作用(季风槽、西风带系统和其他台风或低压系统)等问题,需要不断地提高对台风路径、强度、结构变化和风雨分布等相关物理机制的认识,并将研究结果转化为业务应用技术,为实际业务预报提供扎实的理论支撑。

调动业务部门从事科学研究的积极性,使其从业务中发现问题,在科研中解决问题,让科研成果应用于业务,使技术人员有同等的科学研究机会和与国内外同行进行学术交流的机会。

(四)雾霾

(1)强化部门协调机制,实现环境、气象、医疗等相关部门的数据共享,深入开展雾霾污染对人体健康影响的全方位和定量化的科学研究,为政府决策部门应对雾霾污染提供科学依据。

(2)优化相关部门职能职责,整合气象和环保部门关于雾霾和空气质量的预报、预警业务,集中优势科研力量,提升整体预报水平。

(3)整合和规范我国雾霾污染的监测手段,加强大气污染的空间立体多要素

的实时在线观测网络建设。

（4）加强雾霾和空气质量的预报预警能力建设，尤其是中长期预报能力的研发，以服务于社会公众、商业活动和政府决策部门的迫切需求。

二、灾害风险评估技术未来发展方向和建议

气象灾害风险评估是一项涉及多个交叉学科知识的综合性研究工作，是一个庞大的工程，需要形成行之有效的评估业务体系。灾害风险评估过程由三个基本要素组成，即威胁评估、脆弱性评估和危害性评估。其中，威胁评估要对基于不同要素的威胁来源（致灾因子）进行识别与评价；脆弱性评估用来识别（孕灾环境）弱点，以及如何消除这些弱点；危害性评估则被用来系统识别与评价价值、资产、重要性及受危害体（承灾体）的整体特征等。为更好地服务于公共安全，未来灾害风险评估工作需要从以下几个方面进一步改进。

（一）继续强化风险评估基础工作

加强基础数据储备：完善各类相关数据整理、整合（需要部门内部、部门之间协同完成；目前已经重视，但远远不够）。

技术规范基础储备：在目前的情况下，气象灾害风险评估工作应首先致力于气象致灾因子本身的评估技术研究；同时，加强灾害等级标准和灾害指标确定等的规范工作，尽快建立统一的灾害等级评判标准。

气象灾害阈值调查统计：针对不同天气、气候，对于不同环境，不同的承灾对象，其致灾程度及气象阈值如何？目前全国已经展开山洪灾害阈值普查，那么其他的灾害致灾阈值如何？例如，暴雨致灾、台风致灾、低温、高温、寒潮、大风等是在怎样的天气要素阈值下？

（二）加强气象灾害风险评估的关键技术和致灾机理研究

如各类气象灾害和与其密切相关领域的环境要素、承灾体要素、防灾减灾能力要素等的关系研究，以及气象灾害与前端天气预报产品的相关程度分析研究及灾害影响机理研究，等等，以便未来确定更为科学合理的数理风险评估方程。

（三）大力加强相关交叉学科的分析研究

一是加强孕灾环境、承灾体和防灾减灾能力的个体分析。分别针对不同灾害风险要素，针对不同灾害性或高影响天气、气候，系统性地分析各自的致灾共性和差异（需要气象部门协同其他相关部门）。

二是需加强灾害风险评估综合研究。在努力提高预报技术准确度的前提下，

加强天气、气候特征与环境脆弱性和承灾体易损性等关系的综合研究及区域性灾害系统的灾害链研究。

（四）加强人才队伍的培养和支撑

人才队伍的培养、评估技术的提高，是快速形成科学合理的风险评估评价方法的基础和根本。灾害风险评估涉及面广，涉及的专业知识多、部门多，目前国内非常缺乏准专业评估人才队伍，难以顺利开展全面系统的灾害风险评估工作。国家或部门应该加大灾害风险评估队伍的投入，成立专门的评估机构或评估队伍，给予政策、财政等的支持。

三、提高气象防灾减灾能力的举措和建议

在构建社会主义和谐社会的伟大进程中，加强气象灾害预测预警和应急处置工作，是气象部门树立和落实科学发展观的必然要求，是坚持以人为本、执政为民，强化社会管理和公共服务职能的重要内容。多年来，随着气象现代化建设的逐步推进，气象灾害预测预警服务能力得到了稳步提高，防灾减灾取得了明显成效，加深了政府和群众的鱼水关系。但由于气象灾害是诸多自然灾害的源头，由此引发的衍生灾害涉及的行业和部门较多，在防灾减灾工作中还存在着责任不清、程序不明、缺乏规范的标准等，严重影响了整个气象防灾减灾效益的总体发挥。为此提出以下建议。

（一）建立统一的国家级防灾减灾指挥系统

人类生活的地球系统具有统一性，发生在不同领域中的自然灾害，它们之间互为影响、相伴而生。例如，登陆台风不仅造成沿海人民的生命财产损失，台风所产生的暴雨又造成洪涝和山区的地质灾害，台风造成的灾害涉及海洋、水文、水利工程和地质等行业和部门，单一部门的管理和预警不利于综合减灾效益的发挥。建议国家建立统一的防灾减灾指挥系统。

鉴于我国的气象灾害占自然灾害的 70%以上，分布范围广、种类多、发生频次高、气象灾害及衍生灾害造成的损失严重，气象预报预警信息是防灾减灾科学决策的重要基础信息，气象系统已有建好的信息传递、收集、加工系统，为此建议由气象部门承担国家防灾减灾指挥系统的建设任务。统一规划，强化管理，加强信息共享，充分发挥防灾减灾的整体效益。

（二）进一步完善监测预警系统

防灾减灾决策中，气象监测和预警信息极为重要。建立完善的气象灾害监测

预警系统，是准确、及时、客观地监测气象灾害的发生、发展和提供预报预警的重要基础。加快气象综合探测体系的建设，包括地面加密常规要素的观测、特种要素的观测（如滑坡、泥石流、洪水等）、雷达观测、高空气象加密观测、气象卫星加密观测等；建立能够及时捕捉台风、暴雨、洪水、泥石流、滑坡、强对流、沙尘暴等极端天气事件和次生灾害的立体观测系统；加强山区山地灾害的普查和自然灾害风险区划的编制工作；在灾害频发地区、人口高密度区和经济发达地区更要加强气象灾害的监测和预报预警工作。监测预警系统的建立应统一规划、分步实施，在已有的基础上逐步增加和完善。

（三）加强对重大气象灾害发生、发展机理的研究，建立气象灾害评估体系

造成气象灾害的原因复杂，目前的天气预报预警仍不能适应科学防灾减灾和社会、经济快速发展的需求。例如，2005年8月6日凌晨在浙江沿海登陆的"麦莎"台风，登陆后继续北上，在辽宁大连沿海二次登陆，先后影响10个省市。在台风影响过程中，个别省市气象部门预报警报信息不够准确，使人民群众蒙受一定损失，引起社会和广大民众不满。因此，研究重大气象灾害发生的前兆、发生机理和预测理论，是提高气象灾害的预报预测水平的基础。建立的有效气象灾害评估系统，包括气象灾害发生前的预评估、灾害发生过程评估及灾害发生后的综合影响评估，可以为政府掌握灾害可能发生和已经发生的各种情况，及时采取防灾、抗灾、救灾措施提供决策参考。

（四）加强气象灾害预警信息发布与传播法制法规建设

气象法制法规是发布和传播气象灾害预警信息，指挥全社会防御气象灾害，保护人民生命财产安全，维护社会稳定的重要保障。

在各相关部门的支持和通力协作下，气象灾害法制法规建设发展较快，预报预警信息发布能力明显提高，特别是《"十一五"国家突发公共事件应急体系建设规划》中明确，国家突发公共事件预警信息发布系统，"依托中国气象局业务系统和气象预报信息发布系统，扩建信息收集、传输渠道及与之配套的业务系统，增加信息发布内容，形成我国突发公共事件预警信息综合发布系统"，对气象法制法规建设提出了新的要求。但实践说明，当前气象灾害预警信息发布与传播工作中还存在诸多问题和不足，如某些灾种的预警还没有明确的规定，有些预警信息政出多门、防御措施不规范、违法传播气象预警信息的事件还时有发生等。例如，沙尘暴是大气中的物理现象，气象部门是根据世界气象组织相关规定，以能见度、风力及影响区域制定的预警标准并向社会发布预警信息。但现阶段，沙尘暴预警标准和信息发布不是唯一的，使社会各界无所适从。各相关部门应按照国际标准

和国内实际，联合制定某些自然灾害预警信息和发布标准，以提高防灾减灾的整体效益。

（五）进一步加强突发的高危险天气事件的监测预警工作

高危险天气影响事件因其局地性、突发性强，预报难度特别大，往往防不胜防。例如，2005 年 6 月 10 日，黑龙江省宁安市沙兰镇附近地区出现局地突发性强降水，形成山洪灾害，造成沙兰镇 117 人死亡，其中 105 人为学生。2001 年 12 月 7 日下午，北京降了一场小雪。降雪量仅为 1.8 毫米，雪量虽然不大，但路面结冰，导致全市性交通堵塞、部分道路瘫痪，严重影响城市正常运转。2007 年 4 月 28 日凌晨 2 时左右，从乌鲁木齐驶往阿克苏的 5806 次列车在刚刚驶出吐鲁番车站不久，遭遇局地特大沙尘暴，瞬间风力达到 13 级，有 11 节车厢被吹翻，7 人死亡，上百人受伤。此外，高危险天气对重大社会活动等产生的影响也不可低估。例如，2000 年悉尼奥运会期间，突发性强降水导致比赛项目中断。因此，加强高危险天气监测预警工作刻不容缓。

（六）加强政府防灾减灾的组织行为，稳定社会和提高社会可持续发展能力

政府在防御自然灾害面前扮演着主要且重要的角色。例如，2006 年，在超强台风"桑美"登陆前，福建各级政府根据气象部门发出的台风预警信息和防台预案，紧急部署转移安置危险地区群众 71 万人，海上 3.6 万艘船只回港避风。浙江转移安置危险地区群众 100.1 万人，回港避风船只达 3.44 万艘。为防御风暴潮"三碰头"带来的严重危害，浙江、福建还根据气象部门建议对危险沿海地区采取停工、停学、停市，危险地带的群众全部转移到二线海塘以外的安全地带等措施，将人员伤亡降低到了最低程度。社区和群众自身也要做好防灾和自救。

2005 年 8 月 29 日登陆美国路易斯安那州的"卡特里娜"飓风，虽然预报准确，预警信息发布及时，但由于政府没有采取有效防灾减灾措施，该飓风造成美国 1 833 人死亡、财产损失 810 多亿美元、保险损失约 406 亿美元，政府出现信任危机；美国的石油生产基地受到重创，同时引起美国国内及全球的燃油需求恐慌和价格波动。

由此可见，政府防灾减灾的组织行为对减少灾害造成的损失和稳定社会至关重要。建议成立由各级政府主管领导牵头，有关部门负责人参加的领导指挥机构；建立完善分级负责、部门分工合作的工作机制；建立强有力的防灾救灾综合管理机构和应急机制；等等。充分发挥防灾减灾的整体效益。

参 考 文 献

鲍名. 2007. 近 50 年我国持续性暴雨的统计分析及其大尺度环流背景. 大气科学，31（5）：779-792.

常桂秋，潘小川，谢学琴，等. 2003. 北京市大气污染与城区居民死亡率关系的时间序列分析. 卫生研究，32（6）：565-568.

陈宝冲. 1990. 城市化可能引起的地貌灾害及其防治. 灾害学，（2）：23-28.

陈家其. 1991. 从 1991 年江淮流域特大洪涝灾害论协调人地关系问题. 地理学与国土研究，7（4）：33-37.

陈剑，杨志法，李晓. 2005. 三峡库区滑坡发生概率与降水条件的关系. 岩石力学与工程学报，24（17）：3052-3056.

陈阳. 2013. 中国持续性暴雨特征及中东部地区事件异常大尺度环流分析. 中国气象科学研究院硕士学位论文.

戴建华，茅懋，邵玲玲，等. 2013. 强对流天气预报检验新方法在上海的应用尝试. 气象科技进展，3（3）：40-45.

丁一汇，张建云，等. 2009. 暴雨洪涝. 北京：气象出版社.

董颜. 2015. 多模式对持续性强降水可预报性评估. 南京信息工程大学硕士学位论文.

段英. 2009. 冰雹灾害. 北京：气象出版社.

何明琼，熊传辉，龙利民. 2000. 清江流域、长江上游面雨量与致洪关系分析. 四川气象，20（3）：49-53.

李海萍，王可. 2011. 浅谈北京空气污染对其旅游交通的影响. 环境与可持续发展，（6）：49-52.

李丽平，章开美，王超，等. 2010. 近 40 年华南前汛期极端降水时空演变特征. 气候与环境研究，15（4）：443-450.

马占山，张强，朱蓉，等. 2005. 三峡库区山地灾害基本特征及滑坡与降水关系. 山地学报，23（3）：319-320.

穆穆，张人禾. 2014. 应对雾霾天气：气象科学与技术大有可为. 中国科学：地球科学，44（1）：1-2.

宿志一，李庆峰. 2010. 我国电网防污闪措施的回顾和总结. 电网技术，34（12）：124-130.

孙佳，何丙辉. 2007. 流域面雨量计算方法探讨. 水土保持应用技术，（1）：42-45.

陶诗言，等. 1980. 中国之暴雨. 北京：科学出版社.

田刚，陈良华，张萍萍，等. 2015. 长江上游与洞庭湖大洪水遭遇水雨情及天气特征综合分析. 第 32 届中国气象学会年会 S7 水文气象预报最新理论方法及应用研究.

王琪. 2012. 气候变化对中国国家安全的影响. 江南社会学院学报，（2）：11-14.

王秀明，俞小鼎，周小刚. 2015. 中国东北龙卷研究：环境特征分析. 气象学报，73（3）：425-441.

吴兑，毕雪岩，邓雪娇，等. 2006. 珠江三角洲大气灰霾导致能见度下降问题研究. 气象学报，64（4）：510-517.

吴丽姬，温之平，贺海晏，等. 2007. 华南前汛期区域持续性暴雨的分布特征及分型. 中山大学学报（自然科学版），46（6）：108-113.

徐祥德，王寅钧，赵天良，等. 2015. 中国大地形东侧霾空间分布"避风港"效应及其"气候调节"影响下的年代际变异. 科学通报，60（12）：1132-1143.

许艳峰. 2008. 我国南部夏季持续性暴雨的时空变化及其对应的环流特征. 南京信息工程大学硕士学位论文.

姚雪峰，张韧，郑崇伟，等. 2011. 气候变化对中国国家安全的影响. 气象与减灾研究，（1）：56-62.

于文勇. 2012. 中国地区降水持续性特性分析. 中国气象科学研究院硕士学位论文.

俞小鼎，周小刚，王秀明. 2012. 雷暴与强对流临近天气预报技术进展. 气象学报，70（3）：311-337.

张国平. 2014. 气象灾害风险预警服务业务手册. 中国气象局内部资料.

张延君，郑玫，蔡靖，等. 2015. PM$_{2.5}$ 源解析方法的比较与评述. 科学通报，60（2）：109-121.

张义军，陶善昌，马明，等. 2009. 雷电灾害. 北京：气象出版社.

赵秀娟，蒲维维，孟伟，等. 2013. 北京地区秋季雾霾天 PM$_{2.5}$ 污染与气溶胶光学特征分析. 环境科学，34（2）：416-423.

周桔. 2013. 大气环境污染的健康效应研究回顾. 中国科学院院刊，28（3）：371-377.

Agee E，Jones E. 2009. Proposed conceptual taxonomy for proper identification and classification of tornado events. Weather Forecasting，24（2）：609-617.

Agee E M. 2014. A revised tornado definition and changes in tornado taxonomy. Weather Forecasting，29（5）：1256-1258.

Allen R J，Landuyt W，Rumbold S T. 2015. An increase in aerosol burden and radiative effects in a warmer world. Nature Climate Change，6（3），DOI：10. 1038/nclimate2827.

Akimoto H. 2003. Global air quality and pollution. Science，302（5651）：1716-1719.

Avise J，Chen J，Lamb B K，et al. 2009. Attribution of projected changes in summertime US ozone and PM2.5 concentrations to global changes. Atmospheric Chemistry and Physics，9（4）：1111-1124.

Brown B. 2009. Verification methods for spatial forecasts. World Meteorological Organization Symposium on Nowcasting and Very Short Term Forecasting，Whistler，Canada.

Carlo P D，Pitari G，Mancini E，et al. 2007. Evolution of surface ozone in central Italy based on observations and statistical model. Journal of Geophysical Research，112，DOI：10. 1029/2006 JD007900.

Chan C K，Yao X H. 2008. Air pollution in mega cities in China. Atmospheric Environment，42（1）：1-42.

Davis C A，Brown B G，Bullock R，et al. 2009. The method for object-based diagnostic evaluation （MODE）applied to numerical forecasts from the 2005 NSSL/SPC spring program. Weather Forecasting，24（5）：1252-1267.

Dawson J P，Adams P J，Pandis S N. 2007. Sensitivity of PM$_{2.5}$ to climate in the Eastern US：a modeling case study. Atmospheric Chemistry and Physics，7（16）：4295-4309.

Fann N，Baker K R，Fulcher C M. 2012. Characterizing the PM$_{2.5}$-related health benefits of emission reductions for 17 industrial，area and mobile emission sectors across the U.S. Environment International，49：141-151.

Jacob D J, Winner D A. 2009. Effect of climate change on air quality. Atmospheric Environment, 43（1）: 51-63.

Kang D W, Hogrefe C, Foley K L, et al. 2013a. Application of the Kolmogorov-Zurbenko filter and the decoupled direct 3D method for the dynamic evaluation of a regional air quality model. Atmospheric Environment, 80: 58-69.

Kang H Q, Zhu B, Su J F, et al. 2013b. Analysis of a long-lasting haze episode in Nanjing, China. Atmospheric Research, 120-121: 78-87.

Kaufman Y J, Tanré D, Boucher O. 2002. A satellite view of aerosols in the climate system. Nature, 419（6903）: 215-223.

Kinney P. 2008. Climate change, air quality, and human health. American Journal of Preventive Medicine, 35（5）: 459-467.

Lee D S, Fahey D W, Forster P M, et al. 2009. Aviation and global climate change in the 21st century. Atmospheric Environment, 43: 3520-3537.

Macdonald R W, Harner T, Fyfe J. 2005. Recent climate change in the Arctic and its impact on contaminant pathways and interpretation of temporal trend data. Science of the Total Environment, 342（1~3）: 5-86.

Malm W C. 1992. Characteristics and origins of haze in the continental United States. Earth-Science Review, 33（1）: 1-36.

Mecikalski J R, Williams J K, Jewett C P, et al. 2015. Probabilistic 0-1 hour convective initiation nowcasts that combine geostationary satellite observations and numerical weather prediction model date. Journal of Applied Meteorology and Climatology, 54（5）, DOI: 10.1175/JAMC-D-14-0129.1.

Merk D, Zinner T. 2013. Detection of convective initiation using Meteosat SEVIRI: implementation in and verification with the tracking and nowcasting algorithm Cb-TRAM. Atmospheric Measurement Techniques, 6（8）: 1771-1813.

Migliorini S, Dixon M, Bannisterr R, et al. 2011. Ensemble prediction for nowcasting with a convection-permitting model-I: description of the system and the impact of radar-derived surface precipitation rates. Tellus A, 63（3）: 468-496.

Pye H O T, Liao H, Wu S, et al. 2009. Effect of changes in climate and emissions on future sulfate-nitrate-ammonium aerosol levels in the United States. Journal of Geophysical Research, 114: DOI: 10.1029/2008JD010701.

Quan J, Zhang Q, He H, et al. 2011. Analysis of the formation of fog and haze in North China Plain（NCP）. Atmospheric Chemistry and Physics, 11: 8205-8214.

Racherla P N, Adams P J. 2006. Sensitivity of global tropospheric ozone and fine particulate matter concentrations to climate change. Journal of Geophysical Research, 111, DOI: 10.1029/2005JD006939.

Rao S T, Zurbenko I G. 1994. Detecting and tracking changes in ozone air quality. Air & Waste: Journal of the Air & Waste Management Association, 44（9）: 1089-1092.

Schichtel B A, Husar R B, Falke S R, et al. 2001. Haze trends over the United States 1980-1995. Atmospheric Environment, 35（30）: 5205-5210.

Stensrud D J, Xue M, Wicker L J, et al. 2009. Convective-scale warn-on-forecast system: a vision for 2020. Bulletin of the American Meteorological Society, 90（10）: 1487-1499.

Watson J G. 2002. Visibility: science and regulation. Journal of the Air & Waste Management Association, 52 (6): 628-713.

Weisman M L, Skamarock W C, Klemp J B. 1997. The resolution dependence of explicitly modeled convective systems. Monthly Weather Review, 125 (4): 527-548.

Wilson J W, Feng Y, Chen M, et al. 2010. Nowcasting challenges during the Beijing Olympics: successes, failures, and implications for future nowcasting systems. Weather & Forecasting, 25 (6): 1691-1714.

Xu W Z, Chen H, Li D H, et al. 2013. A case study of aerosol characteristics during a haze episode over Beijing. Procedia Environmental Sciences, 18: 404-411.

Yu X N, Zhu B, Yin Y, et al. 2011. A comparative analysis of aerosol properties in dust and haze-fog days in a Chinese urban region. Atmospheric Research, 99 (2): 241-247.

Zhang X L, Huang Y B, Zhu W Y, et al. 2013. Aerosol characteristics during summer haze episodes from different source regions over the coast city of North China Plain. Journal of Quantitative Spectroscopy & Radiative Transfer, 122: 180-193.

Zhang Z Y, Ma Z Q, Kim S J. 2018b. Significant decrease of $PM_{2.5}$ in Beijing based on long-term records and Kolmogorov-Zurbenko filter approach. Aerosol and Air Quality Research, 18 (3): 711-718.

Zhang Z Y, Xu X D, Qiao L, et al. 2018a. Numerical simulations of the effects of regional topography on haze pollution in Beijing. Scientific Reports, 8 (1), DOI: 10.1038/s41598-018-23880-8.

Zhao P S, Zhang X L, Xu X F, et al. 2011. Long-term visibility trends and characteristics in the region of Beijing, Tianjin, and Hebei, China. Atmospheric Research, 101 (3): 711-718.

第二章 地 震 灾 害

第一节 地震灾害发生发展及演变规律

一、多震灾的基本国情

我国是世界上多地震的国家之一。20 世纪初全球开始有地震仪台网记录。但 20 世纪前 20 年我国 M_s（面波震级）<6.0 级地震有不少遗漏。根据全球地震台网记录，在 20 世纪这一百年中我国大陆及近海（未包括台湾省及以东海域），共发生 $M_s \geqslant 5.0$ 级地震 2 140 次，其中 $M_s \geqslant 6.0$ 级地震 465 次，$M_s \geqslant 7.0$ 级地震 75 次，$M_s \geqslant 8.0$ 级地震 7 次，平均每年约发生 21 次 $M_s \geqslant 5.0$ 级地震，4~5 次 $M_s \geqslant 6.0$ 级地震，平均每 20 年发生 15 次 $M_s \geqslant 7.0$ 级地震。进入 21 世纪以来，地震仍保持较高活动水平的态势，至 2015 年已发生 10 次 $M_s \geqslant 7.0$ 级强震，并分别于 2001 年 11 月 14 日在青海昆仑山口发生 $M_s = 8.1$ 级地震，2008 年 5 月 12 日在四川汶川发生 $M_s = 8.0$ 级地震。根据我国几千年的地震文字记载，近 100 多年来这种频度高、强度大的地震活动状态是历史的继续。根据陈章立和李志雄（2013）的研究，我国地处欧亚板块东南部，为印度洋板块、太平洋板块所夹峙。在印度洋板块向北运动，太平洋板块向欧亚板块的俯冲及西伯利亚块体向南运动的共同作用下，地壳构造运动强烈，地震构造复杂。尽管地震活动的时空分布不均匀，但可以断言，这种高地震活动水平的状态将会持续下去。

要特别提出的是，全球约 85% 的地震发生于海域，15% 左右发生在大陆，但 15% 左右的大陆地震所造成的灾害远远超过 85% 左右海域地震所造成的灾害，我国是全球主要的大陆地震国家。我国大陆面积只占全球陆地总面积的 1/14 左右，但据统计，在有地震台网记录的 20 世纪，全球陆区 $M_s \geqslant 7.0$ 级的强震有约 1/3 发生在我国大陆。加之我国是人口最多的发展中国家，广大城乡房屋建筑物的抗震性能较差，这使得我国成为全球蒙受地震灾难最为深重的国家。据统计，20 世纪全球因地震死亡的总人数约为 160 万人，其中我国有 59 万人左右，约占 37%。全球有地震历史记录以来，有 6 次震亡人数超过 20 万人的巨大地震劫难，其中有 4

次发生在我国，分别如下：1303 年 9 月 17 日山西洪洞 M_s=8.0 级地震，死亡人数 20 多万人；1556 年 1 月 23 日陕西华县 M_s=8.0 级地震，死亡人数 83 万人左右；1920 年 12 月 16 日宁夏海源 M_s=8.6 级地震，死亡 23.4 万多人；1976 年 7 月 28 日河北唐山 M_s=7.8 级地震，死亡 24.2 万多人。而震亡达万人以上的劫难，则举不胜举。

我国不仅地震频度高、强度大、震源浅、震害重，而且破坏性地震的分布广。我国地震烈度分为 12 度，震中烈度 I_0 与震级 M_s 有如下统计关系（李善邦，1960a，1960b）：

$$M_s=0.58I_0+1.5 \qquad (2.1)$$

当 M_s=5.0 级时，I_0=Ⅵ度，震中区Ⅰ类房屋（简陋棚舍，土坯、卵、毛石砌垒，草泥顶一类的粗制房屋），许多损坏，少数倒坏，个别倾倒。M_s=5.5 级时，I_0=Ⅶ度，震中区Ⅰ类房屋大多数损坏，多数破坏，少数倾倒；Ⅱ类房屋（低级施工的民房和老朽木架房），多数损坏，少数破坏；Ⅲ类房屋（木架建筑及新式砖石房屋）大多数轻微损坏。M_s=6.0 级时，I_0=Ⅷ度，震中区Ⅰ类房屋大多数破坏，许多倾倒；Ⅱ类房屋许多破坏，少数倾倒；Ⅲ类房屋大多数损坏，少数破坏，个别倾倒。M_s=6.7 级时，I_0=Ⅸ度，震中区Ⅰ类房屋大多数倾倒；Ⅱ类房屋许多倾倒；Ⅲ类房屋许多破坏，少数倾倒。M_s=7.3 级时，I_0=Ⅹ度，震中区Ⅰ类和Ⅱ类房屋全部倾倒；Ⅲ类房屋许多倾倒。M_s=7.8 级时，I_0=Ⅺ度；M_s=8.5 级时，I_0=Ⅻ度，震中区几乎所有房屋建筑物被摧毁。依此称 M_s≥5.0 级地震为破坏性地震，震级越大，其破坏性越大。有地震历史记录以来，我国各省（区、市）都发生过 M_s≥5.0 级地震，其中 29 个省（区、市）发生过 M_s≥6.0 级地震，19 个省（区、市）发生过 M_s≥7.0 级地震，14 个省（区、市）发生过 M_s≥8.0 级地震。按照上述地震烈度与房屋损坏、破坏、倾倒的情况，通常将地震烈度达Ⅶ度以上的区域称为高地震烈度区。应注意的是，大地震所造成的破坏并不局限于震中区及其近邻，而且波及相当大的范围。以华北地区为例，根据已有的大量资料，当震中烈度 I_0=Ⅹ度时，各高烈度区等震线长轴 a、短轴 b、面积 S 分别如表 2.1 所示（胡聿贤，1988）。

表 2.1　华北地区 I_0=Ⅹ度的大地震各高烈度区等震线长轴、短轴长度及面积

震中烈度 I_0	长轴长度 a/千米	短轴长度 b/千米	面积 S/平方千米
Ⅹ	11	5	173
Ⅸ	22	13	898
Ⅷ	48	32	4 825
Ⅶ	102	78	24 995

注：I_0=Ⅺ度、Ⅻ度时，a、b、S 更大

地震频度高、强度大、分布广，以及大震破坏区的范围大，使得我国陆地约

79%的国土位于地震烈度 $I_0 \geqslant$ Ⅶ度的高地震烈度区划区里，这意味着我国遭遇地震灾害的威胁不是局部，多震灾是我国重要的基本国情之一。

二、地震灾害的主要特点

与其他自然灾害相比，地震灾害有一些独特的特点，主要有以下三个方面：猝发性与强破坏性，易于引发次生灾害和间接灾害，成灾要素复杂。下面分别进行简要说明。

（一）猝发性与强破坏性

其他自然灾害的形成有一定的时间过程，如因暴雨引发的山洪和泥石流灾害，虽然来势迅猛，但从连降暴雨到成灾有一定的时间过程。而地震则不然，通常把地震破裂、断层错动的区域称为震中区。地震破裂从一点开始，沿断层扩展，其破裂速度约为 3.0 千米/秒。地震越大，断层尺度 L 越大。根据我国大陆一些 $M_s \geqslant$ 6.0 级地震数据统计（陈章立，2004）：

$$\lg L = 0.48 M_s - 1.6 \tag{2.2}$$

依此估算，即使地震为单侧破裂，M_s=6.0 级、7.0 级、8.0 级地震的破裂，断层错动的持续时间也分别仅为 6 秒、39 秒、57 秒左右。多数地震为双侧破裂，其破裂的持续时间更短些。地震发生时，震源向四面八方辐射原生波：P 波、S 波，其在地壳里的传播速度平均分别为 6.0 千米/秒左右和 3.4 千米/秒左右。因此地震破裂开始后，震中区和邻近区域很快发生强地震，使房屋建筑物遭受损坏、破坏、倾倒。大地震释放的能量很大，因此有很强的破坏性，且地震越大，释放的能量越大，破坏性越强。震级 M_s 与释放的地震波能量 E_R 的统计关系（Gutenberg and Richter，1956）如下：

$$\lg E_R = 1.5 M_s + 4.8 \tag{2.3}$$

依此估算，M_s=6.0 级、7.0 级、8.0 级地震所辐射的地震波能量 E_R 分别为 6.4×10^{13} 焦耳、2.0×10^{15} 焦耳、6.4×10^{16} 焦耳。可见大地震释放的地震波能量 E_R 是很大的。这里不妨作一个比喻，1945 年美国在日本广岛投下的原子弹，其爆炸所辐射的能量大致只相当于一次 M_s=5.5 级地震所释放的地震波能量。依此，1976 年唐山 8.0 级地震所释放的地震波能量 E_R 大致相当于 2 240 个广岛原子弹爆炸所辐射的能量总和。应注意的是，E_R 只占地震释放总能量 E 的很小的一部分，即

$$E_R = \eta E \tag{2.4}$$

式中，η 为震源辐射效率，根据有关的理论推演，η 为 $10^{-2} \sim 10^{-1}$ 的量级。大部分的能量耗损于克服摩擦，导致断层错动，其余部分能量转化为地震波能量。巨大的能量使断层产生很大的错距，如 2008 年汶川 8.0 级地震，汶川和北川地表的水

平错距都超过 6 米（Zhao et al.，2013），几乎摧毁了震中区所有的房屋建筑物。地震所辐射的地震波能量 E_R 虽然在波的传播过程中也逐渐"耗损"，但对于大地震，因 E_R 本身也很大，足以使高地震烈度区的范围显著大于震中区，使房屋建筑物遭受不同程度的损坏、破坏，甚至倾倒。

（二）易于引发次生灾害和间接灾害

地震释放的能量不仅可能导致房屋建筑物损坏、破坏、倾倒，造成直接灾害，而且易于引发次生灾害和间接灾害。虽然在大多数情况下，直接灾害是地震灾害的主体，但在某些情况下，次生灾害和间接灾害也是相当严重的，甚至可能超过直接灾害。

地震次生灾害不是由震时房屋建筑物的损坏、破坏、倾倒直接造成的，而是由地震动或直接灾害所引发的灾害。次生灾害因时因地而异，在国际范围里地震的次生灾害主要有崩滑流（山崩、滑坡、泥石流）、水灾、火灾、海啸、传染病等。

崩滑流是最常见的地震次生灾害。2008 年 5 月 12 日汶川 8.0 级地震震中区及邻近区域几乎处处可见山体滑坡、滚石，之后几年多处发生泥石流。在地壳构造运动强烈、山体表层岩体破碎、节理发育地区，不仅 $M_S \geqslant 7.0$ 级地震多引起崩滑流灾害，5.0 级、6.0 级甚至 4.0 级、5.0 级地震引发崩滑流灾害也不乏其例。历史上地震诱发崩滑流导致大量人员伤亡的记载举不胜举，如 1718 年 6 月 19 日甘肃通渭 7.5 级地震导致"通渭城北笔架山北山南移，压永宁大正环村居民数千户，礼辛（城西北）留少半，西北村庄无有存者，伤人三万余口"（顾功叙，1983）。应注意的是，崩滑流灾害不仅可能在震时发生，而且由于地震力的作用使山体表面岩体更加破碎，因此震后几年震区仍时有崩滑流发生。

地震引发水灾的情况较复杂，主要有三种情况：其一，发生于山间河流地区的地震，震时山崩、滑坡堵塞河流，形成堰塞湖，之后溃决，发生水灾。此类记载不乏其例。例如，1786 年 6 月 1 日四川康定发生 7.5 级地震时，山崩堵塞泸河（今大渡河），断流十日，之后泸河急决，高数十丈[①]，一涌而下，沿河居民悉漂而去。嘉定府（今乐山市）城西南临水，冲塌数百丈……沿河内港，水皆倒射数十里[②]，至湖北宜昌渐平（郭增建和陈鑫连，1986）。1933 年 8 月 25 日四川叠溪发生 7.5 级地震时，"山崩堵塞岷江，阻水成湖，大震后 45 天，湖水溃决，造成下游水灾，被冲者至少 2 500 余人，伤者不计其数"。其二，发生于湖区的强震，地下水沿地震断层及湖边裂缝上涌，形成水灾。例如，1850 年 9 月 12 日西昌邱

---

① 1 丈 ≈ 3.33 米。

② 1 里 ≈ 500 米。

海 7.5 级地震时，"邱海及安宁河边地裂宽 1~3 尺[①]，昌沙水、邱海水上涨冲毁村庄"。其三，发生于海岸附近的强震，使地面陷落，海水倒灌，形成水灾。例如，1605 年 7 月 13 日海南琼山发生 7.5 级地震时，琼山县东，溪港（今东寨港）数十村沉陷，文昌南图村（县南）平地突然陷成海。除上述三种情况外，发生于矿区的大震导致矿井涌水成灾，发生于城市的大震导致水管破裂，水涌成灾也不乏其例。在现代社会还应注意的是地震导致水库大坝溃决或大量库水外溢，形成水灾。这方面最为典型的案例是意大利瓦伊昂水库，1963 年 9 月中旬开始在库区发生了小震群活动，虽然最大地震仅 4.0 级左右，但小震群使库岸本就破碎的山体更加破碎，10 月 9 日发生大滑坡，$2.5×10^8 \sim 3.0×10^8$ 立方米的滑坡体冲向水库，导致 $2.5×10^7 \sim 3.0×10^7$ 立方米的库水外溢，荡涤下游朗加伦镇，使 2 000 多人丧生。尽管至今为止，尚未有地震导致水库大坝溃决的报道，但这种危险是存在的。例如，我国广东新丰江水库，建库时按地震烈度为Ⅵ度对大坝设防。幸好 1959 年开始蓄水后，不久即诱发了强有感地震，有关主管部门根据专家的建议，迅速按烈度Ⅷ度对大坝进行加固，否则 1961 年 3 月 19 日在大坝下游约 1 千米处发生 M_s=6.1 级地震（坝区烈度达Ⅷ度）时，按原抗震设计标准大坝可能溃决。又如，1970 年 1 月 5 日云南通海 M_s=7.8 级地震使位于Ⅸ烈度区的回龙水库坝面出现 30 多条裂缝，最大长度达 100 多米，最大宽度达 22 厘米，最大深度超过 2 米。幸好该水库当时正处于枯水期，如处于满库状态，不排除在水力作用下大坝溃决成灾的可能。

地震引发火灾的原因是多方面的，如大地震的地震动使城市供电系统及石油、天然气和煤气管道破坏，易燃易爆品爆炸，民用或工业炉火飘出炉外等。国内外地震引发火灾的现象不乏其例。最典型的是 1923 年 9 月 1 日日本关东 8.3 级地震，震时东京和横滨两大城市有 200 处起火，大火蔓延，燃烧数日，横滨几乎所有房屋都被烧毁，东京 2/3 的房屋被烧毁。这次强震死亡的 10 万余人中，绝大多数死于火灾。1995 年 1 月 17 日日本阪神 7.2 级地震诱发了火灾，烧死数千人。

地震引发传染病，甚至瘟疫也是值得高度重视的次生灾害。大地震导致大量人员和动物死亡，如果没有及时掩埋遗体并做好防疫工作，遗体腐烂，空气和地下水受到严重污染，可能导致传染病蔓延，甚至瘟疫，致使许多震时的幸存者死亡。1556 年 1 月 23 日陕西华县 8.0 级地震之所以导致 83 万人死亡，这是其中一个重要原因。

地震引发放射性污染是现代社会值得重视的一种地震次生灾害。2010 年 3 月 11 日日本近海域 8.0 级地震导致沿岸附近核电站破坏，产生严重放射性污染。

发生于大洋中的大地震还可能引发海啸，使大洋沿岸地区蒙受灾难。2014 年 12 月 26 日印度洋 9.1 级巨大地震引发的海啸袭击了印度尼西亚、马来西亚、泰国、

[①] 1 尺≈0.33 米。

斯里兰卡、印度沿岸，并波及非洲东南部沿岸，导致 30 万人左右死亡，创下人类有历史记载以来，地震海啸灾难之最。但大洋的大地震是否能引发海啸，不仅与地震的大小有关，还与震源深度、震源机制、震中区海水深度等多种因素有关。根据 20 世纪以来的有关资料，在 1.5 万次大洋地震中，大约只有 100 次的地震引发了海啸。我国除台湾以东海域少数大地震诱发轻微海啸外，未见其他海域大地震引发海啸。

地震的间接灾害与次生灾害成因有别，主要源于已有的地震劫难使许多民众在心理上蒙上了一层恐惧地震的阴影，从而在某些条件下以不同形式表现出来，形成俗称的地震间接灾害，其主要表现在以下几个方面（陈章立，2007）。

其一，遭遇强震时，异常惊慌而又缺乏合理自卫的知识，盲目快速外逃，甚至跳楼，产生不应有的人员伤亡。近几十年来此类现象屡有发生。1994 年 9 月 16 日台湾海峡发生 7.3 级地震时，广东汕头地区的反应正是一种典型的案例。地震震中距汕头 100 多千米，汕头虽有少量房屋损坏或轻微破坏，但未造成直接的人员伤亡。反而是由于震时许多民众尤其是正在上课的许多中小学生惊慌外逃，相互拥挤，有些学生跌倒踩伤。有些楼梯扶杆被挤垮，人掉了下来，还有些人直接跳楼，从而导致 700 多人受伤，3 人死亡。

其二，强有感而无破坏性的有感地震发生后，当地民众因担心发生更大地震，许多人惊慌，离开工作岗位外逃"避震"，致使当地经济活动一度处于停滞或半停滞状态。例如，1993 年 2 月下旬，浙江宁波地区皎口水库发生了有感的小震群，当地民众忐忑不安，担心发生更大地震导致房屋倒塌，甚至水库大坝溃决，因此许多人离乡外逃"避震"，即使没有外逃者也惊慌不安。尽管当地政府与地震工作部门及时做了大量的工作，但许多当地乡镇企业仍停工停产数日，造成不应有的经济损失。近几十年此类现象屡有发生。

其三，民众恐惧地震的心理成为以讹传讹，迅速扩散和传播地震谣言的"土壤"。地震谣传指的是并非由地震工作部门或当地政府发布的所谓某年某月某日将发生地震的传闻。尽管谣传毫无科学依据，但许多民众宁可信其有，不可信其无，处于惊慌不安的状态，从而不仅影响社会稳定，而且严重干扰正常的社会经济活动，造成不同程度的经济损失。近几十年来我国几乎所有省（区、市）都曾发生过地震谣传，许多人都亲自经历过，这里无须赘述。

（三）成灾要素复杂

地震不仅造成直接的灾害，而且易于引发多种次生灾害和间接灾害，其成灾要素相当复杂，但大致可将其归纳为三个方面：地震的大小和房屋建筑物的抗震性能，地震发生的自然环境，震区的人文环境。下面分别进行简要的说明。

在自然环境和人文环境大致相同的情况下，地震所造成的灾害尤其是直接灾害主要取决于地震的大小和房屋建筑物的抗震性能。按目前我国城乡房屋建筑物的抗震性能，一般来说发生于城市尤其是大中城市的 5.0 级左右地震，虽然多产生强烈的社会反响，但绝大多数不会导致明显的直接灾害，而许多农村则不然，5.0 级左右地震即可能导致不同程度的直接灾害。有些房屋建筑物抗震性能很差的农村，甚至 4.0 级左右就可能造成明显的直接灾害。

地震发生的自然环境包括地震发生的地质环境和地震发生的时间。一般来说，如果大地震在白天发生，伤亡人数相对较少，而如果发生在夜间，尤其居民熟睡之际，伤亡较严重。例如，若汶川 8.0 级地震不是在白天发生，而是像唐山 7.8 级地震在夜间人们熟睡之际发生，死亡人数可能成倍增加。震区地质环境主要指地形、地势，以及居民区房屋地基条件等。如果震区为山区尤其高山峡谷地区，地震易于引发崩滑流地质灾害，并可能堵塞山间河流，形成堰塞湖，一旦溃决，会造成水灾。即使未导致崩滑流，但由于与平坦地带相比，边坡尤其高边坡的地震动较强，对民房的破坏一般相对较严重。这里特别强调的是，居民区房屋地基条件对地震有重要的影响。在地震大小和房屋抗震性能等条件大体上相似的情况下，松软地基的房屋更易于遭受破坏，直接震害明显较严重。已有大量的震灾案例都证明了这一点。1967 年 7 月 28 日河北怀来地震与 1974 年 4 月 22 日江苏溧阳地震震级相同，M_s 都为 5.5 级，但河北怀来地震仅导致个别的 I 类房屋倾倒，且没有造成人员伤亡。而江苏溧阳地震导致 11 081 间房屋倒塌，7 万多间房屋遭受不同程度的破坏，8 人死亡，214 人受伤（张肇诚，1988a）。这种显著的差异主要是因为怀来震区居民区房屋地基较坚固，而溧阳震区则不然，总体上地基较松软。根据现代地震学的研究，场地对地震动的放大效应 $L_j(f)$ 与近地表地层（基底上方覆盖层）介质的阻抗 ρv（ρ 为介质密度，v 为地震波速度）的平方根成反比，即

$$L_j(f) \sim 1/\sqrt{\rho v} \tag{2.5}$$

式中，f 为地震动频率。只有未风化的十分坚硬的基岩场地对地震动没有放大作用，$L_j(f)=1$，其他场地对地震动都有放大作用，且近地表地层越松软（ρ、v 越小），厚度越大，场地对地震动的放大作用越大，因此地震时，房屋更易遭受破坏。

震区的人文环境包括人口数量与分布，经济发展水平，交通、能源、生命线工程设施，以及民众的防震减灾知识等。在地震大小和房屋建筑物抗震性能大体上相同的情况下，震区人口越多，伤亡人数也越多，经济发展水平越高，经济总量越大的震区，地震所造成的直接和间接的经济损失越大；在有交通（公路、铁路、机场、码头）、能源（火电厂、核电站、水电站及输电线路）、生命线工程（供水、石油、天然气、煤气等）设施的震区，如果地震时，这些设施

遭受破坏，不仅造成直接的经济损失，而且严重影响这些设施所服务地区正常的社会生活和经济活动，其间接的经济损失相当大，甚至可能超过直接的经济损失；此外，民众的防震减灾知识较贫乏的震区，尤其是城市震区，更易于诱发前面论及的间接灾害。

许多大地震灾害是上述多种要素的叠加、综合反应。例如，汶川 8.0 级地震灾害是地震强度大，房屋建筑物抗震性能差和严重的崩滑流灾害的叠加、综合反应。唐山 7.8 级地震灾害是地震强度大，房屋建筑物抗震性能差（唐山地震前，唐山市及邻近地区为地震烈度区划的Ⅵ度区，基本不设防），唐山市及邻区人口多、密度大，且位于覆盖层达几千米的松软地层上，场地对地震动的放大作用大，以及地震发生在人们夜间熟睡之际等多种因素的叠加、综合反应。

第二节　地震灾害对国家公共安全的影响

多震的国情和地震灾害的主要特点决定地震灾害对我国社会公共安全有重要的影响，主要表现在威胁人民生命安全、干扰社会经济发展和影响社会稳定三个方面。

地震是直接威胁我国人民生命安全的最主要的自然灾害。有地震历史记载以来，我国不仅是世界上蒙受地震灾害最为深重的国家，而且就单次大地震而言，死亡万人以上的案例不胜其数，因此在我国，仅就自然灾害所造成的人员伤亡而言，地震灾害可谓是群害之首。前面所述的我国大陆处于三大板块（块体）作用下，地壳构造运动强烈，构造复杂，破坏性地震频度高、强度大、震源浅、分布广的特点不会变，我国作为全球最主要的大陆地震国家不会变。加之，我国仍属于发展中国家，至今广大城乡多数房屋建筑物的抗震性能仍较薄弱，而要使广大城乡房屋建筑物普遍具有抗御强地震动的能力还需要长期的努力。这决定了在未来的很长时期里，地震灾害仍是直接威胁我国人民生命安全的最主要自然灾害。

地震灾害干扰社会经济发展。地震尤其是大地震所造成的破坏，需要耗费大量的人力、物力、财力对灾区进行紧急救助和恢复重建。这不仅使灾区在完全恢复重建前，社会生活难以正常化，经济处于低发展的状态，而且往往不得不一度调整灾区所在的省（区、市），乃至国家物力、财力的分配，从而对灾区所在省（区、市），乃至国家社会经济发展产生不同程度的干扰。

地震灾害影响社会稳定。这不仅在于震后灾区社会生活难免一度处于不正常状态，还使许多民众在心理上留下一层恐惧地震的阴影，易于引发前面所述的间接灾害，使正常的社会生活和经济活动秩序受到不同程度的干扰。

第三节　我国地震灾害监测预测与减灾对策

一、减轻地震灾害的对策及有关的科技问题

根据地震灾害的特点及复杂的成灾要素，近几十年来国际社会普遍认为，为了争取最大限度地减轻地震灾害，必须实施"预防为主、防御与救助相结合"的方针，采取多种相应的对策措施，其主要措施有三个方面：地震预测、抗震设防、应急救援。下面分别就其内含及所涉及的科技问题进行简要的说明。

（一）地震预测

地震预测是对可能成灾的地震发生的时间、地域和强度所做出的判断。根据近几十年来我国不同强度地震的成灾状况，地震预测的主要对象一般为 $M_s \geqslant 5.0$ 级地震，尤以 $M_s \geqslant 7.0$ 级地震为预测中的重中之重。一旦地震工作主管部门集成专家的看法提出的地震预测意见被政府采纳，按有关的法律法规，以某种方式在一定范围发布，即称之为地震预报。这里不涉及地震预测意见的发布，仅就地震预测本身所涉及的主要科技问题进行简要的说明和讨论。

国际上多把地震预测按预测的时间尺度分为长时间尺度（简称长期）地震预测和短时间尺度地震预测。前者预测的时间尺度为几十年，乃至百年。后者预测的时间尺度为几年至几天，我国又将其进一步分为中期、短期、临震预测。这里暂不涉及短时间尺度地震预测的进一步划分及相应的预测时间尺度的界定，仅指出长期地震预测和短时间尺度地震预测所涉及的科技问题既有共同之处，又明显有别。共同点在于都必须判断所预测的地域是否具备发生大震（在地震预测中，把预测对象统称为大震，把强度低于预测对象的地震统称为小震）的构造条件，如果具备，未来大震的强度多大。其差别在于在长期地震预测阶段，大震震源区尚处于准弹性变形状态，应力、应变变化的速率较小，两者之间的关系近似服从线性的胡克定律。而在短时间尺度地震预测阶段，大震震源区发生明显的非弹性变形，应力、应变的速率显著增大，且两者之间的关系不再服从线性的胡克定律。这决定长期地震预测与短时间尺度地震预测的科学依据及方法明显有别。这里暂不详细赘述，仅指出其根本的差别在于在明显非弹性变形阶段可望观测到与之直接或间接相关的地震前兆，而在准弹性变形阶段，难以观测这种前兆。这决定了短时间尺度地震预测以检测识别可能的地震前兆，分析前兆时空分布特征为基础，而长期地震预测只能以地质构造、历史地震活动等背景资料的分析研究为基础。

（二）抗震设防

抗震设防是为避免或减轻在遭遇地震袭击时，房屋建筑物被破坏所采取的重要措施，国际上抗震设防普遍采取"避抗结合"的原则。"避"意指使房屋建筑物的建设尽可能避开高地震危险性的区域。"抗"意指在难以避开时，按照地震危险性的大小及相应的抗震设防要求（标准）对新建的房屋建筑物采取抗震设防措施，对已有房屋建筑物采取抗震加固措施。依此抗震设防主要涉及以下三个方面的科技问题。

其一，区域地震危险性（或安全性）评估。为此必须在长期地震预测和地震动衰减研究的基础上编制区域地震烈度区划图或地震动参数区划图，将其作为国土规划和民用与一般工业建设抗震设防的依据。

其二，建设场地对地震动放大效应的研究与确定。鉴于大区域的地震烈度或地震动参数区划图带有区域平均的特性，而在有限区域的不同地段，场地状况及相应的对地震动的放大效应可能明显有别。同时考虑到重大工程和大中城市一旦遭遇地震破坏时，其灾害损坏更为严重，因此应在大区域地震烈度或地震动参数区划的基础上，研究确定场地地震动放大效应，开展地震烈度或地震动参数的小区划，以便更加合理地确定其抗震设防要求（标准）。还尤其应注意的是，鉴于沿发震断层及邻近地震动较强，而在其横向方向上地震动衰减明显较快，因此在大中城市应开展地震活动断层探测及地震危险性评估，将其作为优化城市建设布局的重要依据，使民房及生命线工程尽可能避开地震活动断层，在难以避开时，采取相应的抗震设防措施。

其三，研究确定不同类型的房屋建筑物的结构抗震技术，以增强抵御地震破坏的能力。同时鉴于地震动很强时，传统的结构抗震技术难以抵御强地震动所造成的破坏，应研制、发展、应用减震技术。

（三）应急救援

地震应急救援包括三个方面：一是有感而无破坏的地震应急和出现地震谣传后的应急。其应急措施的确定，关键是迅速判定事件发生地区近期是否可能发生破坏性地震，这是地震预测问题。二是发布破坏性地震短临预报之后的应急，其对策措施在行政上主要是采取相应的措施，做好紧急救援的准备和维护社会稳定，在科学上强化震情跟踪、对震情及时做出进一步的判断。三是破坏性地震后的应急，即紧急救援，所涉及的科技问题，首先是高效的救援技术，包括生命探测和拯救技术。其次是对震区震情趋势及时做出尽可能准确的判断以保证救援工作的顺利开展，这也是地震预报问题。

在上述三个方面的对策措施中，成功的短时间尺度地震预测尤其是短临预测可大大减少人员伤亡和可动产的损失，同时使应急救援准备更富有针对性，更快速、有序、高效。长期地震预测则是抗震设防的不可或缺的重要基础。这意味着只有努力提高地震预测的科学水平才能为减轻地震灾害提供更有力的科技支撑。

二、我国地震科技与减轻地震灾害对策发展历程的回眸

地震自古有之，但在人类的科学知识极为贫乏的漫长历史时期，人类对地震这一自然现象的认识一直带有迷信的色彩。我国东汉时期的科学家在发明世界上第一台验震仪（验证某方向可能发生了大震）之际，虽然阐明地震是由一个地方发生向四面八方传播的震动，但仍不知道地震究竟是怎么发生的。随着欧洲工业化的发展，科学技术的进步尤其物理学的发展，19 世纪初，国外一些科学家，如 Cauchy、Poisson、Stokes、Rayleigh 等提出在力的作用下，固体破裂可产生两类波：一类波可在固体介质中传播，称为体波。体波又可分为传播速度较快的压缩波和传播速度较慢的剪切波，分别用压缩和剪切英文单词的第一个字母来表示，称为 P 波和 S 波。另一类波沿固体表面传播，称为面波。但直到 19 世纪初国际上所研制的地震仪器仍为验震器，仍不能证明上述理论是正确的，更无从研究地震究竟是怎么发生的。因此直到 19 世纪末，近代地震仪诞生前，地震学一直停留在宏观观察、定性描述的状态。人类同地震灾害的抗争一直停留在地震灾害发生后，被动救援的状态。

1875 年意大利人 Fillipo Cecchi 成功地研制了世界上第一台近代地震仪。虽然该仪器存在明显的欠缺：无阻尼，只能记录 P 波初动，且放大倍数低，但其原理为之后研制有阻尼、高放大倍数地震仪奠定了基础，从而使地震学的发展进入了模拟记录、定量研究的新时期。在之后 100 年里随着近代科学技术的发展进步，地震学与地球科学其他领域的发展一样，取得许多堪称具有里程碑意义的成就。例如，1898 年 Wiechert 成功地研制了第一台有阻尼的地震仪，可提供在整个地震持续时间里的地面运动记录，验证上述地震波传播理论是正确的，进而为测定地震参数奠定了基础；随着地震仪性能的改善，地震台站的增加，诞生了地震走时表。1907 年 Zoppritz 编制了第一张走时表，1940 年 H. Jeffreys 和 K. E. Bullen 编制了被广泛使用的 J-B 走时表和多种地震定位方法，通过大量地震定位，发现地震的空间分布是不均匀的，虽然小震的分布有一定的随机性，但大地震多数发生在断裂带上或其邻近区域；根据地震台网记录的地震波特征，提出了作为度量地震大小的震级。1935 年 Richter 首先定义地方震级标度 M_L，1945 年 Gutenberg 提出了体波震级标度 M_b（M_B）和面波震级标度 M_S，使得可测定不同震中距、不同大小地震的震级，进而给出地震震级与地震烈度的统计关系，并依其估算历史地震可能的震级和震中位置。地震定位和震级的测定为开展地震活动分析，进而开展地

震预测研究奠定了基础；通过地震波传播速度的研究，发现地球结构不仅横向不均匀，纵向也不均匀，Jeffreys 和 Bullen 在编制地震走时表之际，把地球分为7 个同心球圈（地壳、上地幔、中地幔、下地幔、外核、过渡区、内核）。之后地球科学其他领域研究发现，上地壳里面存在一个等温面，在该面上下温度差别很大，将该等温面以上的部分与地壳合并，称为岩石圈，并进而把地球上部分划分为如图 2.1 所示的层圈结构。地震定位的结果表明脆裂圈（大致相当于中上地壳）正是浅源构造地震发生的场所。这对于研究地震发生的物理实质和孕育过程至关重要。

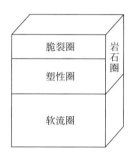

图 2.1 地球上部分分层圈结构示意图

1923 年 H. Nalano 根据地震台网记录的 P 波垂直向初动符号呈对称的四象限分布特征提出了双力偶震源模型，为测定地震震源机制，研究震源区力的作用和地层错动方式奠定了基础。1970 年 Gilbert 又提出了地震矩张量的概念，更科学地对震源区力的作用进行普遍性的描述，并为更科学地度量地震的大小奠定基础。19 世纪 20 年代美国因石油、天然气勘探的需要，研究提出了反射地震学，以后其理论、技术、方法不断改进，为探测地震发生的深部构造环境奠定了基础。1960年开始，根据地震学、地磁学、地质学研究所取得的新进展，许多人致力于地震力源的研究，在大陆漂移、海底扩张、地幔物质对流假说的基础上提出了全球板块构造运动学说（陈章立和葛诏洲，1998）。1973 年 Le Pichen 正式把全球分为六大板块，之后不少人又对其做了进一步的划分（Shearer，1999）。板块构造运动学说的提出为研究地震成因奠定了重要的基础。在致力于地震力源研究之际，一些学者致力于地震孕育过程的岩石破裂的模拟实验研究，提出了多种孕震的物理模型，如粘滑模式（Brace and Byerlee，1966）、膨胀-扩容模式（简称 DD 模式）（Nur，1972；Scholz et al.，1973；Anderson and Whitcomb，1973）、雪崩-不稳定裂隙形成模式（简称 IPE 模式）（Mjachkin et al.，1975），为研究短时间尺度地震预测奠定了理论基础；第二次世界大战后，由于核爆破侦察的需要等，在全球范围里地震台站迅速增加，随着地震数据的积累，在地震活动性研究方面也取得了许多进展，如提出了大小地震数目的比例关系（Gutenberg and Richter，1954）、地震震级与震源辐射能量的关系（Gutenberg and Richter, 1956），发现了大地震前的地震空区现象（梅世蓉，1960；Fedotov，1965），为地震预测奠定了重要基础。

总之，由于科学技术尤其是物理的发展和电子技术的进步，在 1875~1975 年地震学的发展使其成为地球科学中一门以观测为基础，以地震波传播理论为核心，以揭示地震发生规律为目标的新兴的学科。与此同时，地球科学其他领域地球物理、地质、大地测量、地球化学等的理论研究和观测技术也不断取得长足的进步。要特别指出的是，20 世纪 60 年代初开始，电子技术的快速发展，计算机的问世有力地推进了地震科学各领域观测与实验技术的进步、研究的深入。在地震学方面于 70 年代中期诞生了数字地震观测技术，使地震观测实现了由模拟记录到数字记录的历史跨越。1975 年美国国际加速度计部署台网和德国 Grafenberg 数字地震台网的建立，标志着地震学的发展开始迈入数字记录、深入研究的崭新时期。在模拟记录时代，地震学的发展虽然取得很多具有里程碑意义的成就，但模拟记录本身的局限性也制约了研究的深入，这集中体现为许多重要的震源介质和介质参数难以精确测定，甚至无法测定。与模拟记录比较，数字地震记录具有频带宽、动态范围大、分辨率高和便于利用计算进行数据处理等优点，从而极大地推动了地震学研究的深入，取得了许多新的进展，主要有以下几个方面（中国地震局地震预测研究所地震图像与数字地震观测资料应用研究实验室，2013）：提出了多种利用数字地震台网的波形记录测定地震矩 M_0，震源尺度（小地震等效圆盘半径 r，大地震断层面长度 L，宽度 W，面积 A），地震应力降 $\Delta\sigma$，视应力 τapp，介质品质因子 Q 的方法，以及描述介质各向异性的 S 波分裂延迟时间 δt，震源谱振相关系数 γxy 等的技术，从而为短时间尺度地震预测提供物理含义较为明确的新的前兆信息；提出了多种利用数字地震台网波形记录反演地震矩张量，测定地震震源机制的方法和利用一定数量震源机制解反演区域构造应力场的方法，为研究大陆复杂的区域构造应力场及地壳运动，合理划分地震带奠定了基础；提出了多种利用高密度区域数字地震台网的波形记录进行区域壳幔尤其是地壳三维速度（V_p，V_p/V_s）结构、衰减（Q）结构、散射（gs）结构层析成像方法。近几年来又提出用区域数字台网记录的噪声（地脉动）进行壳幔三维速度结构层析成像的方法，从而使壳幔结构的探测不仅仅依赖于人工爆破的剖面深部探测，更有利于普遍开展壳幔地震学参数动态变化和地震前后物性变化的研究探索，为研究大地震发生的深部环境条件奠定了基础；提出多种利用区域数字地震台网的波形记录反演场地对地震动放大效应的方法，使建设场地对地震动放大效应的确定不仅仅依赖于井孔钻探，有助于了解震源区和区域性应力状态及断层的构造特性，以增强城市地震动小区划和确定重大工程抗震设防要求（标准）的科学性；提出利用宽频带数字地震台网的波形记录反演强震破裂过程，确定地震面断层面上断距分布的方法，为快速判断可能的重灾区提供科学依据，使紧急救援的重点目标区域更明确，更富有成效；提出利用区域数字地震台网的波形记录进行地震相对精确定位的方法，尤其是用地震矩 M_0 定义了矩震级 M_w，克服了传统震级标度 M_L，M_b（M_B），M_s 所存在的"以偏概全""震级饱和"及多种震级标度并存，且彼此不可相互换算等弊端，从而改进了地震活动性分析，减小由其所给出的地震预测的不确定性。

100 多年来地球科学尤其是地震学的发展使人类同地震灾害的抗争，由长达几千年的、在地震灾害发生后被动的救灾，逐渐变为在灾害发生前主动采取积极的防御措施，实施"预防为主、防御与救助相结合"的方针。其历程大致以 20 世纪 60 年代中期为界，分为两大阶段。

20 世纪 60 年代中期前，地震灾害的防御以抗震设防为主。正如前面所述，到 30 年代中期，不仅可测定地震发生的地点，而且可测定 M_L 震级。于是苏联地震学家首先根据地震烈度 I 和 M_L 震级的经验统计关系及历史地震宏观观察的文字记载，编制了历史地震目录。在地震活动时空分布不均性研究和地质调查、地震和地质构造关系研究的基础上，试编了第一张地震烈度区划图，作为国土规划和抗震设防的依据。应该充分肯定，这是人类面对地震灾害的威胁，主动采取积极防御措施所迈出的第一步。但由于 M_L 震级标度在 7.0 级时出现震级饱和，这张区划图存在局限性，未能反映未来某些地区可能遭受更大地震灾害的可能性。1945 年面波震级标度 M_s 问世后，可测定 $M_s \leqslant 8.5$ 级的地震，于是从 40 年代末开始，美国、苏联等国家开始把地震烈度区划图的编制制度化，根据新增加的资料和研究所取得的新进展，每隔几年编制一张新的地震烈度区划图。许多国家，尤其是西方经济发达且多震的国家相继编制本国的地震烈度区划图，将其作为国土规划和抗震设防的依据。1949 年中华人民共和国成立后，我国地震学家和地质学家首先按国务院的要求，开展国家重大工程建设场地选址和地震烈度评定工作。与此同时，收集、整理我国丰富的历史地震文字记载和全球地震台网记录的 20 世纪后我国的地震资料，编制了我国历史地震目录，于 1957 年编制了我国的第一张地震烈度区划图。尽管这一时期国内外所编制的地震烈度区划图存在一些明显的缺失，如编制使用的大震重复和构造类比原则在实际应用中难免遇到不少困难，一方面由于大震尤其是 $M_s \geqslant 7.0$ 级强震，原地重复的周期很长，多超过当地有地震历史记载的时间，这可能是因其具有发生强震构造条件，但缺乏历史强震记载的地区地震烈度偏低；另一方面，许多地区尤其覆盖层较厚的地区，断层未出露地表，而是隐伏，难以进行构造类比。另外，任何房屋建筑物都有一定的使用寿命，而这一时期的地震烈度区划图没有明确的时间概念，属于永久性的。但仍应充分肯定，这一时期地震烈度区划图的编制及依其所采取的抗震设防措施是将灾后被动的救灾变为灾前主动防御所迈出的重要步伐，对减轻地震灾害起了积极的作用。在这一时期，也开始进行短时间尺度地震预测的探索，1948 年、1949 年中亚地区两次 7.5 级地震劫难发生后，苏联科学院于 20 世纪 50 年代初在塔吉克加尔姆建立了世界上第一个地震预测实验场。尽管由于当时地震学家对地震孕育的物理过程还缺少认识，加之受当时观测技术的制约，未能对大震做出预测，但观测到一些可能与大震发生有关的异常现象。此外，日本和美国在一些大震前也观测到地形变及波速比等异常现象（傅承义等，1985）。于是在这个时期，尽管短时间尺度地震预测尚未成为减轻地震灾害的重要对策措施，但地震学家已意识到大地震的发生可能存在一定的孕育过程，有前兆。

20 世纪 60 年代中期后，对地震灾害采取综合防御措施。在继续重视抗震设防，增强抗震设防的科学性和效能之际，把短时间尺度地震预测作为减轻地震灾害的重要措施，并逐渐重视地震应急的准备和有关研究。近几十年来这三个方面的工作都取得显著的进展，下面分别进行简要说明。

（一）抗震设防

针对抗震设防必须解决的主要科学问题，尤其 20 世纪 60 年代中期前所使用的"地震重复，构造类比"原则在确定长期潜在大震震源区时所遇到的困难，以及所编制的地震烈度区划图缺少明确的时间概念等问题，60 年代中期后开展了许多针对性较强的研究，并取得一些重要的进展，概括起来主要有以下几个方面。

在加强野外地质调查，断裂带分段特征研究，地质填图之际，开展卫星遥感照片的解释并在主要的地震活动区尤其在覆盖层较厚的地区开展以人工震源（爆破）为主，大地电磁测深为辅的深部地球物理剖面探测，探查隐伏断层，编制区域地震构造图。在此基础上结合有地震历史记载以来地震（包括历史地震和现代地震台网测定的地震）震中分布，划分了地震带；对各地震带 $M_s \geqslant 5.0$ 级地震活动时间分布不均匀性特征进行分析，对未来几十年，乃至上百年的地震危险性进行统计概率预测。

开展大震原地重复周期 T 的研究，其主要方法如下：一是采用地质学和大地测量的方法确定断裂构造带新构造运动的年平均滑移速率 V，同时由现场考察，确定历史和现今不同强度地震的水平错距 D，进而按 $T \approx D/V$ 近似估算不同强度大震可能的重复周期 T。二是在历史大震的破裂区开挖探槽，寻找古地震的遗迹，并用 C^{14} 等方法测定其年代。根据古地震的研究，估计不同强度大震的重复周期。研究表明，大陆地区大震原地重复周期很长，且不同构造区域有别。在断裂带滑动速率较低（1~2 毫米/年，甚至小于 1 毫米/年）的地区，6.0 级地震的重复周期可达几百年乃至上千年，$M_s \geqslant 7.0$ 级强震重复周期达千年以上，甚至达几千年。

对"地震重复"的原则做了修正。鉴于大地震原地重复周期很长，强调在长期地震预测中，不宜仅注意地震的重复性，更应重视其"填空性"。1970 年梅世蓉在对华北地区历史地震活动特征做了详细研究的基础上，指出华北地区 $M_s \geqslant 6.0$

级地震，原地重复的仅占 1/4 左右，填空的占 3/4 左右，"填空性"在长期地震预测中得到广泛的应用。

此外，这一时期通过一系列大地震的现场考察，发现不同构造区域，不同类型的地震（走滑、正断、逆断、倾斜地震），地震烈度的衰减特征有别。

由于研究取得上述的新进展，改进了编图的原则和方法，加之所使用的资料更丰富，故这一时期编制的地震烈度区划图科学性不断增强，且都赋予较明确的时间尺度。例如，1967 年编制的我国第二张地震烈度区划图，时间尺度为 100 年；1990 年编制的第三张地震烈度区划图，时间尺度缩短至 50 年，并赋 10%的超越概率。

鉴于在实际抗震设计时使用的是地震动参数（峰值加速度 a 和特征周期 T），而地震烈度 I 为宏观参数，每个烈度所对应的峰值加速度都有一定的区间，地震烈度区划图在应用于抗震设计时难免存在不便之处。对于同一烈度，不同的设计者可能在区间里选择不同的峰值加速度 a，且难以顾及特征周期 T 的影响，因此，从 20 世纪 80 年代开始，美国等发达国家加强了大震的强地震动观测与研究，在此基础上编制了地震参数（a 和 T）区划图，推进抗震设防要求由以地震烈度表述向以地震参数表述的过渡。我国也于 2000 年编制了第一版地震参数（a 和 T）区划图。

在这一时期结构抗震技术也取得长足的进步。许多经济发达且多震的国家建设了大型的振动台和伪动力学实验室，在不同强度和频率的振动加速度作用下，对不同结构的房屋建筑物抗地震动的能力和破坏的过程进行实验研究。在此基础上发展了结构抗震技术。中国地震局工程力学研究所和其他有关部门在 20 世纪 80 年代先后建设了大型振动台。中国地震局工程力学研究所又于 21 世纪初建成了伪动力学实验室。通过模拟实验研究，不断发展了与我国社会经济发展相适应的结构抗震技术。同时鉴于已有的结构抗震技术有一定的局限性，难以抵御强烈地震，美国、日本、新西兰等经济发达国家研制发展了隔震减震技术，即在房屋建筑物下方地基安置减震材料或设施，以降低房屋建筑物地震动的强度。近 20 年来，我国同济大学、广州大学和云南省地震局等一些单位开展了隔震减震技术的研发，并应用于国家一些重大工程和民房的抗震设防。

（二）地震监测预测

短时间尺度地震预测以地震前兆监测为基础，故通常将监测与预测合并，称为地震监测预测。20 世纪 50 年代开始，在加尔姆地震预测实验场等地区的观测研究已经揭示，猝发的大震可能有一定的孕育过程，有前兆，而 1960 年初开始，以电子技术为龙头的科学技术的快速发展使地球科学各学科领域的观测与模拟实验技术长足进步，不仅进一步为检测地震前兆提供了可能，而且使模拟地震孕育发生过程的岩石破裂实验广泛开展，多种孕震物理模式正处于酝酿中，上述全球板块构造运动学说正处于呼之欲出的状态。总之，到 20 世纪 60 年代中期，科学技术的发展已经为开展短时间尺度地震预测提供了可能。中国、苏联、美国、日本等多地震国家开始制订并逐步实施地震监测与预测研究计划。由于各国震情、国情有别，其计划的具体实施方式有差别，多数在致力于有关理论研究和技术研发之际，短时间尺度地震预测研究与实践主要在地震预测实验场里开展。而我国由于地震频度高、强度大、分布广、灾情重，故地震监测预测研究与实践在我国各省（区、市）普遍开展，可以说我国的状况是近几十年来国际地震监测预测研究与实践的集中反映。因此这里以我国的情况为主，对近几十年来地震监测预测的发展历程进行简要的回顾。其历程大致可分为三个阶段：20 世纪 60 年代后期至 70 年代中后期，70 年代中后期至 90 年代中期，以及 90 年代中期至今。下面分别进行简要说明。

　　1966 年 3 月 8 日和 22 日在河北邢台地区相继发生 M_s=6.8 级和 M_s=7.2 级两次强震，共导致 8 064 人死亡，3 800 多人受伤。这是中华人民共和国成立以后在我国大陆人口稠密地区发生的第一次地震劫难，引起党中央、国务院高度重视。周恩来总理代表党中央、国务院两次视察邢台灾区，慰问灾民，指导抗震救灾，并广泛听取了科学家的意见和建议，发出了一定要牢记邢台地震血的教训，开展地震预防预报的号召，各有关部门立即派出科技队伍赶赴邢台灾区，我国地震监测预测研究与实践在邢台震区拉开了序幕。随着我国一系列破坏性地震的发生，地震监测预测工作迅速由邢台震区推向我国各省（区、市）。为了加强对中央各有关部门和全国各地地震工作的协调，1969 年 7 月 18 日渤海 M_s=7.4 级地震后，成立了中央地震工作领导小组，下设办公室（简称"中央地办"），1971 年 8 月国务院决定在"中央地办"的基础上成立国家地震局，将其作为国务院主管全国地震工作的职能部门。同时决定组建各级地震工作管理机构和以地震科技人员为主的地震工作队伍，建设地震监测台网，边观测边研究边开展地震预测实践。1966 年 3 月邢台地震后至 20 世纪 70 年代中期，这 10 年左右的时间里，我国地震监测预测工作所取得的主要进展有以下两个方面：其一，组建了世界上规模最大的以科技人员为主体的地震工作队伍和地震监测台网。1966 年邢台地震前，我国只有中国科学院等部门的少数科技人员从事地震工作，主要从事国家重大建设工程场地选址及地震烈度判定和地球物理基础研究，台站不到 100 个，且以地震观测为主，只有极少数台站有地倾斜和地磁观测。到 1976 年唐山地震前，隶属国家地震局管理的地震工作队伍达 15 000 人左右，台站 260 多个，观测项目包括地震、地磁、地电（电阻率和大地电场）、重力、地形变（地倾斜、短水准、短基线、应变）、应力、地下流体（水位、水温、水氡等地下化学组分）等 10 多种。每年还开展线路总长度达几万千米的大地测量、地磁、重力等流动观测。与此同时，全国 2 000

多个地（市）、县建立了由当地政府管理，国家地震局和省（区、市）地震局进行行业指导的地震工作管理机构，总人数达近万人，从事地震科普知识的宣传，并建立了一大批观测地下水位、水质和动物习性行为等宏观异常现象的哨点。此外，不少企业也建立了多种观测项目的地震监测台站，从而形成了遍布我国各省（区、市）的地震专业队伍的监测与群众测报相结合，多种学科方法相结合，固定台站观测与流动观测相结合的地震监测台网，为短时间尺度地震预测研究和实践奠定了基础。其二，对大震可能的孕育过程及前兆表现取得了初步的认识。根据一些大震前观测到的可能的地震前兆异常的演变过程，把大震可能的孕育过程及相应的地震预测分为中期、短期、临震三个阶段。在中期阶段，异常呈趋势性变化，速率较小；短期阶段趋势性异常可能发生转折，并可能出现一些变化速率较大的新的异常；临震阶段可能出现一些突变性异常。依此形成了中期、短期、临震相结合的渐进式的地震预测程序及相应的震情会商制度。同时，根据一些大震震例总结，结合国内外关于孕震物理过程和地震前兆机理的研究（Sobolev，1984），提出了一些以经验为主的、试用性的地震预测方法和指标（国家地震局科技监测司，1989），并在地震预测实践的应用中取得了某些成功。首先是对 1975 年 2 月 4 日辽宁海城 M_S=7.3 级地震做了较成功的中期、短期、临震预测，当地政府向社会公开发布了临震预报，并采取了强有力的紧急对策措施，大大减少了人员伤亡和可动产的损失（朱凤鸣等，1982），实现了人类历史上对破坏性地震做出成功的富有减灾实效的预测预防的零的突破。1976 年又对 5 月 29 日云南龙陵 M_S=7.3 级、7.4 级，8 月 16 日四川松潘 M_S=7.2 级大震做出较成功的中期、短期、临震预测。当地政府公开向社会发布了预报并采取相应的对策，取得明显的减灾实效。总之，在起步后的这 10 年间，我国短时间尺度地震预测研究与实践取得了可喜的进展。1979 年 4 月联合国教育、科学及文化组织在法国巴黎召开了首次国际地震预测讨论会，我国有 16 位不同学科的专家在会上做了专题学术报告；丁国瑜先生应联合国教育、科学及文化组织的邀请做了地震预测的综合评述。这 17 篇学术报告集中反映了这一时期我国地震预测研究所取得的进展和主要认识。总体上阐明尽管地震预测是一个难度很大的学科难题，但大地震的发生有一定的孕育过程，有前兆，当代的地震预测绝不是"占星术士"式的卜算，而是现代科学技术发展的必然结果，是有一定理论和观测基础的。

　　20 世纪 70 年代中后期至 90 年代中期为总结反思、调整优化阶段。1976 年 7 月 28 日河北唐山 M_S=7.8 级地震劫难震惊了国内外。这次强震发生在当时我国大陆地震前兆台网密度最高、观测项目配置齐全、地震科技力量最强的首都圈地区，且 1976 年初全国震情会商会判定当年京津唐张地区，尤其是北京东南至渤海一带可能发生 5.0~6.0 级地震的年度中期预测之后，国家地震局为捕捉这次地震做了一系列部署，广大地震科技工作者为此做出大量的努力，但仍未能对这次强震做出短临预测。这是为什么？地震究竟能否预测等问题油然而生，众说纷纭。面对这一重大劫难的严峻事实，国家地震局组织力量从科学技术和管理两个方面进行持续多年的深入总结反思，取得了一些初步的认识（陈章立等，1981；梅世蓉，1982；梅世蓉等，1993）。在科学技术方面对未能对这次强震做出短临预测的具体原因做了具体的分析研究，归纳为四个方面：其一，首都圈地区地震前兆观测的噪声（干扰）背景高，对许多重要的异常究竟是地震前兆还是干扰，未能做出明确的判定。其二，唐山地震前三个月分别于 4 月 6 日和 4 月 22 日在内蒙古和林格尔和河北大城发生了 6.2 级和 4.8 级地震。当时我们对地震强度与前兆异常的持续时间还缺乏明确的认识，对首都圈地区西部所出现的异常现象是否与和林格尔地震有关，东部地区的异常是否与大城地震有关，科技人员持有不同的认识。并且当时对地震前兆与后效的认识也较模糊，对京津唐地区出现的一些趋势性异常是否为 1975 年海城 7.3 级地震的后效，1976 年 4 月震后新出现的一些异常现象是否为和林格尔地震和大城地震的后效，科技人员的认识也不一致。其三，当时对大地震前兆时空分布的演化特征的认识也较模糊，还没有认识到大地震短临前兆异常的空间分布范围可能显著超过中期异常的范围，对 1976 年上半年尤其四五月后华北大范围多处发生的突出的小震群活动和一些可能的前兆异常感到迷茫，究竟是一次强震，还是不同地点多次中强震的前兆难以做出明确的判断。其四，当时对地震类型及相应的前兆表现的复杂性还缺乏清醒的认识。1975 年海城 7.3 级地震不仅有丰富的直接的前震活动，且地下水及动物习性异常在震前两个月开始出现，呈三起三落的特征，而唐山 7.8 级地震不仅没有直接的前震活动，且地下水及动物习性行为等宏观异常出现很晚，多数在 7 月 27 日下午才开始涌现。通过总结反思上述问题，在科学上取得一些初步的认识。同时，鉴于发生于居民区尤其是人口稠密地区的 7.0 级以上强震多造成严重的劫难，且 7.0 级以上强震的前兆异常分布范围可能较大，跨越多个省（区、市），在管理上进一步明确必须把 7.0 级强震的预测作为地震预测的重中之重。为了捕捉这样的强震，必须有一个研究实力较强、预测经验较丰富的国家级的地震预测研究团队来指导和配合各有关省（区、市）地震局的工作。于是在 1980 年组建了中国地震局分析预报中心，由其主要承担这方面的任务。尽管经过几年的总结反思，对之所以未能对唐山 7.8 级地震做出短临预测的原因取得了上述一些基本认识，但直到 20 世纪 80 年代初，对地震究竟能否预测，应不应该继续把地震监测预测作为防御、减轻地震灾害的重要对策措施仍众说纷纭，争论更加激烈。于是为了进一步明确防震减灾工作的方向和对策，国家地震局领导做出了在全国范围内开展为期三年（1982~1985 年）的、大规模的地震监测预测清理攻关研究。这是对 1966 年邢台地震后，我国地震监测预测工作的系统总结反思，参加的科技人员达 2 140 人，包括地震分析预报第一线的科技人员、台站人员和侧重地震科学基础研究与应用的专家学者，并邀请有关高等院校等的专家、学者参加。清理攻关研究内容包括四个方面：一是对当时隶属国家地震局管理的 435 个台站、前兆观测项目的观测环境和可能的干扰因素（"噪声"源）进行系统的现场调查研究，并针对一些主要干扰因素开展现场和实验室的实验模拟，研究干扰可能的机理和特征。二是对当时 435 个台站所使用的 48 种 1 893 台（套）地震前兆观测仪器的精度、稳定性和抗干扰能力逐一做出评估，明确哪些仪器可以继续使用，哪些仪器应淘汰或更新。三是对所有台（点）开始记录以来的所有观测资料进行系统的整理，逐一地对各台（点）观测资料的质量做出评价，从中筛选出一批可靠性相对较高的资料，并建立数据库，以供深入研究。四是对所有台（点）开始记录以来，观测资料曾出现的所有异常进行系统的分析研究，着重对异常出现之后伴有和不伴有中强以上地震发生的正反两方面的情况作系统的对比研究。在此基础上对各种常用的地震预报方法的预报效能做出分析评估。这次大规模的"清理攻关"既肯定大地震的发生有一定的孕育过程，有前兆，又深化了对观测资料异常变化性质复杂性的认识，进一步明确地震前兆的有效检测和识别是地震预报的首要前提和关键。认识到尽管我们的地震预测遭受的挫折、失败远多于成功，但所取得的有限的成功是有科学依据的，显著高于大震发生的自然概率，因此对地震预报不应持悲观甚至否定的态度，从而坚定继续把加强地震监测预测工作作为防御减轻地震灾害的重要举措（国家地震局科技监测司，1989）。更主要的是进一步明确了存在的主要问题和今后的方向与重点。在此基础上制订了调整优化方案和实施计划，并取得一些新的进展（陈章立和葛诏洲，1998；陈章立，2007），主要包括三个方面：一是调整优化了地震前兆监测台网的布局，撤销了一批观测环境恶劣，且难以改造的观测台站。对观测环境不符合规范要求，但可改造的台站有计划地逐步进行了改造。同时根据我国地震分布特征，在重点地区新增一些观测台站。二是更新了陈旧老化的观测仪器，且对一些仪器的性能做了改进。同时着手数字观测仪器的研制，在 20 世纪 90 年代中期前成功地研制了达到国际先进水平的国产数字地震仪和一批数字地震前兆观测仪器，为推进地震及前兆观测的数字化、自动化奠定了基础；三是加强孕震物理过程的理论与实验研究和震例总结研究，出版了《中国震例》（张肇诚，1988a，1988b，1990，2000；陈棋福，2002a，2002b，2003，2008），在此基础上加强年度中期地震预测和短临预测方法研究，改进了预测方法和指标。总之，这一阶段的工作，为 90 年代中期以来的发展奠定了重要的基础。

　　20 世纪 90 年代中期以来为推进地震监测技术现代化和地震预测方法深入研究阶段。在继续实施地震监测台网调整优化计划之际，着重推进以数字观测为核心的地震监测现代化，寓调整优化于现代化之中（陈章立，2007）。在国家社会经济发展的第九个五年计划期间（1996~2000 年）基本实现了我国地震和前兆观测的数字化。同时鉴于 90 年代中期以前，我国大陆地壳运动与变形的观测以垂直向为主，而我国大陆地壳水平运动与变形显著大于垂直运动与变形，建设了以检测大震前水平变形前兆为主要目的的由基准台、基本台和流动观测点组成的国家GPS观测网络，实现了我国地壳运动与地壳形变观测的历史性跨越。通过"十五""十一五""十二五"计划的实施，数字地震观测、数字地震前兆观测、GPS观测台网的密度不断增大。此外，90年代中期以来，还建设了以卫星通信和计算机处理为主体的全国地震通信与数据处理系统，显著提高了地震数据、信息的快速传递、处理和服务水平。这一阶段地震预测研究是此前阶段研究的继续和深入，更加注重异常时空分布的"组合"及其与孕震物理过程的关系，以及不同构造区域地震前兆的共性与差异的研究，从而使再次修改的各学科和综合预测方法、指标的科学性有不同程度的增强，且由于监测基础有较明显的增强，故这一阶段地震预测水平总体上稳中有升。对多次破坏性地震做出不同程度的、有一定减灾实效的预测预报。

（三）地震应急

地震应急的内涵和具体要求与措施随着社会经济的发展变化而变化。破坏性地震发生后的地震应急，即紧急救援自古有之。但现代社会要求地震紧急救援更加及时、有序、高效。伴随现代社会经济快速发展，地震对社会经济生活的影响越来越大，正如前面所述，即使有感而无破坏的地震，以及地震谣传都有可能产生明显的间接灾害。这决定了在现代社会，为了提高地震应急工作的减灾效能，必须做好以下两个方面的工作：一方面，在管理上必须做好地震应急准备。为此必须因地制宜制订相应的地震应急预案。我国从20世纪90年代初开始高度重视地震应急预案的制订和落实。同时必须加强地震科普知识和防震减灾知识的普及，以增强广大社会公众与政府及地震工作部门配合，并增强民众自救互救的知识和技能。另一方面，必须增强地震应急的科技支撑能力。90年代以来我国在这方面取得了重要的进展：一是提高了地震速报的速度和精确性。地震速报明确了地震应急的目标，是快速反应的前提。90年代之前，我国大震速报的时间多长达一两个小时甚至更长些。90年代初开始，由于全国地震电信传输和数据处理系统的建立，速报的时间明显缩短，尤其90年代中期后全国和区域数字地震遥测台网的建立，国内大震速报的时间缩短至十分钟之内，区域有感小震的速报，一般在震后一两分钟完成。二是有感而无破坏的地震的应急反应更加及时，对策措施更加得当，更富有成就。这类地震发生后，当地及影响区广大民众处于惊慌不安的状态，其应急反应对策确定的关键是尽快对是否可能发生更大的、导致破坏的地震做出明确的回答。1990年初开始大力加强了震后趋势快速判定方法的研究，改进了传统的方法，尤其是近10年来国内外一些专家提出了利用区域数字地震台网的波形记录测定、分析震群序列的谱振相关系数，以迅速判定震群活动是否是大震前震序列的新方法（崔子健等，2012）。这些进步使有感而无破坏的地震发生后，震后震情趋势判断的及时性和水平在逐步提升，为当地政府的应急决策奠定了基础。三是提出了用数字地震台网的波形记录反演 7.0 级以上的强震破裂过程，确定地震断层面上断距分布的方法（陈运泰等，2000），为在强震时震区及周围区域交通、通信系统遭受破坏的情况下，迅速确定可能的重灾区，以及判定 8.0 级左右巨大地震后是否可能发生 7.0 级左右强余震提供了科学依据（中国地震局地震预测研究所地震图像与数字地震观测资料应用研究实验室，2013），有利于明确紧急救援的重点和保障紧急救援安全地展开。四是发展了生命探测技术和安全地抢救被掩埋伤员的技术装备，提高了紧急救援的效能。

三、我国地震科技现状的简要评述

综上所述，半个多世纪以来，在国际地震科技发展的背景下，我国地震科技取得了长足的进步，使减轻地震灾害的行为由过去在地震灾害发生后被动的救援变为在灾害前采取积极的防御措施，且防御能力不断增强。这不仅表现在地震活动研究由时空分布不均性替代了"重复性"，并且强调大地震的"填空性"，而且地震发生地质构造环境的研究也由粗到细、由浅入深，使长期地震预测的科学性不断增强，加之，结构抗震技术的长足进步等，从而使抗震设防的科技支撑能力不断增强，更主要地体现在短时间尺度地震预报，这一人类长期的幻想，开始付之于实践，并取得了某些成功，这是前面所述的包括地震学在内的现代科学技术发展进步的必然结果和重要表现之一。但至今为止我们进行的地震预测努力遭受的挫折、失败远多于成功的严峻事实，表明地震预测仍是当代自然科学领域里一个难度很大的科学问题。其根本困难在于地球内部的"不可入性""不可见性"，其他困难都直接或间接地与之相关联，只是长期地震预测与短时间尺度地震预测困难的具体表现有所差别而已。

地震烈度或地震动参数区划图是公开向社会发布的长期地震预测，即长期地震预报。尽管由于预报的时间尺度长达几十年乃至上百年，至今尚未以对长期地震预报的科学水平做出科学的评估，但在低地震烈度区划区发生高烈度的大地震，不乏其例。1976 年唐山 7.8 级地震和 2008 年汶川 8.0 级地震正是其中的典型。唐山 7.8 级地震震中烈度高达Ⅺ度，而之前的全国烈度区划图上，唐山及邻近区域的地震烈度仍为Ⅵ度（相当于预测的地震的最大强度仅为 M_s=5.0 级）。汶川 8.0 级地震震中烈度为Ⅺ度，而 2000 年公布的全国地震动参数区划图中，包括汶川 8.0 级地震破裂区在内的龙门山断裂及邻近区域，地震动峰值加速度仅为 0.10~0.15g（相当于烈度为Ⅶ度，长期预测的地震最大强度仅为 M_s=5.5 级）。显然这是难以用"超越概率"来解释的。这主要由以下三个方面的原因造成：其一，出露于地表的断裂带或借助卫星遥感图片解释所推测的隐伏断裂带的特征并不一定延续至地壳深部地震破裂发生的层位，甚至可能存在较大的差异。尽管近几十年来采用人工震源或大地电磁测深方法开展壳幔深部结构的勘探，但仅在某些地区开展，尚未能充分阐明地壳浅部与深部介质结构的关系和不同强度大震，震区地震发生构造环境的差异。其二，大震重要周期确定的误差一般较大。"古地震方法"由于"年龄"测定误差较大，一般显著大于长周期预测的时间尺度，使由其确定的重复周期 T 及其在长期地震预测中的应用存在较大的不确定性。"断层带滑动速率与大震地表错距"的方法，由于不同年代滑动速率 V 可能明显有别，更主要的是由于地震断裂带介质结构和应力分布的不均匀性，同一次大震地表与深度的错距 D 可能存在较大的差异。例如，根据破裂过程的反演，汶川 8.0 级地震地表最大错距显著小于深部的最大错距，相差达 2 米左右（Zhao et al.，2013）。汶川 8.0级地震前许多文献给出的龙门山断裂带系由三条断裂带组成，单一断裂带的年平均滑动速率仅约为 1 毫米/年。依此按 $T=D/V$ 估算的浅部与深部的重复周期 T 彼此相差 200 年左右，也显著超过长期地震预测的时间尺度。其三，在长期地震预测中多根据大震活动时空分布不均匀性的特征，采用统计分析、概率分布的方法给出所研究的地震带未来几十年乃至上百年内可能发生的地震的最大强度及相应的概率。由于后面将论及的近几十年来划分地震带的原则和方法存在明显的缺乏，加之对每个地震带有地震历史的记载以来大震的数目都是相当有限的，不符合统计分析、概率预测必须遵循的"大数原则"，这决定了该方法给出的预测难免存在较大的不确定性。

短时间尺度地震预测的水平也很低。1972 年开始，我国多数地区地震前兆观测台站正式投入运行。根据有关主管部门提供的统计资料，在 1972~2003 年这 32年间，在有一定地震前兆监测区域在震前做出不同程度的短临预测，当地政府在一定范围发布预报，取得一定减灾实效的 $M_s \geq 5.0$ 级、$M_s \geq 6.0$ 级、$M_s \geq 7.0$ 级的地震数目仅分别占所发生的 $M_s \geq 5.0$ 级、$M_s \geq 6.0$ 级、$M_s \geq 7.0$ 级地震总数的 7.0%、16.7%、31.3%左右（陈章立和李志雄，2013）。另外，大量的异常现象出现后，不伴有 $M_s \geq 5.0$ 级地震发生。10 多年来这种状况并没有明显改变。这同样源于地球内部的"不可入性""不可见性"，其具体原因是多方面的，主要有以下四个方面：其一，除地震活动外，其他学科观测资料的异常变化是多种已知的或未知的因素共同作用于观测点周围介质和观测系统的综合反应，大震的孕育只是其中一种可能的因素。近几十年的研究虽然对前兆观测的干扰因素的认识不断取得进展，但许多不伴有 $M_s \geq 5.0$ 级地震的异常，在"排除"各种可能的干扰因素之后，仍然存在。于是认为这可能是速率非均匀的地壳构造运动所导致的，但这仅是一种推测，缺乏必要的科学依据。其二，以传统地震目录为基础数据的地震活动图像分析方法是地震预测中广泛使用的重要方法。虽然测震台网观测的物理量明确，不存在其他干扰（人工爆破等可通过调查予以扣除），但由于传统地震目录所给出的参数数目显著少于描述大震发生所需要的"自由度"，这决定了由传统的地震活动图像分析所给出的地震预测也难免存在不同程度的不确定性（陈运泰，2007；陈章立和李志雄，2013）。其三，短时间尺度地震预测是根据在地表附近观测的可能地震前兆，借助已有的孕震物理模式来推测地壳应力状态和介质性质变化的可能时空分布特征，进而对大震可能发生的时间、地域和强度做出判断。但由于缺乏地壳应力状态和介质性质的实测数据，这种推测并不一定反映客观实际，从而使得依其所做出的判断可能存在不同程度的不确定性。其四，目前的地震预测虽然有一定的理论基础，但仍以经验为主。至今为止，有地震前兆监测的震例仍相当有限，加之不同构造区域不同类型的大震其前兆时空分布特征有别，因此经验的提取同样不满足"大数原则"，从而使地震预测经验存在一定的片面性、局限性。

综上所述，不论是长期地震预测，还是短时间尺度地震预测都是一个难度很大的科学问题，但对地震预测不应持悲观的态度。这不仅在于所取得的成功虽然是有限的，但明显高于地震发生的自然概率，还在于正如《中国震例》所给出的，许多大震前观测到难以用已知的干扰因素来解释的异常现象，尽管不能肯定这些异常一定是地震前兆，但也没有充分的理由肯定这些不是地震前兆。正如前面所述，一次大震所释放的能量很大，在巨大能量释放前不出现任何信息是难以令人置信的。而且近几十年科学技术的发展已为检测地震前兆提供了可能。正如陈运泰（2008）所指出的"慎言不可能，昨日之梦想，今日有希望，明日变现实"理应是对地震预测问题的正确态度。相信随着现代科学技术发展的进步，地震预测水平一定会逐渐提高，因此应继续坚持把地震监测预测作为防御减轻地震灾害的最重要的科技支撑。

第四节　未来 5~10 年的地震灾害监测预测发展战略和关键技术突破

面对多震灾的基本国情和防震减灾科技发展的现状，以及防震减灾各项对策措施之间的关系，为了争取最大限度地减轻地震灾害，为国家社会公共安全提供更有力的保障，未来 5~10 年或稍长些时间，我国防震减灾科技发展的总体战略应是：坚定不移地贯彻党和国家防震减灾工作的方针政策，在继续坚持走综合防震减灾道路之际，大力加强以地震监测预测为重点的地震科学研究及有关的关键技术与方法的创新，争取使长期地震预测更加科学、年度中期地震预测水平不断提高、短临地震预测有新的突破，以此带动抗震设防和地震应急救援科技支撑能力的提升，为保护人民生命安全、维护社会稳定、保障社会经济发展做出更大贡献。

下文对此进行简要说明。

近几十年来，历届党中央、国务院领导对防震减灾工作高度重视，做了一系列重要指示。2000 年 5 月 12~14 日国务院在河北唐山召开了首次由全国（除台湾省外）各省、自治区、直辖市、计划单列市、新疆生产建设兵团和国务院各有关部门的领导参加的全国防震减灾工作会议，在系统总结中华人民共和国成立以来我国防震减灾工作的基本经验，并吸纳国外一些好的做法的基础上明确了当前和今后一段时期我国防震减灾工作总体的指导思想。温家宝指出，要明确防震减灾工作的指导思想，就是坚持减灾工作与经济工作一起抓，实行预防为主、防御与救助相结合，动员社会各方面的力量，依靠法制和科学技术，大力加强地震预测预报，特别是短期和临震预报工作，提高大中城市、人口稠密和经济发达地区尤其是地震重点监视防御区的抗震和应急救助能力，有效地减轻地震灾害造成的损失，保护人民生命安全，确保社会稳定[①]。同时确定了"建立健全地震监测预报，灾害预防和紧急救援三大工作体系"的工作重点（陈章立，2007）。10 多年来党中央、国务院领导，尤其是以习近平同志为总书记的党中央又根据我国震情和社会经济发展的要求对加强防震减灾工作尤其地震监测预报，特别是短临预报做了许多重要指示。所有这些重要指示集中体现了党和国家防震减灾工作的方针政策。这既是做好正常防震减灾工作务必遵循的准则，也是思考、确定未来 5~10 年或稍长些时间我国防震减灾科技发展战略与重点的基本出发点。这里有必要对此进行以下四点说明。

一是建立健全防震减灾三大工作体系是贯彻总体指导思想的具体体现。三大工作体系既涉及防震减灾工作的社会管理问题，也涉及有关的科技支撑问题，因此在总体指导思想中强调必须依靠"法制和科技"。

二是"震灾预防"包括工程性和非工程性措施。工程性措施即对房屋建筑物按一定的要求（标准）进行抗震预防。非工程性措施主要指普及防震减灾知识，增强全民族的防震减灾意识。为了优化有限的抗震设防经费投入在抗御地震灾害中的效能，必须增强抗震设防的科技支撑能力。

三是三大工作体系未直接论及地震"应急"是因为如前面所述，破坏性地震的应急即紧急救援，有感而无破坏地震的应急，其对策的关键在于对震后震情趋势迅速做出科学的判断，这属于地震监测预测范围的问题，因此未把地震应急作为一个相对独立的工作体系。但随着社会经济的发展，地震的社会影响越来越大，及时的地震应急决策，得当的对策措施对稳定社会秩序，避免或减小地震所引发的间接灾害至关重要，因此在总体指导思想中强调必须提高地震应急能力。

---

① 国务院召开全国防震减灾工作会议 温家宝强调要建立健全地震监测预报、灾害预防和紧急救援体系努力减少灾害损失. http://www.people.com.cn/GB/channel1/10/20000518/69197.html，2000-05-18.

四是三大工作体系是一个相互关联的整体，表明为争取最大限度地减轻地震灾害，必须采取多种对策措施走综合防震减灾道路。其中地震监测预报处于关键位置，不仅是减少人员伤亡和可动产损失的重要对策措施，也是做好防震减灾其他方面工作的不可或缺的重要基础，因此是防震减灾工作的重中之重。故总体指导思想中强调必须"依靠法制和科学技术，大力加强地震预测预报，特别是短期和临震预报工作"[①]。10多年来党中央、国务院领导，尤其是以习近平同志为总书记的党中央在对防震减灾工作所做的一系列重要指示中，反复重申必须大力加强地震监测预报，特别是短临预报工作。

根据上述防震减灾工作的总体指导思想、发展战略和三大工作体系的关系，理应把努力提高我国地震监测预测，尤其是短临地震预测水平作为未来5~10年或稍长些时间推进我国的防震减灾科技发展进步的重中之重和主要目标，以此带动抗震设防和地震应急救援科技支撑能力的提升。面对前面所述的地震监测预测的现状、存在的主要问题，并考虑我国社会经济发展提出的迫切要求，按照"突出重点，有所目标，有所为，有所不为，有所先为，有所后为"的原则，建议把经过5~10年或稍长些时间的努力，可望使其关键技术和方法取得明显进展的问题作为重点。这些问题主要有四个方面：创新长期地震预测方法，增强确定长期潜在大震震源区的科学性，编制新的地震动参数区划图；地震前兆有效检测、识别关键技术研究，夯实短时间尺度地震预报基础；建设地震预测实验场，检测发展孕震物理模型及相应的地震监测预测模型；水库地震发生环境条件及水库地震危险性评估与预测的关键技术、方法的研究。下面分别对开展这四方面研究的重要性、紧迫性、科学思想与技术路线和可行性进行简要的说明。

一、创新长期地震预测方法，增强确定长期潜在大震震源区的科学性，编制新的地震动参数区划图

我国正处于加速城镇化进展，老城市改造与扩展，新农村建设的重要发展时期，迫切要求为广大城乡一般工业与民用建筑提供以地震参数表述的抗震设防要求（标准）。2000年我国曾完成编制并公布了第一版《中国地震动参数区划图》。编制地震动参数区划图的关键在于科学地确定长期潜在大震，尤其 $M_S \geq 7.0$ 级地震震源区和不同构造区域地震动衰减特征。在编制第一版《中国地震动参数区划图》时，这两方面的科学性都存在明显欠缺。关于确定长期潜在大震震源区方面存在的问题，前面已论及，这里不予赘述。在不同构造区域地震动衰

---

① 国务院召开全国防震减灾工作会议 温家宝强调要建立健全地震监测预报、灾害预防和紧急救援体系努力减少灾害损失. http://www.people.com.cn/GB/channel1/10/20000518/69197.html，2000-05-18.

减特征方面,直到 20 世纪 90 年代我国虽然取得了 3 000 多条强地震动加速度记录,但近场记录多是余震、中小地震,为数不多的主震、大震记录多为远场记录,但台(点)不多,难以依其研究地震动衰减特征,确定我国不同构造区域地震动衰减规律。因此,在编制区划图时不得不引用国外的资料。鉴于美国与我国所使用的地震烈表都分为 12 度,且烈度标准相似,因此选择强地震动观测资料较丰富的美国西部地区作为确定我国大陆地震动衰减规律的参考区,引用其强地震动观测资料。通过对美国地震动参数与地震烈度转换关系,以及我国各构造分区地震烈度衰减与美国地震烈度衰减的对比等研究,确定了我国各构造分区的地震动衰减规律。显然每次对比转换本身都存在一定的误差,多次对比转换累积的误差更大,这使所确定的我国大陆各分区的地震动衰减规律难免存在不同程度,乃至较大的不确定性。

20 世纪 90 年代中期以来我国地球科学各领域研究都取得重要进展,尤其建设了数字地震观测与强地震动观测台网,且其密度不断增大。据统计,截至 2015 年仅由中国地震局管理的数字地震观测台站已达 2 369 个,强地震动观测台站已达 1 073 个,其他有关部门也建设了一些台站,并已取得许多宝贵的记录资料。为创新长期地震预测方法和确定我国大陆各分区地震动衰减规律奠定了基础。因此编制新的地震动参数区划图不仅是我国社会经济的迫切要求而且已有了可能。现根据编制中国地震动参数区划图所必须解决的科学问题,将其科学思路和技术路线图概括为图 2.2。

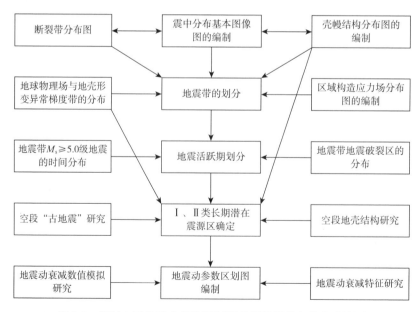

图 2.2 编制中国地震动参数区划图的科学思路和技术路线图

图 2.2 概括的科学思路和技术路线图首先着重强调了地震带及其地震活跃期的合理划分是确定长期潜在大震震源区、编制地震动参数区划图的重要基础。这正是对长期地震预测方法的主要创新。地震带和地震活跃期的划分是一个既古老而又新颖的问题。过去几十年，一般按地质构造，尤其是活动断裂的展布和地震尤其历史地震震中分布来划分地震带。这种划分方法虽然简单直观，但其科学性存在明显的缺乏，地震带划分不合理可能导致长期地震预测出现严重错误。这正是前面已经提及的汶川 8.0 级地震长期预测出现严重错误的首要原因（陈章立等，2009）。下面从浅源构造地震发生的物理实质出发，对划分地震带的原则与方法进行简要讨论。

综合国内外已有的研究，可以对浅源构造地震发生的物理实质作如下概括（陈运泰等，2000；陈章立和李志雄，2013）：浅源构造地震是地球脆裂圈的某一有限部分（震源区）在外力（区域构造应力场）作用下发生形变，积累应变能，在某时刻介质的强度低于应力，从而发生快速的脆性破裂，释放所积累的应变能的现象。在这一表述中，强调外力（区域构造应力场）的作用是地震发生的根本原因。震源区应力超过介质的强度是地震发生的充分必要条件，而震源区还应具备应力增强、应变能积累的条件是大震发生的背景。并且按照应力的物理含义和生成机理（周衍柏，1979；陈章立，2004），地震震源区理应是地球脆裂圈里介质结构或物性不均匀的狭长地带，尽管由于地球脆裂圈普遍存在大量的微裂隙（Scholz et al.，1973），有高灵敏度地震仪台网的地区，无处不记录到微小的地震（Shearer，1999），但大震震源区应是脆裂圈介质结构或者物性"宏观"上显著不均匀的，有利于在外力（区域构造应力场）作用下形成应力集中增强、应变能积累的狭长地带。依此，地震带不是一个简单的几何概念，而应具备以下三个条件。

其一，地震带理应是地球脆裂圈结构或物性宏观上显著不均匀，有利于在区域构造应力场作用下形成应力集中增强、应变能积累的狭长地带。虽然多数与断裂带一致，但并非所有的地震带都与断裂带相一致。这不仅在于有些断裂带两侧块体弱黏附，在区域构造应力场作用下，呈蠕滑状态，不利于形成应力集中加强、应变能积累，还在于我国纵横交错的断裂带是在不同地质年代形成的，与现今地震活动相关的更新世以来的活动断裂带或被更新世以前的"古老"断裂带所切割，或隐伏，不清晰。并且即使在几何上酷似一个断裂带，但不同地段的结构和运动特征可能明显有别，如龙门山断裂带的西南段为逆断层，而东北段为走滑断层。从逻辑上来说，这种脆裂圈结构或物性宏观上显著不均匀，有利于在区域构造应力场作用下形成应力集中增强、应变能积累的狭长地带理应是区域地震活动震中分布基本图像（有历史地震记载和近代地震仪器记录以来累积的地震震中分布图像）中震中相对密集带。但是，一方面，由于我国虽然是世界上有地震历史记载的国家，但绝大多数地区历史地震记载的时间仍是相当有限的，仅几百年（历史地震记载主要源于县志，明朝末期的少数县开始设立县志，南宋初期开始在其统治区域普遍设立县志），同时按莫尔-库伦破裂准则，其走向与区域构造应力场最大主应力 σ_1，夹角 θ 较大的断裂带（如郯庐断裂带等），不仅因中强以上地震重复周期显著大于有地震历史记载的时间，而且历史记载的中强以上地震数目不多，现代中小地震的频度也较低，从而使在区域震中分布基本图像中，对这类断裂带，震中密集成带的图像不清晰。另一方面，在断裂构造发育，纵横交错，断裂带之间的间隔较小的地区，由于区域地震台网的密度较低，中小地震定位精度较低，加之不少历史地震震中位置的确定，误差可能较大，从而使得区域震中分布图像中，震中相对密集地带的图像也不够清晰。为克服上述问题，基于地震活动的空间分布具有历史继承性，可对近 20 年来高密度区域数字地震台网记录的大量地震，采用双差（dual-difference，DD）结合波形互相关（wave cross-correlation，WCC）分析的方法（Zhao et al.，2013）进行相对精定位。在此基础上结合历史地震记载，编制我国大陆地震震中分布图像图。由于许多震中相对密集带尺度很大，甚至长达 1 000 千米以上，各段的介质结构和物性可能明显有别，故不宜简单地把这种大尺度的震中相对密集带视为一个统一的地震带，而必须采用如图 2.2 所示的其他方法来研究其分段特征。目前开展这些研究的条件已基本具备：可利用我国宽频带地震台网的噪声和远震 P 波接收函数数据开展速度结构三维层析成像工作，刻画我国大陆壳幔结构的轮廓，在此基础上，对各构造区域尤其多震地区在现有区域数字地震台网的基础上，适当增加临时台，开展壳幔速度结构（V_p，V_p/V_s）、衰减结构（Q 值）、散射结构（散射系数 gs）的更精细的三维层析成像工作（Zhao et al.，2013），相互对比验证，编制我国大陆壳幔结构分布图；可组织跨部门的合作，收集整理地震、测绘等部门已取得的大量水准测量和 GPS 观测资料，编制我国大陆地壳垂直形变与水平形变分布图；鉴于地磁垂直分量 Z 的短波磁异常主要反映地壳介质结构及物性的差异，可在编制我国大陆地磁基本场（主要反映深部、地幔、地核的整体特征）时已取得的大量实测资料的基础上，适当补充加密测点，利用大量的实测数据，反演给出我国大陆地磁 Z 分量异常分布图；布格重力异常的分布也是壳幔尤其地壳结构与物性差异的反映。近几十年来有些部门分别在某些地区开展了绝对重力测量。可组织跨部门的合作，按统一的技术规范开展测量，以编制我国大陆布格重力异常分布图。从逻辑上来说，只要实测数据可靠，反演方法正确，上述各学科方法反演所给出的梯度带的展布应相似，且应为震中分布的相对密集带，可将其作为划分地震带的一个重要依据。

其二，地震带上各地段外力（区域构造应力场）作用条件相似。这里所称的相似指的是力作用的方向相近。因为只有这样，两侧块体的相对运动才具有整体性。鉴于区域构造应力场的三个主应力 σ_1、σ_2、σ_3 是共轭的，通常用最大主应

力 σ_1 的取向来描述区域构造应力场的方向。鉴于由地质学方法和大地测量方法所给出的区域构造应力取向相当粗略，在过去的几十年里，多用震源机制解所给出的主压应力轴 P 的取向来近似描述地震发生地区 σ_1 的取向。且不说两者之间相差一定的角度，主要是因为在地震台网密度较低的年代，利用 P 波垂直分量呈对称的四象限分布的方法，一般只能给出较大地震的震源机制解，且误差可能较大，不足以描述我国大陆复杂的区域构造应力场的分布。这或许是以往划分地震带未顾及外力作用条件这一重要因素的原因。但因此可能导致地震带的划分错误，进而导致长期地震预测出现严重错误，这正是前面已提及的汶川 8.0 级地震长期预测出现严重错误的重要原因之一（陈章立等，2009）。在数字地震观测的时代，已提出多种适用于在不同台网布局的情况下，测定不同大小的地震震源机制，进而由一定数量的地震震源机制解反演区域构造应力场取向及主应力差的比值 $R\left(R=\dfrac{\sigma_1-\sigma_2}{\sigma_1-\sigma_3}\right)$ 的方法。近 20 年来我国大陆数字地震台网的密度不断增大，因此目前已有条件编制我国大陆区域构造应力场分布图，将其作为划分地震带的一个重要依据。

其三，地震带上各地段大震的发生应相互关联，可划分明显的地震活跃期和相对间歇期。这是由前两个条件所得到的必然推论。如图 2.3 所示，地震带本身的结构也是不均匀的。黑色段为两侧强黏附的，有利于在区域构造应力场作用下发生形变，形成应力集中增强、应变能积累的"坚固体"。其间白色段，两侧块体弱黏附，将其近似为孔隙。图 2.3 中 v 为在区域构造应力场作用下，两侧块体相对运动的方向，τ_F 为两侧块体相对运动的平均摩擦阻力，其方向与 v 相反。假定地震带的几何总面积为 A，强黏附的"坚固体"表面积的总和为 A_c，地震带上平均的法应力为 σ_n，平均的孔隙压力为 p，平均的摩擦系数为 μ，不难证明（Scholz et al.，1973；陈章立和李志雄，2013）：

$$\tau_F = \mu\left[\sigma_n - \left(1-\frac{A_c}{A}\right)p\right] \tag{2.6}$$

由式（2.6）可知，当某"坚固体"发生大震破裂，A_c 减小，τ_F 相应减小，于是在区域构造应力场作用下两侧块体相对运动的速度 v 增大，加速其他"坚固体"变形的发展，应力的增强，应变能的积累，从而使在一定时期里地震带上大震相继发生，直到各尺度较大、具有发生大震条件的"坚固体"都发生大震破裂为止。我们称这样的地震活动过程为一个地震活跃期。由于破裂的断层重新黏附，应变能重新积累需要经历一个较长的时期，地震带上尽管仍有许多中小地震，甚至个别 5.0~6.0 级地震发生，但地震活动水平总体上明显较低，我们称之为间歇期。显然这与传统上由大区域地震活动时空分布不均匀的统计分析给出的地震活跃期和

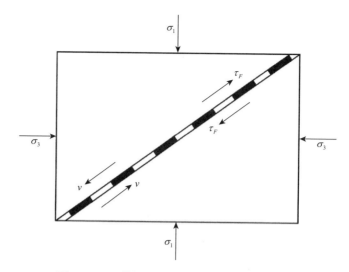

图 2.3　地震带结构及两侧块体相对运动示意图

间歇期明显有别。统计分析所给出的划分，不仅物理含义较模糊，而且统计分析区域的大小变化可能给出不同的划分结果。而上述定义的活跃期和间歇期是对一个地震带而言的，有明确的构造物理含义，且更易于在长期地震预测中应用。

这里要指出的是按照上述三个条件所划分的地震带不再是纯粹的几何概念，而是具有明确的构造物理含义。依此，过去几十年来划分的我国大陆的数十条地震带中，有些地震带的划分是否合理值得商榷，如在日常防震减灾工作和许多地震科学研究中被广泛论及的纵贯我国中部的"南北地震带"并不符合上述三个条件，可将其划分为若干个地震带（陈章立和李志雄，2013）。因此有必要按图 2.2 所示的科学思路和技术路线图对过去划分的地震带是否科学、合理进行审议，重新确定我国大陆地震带的分布。在此基础上，把我国大陆的地震带分为强活动和弱活动地震带。前者有地震历史记载以来已发生过一系列 $M_s \geq 5.0$ 级地震，并有多次的 $M_s \geq 6.0$ 级地震。后者地震活动水平明显较低，有地震历史记载以来，$M_s \geq 5.0$ 级地震次数不多，最大强度仅为 6.0 级左右。前者一般有多次的 $M_s \geq 7.0$ 级地震记载，且现今地震活动频度、强度也较高，因此是长期地震预测中分析研究的重点。

在重新审议、划分地震带的基础上，按如图 2.2 所示的科学思路和技术路线图，对各地震带尤其强活动地震带 $M_s \geq 5.0$ 级地震活动过程和地震破裂区的分布逐一进行分析［对有地震台网记录的大震，可将其余震区作为大震破裂区；对历史地震可根据震级 M_s 与地震断层长度 L 的经验统计，如式（2.2），来大概确定大震破裂区的范围］，以对各地震带尤其强活动地震带未来一段时期地震活动可能的状态做出分析预测。对三种可能处于不同状态的地震带，分别对待。

　　过去一段时期处于活跃期的地震带尤其是强活动地震带，如果在活跃期里，地震带上还存在尺度较大的未发生的大震破裂的"空段"（可能一个或若干个"空段"），可把"空段"作为未来一定时期里可能潜在的大震"候选区"。对每个"候选区"，在我国大陆壳幔结构分布图和地球物理场及地壳形变异常梯度带分布图（空间分辨率可能相对低些）的基础上，利用高密度的区域数字地震台网记录开展速度结构、衰减结构、散射结构三维层析成像或人工地震深部剖面探测工作，并辅以探槽"古地震"研究。如果经探测研究，各"候选区"都不具备发生大震的深部构造条件，可认为活跃期已结束，进入间歇期。如果"候选区"存在发生大震的深部构造条件，则将其作为未来一定时期里，Ⅰ类潜在的大震震源区，并根据空段的长度 L，按已有的地震断层长度 L 与震级 M_s 的经验统计关系，对未来大震的可能强度做出粗略的估计（应注意的是，由于历史地震破裂区范围的圈定可能存在一定的不确定性，"空段"长度也相应地存在一定的不确定性，依其估算未来大震强度可能存在一定的偏差）。

　　对于过去一段时期虽然处于"间歇期"，但该"间歇期"持续的时间已接近之前经历过的间歇期持续的时间（地壳运动速度明显有别的地区，活跃期及间歇期的持续时间有别），尤其是地震活动已开始出现明显回升的地震带，可初步认为未来一定时期可能重新进入一个新的活跃期。可将地震带在上一活跃期发生过大震的地段作为未来一定时期里Ⅱ类潜在的大震震源区。

　　对过去一段时期处于间歇期，且该间歇期持续的时间明显短于之前经历过的间歇期持续时间的地震带，在长期大震预测中可暂不予以顾及。但对这类地震带尤其强活动地震带不能排除在未来的一定时期里，在上一活跃期发生过大震的地段发生个别 5.0~6.0 级地震的可能性。

　　显然上述Ⅰ类潜在震源区确定的可信度和紧迫性，一般来说高于Ⅱ类区，对于Ⅰ类区中的 $M_s \geq 7.0$ 级的长期潜在震源区尤应予以高度的重视。

　　在研究确定长期潜在大震震源区之际，同时收集整理近几十年来我国已取得的一些大震的强地震动观测资料。逐一研究确定各有大震强地震动观测资料的构造区域强地震动衰减特征，建立不同构造区域强地震动衰减模型。对尚缺乏大震强地震动观测资料的构造区域可借助构造相似的区域的模型，进行数值模拟，从而确定我国大陆各构造区域强地震动衰减模型，进而在长期潜在大震震源区确定的基础上编制我国大陆新的地震动参数区划图，作为国土规划和一般工业、民用建筑抗震设防的依据。此外，一方面，鉴于沿地震断层错动的不同方向，地震动衰减特征明显有别，不同场地条件对地震动的放大效应也明显有别；另一方面，现有抗震结构技术尚难以抗御 $M_s \geq 7.0$ 级强震震中区及邻近区域的强地震动，因此为保障大中城市的安全，在重点编制我国大陆的地震动参数区域图之际，应投入适当的力量开展大中城市地震活动断层探测及场地效应的研究和隔震减震技术研制，为大中城市的布局和抗震设防提供更有力的科技支撑。

二、地震前兆有效检测、识别关键技术研究，夯实短时间尺度地震预报基础

鉴于地震前兆的有效检测、识别是开展短时间尺度地震预测的首要前提，也是首要的困难，因此未来 5~10 年或稍长些时间里应把提高地震前兆检测、识别能力作为推进防震减灾科技发展、进步的重中之重的问题。按前面已论及的地震前兆检测、识别所存在的问题，研究应着重以下三个方面：数字地震观测资料的应用，提取新的地震前兆信息的方法研究；地震前兆观测干扰因素的野外实验研究；研制有效检测地震前兆的新的观测技术。下面进行简要说明。

（一）数字地震观测资料的应用，提取新的地震前兆信息的方法研究

前面已论及以传统地震目录为基础数据的地震活动动态图像分析，虽然是短时间尺度地震预测中广泛使用的最重要的方法，但由于传统地震目录所给出的参数数目明显少于描述大震的发生所必需的自由度，决定着由地震活动动态图像分析所给出的地震预测，难免存在不同程度的不确定性。因此为减小这种不确定性，并解释其他地震前兆时空分布特征，必须增加物理含义较明确的、用于直接描述大震孕育过程中应力状态和介质性质异常变化的新的地震前兆信息。这些新的信息隐含于地震波之中，这是因为"地震犹如瞬间照亮地球内部的一盏明灯"，地震波携带着来自震源和地球介质的丰富信息。提取这些信息将有助于克服地球内部"不可见性"这一地震预测的根本困难。遗憾的是，在模拟地震记录的时代受观测技术的限制，要提取这些新的信息，难度很大。数字地震观测技术已经为提取这些新的信息提供了可能。我国自 20 世纪 90 年代中期开始了大规模的数字地震台网建设，台网的密度不断增大，产出了丰富的地震波形数据，但至今为止这些数据尚未在地震预测中得到应有的应用。必须把数字地震观测资料在地震预测中的应用提到重要日程上来，加强有关新的前兆信息提取方法的研究，以推进短时间尺度地震预测关键技术与方法的创新。

新的地震前兆信息有哪些呢？这涉及对大震孕育物理过程及其特征的认识。20 世纪 60 年代中期以来国内外一些学者先后提出了多种孕震物理模式，彼此之间虽然存在某些差异，但有若干共同点。综合国内外已有的研究，并考虑到地球脆裂圈介质多为花岗岩类的低孔隙度含水岩石，大震孕育过程应具有以下三个最重要的特征（陈章立和李志雄，2013）。

包含大震震源在内的孕震区应力有明显异常增强的过程。这里有必要对孕震区的概念作简要的说明。地震学本身没有对孕震区进行明确的定义，Scholz 等（1973）

把大震前地壳异常变形，大震后异常变形迅速恢复的区域称为孕震区。梅世蓉等（1993）把地震空区连同中小地震活动异常增强的区域称为孕震区。这两种定义的内涵相似，是可接受的。大震的强度越大，孕震区的范围越大，大震前应力异常增强的范围也越大。有些研究认为，在大震孕育的短临阶段，发震断层或邻近次级断裂可能发生预滑，使震源区本身应力水平有所降低，孕震区其他部分应力水平波动，孕震区以外，远场某些部位应力可能出现短暂的增强。这仍有待进一步研究，但在大震孕育过程中，孕震区尤其震源区应力有明显异常增强的过程，这是肯定的。

　　震源区发生显著的非弹性形变，膨胀硬化，介质强度异常增大。在孕震的后期尤其短临阶段震源区介质强度有所降低。这主要是因为当震源区应力超过破裂强度（破裂时的应力）的一半左右时，震源区裂隙迅速生长、扩展、体积膨胀，周围区域水朝震源区扩散所导致的结果。地震断层（震源区）介质的强度 τ 为

$$\tau = \tau_0 + \mu(\sigma_n - p) \tag{2.7}$$

式中，τ_0 为断层面的黏聚力；μ 为断层面的摩擦系数；σ_n 为断层面平均法应力；p 为孔隙压力。在孕震早期，震源区膨胀的速率大于周围水朝震源区扩散的速率，孔隙压力 p 降低，介质强度相应增大；在孕震后期，周围区域水朝震源区扩散的速率大于震源区膨胀速率，孔隙压力 p 增大，加之大量的水渗入，消除断层面上的"水文壁垒"，使摩擦系数降低（Kanamori and Brodsky，2004），从而导致介质强度有所降低。由于震源区与周围区域介质之间是耦合的，伴随着震源区非弹性变形的发展，孕震区其他区域介质也发生不同程度的非弹性变形，介质强度也有不同程度的变化。

　　震源区介质呈显著的各向异性，即裂隙呈明显的优势取向排列。这是裂隙应力场相互作用的必然结果，也是孕震震源区有别于长期潜在震源区的又一个重要标志（Sobolev，1984）。

　　根据上述孕震物理过程的三个重要特征，可期望由区域数字地震台网的波形记录提取以下四个方面的新的地震前兆信息。

　　其一，孕震区小震应力降 $\Delta\sigma$ 异常增大。地震应力降 $\Delta\sigma$ 指的是震前和震后地震断层面上剪应力之差。目前研究普遍认为震前应力水平越高，地震应力降 $\Delta\sigma$ 越大。由于大震前孕震区应力显著异常增强，其小震应力降 $\Delta\sigma$ 理应相应地异常增大。已有的研究已形成了一套测定包括应力降 $\Delta\sigma$ 在内的小震震源参数的方法及相应的数据处理软件（中国地震局地震预测研究所地震图像与数字地震观测资料应用研究实验室，2013）。应注意的问题是由于小震应力降 $\Delta\sigma$ 与地震的大小有关，因此在将其应用于地震预测研究与实践时必须首先根据大量的实测数据的统计分

析确定各构造区域应力降 $\Delta\sigma$ 与地震大小（M_0 或 M_L）的定标关系，以便扣除地震大小的影响，通过分析由式（2.8）表达的 $\delta\Delta\sigma$ 时空分布的变化来检测与大震孕育过程直接相关联的应力异常变化的前兆：

$$\delta\Delta\sigma = \Delta\sigma_{obs} - \Delta\sigma_{theo} \qquad（2.8）$$

式中，$\Delta\sigma_{theo}$ 为由 $\Delta\sigma \sim M_L$（或 M_0）给出的某震级地震的应力降，被视为理论值；$\Delta\sigma_{obs}$ 为实测的该地震的应力降。

其二，大震震源区及近邻介质品质 Q 值异常变化。Q 值是描述由于介质的非完全弹性和非均匀，地震波在传播过程中衰减的物理参数。刘红桂（2012）的研究阐明不同构造区域之间，以及同一大震前后震源区及近邻，源于介质非完全弹性的固有吸收的 Q_i 值大致相同，而源于介质非均匀性的散射 Q_s 值变化较明显。介质品质因子时空分布的变化是由介质的非均匀性程度所决定的，介质的非均匀性程度越高，Q 值越小，地震波的衰减越快，而根据岩石力学的研究普遍认为介质的非均匀性越高，强度越小，非均匀性越低，强度越大。依此在大震孕育过程中，可期望观测到在孕震的前期，震源区及近邻 Q 值异常增大，在孕震后期尤其短临阶段 Q 值有所降低的前兆异常。目前的研究已提出多种测定 Q 值的方法，应注意的是由于大震震源区的尺度是有限的，应根据区域数字地震台网的布局和区域地震的空间分布选取相应的方法来测定 Q 值，以避免勘测的区域范围显著超过大震震源区，平均效应使 Q 值前兆异常信息减弱，落在 Q 值测定误差的范围内，或避免因选取的、用于测定 Q 值的不同时段的小震的空间位置变化太大，相应地勘测区域范围变化较大，造成虚假的异常（中国地震局地震预测研究所地震图像与数字地震观测资料应用研究实验室，2013；陈章立和李志雄，2013）。

其三，由于在大震孕育过程中，震源区介质呈显著的各向异性，可望观测到在大震孕育过程中，地震射线穿过大震震源区的 S 波，其分裂的延迟时间 δt 异常增大的前兆异常。但应注意两方面的问题：一方面，所使用的小震，其射线在台站的入射角应小于全反射的临界角（陈运泰等，2000），其临界角一般为 35°左右，这意味着震源深度应小于震中距。随着我国区域数字地震台网密度不断增大，许多地区已具备开展这项工作的条件。另一方面，δt 的大小与射线穿过大震震源区路径的长度 L 有关，因此应对所使用的小震进行精定位，尽可能选择震源位置较接近的小震，以避免不同时段所使用的小震，空间位置变化太大，造成 δt 的虚假异常。

其四，由于在大震孕育过程中，震源区及近邻介质呈显著各向异性，可期望其前震序列的震源机制较一致。但由于要精确测定大量小震的震源机制往往较困难，Lund（2002）提出了测定震群序列谱振幅相关系数 γ_{xy}，以描述震源机制解相似性的方法。崔子健等（2012）用该方法测定分析我国大陆一些大震的前震序列

和一般小震群的 γ_{xy} ，表明前震系列的谱振幅相关系数 γ_{xy} 都较大，接近于 1，而一般小震群的 γ_{xy} 显著小于 1，因此可将其作为判别小震群是否为大震的前兆系列的重要实用性方法。

此外，由于传统的震级标度（M_L、M_b、M_B、M_s）存在着"以偏概全"、彼此之间不可相互换算、"震级饱和"，以及绝大多数因缺台站震级校正值 C_j 在实际震级测定中不合理地一律假定 $C_j=0$ 等问题，尤其是把 M_L 标度由地方震扩大到 1 000千米内的近震，而同样未顾及最大地震动位移相应的周期更欠合理。传统震级标度作为地震大小的度量，其科学性存在的欠缺，增加了采用地震活动动态图像分析所进行的地震预测的不确定性。根据现代地震学研究，地震矩 M_0 是对地震大小的最科学的度量，由 M_0 定义的矩震级 M_w 可克服传统震级标度所存在的诸多问题，将减小上述地震预测的不确定性。

尽管上述新的震源参数、介质参数的测定尚未在我国普遍开展，难以论及其在地震预测中的经验，但从理论上来说，完全可期望在大震孕育中，应出现上述这些新的地震前兆，因此应大力推进这方面的工作，将其作为未来 5~10 年创新地震预测关键技术、方法的重点之一。

（二）地震前兆观测干扰因素的野外实验研究

前面已指出，除地震本身外，其他学科观测资料的异常变化是多种可能的因素共同作用于观测点周围介质和观测系统的综合反映。根据近几十年我国的研究，可将其概括为图 2.4。

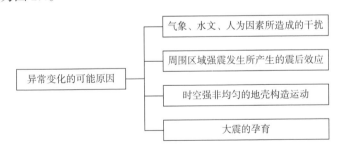

图 2.4　影响观测资料异常变化的可能因素

图 2.4 中所称的异常变化是相对于诸如在地质年代里缓慢的地壳运动趋势、季节性年度变化及超出仪器观测误差波动范围的异常。

气候、水文、人为因素所造成的干扰，因时因地而变，总体上来说，主要有气温、气压、寒潮、强风暴、降水、干旱、土壤冰冻与解冻、地下水开采、渗水、工业电磁噪声及台站周围的工程建设等。

周围区域强震发生所产生的震后效应是指强震的发生导致区域构造运动状

态及区域构造应力场的变化使得一定震中距范围里观测资料出现异常变化。这种后效较复杂：一方面，由于孕震区地表异常变形恢复，由挤压变为松弛，其他断裂带上法应力降低，相应的介质强度降低，可能导致在强震后较短的时间里中小地震活动的增加，甚至发生中强震，一些观测资料也出现异常变化。例如，1976 年 5 月 29 日云南龙陵 M_s=7.4 级强震后半年左右的时间里云南中西部和 1976 年 7 月 28 日唐山 M_s=7.8 级强震后半年左右时间里华北中北部都出现这种现象。另一方面，强震发生较大区域范围里区域构造应力场调整，导致孕震区外一定震中距范围里，尤其沿强震破裂延伸方向附近的区域应力增强，如果这些地区本身无大震孕育，也可能使中小地震活动增加并使一些观测资料出现短暂的异常变化。如果有大震正在孕育中，可能加速大震前兆的发展，大震提前发生。例如，1976 年 5 月 29 日云南龙陵 7.4 级强震后，从 6 月中旬开始四川尤其川北地区许多台站观测资料出现速率较大的异常变化，尤其动物习性行为和地下水等宏观异常开始大量涌现，于 1976 年 8 月 16 日在川北松潘发生 M_s=7.2级地震（陈章立和李志雄，2013）。

许多异常现象在"排除"上述两方面的因素后，异常仍然存在，但之后并没有大震发生，尤其是气象、水文、人为因素所造成的干扰，再根据相应的辅助观测资料，进行相关分析，"扣除"其影响后异常仍然存在。于是认为可能是时空强非均匀的地壳构造运动所导致的异常。但由于缺少大区域高密度的地壳运动、形变的连续观测，这种推测显然缺乏必要的科学依据。这表明虽然近几十年的研究对地震前兆的可能干扰因素的认识不断取得进展，但认识仍是相当粗浅的，尚未能真正了解各干扰因素作用的方式及影响观测资料异常变化的量级。为推进这方面研究的深入、认识的提高，建议在地壳构造运动较稳定、速率较小的少震、弱震区，如湖南省建立地震前兆干扰因素的综合实验基地。组织各学科方法的专家开展野外实验，主动制造各种可能干扰因素的"干扰源"，研究其对各种观测资料异常变化的作用方式、干扰的卓越频段和干扰大小的量级，争取对干扰因素的认识取得新的重要进展，为提高地震前兆识别能力和研制强抗干扰能力的地震前兆观测技术夯实基础。

（三）研制有效检测地震前兆的新的观测技术

近 30 年来，许多专家一再呼吁必须重视新的地震前兆观测技术尤其传感器的研制，地震工作主管部门也高度重视这一问题。但总体上来说，除实现了观测的数字化外，其他方面进展不明显，这值得认真总结反思。这里认为，首先必须明确存在的主要问题及相应的新技术研发的目标，同时应改革新技术研发的体制、机制。纵观当前地震前兆观测存在的问题，并顾及至今未能有效检测可能的重要短临前兆，新的地震前兆技术研发应以下四个方面为重点：强抗干扰能力的前兆传感器的研制，地震前兆井下综合观测技术研制，长尺度跨断层位移连续观测技术的研制，深井极微震观测技术的研制。

其一，强抗干扰能力的前兆传感器的研制。稳定性、分辨率和抗干扰能力是衡量地震前兆观测仪器性能的三个重要技术指标。随着我国工业技术水平的提高，地震前兆观测仪器的稳定性、分辨率不断得到改善。现在主要的问题是随着我国社会经济发展尤其是城镇化进程的发展和高压输电网络建设，许多台站前兆观测的噪声（干扰）背景显著增大，这决定强抗干扰能力的地震前兆观测仪器的研制成为当前地震前兆监测的迫切要求。强抗干扰能力前兆观测仪器的研制不是一个纯粹的技术问题，首先涉及前兆与干扰的机理尤其是卓越频段，应使前兆观测仪器观测的频带尽可能聚焦于前兆的卓越频段，避开干扰的卓越频段。例如，工业电磁干扰源对地磁观测多是低频的，而许多大震临震前观测到震中区及近邻区域台站地磁日变曲线出现明显的畸变（丁鉴海等，2011），这意味着地震的地磁短临尤其临震前兆是高频的。因此应加强高频磁力仪的研制，以避开工业电磁干扰，检测地震的地磁短临前兆。其他许多前兆及有关的干扰因素的卓越频率，目前尚不是很清楚，应加强有关的理论与实验研究，在此基础上研制相应的强抗干扰能力的前兆观测仪器。

其二，地震前兆井下综合观测技术研制。鉴于我国许多大中城市位于地震烈度区划Ⅷ度以上的高地震烈度区划区，是防御减轻地震灾害的重点地区，而大中城市的地震前兆观测不仅同样存在气象干扰因素，且一般来说，工业电磁和地下水开采等干扰更加突出，更为复杂。根据国内外已有的研究，地震前兆观测的各种干扰随深度的增大而减弱，因此为加强大中城市地区地震前兆监测应研制井下地震前兆观测技术。井下前兆观测，一方面存在仪器及管线等设备的防腐、防水侵蚀等问题；另一方面由于钻井成本高，井下前兆观测应尽可能是综合的。但同一井孔不同前兆观测可能彼此相互干扰，应采取相应的屏蔽措施，以避免这种相互干扰。这意味着地震前兆井下综合观测技术研发是复杂的问题。一方面，必须通过理论与实验研究，确定最佳的井深，以有利于既避免干扰又使经费投入得当。另一方面，应加强上述防腐、防侵蚀、屏蔽等有关技术研究。在此基础上研制经济、实用的地震前兆井下综合观测技术。

其三，长尺度跨断层位移连续观测技术的研制。前面已论及在大震尤其是 $M_s \geq 7.0$ 级强震孕育的短临阶段，发震断层或近邻次级断裂带可能发生"预滑"。依此可望观测到发震断层及其延伸方向阶跃性的跨断层位移的异常。从逻辑上来说，只要有"预滑"发生，就可能出现这种跨断层位移的前兆异常，且一般来说，异常应是阶跃性的，水平位移异常大于垂直位移异常。如果能检测到这种前兆异常，无疑将有利于大震的短临预报。遗憾的是近几十年我国只有个别强震前，非连续观测的跨断层水准测量观测到这种阶跃性位移异常（梅世蓉，1982；梅世蓉等，1993；陈章立和李志雄，2013）。这主要是因为：一方面，我国只有少部分台站有跨断层位移连续观测，其中多数有记录以来，所观测的断层上没有发生大震。另一方面，受 20 世纪 70 年代末至 80 年代末所谓"地震前兆观测仪器应能观测到固体潮"的不合理舆论导向的影响（陈章立和李志雄，2013），仅有的少数的跨断层位移连续观测的台站，位于山洞里，测距长度有限，不一定真正横跨发震断层。断裂带因其宽度显著小于长度，在地质构造图上将其用一条线来表示，实际上任何断裂带都有一定的宽度，从几十米到几百米甚至 1~2 千米或者更宽些，两侧块体之间充满断层泥。因此，为有效地检测到与大震孕育短临阶段"预滑"相关联的跨断层位移前兆异常应研制以水平向为主的跨断层位移连续观测技术，由于这种异常的位移可从几毫米至几十毫米，故可不要求能记录到"固体潮"，只要其分辨率达毫米级即可，但测距应较长，保证可跨越发震断层所在的断裂带，不要求安置于山洞里，只要深埋在一定厚度的地层里即可。

其四，深井极微震观测技术的研制。前震序列的观测研究对于实现大震的临震预测至关重要。鉴于地球脆裂圈任何岩石的实际破裂强度都比理论强度 $\sigma_t = \dfrac{E}{2\pi}$（ E 为介质的杨氏模量）低几个数量级（马瑾，1987；Scholz et al.，1973），表明任何所谓均匀的岩石介质实际上都是不均匀的，存在着许多不同尺度的裂隙。因此按 Mongi（1962）的岩石破裂试验，有理由推测所有大震理应有前震序列发生。至今为止，之所以总有少数大震在震前观测到直接的前震序列，可能是因为多数大震的前震序列为频率很高的极微震，而由于地表附近地震观测的噪声背景一般很高，故现有的地表台和井下摆都难以观测到这种极微震。因此，应研制深井地震观测技术，扩展地震仪频带的高频段。鉴于钻井的成本随井深的增加迅速增加，且越深，地温越高，地震仪及管线防腐的技术难度越大，因此应利用地质、石油等部门现有的深井开展实验研究，确定最佳的井深及相应的防腐技术，在此基础上研制深井极微震观测技术。

三、建设地震预测实验场，检验发展孕震物理模型及相应的地震监测预测模型

鉴于短时间尺度地震预测是当代自然科学领域里一个难度很大的科学难题，在广泛探索之际，建立地震预测实验场，适当集中力量加强观测与研究，对于推进地震预测研究的深入、预测水平的提高至关重要。实验场建设涉及三个基本的问题：实验场建设的科学目标与科学思路，实验场场址的选择与设计的技术路线，实验场研究的主要问题与运行机制。

（一）实验场建设的科学目标与科学思路

近 60 年来国内外先后建立了多个地震预测实验场。这些实验场大致分为两类：第一类实验场居多数，以回答在当代科技水平下，可否观测地震前兆，如果可观测到地震前兆，其大震的前兆有哪些种类、哪些特征，进而检验发展地震前兆观测技术，提出地震预测方法为主要目标。第二类实验场则以检验发展孕震物理过程的理论及相应的地震监测预测模型为主要目标。由于目标有别，其实验场场址的选择及台网的布局也有别。第一类实验场多是在开始开展短时间尺度地震预测研究的"早期"建立的，都位于地震活动频度高、强度大的地区，但没有明确的"目标地震"（潜在的大震震源区），在场区里广布地震前兆监测台站。第二类实验场，如美国的帕克菲尔德实验场，有明确的"目标地震"，围绕可能潜在的大震震源区，按一定的科学思路和技术路线布设地震前兆监测台网。

我国于 1971 年 8 月开始，在新疆南天山地区，东起库尔勒，西至喀什以西中苏边界，建立了第一个地震预测实验场。该实验场运行了 4 年，出于多方面的原因（陈章立，2007），于 1975 年 9 月撤销，把台站移交给新疆地震局。20 世纪 80 年代初又在云南滇西北地区建立了第二个地震预测实验场。该实验场因 20 世纪 80 年代中后期，经费紧缺，虽未宣布撤销，但实际上处于名存实亡的状态。对这两个实验场的作用，至今褒贬不一。这里不予置评，仅指出这两个实验场都属于第一类实验场。在我国正式开始开展短时间尺度地震预测研究与实践 50 年后，有必要再建地震预测实验场，但不应再是第一类实验场，而应为第二类实验场。这是因为第一类实验场的任务已基本完成，即使检验发展新的地震前兆观测技术也不一定在实验场进行，而怎样深化对孕震物理过程的认识，科学地调整优化地震监测台网的布局，创新短时间尺度地震预测的思路与方法，以推进预测水平的提高，则是必须着重研究解决的主要问题，这是由前面已评述的我国短时间尺度地震预测的现状所决定的。这里不妨再重申以下三点。

其一，我国地震科技工作者虽然在归纳国内外先后提出的各种孕震物理模式的共同点和我国广大地震科技工作在地震预测研究与实践中取得的经验的基础上明确了地震综合预测的科学含义，并将在大震孕育过程中，各种可能的地震前兆作为一个整体，对其时空分布演化的特征提出了设想，但受地震前兆监测台网布局等的限制难以有效地检测、修改、发展所提出的设想，进而难以实现真正的、科学的地震综合预测。

其二，近几十年我国对地震监测台网进行了多次调整优化，但由于调整优化的科学思路不够清晰，主要侧重于改造台站环境、更新仪器、增加观测网点，总体布局没有根本的改变。至今为止，地震前兆观测项目和布局与开展科学的地震综合预测之间仍存在较大的差距。

其三，近几十年我国在地震预测实践中所遵循的所谓"以场求源"的思路，不断受到各种问题的挑战（陈章立和李志雄，2013），尤其是由于地质构造的复杂性和大震孕育过程中区域构造应力场变化的复杂性，加之地震前兆监测台网布局的局限性等，把本属于同一 $M_s \geqslant 7.0$ 级强震的前兆错误地视为可能是若干个中强地震的前兆，从而错失对强震做出成功预测的机遇。实践表明，所谓"以场求源"的地震预测思路是值得认真反思的。已有一些著名的学者对这一思路提出了质疑。

我国地震监测预测工作的现状尤其是存在的种种问题决定继续在我国广阔的地域开展广泛的地震预测探索之际，建设地震预测实验场是很有必要的。新建设的地震预测实验场应以检验发展孕震物理模型和相应的地方监测预测模型为主要目标，以便为我国地震监测台网的调整优化提供科学依据，创新短时间尺度地震预测方法，推进由以经验为主的预测向以孕震物理模型为主、以地震前兆时空分布构造物理图像分析为主的预测过渡，使预测水平得以明显提高。

按照上述科学目标，实验场建设的科学思路不应是"以场求源"，而应是"以源观场，场源结合"。前面已对"以场求源"的预测思路做了简要的评论，若以其作为实验场建设的科学思路，因缺少"目标地震"，地震前兆监测台网建设必然缺乏针对性，除非在广阔多震地区密布各种学科方法的地震前兆监测台网，否则，难以根据所观测的可能前兆来检验发展孕震物理模型及相应地震预测模型。这必然耗费巨额的投资，不仅是目前国家财力难以承受的，而且可能造成某些不必要的浪费。而"以源观场，场源结合"则可使有限的投资发挥应有的效益，争取上述科学目标的实现。该思路的核心在于强调实验场建设必须围绕"目标地震"，即潜在的大震震源区。通过强化潜在大震震源区及周围一定区域范围的地震前兆监测，检测大震的可能前兆，以研究在大震孕育过程中大震震源区与周围区域应力状态和介质的变化，以及"源内区"与"源外区"变化之间的关系，进而检验发展孕震物理模型及相应的地震监测预测模型。

（二）实验场场址的选择与设计的技术路线

按照上述实验场建设的科学目标和科学思路，首先必须研究确定潜在的大震震源区。鉴于一方面按前面已论及的确定长期潜在大震震源区的科学思路和技术路线，$M_s \geqslant 7.0$ 级强震潜在震源区确定的可信度高于 6.0 级地区。另一方面，一般来说，$M_s \geqslant 7.0$ 级强震的前兆信息较丰富，因此研究确定的"目标地震"以 $M_s \geqslant 7.0$ 级强震为宜。同时鉴于在前面已论及的两类长期潜在大震震源区中，Ⅰ类区，即正处于地震活跃期的地震带上的潜在大震震源区其危险性更"紧迫"，因此应选择 $M_s \geqslant 7.0$ 级的Ⅰ类潜在震源区作为实验场建设的"目标地震"。其研究确定可采用前面已论及的科学思路和技术路线。在此基础上研究确定"目标地震"的可能"孕震区"，将其作为实验场区的主体区域。按照前面已论及的"孕震区"的含义，不妨把大震前"中小地震"活动异常增强的区域作为大震的"孕震区"。依此可通过"目标地震"所在构造区域已有 $M_S \geqslant 7.0$ 级前震震例的总结，结合"目标地震"所在地区的地质构造特征，确定"目标地震"可能的"孕震区"。在此基础上，根据目前对孕震可能物理过程及相应的可能前兆表现的认识，按如图 2.5 所示的技术路线开展实验场地震前兆监测台网建设。

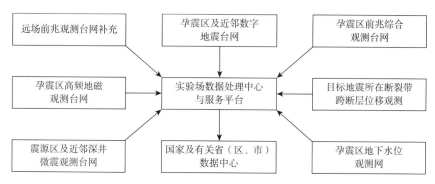

图 2.5　地震预测实验场建设的技术路线图

该技术路线图是综合国内外已有研究提出的大震孕育过程可能的主要特征及相应的前兆表现（梅世蓉等，1993；陈章立和李志雄，2013）而设计的，下面对此作进一步的说明。

在大震孕育过程中可能出现"孕震空区"，空区外孕震区的其他区域较小些中小地震频度降低，较大些中小地震频度增大，b 值降低，"应变释放"加速及中小地震区中密集或呈条带分布等地震活动性前兆异常。同时数字地震台网可能观测孕震区小震应力降 $\Delta\sigma$、大震震源区及近邻介质品质因子 Q 值、S 波分裂延迟时间 $\delta\tau$，以及小震震源机制解一致程度提高等前兆异常。为了有效地检测这些前兆异常，根据这些参数测定方法原理（中国地震局地震预测研究所地震图像与数字地震观测资料应用研究实验室，2013），要求孕震区及近邻数字地震台网布局相对于"目标地震"的空间分布应较均匀，且密度应较高，可监测 $M_L \geqslant 2.0$ 级地震，且地震相对定位的精度应较高，震中定位的精度小于 500 米，震源深度定位的精度应小于 1 千米。如果台网密度低，且布局不合理，不仅定位精度低，难以确定孕震空区，而且难以有效地检测 Q 值和 S 波分裂延迟时间 $\delta\tau$ 等前兆异常。应按上述要求设计孕震区及邻近数字地震观测台网。另外，按前面已论及的，从理论上来说，大震前理应有直接的前震活动，只是前震可能为极微震，应在"目标地震"的震源区及近邻建立由三个台站组成的深井微震观测台网。

孕震区是地震前兆异常的相对集中区，其观测项目应包括地震形变（水平与垂直、地倾斜、应变等）、地电阻率、地下流体氡含量等化学组分及流动重力观测等。鉴于各种异常若为地震前兆，不仅其异常应是"特殊组合"形式，而且同一观测台（点）各种前兆异常的时间进程应具有一定的同步性，因此为增强异常是否为地震前兆的辨别能力应尽可能在同一观测台（点）开展多种前兆的综合观测，至少彼此的间距应尽可能小些。此外，鉴于在大震尤其 7.0 级以上强震前，如果发震断层或近邻次级断层发生走滑，由于区域构造应力场的调整，孕震区外的某些区域，尤其大震所在构造块体的边界地带（特别是边角地带）应力可能出现短暂的增强，导致强震的短临尤其临震异常的空间范围可能显著超出中期前兆的空间分布范围，这是强震孕育进入短临阶段的重要标识之一。因此，应根据现有区域台网的状况，在必要时在远场适当补充前兆观测项目。所有前兆观测台项的建设不仅应符合观测技术规范的要求，而且应顾及地震前兆的机理。这里不妨以地电阻率前兆异常观测为例作简要的说明：前面已论及在大震孕育过程中，震源区介质呈明显各向异性，裂隙呈优势取向排列，其取向大致与大震发震断层走向平行。同时由于震源区介质膨胀，周围区域水朝震源区涌入，震源区介质水饱和度显著提高。大震震源区以外，孕震区其他区域介质的各向异性程度和水饱和度也有不同程度的提高。介质水饱和度的提高使地电阻率降低，而地电阻变化与介质各向异性的关系则与测线的方向有关。沿与裂隙平行方向地电阻率降低，而与裂隙垂直方向地电阻率增大（钱家栋等，1985）。介质各向异性和水饱和度提高，两种效应的共同作用使沿与大震发震断层走向（所在地震带走向）平行方向测线的地电阻率异常降低，而沿与大震发震断层垂直方向的测线地电阻率变化可能不明显。另外，如果大震临震前发震断层或近邻次级断裂带发生预滑，深部热物质可能沿断裂带上涌，使震源区介质温度增高，震源区地电阻率加速降低。依此为了有效地检测"目标地震"的可能地电阻率前兆异常，实验场地电阻率观测台站两条测线的布设应尽可能是共轭的，其中一条测线与"目标地震"所在地震带走向平行，另一条测线与之垂直，且尽可能保证"目标地震"的震源区里至少有一个地电阻率观测台站。

地震短临尤其临震预测是地震预测中的难中之难，但从逻辑上来说，越临近大震的发生，前兆信息理应越丰富。除上文已提及的三个方面可能的临震前兆信息（前兆异常分布区域的扩大、极微震前震序列、震中区地电阻率加速下降）和前面已论及的大震所在断裂带跨断层位移测量可能出现阶跃性异常，孕震区尤其震源区及近邻可能出现高频的地磁前兆异常外；据许多实例报道，临震前大震震中区地下水位普遍显著异常上升，而外围区域地下水位升降掺杂，以降居多（陈章立和李志雄，2013），这可能与周围区域水大量涌入大震震源区及在临震前震源区已处于亚失稳状态有关。依此，在实验场建设中还应在"目标地震"的震中区及邻近延伸的断裂带上布设大尺度的跨断层位移观测，在孕震区尤其震中区附近布设高频地磁观测台站。同时专群结合，在"目标地震"的孕震区布设地下水位观测井网，其中震中区的井孔应尽可能多些。

为了使实验场研究与地震预测尤其是短临预测实践紧密结合，应建立实验场数据处理中心与服务平台，保证实验场区各台（点）的观测资料实时汇集到该中心与服务平台，并及时地为实验场所在省（区、市）地震局、中国地震局台网中心等有关单位提供服务。

鉴于我国大陆不同构造区域地震的动力条件与相应的地壳结构及运动特征有别，大震的前兆虽然具有共性的方面，又可能存在某些差异，地震预测实验场不应是唯一的。我国大陆处于印度板块向北运动，西伯利亚"刚性"块体向南运动和太平洋板块朝亚欧大陆俯冲的共同作用下，但西南地区、西北地区、东部地区地震动力条件分别主要源于印度板块、西伯利亚"刚性"块体、太平洋板块的运动。因此建议分别在川滇地区、西北地区、东部地区各选择一个 $M_s \geqslant 7.0$ 级的"目标地震"，按上述科学思路和技术路线建设相应的地震预测实验场。

（三）实验场研究的主要问题与运行机制

实验场研究应紧紧围绕前面论及的科学目标，并与实验场区的震情跟踪研究相结合。依此可将其分为两个阶段："目标地震"发生之前和发生之后。这两个阶段研究的侧重点应有所差别。下文对此作简要的说明。

"目标地震"发生之前的研究主要包括以下五个方面的问题：其一，根据高密度的数字地震台网的记录，采用结合波形互相关的双差定位法（DD+WCC）对场区发生的大量中小地震进行相对精定位，研究其与场区断裂构造的关系，同时开展场区的三维速度结构、衰减结构、散射结构层析成像工作，综合研究确定场区地壳精细结构，为研究场区地震前兆时空分布特征提供构造背景。其二，测定场区新的震源参数、介质参数，确定中小地震应力降 $\Delta\sigma$ 与地震大小 M_0（或 M_w）的定标关系；研究场区 $\delta\Delta\sigma$ 及中小地震震源机制解的时空分布特征，并由大量中小地震震源机制解反演场区区域构造应力场；测定"目标地震"震源区及近邻介质品质因子 Q 值，并分析其随时间的变化；测定射线通过"目标地震"震源区的 S 波分裂的延迟时间 δt，并分析其随时间的变化；测定场区小震群的谱振幅相关系数 γ_{xy}，并研究其与地震活动的关系。其三，用测定的中小地震的矩震级 M_w 开展场区地震活动动态图像分析，研究确定场区中小地震活动正常时序起伏的背景。其四，分析各学科方法，各台（点）前兆观测资料的变化，对不伴有中强地震发生的异常进行重点分析，研究其可能的干扰因素。其五，总结研究场区发生的中强地震可能前兆的时空分布特征，积累场区地震预测的经验。

"目标地震"发生之后，首先集中力量对强震前出现的各种前兆异常逐一进行研究、审定。在此基础上，研究各种前兆异常的形态及时空分布特征所呈现的组合形式，依其研究强震可能的孕震过程，并结合之前中强地震震例总结，进行综合研究，确定孕震物理模型及相应的地震监测预测模型。从逻辑上来说，三个不同构造区域的实验场所给出的模型，其共同特点理应是主要的，也可能存在某些差别。例如，大震前震源区介质的"屈服"点及相应的中期朝短临过渡的清晰程度，同一强度大震孕震区范围的大小及形状，前兆异常的持续时间，以及各学科方法在不同构造区域的预测效能等可能存在某些差别。同时模型本身可能存在某些尚需进一步研究的问题。但可在前面已论及的我国大陆长期潜在大震震源区已确定的基础上，用实验研究所给出的模型指导未来一定时期里我国大陆不同构造区域地震监测台网的调整优化和地震预测研究与实践，在实践中不断完善模型，使地震预测水平不断提高。

地震预测实验场建设与研究是一项综合性很强的系统工程，必须强化管理，建立健全相应的运行机制。根据国内外已有实验场的经验教训，提出以下六点建议。

其一，在中国地震局的领导下，由地震学科各领域专家，包括观测技术、理论研究、预测研究与实践的著名专家组成的实验场科学技术委员会，负责场地建设方案的设计及研究项目的确定与课题分解。

其二，实验场监测台网的建设和日常运行，应在中国地震局领导、实验场科学技术委员会的指导下，由实验场所在省（区、市）地震局负责具体实施。台网正常运行、维护、管理经费应纳入年度预算计划。

其三，实验场的研究团队应在中国地震局的领导下，由实验场科学技术委员会研究提出项目及课题指南，采取公开招标的方式确定。一旦确定，在一段时间里，其参加单位和人员应相对固定，以保证实验场研究的连续性。

其四，为保证实验场研究正常、连续开展，中国地震局应争取国家有关主管部门的支持，设立实验场研究基金，并由实验场科学技术委员会负责对实验场研究项目、课题进行阶段性评估，提出实验场研究计划的调整方案的建议，由中国地震局审定后实施。

其五，为保证实验场研究与地震预测实践紧密结合，实验研究项目、课题应有实验场所在省（区、市）地震局的专家参加，并制定有关的制度保证实验场项目团队的各单位和个人及时向实验场所在省（区、市）地震局提供研究所取得的新的重要进展。

其六，为鼓励实验场研究团队以外的地震工作部门内外的单位和个人参加实验场研究，应建立健全数据共享制度，保证有志于实验场研究的单位和个人可及时方便地获取实验场的观测数据。

四、水库地震发生环境条件及水库地震危险性评估与预测的关键技术、方法的研究

水库是近百年来为适应社会经济的要求所建设的具有灌溉、防洪、发电和提供饮用及工业用水等功能的重要基础设施。通常把与水库蓄水直接相关联的地震活动称为水库地震。前面已论及水库地震可能造成的直接、次生、间接灾害，这里不再重复，仅从水库具有的功能和水库地震对公共安全的影响层面，提出加强水库地震研究、防御减轻水库地震灾害是当前和今后一段时期防灾减灾工作的一项特殊的重要任务。下面就加强水库地震研究的紧迫性及研究的主要问题，尤其是水库地震活动特征与识别，水库地震发生条件与危险性评估及预测等作简要的说明和讨论。

（一）加强水库地震研究的紧迫性及研究的主要问题

加强水库地震研究的紧迫性是由水库地震研究的现状与我国社会经济快速发展所提出的要求之间尚存在很大的差距决定的。这主要表现在以下三个方面。

其一，水库地震研究是地震学的一个年轻的学科分支。1945 年 Cade 根据美国米德湖水库蓄水后，其库区及周围区域地震活动明显加强的现象，提出水库蓄水可能诱发地震的问题，但直到 20 世纪 60 年代初，Cade 的观点仍受到地震学界广泛的质疑。直到 60 年代我国新丰江、赞比亚卡里巴、希腊克里马斯塔、印度柯伊娜四个高坝、大库容水库蓄水后在水库近邻区域发生四次大于 6.0 级的地震，水库蓄水可能引发的问题才逐渐得到重视。70 年代初期，水库地震研究才开始正式作为地震学的一个学科分支。近几十年来，国内外许多学者围绕水库地震发生的机理、活动特征、水库地震发生的环境条件与危险性评估及预测等问题开展了广泛的探索。

不同学者的认识既有某些共同点，又存在不少分歧。丁原章等（1989）和 Gupta（1992）的论著集中反映了 20 世纪 90 年代前国内外水库地震的研究状况。90 年代初开始，随着国内外大中型水库及相应的水库地震震例的迅速增加。研究的深入，对之前所取得的某些所谓的共识尤其水库地震活动的特征和发生条件提出了不少质疑，相应地对曾被视为典型的水库地震的案例，如埃及阿斯旺水库在开始蓄水 17 年后于 1981 年 11 月 14 日在库尾区发生的 5.6 级地震是否为水库地震提出了质疑。2008~2011 年我国国家科技支撑项目"水库地震监测与预测技术研究"项目组在系统总结近几十年来国内外水库地震研究所取得的进展和存在的主要问题之际，以数字地震观测为主要支撑对象对新丰江、三峡、龙滩三个高坝、大库容的水库库区地震活动做了较深入的研究，取得了一些重要的认识；把水库地震

活动特征概括为"双十""双快""三偏"。"双十"指水库地震震中位于离库岸 10 千米的范围里将其称为水库影响区，简称为库区，以库岸附近尤为集中。水库地震震源多位于 10 千米的深度层位里。"双快"意指初始的水库地震活动对水库开始蓄水呈"快速响应"，包括最大地震在内的主要水库地震活动对水库蓄水达正常最高水位也是"快速响应"。"三偏"意指与同等强度的浅源构造地震比较，水库地震的烈度明显偏高，5.0 级以下水库地震的应力降 $\Delta\sigma$ 偏低，震源尺度 γ 偏大，且震级越小偏差越大。但当震级达 5.0 级左右时，水库地震与浅源构造地震不论是应力降还是震源尺度基本接近，进而认为 5.0 级以下水库地震由水库蓄水所"诱发"，5 级以上水库地震由水库蓄水所"触发"。把水库地震发生的机理概括为五种效应，即弹性效应、压实效应、扩散效应、润滑效应和应力腐蚀效应。把压实效应和扩散效应统称为孔隙压效应，认为孔隙压效应和润滑效应是水库蓄水引发地震的主要原因；把水库触发地震的条件概括为"双力作用，背景控制"。"双力"意指区域构造应力场和水库载荷，"背景"意指库区是否具有发生 5.0 级以上地震的构造背景和水库开始蓄水时库区的应力水平。应该充分肯定项目研究取得了一些创新性的进展，但在实际应用中遇到两个突出的挑战：首先，20 世纪，国内外绝大多数大中型水库位于低地震烈度区划区，上述项目研究所取得的认识正是以这类地区水库地震震例为基础得到的，能否完全适用于高地震烈度区划区的水库，尚待认真研究。例如，高地震烈度区划区，正常的中小地震活动频度较高，水库蓄水后在库区发生的地震是否都为水库地震；高地震烈度区划区深大断裂多较发育，水库地震活动的空间分布是否具有"双十"特征，库区范围是否更大些，深源是否会更深些；高地震烈度区划区地壳构造运动较强烈，水库蓄水是否更易于触发 5.0 级以上水库地震；等等。其次，库水水位已连续多年甚至几十年在正常高水平背景下波动的水库，库区发生的地震是否仍为水库地震？不论是国内外近几十年来的研究，还是上述项目的研究，都还未能对这两个突出问题做出明确的回答。

其二，随着我国社会经济快速发展，我国对能源的需求迅速增长，以及由于水电作为清洁能源的优势，20 世纪 90 年代以来，特别是 21 世纪以来我国高坝、大库容水库迅速增加，并朝水力资源丰富，但地壳构造运动强烈、深大断裂发育、有地震历史记载以来地震活动频度高、强度大的川滇高地震烈度区划区发展。2015年底，川滇地区已建成投入运行和正在建设中的高坝、大库容水库达 75 个，还有一批正在论证中。

川滇地区高坝、大库容的水库，不仅数量多、分布广，而且呈梯级化，按上述"双十"特征，有些水库的影响区（库区）相互衔接，甚至有些水库的库区相互重叠。这与已有低地震烈度区划区水库的分布明显有别。因此，在川滇地区强烈的地壳构造运动、高地震活动的背景下，孔隙压效应的叠加，是否会导致水库蓄水触发地震的可能性及强度更大，而且"响应"更快是值得认真研究的。

其三，华中、华南地区是中华人民共和国成立后，我国经济恢复发展的重点区域之一，也是改革开放以来我国经济较发达的地区，从 20 世纪 50 年代中期开始，在华中、华南地区陆续建立了一大批大中型水库。这些水库多数运行达 10 年以上，其中有些水库，如新丰江水库达 50 多年。现今虽然这些水库库水水位在正常高水位背景下呈年循环波动（称这类水库为"老水库"），但其中不少水库库区仍时有强有感地震发生，多产生较敏感的社会反响，现今这类水库库区所发生的地震是否仍为水库地震，怎样判断其未来的地震危险性也是以往的研究尚未解决，但社会公众急切要求做出明确回答的问题。

上述水库地震研究的现状与我国社会经济的快速发展对更有效地保障社会公共安全提出的有关要求之间存在差距，决定加强水库地震的研究不仅是十分重要的，而且是紧迫的。首先，必须高度重视高地震烈度区划区高坝、大库容、梯级化水库地震危险性评估与预测关键技术与方法研究；其次，必须重视"老水库"库区地震活动属性的判别及相应的地震危险性评估方法研究。

（二）高地震烈度区划区高坝、大库容、梯级化水库地震危险性评估与预测关键技术与方法研究

这类地区水库地震的研究，虽然其重点在于评估水库蓄水是否可能触发 $M_S \geqslant$ 5.0 级的水库地震，但由于水库蓄水前，库区及其周围区域地震活动的背景水平多较高，因此，首先遇到的问题是水库蓄水后，在库区发生的地震是否都属于水库地震。根据前面论及的水库地震的含义及水库地震发生的机理，可把这类地区水库地震识别的科学思路与技术路线概括为图 2.6，并作简要的说明。

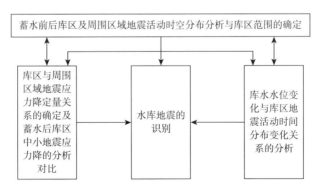

图 2.6 高地震烈度区划区水库地震识别的科学思路与技术路线

前面已论及，通常把与水库蓄水过程直接相关联的地震活动称为水库地震；水库蓄水后库区及周围一定区域范围里地震活动明显异常增多的区域称为水库影

响区。对于低地震烈度区划区的水库尤其 1990 年前建设的水库，由于多数水库蓄水前缺少库区地方地震台网记录，往往对水库地震的识别和库区范围的确定造成困扰。而对于高地震烈度区划区的水库则不然。川滇地区已有几十年的区域地震台网记录，尤其 1990 年初开始，区域地震台网的密度不断增大，这为确定水库蓄水前库区地震活动的背景水平提供了有利的条件。但应注意两方面的问题：一方面，深大断裂较发育，库水可能沿断裂带扩散至更大、更深的范围，使库区的范围可能更大些。这里不妨暂时把距库岸（满库时）20 千米的区域作为统计分析的区域范围。另一方面，任何构造区域地震活动的时间分布都是不均匀的。因此应对水库蓄水前一定时期里上述统计分析区域里地震活动的时空分布不均性特征进行统计分析。对川滇地区不妨以水库蓄水前 10 年作为统计分析的时间区间。首先确定在水库开始蓄水之前 10 年这一时间点，区域地震台网对上述统计分析区域监测的最低震级 M_{Lmin}。在此基础上，把统计分析区域分为经纬度各 0.5° 的许多小区域单元。给出水库开始蓄水前 10 年，各小区域单元 $M_L \geqslant M_{Lmin}$ 地震的半年地震频次的平均值 $\bar{N}$ 及相应的标准偏差 δN，把 $\bar{N}$ 作为水库开始蓄水前各小区域单元地震活动的背景水平，以水库开始蓄水后半年各小区域单元地震频次的增加超过两倍的 δN 作为衡量地震活动明显异常增加的标准，进而把地震活动异常增加的小区域单元向的相对集中区作为水库影响区，即库区。

以所确定的库区作为统计分析的区域，绘制 M-t 图，分析水库蓄水前后库区地震活动频度、强度的变化，尤其水库开始蓄水后库区地震活动水平的变化与水库蓄水过程的关系，以阐明水库蓄水后，库区地震活动的增加与水库蓄水有关。但这并不意味着水库蓄水后尤其是在蓄水的初始阶段，库区所发生的地震都是水库地震。这是因为在高地震烈度区划区的水库库区正常的地震活动背景水平较高。在水库开始蓄水时，库区有些地方尤其中小地震震源区的应力已达破裂强度，本就要发生。为了辨别水库蓄水后，库区发生的哪些地震肯定为水库地震，首先根据区域数字地震台网的记录测定水库所在构造区域，在水库蓄水前大量浅源构造地震的应力降 $\Delta\sigma$，并依其确定由式（2.9）表达的浅源构造地震应力降 $\Delta\sigma$ 与震级 M_L 的定量关系：

$$\lg\Delta\sigma = aM_L + b \pm \delta \qquad (2.9)$$

式中，δ 为标准偏差，将由式（2.9）计算得到的某震级 M_L 的地震应力降作为该震级 M_L 的浅源构造地震应力降的理论值 $\Delta\sigma_{theo}$，水库蓄水后，在库区发生的地震中，只有其实测的应力降 $\Delta\sigma_{obs}$ 与 $\Delta\sigma_{theo}$ 之差（为负数）超过 2δ 的地震，才可明确地判定为水库地震。依其确定水库地震应力降 $\Delta\sigma$ 的定量关系，为研究水库蓄水"诱发"与"触发"地震的问题奠定基础。

水库地震危险性评估，尤其是水库蓄水是否可触发 $M_s \geqslant 5.0$ 级水库地震，是水库地震研究的重中之重的问题。触发意指震源区应力已处于较高水平，已接近破裂强度，水库蓄水后，孔隙压效应和润滑效应等使地震提前发生。为了确定水库大坝的抗震设防要求，水库地震危险性评估理应在水库建设前完成。在水库蓄水后，一般应根据水库地震活动特征等，对蓄水前的评估结果进行复核，以便确定是否有必要对水库大坝采取进一步的抗震设防措施。近几十年来，水库地震危险性评估多采用多要素的统计分析、概率预测的方法（郭增建和陈鑫连，1986；丁原章等，1989）。其要素主要包括库区活动断裂带的分布及类型（走滑、正断、逆断、倾斜断层）、库区岩性、库水深度、库容等。这种统计分析、概率预测的方法主要存在三个方面的问题：其一，库区范围的圈定往往存在不同程度的不确定性。虽然可根据大坝的位置和河流两岸的地形地势，估计水库蓄水达正常最高水位（通常称为满库）时，回水的高程，进而确定库水区的长度、库容和最大的水深，但对库水可能渗透扩散至多大的范围，不同人往往有不同的认识。于是对同一水库，不同人所给出的库区范围往往有别。其二，各要素在概率预测中的"权重"是根据已有有限的水库地震震例的统计分析给出的。由于震例数量相当有限，所给出的"权重"的可信度往往备受质疑，不同个人所使用的震例及数量有别，甚至相差较大。其三，没有顾及水库开始蓄水时，库区的应力水平。这实际上是认为不论多大的水库地震都是由水库蓄水所"诱发"的。这难以解释上述各要素大致相似的水库中，只有少数水库蓄水后发生 $M_s \geqslant 5.0$ 级地震。根据前面论及的国家科技支撑项目"水库地震监测与预测技术研究"的研究成果报告，库区断裂带是库水渗透扩散的主要渠道，对诸如川滇地区这样的高地震烈度区划区的高坝、大库容水库，可将其水库地震危险性评估的科学思路与技术路线概括成图 2.7，并作简要说明。

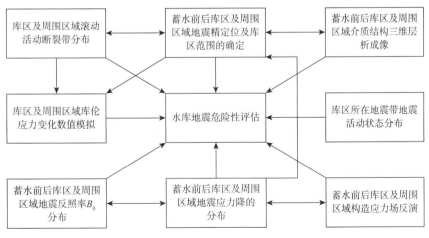

图 2.7　高地震烈度区划区高坝、大库容水库地震危险性评估的科学思路与技术路线

图 2.7 是根据前面论及的水库地震的机理和"双力作用，背景控制"的发

生条件，为研究评估地质构造复杂、地壳构造运动强烈的高地震烈度区划区高坝、大库容的水库蓄水是否可能触发 $M_s \geq 5.0$ 级水库地震而设计的。鉴于对这类地区，库区的范围有突破"双十"的可能，在进行水库蓄水前的危险性研究评估时，可暂以库水达设计的最高水位时，距库岸 20 千米的区域作为研究的区域范围，在库水蓄水后对蓄水前的"评估"进行复核时，则可按如图 2.7 所示的方法确定库区的范围。下面对图 2.7 所概括的科学思路与技术路线作两点简要的说明。

其一，地震精定位、介质结构（速度、衰减、散射结构）三维层析成像、断裂带分布、构造应力场的反演、地震反照率 B_0 的测定及分布的研究是为了综合研究库区是否具备发生 $M_s \geq 5.0$ 级地震的构造背景，以及可能发震的地段与地震可能的最大强度。前面在论及前期潜在震源区的确定时已涉及的问题这里不再重复，仅作两点补充说明：一是按照莫尔-库伦破裂准则，断裂带的稳定性由式（2.10）所决定。

$$\frac{\partial \tau}{\partial \sigma_n} = \mathrm{ctg}\, 2\theta \qquad (2.10)$$

式中，τ、σ_n、θ 分别为断层面上的剪应力、法应力及断层面走向与区域构造应力场最大主应力 σ_1 之间的夹角。θ 越大，断层稳定性越高，θ 接近甚至超过 $\frac{\pi}{4}$ 的断层，不论是水库蓄水前，还是蓄水后都不易于发生较大地震。例如，新丰江水库北东走向的河流断裂带是库区规模最大的断裂带，但由于其走向与区域构造应力场北西-北西西的 σ_1 取向之间的夹角 θ 较大，近于垂直，因此不仅有地震历史记载和现代地震台网记录以来地震活动水平都很低，水库蓄水后在该断裂带也仅偶尔有微小地震发生。对于川滇地区高坝、大库容的水库，库区断裂构造可能较复杂，库区构造应力场的分布也可能较复杂，同时考虑到有些水库库区蓄水前地震定位的精度可能较低，不易清晰地刻画震中分布与断裂带的关系。在这种情况下可通过库区及周围区域构造应力场反演，初步判断在库区复杂的断裂带分布中，哪些断裂带在水库蓄水后，不易诱发地震尤其不易触发 $M_s \geq 5.0$ 级地震。另外，区域构造应力场的反演可同时给出主应力 σ_1、σ_2、σ_3 之差的比值 R：

$$R = \frac{\sigma_1 - \sigma_2}{\sigma_1 - \sigma_3} \qquad (2.11)$$

按莫尔-库伦破裂准则可推理，R 值较小（$\sigma_1 - \sigma_3$ 较大）的断裂带，剪应力 τ 较大，地震危险性较大。二是根据已有研究（刘红桂，2012），地震反照率 B_0 的大小与介质的非均匀性（介质强度）有关，$B_0 > 0.50$ 的地段，介质强度较低，不易发生大震。$B_0 < 0.30$ 的地段，地壳构造运动较稳定，也不易于应变能的积累，不易发生较大地震，$0.30 \leq B_0 \leq 0.50$ 的地段，介质的强度较大，易于积累应变能，具有

发生较大地震的背景条件。因此可通过测定并分析 B_0 大小的空间分布，初步判断库区哪些地段地震危险性可能相对较大些。总之，区域构造应力场的反演和测定与分析可为水库蓄水前综合评估水库地震危险性尤其是否具备触发级地震的构造背景增加重要的依据，以提高综合判定的可信度。

其二，库区所在地震带地震活动状态分析，库区及周围区域地震应力降 $\Delta\sigma$ 的分布及库仑应力变化的数值模拟是为了综合研究评估具备触发 $M_s \geqslant 5.0$ 级水库地震构造背景的水库，蓄水后是否可能触发 $M_s \geqslant 5.0$ 级水库地震。这里有必要作三点说明：一是如果库区所在地震带地震活动正处于地震活跃期，可视为库区处于较高的应力水平，可认为在该活跃期里库区具有发生 $M_s \geqslant 5.0$ 级地震的构造背景，尚未发生破裂的地段蓄水后触发 $M_s \geqslant 5.0$ 级地震的可能性较大。反之，如果库区所在地震带地震活动处于"间歇期"，可认为蓄水后触发 $M_s \geqslant 5.0$ 级地震的可能性相对较小。二是如果水库蓄水前，库区尤其具备发生 $M_s \geqslant 5.0$ 级地震构造背景的库段附近中小地震的实测应力降 $\Delta\sigma$ 普遍显著高于由式（2.9）给出的理论值 $\Delta\sigma_{\text{theo}}$，可认为应力已达较高的水平，水库蓄水触发 $M_s \geqslant 5.0$ 级地震的可能性较大。三是在进行库仑应力变化的数值模拟时，不仅应顾及库区复杂的地震构造背景，而且应顾及川滇地区高坝、大库容水库呈梯级化的特征，不少水库库区相衔接，甚至部分重叠，相邻水库的孔隙压效应相互叠加，因此必须研究相应的模拟方法，以充分估计这种叠加效应的影响。

在以上两方面研究的基础上，对水库蓄水是否可能触发 $M_s \geqslant 5.0$ 级地震做出评估。在水库蓄水后，可按照前面已论及的方法，确定库区范围，并利用记录的大量水库地震，重复上述工作。对蓄水前的评估结果进行复核，确认或进行修改。应注意的是关于应力降 $\Delta\sigma$ 的问题。由于水库蓄水后介质强度降低，地震应力降相应降低。根据三峡水库和龙滩水库蓄水"诱发"地震的实测结果，其"诱发"地震应力降 $\Delta\sigma$ 的定量关系为

$$\lg \Delta\sigma = 0.714 M_{\text{L}} - 3.095 \pm 0.077 ， \quad \gamma = 0.983 \tag{2.12}$$

式中，γ 为相关系数。鉴于在没有大震孕育时，某震级地震应力降 $\Delta\sigma$ 由该震级地震震源区介质的强度所决定，因此可以式（2.12）作为参考标准，如果蓄水后库区尤其具备发生 $M_s \geqslant 5.0$ 级地震构造背景的库段及近邻区域中小地震，实测的应力降 $\Delta\sigma_{\text{obs}}$ 即使低于由式（2.9）给出的理论值，但仍显著大于由式（2.12）给出的理论值 $\Delta\sigma_{\text{theo}}$，普遍超出两倍的标准偏差，可认为应力已处于较高水平，触发 $M_s \geqslant 5.0$ 级地震的可能性较大，反之，如果多数水库地震应力降的实测值与由式（2.12）给出的理论值相近，落在两倍标准偏差之间，可认为触发 $M_s \geqslant 5.0$ 级水库地震的可能性相对较小。

水库地震预测应在水库地震危险性评估的基础上进行，预测的主要对象仍是 $M_s \geqslant 5.0$ 级地震。由于 $M_s \geqslant 5.0$ 级地震由水库蓄水所触发，在水库开始蓄水时，震

源区已处于明显非弹性变形状态，应力已增强至较高的水平，因此，从逻辑上来说，如果库区及周围区域有地震前兆监测台网，在水库开始蓄水前应观测到相应的地震前兆异常。从这个意义上来说，水库触发地震的预测，原则上可借助于浅源构造地震的预测方法，只是由于受水库蓄水的影响，在水库蓄水后有些前兆异常的变化可能较复杂，这是有待进一步研究的。但鉴于触发地震的震源区在水库开始蓄水时介质已呈现较明显的各向异性，同时由于蓄水后的孔隙压效应，发生前震活动的可能性较大。因此可把前面已论及的小震群序列谱振幅相关系数 γ_{xy} 的测定与分析作为水库触发地震预测的重要方法。

（三）"老水库"库区地震活动属性的判别及相应的地震危险性评估方法研究

这里所指的"老水库"意指蓄水达正常最高水位后，库水水位已持续多年在正常最高水位附近呈正常年循环变化的水库。我国许多中大型水库，这种状态已持续 10 年以上，新丰江水库已持续 50 多年，但库区至今仍有地震，甚至有强有感地震发生。对"老水库"库区所发生的地震是否仍为水库地震，国内外学者持有不同的意见。许多人认为仍为水库地震，但不少人认为，"老水库"已类似于天然湖，不宜将库区所发生的地震，继续视为水库地震。这涉及怎样评估"老水库"库区未来地震危险性的问题，因此也是值得认真研究的问题。现按前面论及的水库地震的含义和"双力作用，背景控制"的发生条件，把研究的科学思路与技术路线概括为图 2.8，并作简要说明。

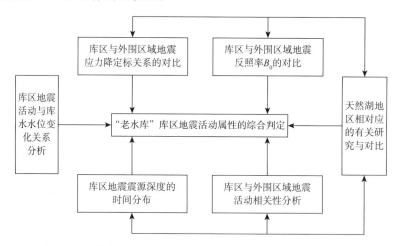

图 2.8　"老水库"库区地震活动属性研究的科学思路与技术路线

需要说明的是，以天然湖作比较是否合理。天然湖是自古形成的，而国内外的"老水库"至今最长时间才 100 年左右，多数仅几十年，且一般来说湖水的深度明显浅于库水深度，但应注意的是，这里的对比是各自与外围区域比较。天然湖，在漫长的历史时期里由于湖水的渗透与扩散，在离湖岸一定的区域范围和一定的深度层位里介质早已水饱和，其介质强度总体上理应明显低于外围区域。同样，"老水库"在蓄水达正常最高水位几年、十几年甚至几十年后，在离库岸一定的区域范围和一定深度层位里，介质也已达水饱和的状态，介质的强度也总体上明显低于外围区域，按照介质强度低于应力这一地震发生的充分必要条件，不论是天然湖地区还是"老水库"库区在区域构造应力场作用下，其地震活动既理应与周围区域有一定的关联，又有所差别。从这个意义上来说，把"老水库"与天然湖对比具有一定的合理性。如图 2.8 所示，这主要表现在以下五个方面。

其一，按照地震反照率 B_0 的物理含义，不论是天然湖地区还是"老水库"库区，由于介质强度明显低于外围区域，故各自的 B_0 值都理应明显高于外围地区。应注意的是按 B_0 测定的方法原理（刘红桂，2012），一方面不论是天然湖地区，还是"老水库"库区，所使用的地方震尾波记录都应使其尾波散射椭球体尽可能覆盖天然湖地区和"老水库"库区的大部分区域；另一方面应使外围区域的尾波散射椭球体的体积分别与天然湖地区及"老水库"库区的尾波散射椭球体的体积大致相同。依此为便于选择合适的地震记录，以便作上述对比，应选择地震频度较高，且区域地震台网密度较大的天然湖，如云南的洱海、四川的邛海作为对比研究的对象。

其二，按照前面论及的地震应力降 $\Delta\sigma$ 的物理含义及其与地震大小和介质强度的关系，不论是天然湖地区还是"老水库"库区，地震应力降 $\Delta\sigma$ 的定量关系（$\Delta\sigma \sim M_L$）都理应与各自的外围地区明显有别。对同等大小的中小地震，不论是天然湖地区，还是"老水库"库区，地震应力降 $\Delta\sigma$ 都应低于外围地区，且地震越小，差异越大。

其三，根据现代地震台网的测定，天然湖地区地震震源深度的分布虽然也不均匀，但总体上密布在"脆裂圈"的范围里。"老水库"库区由于区域构造应力场重新对库区地震活动起主导的控制作用，其"晚期"（达正常最高水位之后）震源深度大于 10 千米的地震数目理应明显增加，根据有关省（区、市）区域地震目录，已有不少"老水库"库区呈现这种现象。

其四，"老水库"库区由于介质强度总体上较低，且区域构造应力场重新对库区地震活动起主导的控制作用，其地震活动的时序起伏理应与周围区域地震活动的时序起伏相呼应，成为显示区域构造应力场变化的"窗口"，已有一些研究观测到这种现象，天然湖地区的地震活动是否也是这种"窗口效应"有待进一步研究。

其五，天然湖湖水水位虽然也有波动，但总体上较稳定。"老水库"库区水位多在正常水位附近呈年循环变化，库区地震活动是在这种背景下发生的，与水库开始蓄水后，库区地震活动总体上随库区水位的升高而增强的情况明显有别。

以上五个方面的问题虽然都尚需深入研究，但上述一些初步认识是有一定理论基础的，合乎逻辑推理。因此，我们倾向于不宜把"老水库"所发生的地震继续视为水库地震，而应将其作为浅源构造地震对待更合理些。依此，"老水库"库区未来地震危险性的评估可参照浅源构造地震的评估方法。这里需要特别指出的是，这并不意味着"老水库"库区今后不会再发生 $M_s \geqslant 5.0$ 级的浅源构造地震。如图2.8所示，如果老水库库区存在着具备发生 $M_s \geqslant 5.0$ 级地震的长期潜在震源区，虽然水库蓄水后，潜在震源区介质的强度也有所降低，但震源区介质仍处于准弹性变形阶段，应力水平仍较低，因此水库蓄水不足以触发 $M_s \geqslant 5.0$ 级地震。但在区域构造应力场作用下，潜在震源区应力将逐步增强，当应力超过介质强度时即发生破裂。

综上所述，以上四个项目都是为争取最大限度地减轻地震灾害，为社会公共安全提供更有力的保障而提出的应优先研究的主要问题。这四个项目是相互关联的。第一个项目，长期地震预测和地震动参数区划图的编制不仅是抗震设防的重要依据，而且为短时间尺度的地震监测预测提供了重点目标区域。第二、三个项目都围绕短时间尺度地震预测，鉴于地震前兆的有效检测、识别和孕震物理与相应的地震监测预报模型虽然是短时间尺度地震预测必须研究解决的两个相互紧密关联的问题，但各自需研究的问题很多，因此将其分开，分别作为相对独立的项目。防御减轻水库地震灾害是现代社会防灾减灾工作的一项重要的特殊任务，虽然其研究可借助长时间尺度和短时间尺度地震预测的某些方法，但水库蓄水这一特殊的外力作用条件，使其发震的机理和条件与浅源构造地震，既有共同点，又有明显的差别，因此将其作为一个独立的问题。这四个项目不仅是当前必须认真研究的优先问题，而且研究已具备一定的基础，可望经过 5~10 年或稍长些时间的努力取得较明显的进展，从而使我国防震减灾的科技支撑能力提升到一个新高度。

参 考 文 献

陈棋福. 2002a. 中国震例（1992-1994）. 北京：地震出版社.

陈棋福. 2002b. 中国震例（1995-1996）. 北京：地震出版社.

陈棋福. 2003. 中国震例（1997-1999）. 北京：地震出版社.

陈棋福. 2008. 中国震例（2000-2002）. 北京：地震出版社.

陈运泰. 2007. 地震预报——进展、困难与前景. 地震地磁观测与研究，28（2）：1-24.

陈运泰. 2008. 地震预测要知难而进. 求是，（15）：58-60.

陈运泰，吴忠良，王培德，等. 2000. 数字地震学. 北京：地震出版社.

陈章立. 2004. 浅论地震预报地震学方法基础. 北京：地震出版社.

陈章立. 2007. 地震预报的实践与思考. 北京：地震出版社.

陈章立，李志雄. 2013. 地震预报的科学原理与逻辑思维. 北京：地震出版社.

陈章立，薛峰，吕培莹，等. 1981. 唐山 7.8 级地震孕育过程的地震活动性特征. 西北地震学报，3（4）：9-16.

陈章立，赵翠萍，王勤彩，等. 2009. 汶川地震 M_S 8.0 级地震发生背景与过程的研究. 地球物理学报，52（2）：455-463.

崔子健，李志雄，陈章立，等. 2012. 判别小震群序列类型的新方法研究——谱振幅相关分析法. 地球物理学报，55（5）：1718-1724.

丁鉴海，卢振业，余素荣. 2011. 地震地磁学概论. 合肥：中国科学技术出版社.

丁原章，等. 1989. 水库诱发地震. 北京：地震出版社.

傅承义，陈运泰，祁贵仲. 1985. 地球物理学基础. 北京：科学出版社.

顾功叙. 1983. 中国地震目录. 北京：地震出版社.

郭增建，陈鑫连. 1986. 地震对策. 北京：地震出版社.

国家地震局编辑组. 1982. 一九七六年唐山地震. 北京：地震出版社.

国家地震局科技监测司. 1989. 地震监测与预报方法清理成果汇编 综合预报分册. 北京：地震出版社.

胡聿贤. 1988. 地震工程学. 北京：地震出版社.

李善邦. 1960a. 中国地震目录（第一集）. 北京：科学出版社.

李善邦. 1960b. 中国地震目录（第二集）. 北京：科学出版社.

刘红桂. 2012. 不同构造区固有吸收衰减和散射衰减相对强弱的对比研究. 国际地震动态，（1）：31-32

马瑾. 1987. 构造物理学概论. 北京：地震出版社.

梅世蓉. 1960. 中国的地震活动性. 地球物理学报，9（1）：1-19.

梅世蓉. 1970. 从华北地震活动的规则性看地震危险区划区的一个途径//地震战线编辑组. 地震战线——学术讨论专辑：1-11.

梅世蓉，冯德益，张国民，等. 1993. 中国地震预报概论. 北京：地震出版社.

钱家栋，陈有发，金安忠. 1985. 地电阻率法在地震预报中的应用. 北京：地震出版社.

张肇诚. 1988a. 中国震例（1966-1975）. 北京：地震出版社.

张肇诚. 1988b. 中国震例（1981-1985）. 北京：地震出版社.

张肇诚. 1990. 中国震例（1976-1980）. 北京：地震出版社.

张肇诚，郑大林，罗平，等. 2000. 中国震例（1989-1991）. 北京：地震出版社.

中国地震局地震预测研究所地震图像与数字地震观测资料应用研究实验室. 2013. 地震震源及介质参数测定方法引论. 北京：地震出版社.

中国地震局预测预防司. 1998. 大陆地震预报的方法和理论——中国"八五"地震预报研究进展. 北京：地震出版社.

周衍柏. 1979. 理论力学. 南京：江苏科学技术出版社.

朱凤鸣，吴戈，等. 1982. 一九七五年海城地震. 北京：地震出版社.

Scholz C H. 1996. 地震与断层力学. 马胜利，曾正文，刘力强，等译. 北京：地震出版社.

Anderson D L，Whitcomb J H. 1973. The dilatancy-diffusion model of earthquake prediction//Kovach R L，Nut A. Conference on Tectonic Problems of the San Andreas Fault System. Palo Alto：Stanford

University: 417-426.

Brace W F, Byerlee J D. 1966. Stick-slip as a mechanism for earthquakes. Science, 153 (3739): 990-992.

Fedotov S A. 1965. Regularities of the distribution of strong earthquake in Kamchatka, the Kuril Island and northeast Japan. Trudy Institute of Physical Earth. Academy of Sciences USSR, 36: 66-93.

Gupta H K. 1992. Reservoir Induce Earthquake. Amsterdam: Elsevier Science Publishing Co.

Gutenberg B, Richter C F. 1954. Seismicity of the Earth and Associated Phenomena. Princeton: Princeton University Press.

Gutenberg B, Richter C F. 1956. Earthquake magnitude, intensity, energy and acceleration. Bulletin of the Seismological Society of America, 46 (2): 105-145.

Kanamori H, Brodsky E E. 2004. The physics of earthquakes. Reports on Progress in Physics, 67 (8): 1429-1496.

Lund B. 2002. Correlation of microearthquake body-wave spectral amplitudes. Bulletin of the Seismological Society of America, 92 (6): 2419-2433.

Mjachkin V I, Brace W F, Sobolev G A, et al. 1975. Two models for earthquake forerunners. Pure and Applied Geophysics, 113 (1): 169-181.

Mongi K. 1962. Study of elastic shocks caused by the fracture of heterogeneous materials and its relation to earthquake phenomena. Bulletin of Earthquake Research Institute, 40: 125-173.

Nur A. 1972. Dilatancy, pore fluids, and premonitory variations of t_s / t_p travel times. Bulletin of the Seismological Society of America, 62 (5): 1217-1222.

Scholz C H, Sykes L R, Aggarwal Y P. 1973. Earthquake prediction, a physical basis. Science, 181 (4102): 803-810.

Shearer P M. 1999. Introduction to Seismology. Cambridge: Cambridge University Press.

Sobolev G A. 1984. Physical processes during the earthquake preparation period: experiment and theory, earthquake prediction. Proceedings of International Symposium on Earthquake Prediction (1979). United Nations Educational, Scientific and Cultural Organization, Paris.

Wang Q C, Chen Z L, Zheng S H. 2009. Spatial segmentation characteristic of focal mechanism of aftershock of Wenchuan Earthquake. Chinese Science Bulletin, 13: 2263-2270.

Zhao C P, Zhou L Q, Chen Z L. 2013. Source rupture process of the Lushan Ms70 Earthquake of Sichuan, China and its tectonic implications. Chinese Science Bulletin, 58 (28): 3444-3450.

第三章 地 质 灾 害

第一节 地质灾害发生发展及演变规律

2003 年 11 月 19 日国务院通过的《地质灾害防治条例》(中华人民共和国国务院令第 394 号)规定,地质灾害,包括自然因素或者人为活动引发的危害人民生命和财产安全的山体崩塌、滑坡、泥石流、地面塌陷、地裂缝、地面沉降等与地质作用有关的灾害。其中,崩塌、滑坡、泥石流是我国山区发生最频繁的自然灾害,绝大部分由强降水诱发,具有突发性和毁灭性的特点,并且三种灾害具有十分紧密的联系,往往形成灾害链,造成重大人员伤亡和财产损失。对地质灾害开展综合的、系统的研究对我国自然灾害减灾,保障公共安全具有极其重要的意义。

一、我国地质灾害分布广、数量多、危害重

受特殊的地质地貌和气候条件的影响,我国是世界上受地质灾害危害最严重的国家之一,特别是我国西南地区更是地质灾害多发区,灾害类型之多、分布之密集、暴发之频繁、规模之大、危害之严重,在全球均属少见。据统计,全国有 8 万多处泥石流分布,其中严重的有 8 500 处,泥石流活动区面积达 430 万平方千米(康志成等,2004),全国共有大小、新老、活动和不活动的滑坡数十万处,仅分布集中的长江上游地区就已基本查明大小滑坡 15 万处(王星等,2005)。我国滑坡和泥石流等地质灾害的分布受大的地貌格局的控制,形成三个大的条带:第一个条带是青藏高原向云贵高原、四川盆地和黄土高原的过渡带;第二个条带是云贵高原、四川盆地和黄土高原向东部低山、丘陵和平原的过渡带;第三个条带是受太平洋板块俯冲作用影响形成的东部沿海山脉。这三个条带均是地形起伏变化最大的地带,具备滑坡和泥石流发育的良好能量条件(韦方强等,2015)。

我国是世界上遭受地质灾害危害最为严重的国家之一。我国直接受泥石流危害的县级及以上城镇达 150 余座(谢洪等,2006),乡镇级城镇更是多达上千

座，并有 70%的山区公路、铁路遭受泥石流、滑坡灾害威胁，大部分山区水利、水电工程均遭受泥石流、滑坡危害或威胁。自 20 世纪 90 年代以来，泥石流、滑坡已成为我国除地震以外造成人员伤亡最为严重的自然灾害类型。据中国地质环境监测院不完全统计，2000~2019 年，地质灾害共造成 14 157 人死亡和失踪，35 643 人受伤，968.8 亿元财产损失，平均每年死亡和失踪 708 人，财产损失 48.5 亿元。2019 年底，全国地质灾害隐患点约 33 万处，受威胁的人口约 1 391 万人，财产损失约 5 848 亿元。地质灾害占自然灾害致死人数的 62%，占自然灾害经济损失的 55%。全国泥石流和滑坡等山地灾害威胁人口 3 000 多万人，威胁财产超过 5 000 亿元。2008 年汶川大地震后，地震灾区及其影响区地质灾害发生的频率和数量均大幅度上升。同时，地质灾害造成的人员伤亡也显著上升。

（一）我国地质灾害分布特征

（1）从西向东、从北向南、从内陆到沿海，地质灾害趋于严重。

（2）东部、南部及沿海地区，经济发达、人口稠密、城市化水平高，发生地质灾害则损失严重。同时，国土开发强度大，人类工程经济活动又加剧了地质灾害的发生与发展。

（3）西部、北部地区，虽然崩塌、滑坡、泥石流分布十分广泛，但国土开发强度低、经济欠发达、人口密度小、城市化水平低，因此危害和破坏程度相对较低。

（4）地质灾害的空间分布主要与地质因素和气候因素等有关。通常，下列地带是地质灾害的易发和多发地区。

江、河、湖（水库）、海、沟的岸坡地带，地形高差大的峡谷地区，山区、铁路、公路、工程建筑物的边坡地段等。这些地带为滑坡形成提供了有利的地形地貌条件。

地质构造带之中，如断裂带、地震带等。通常地震烈度大于 7 度的地区中坡度大于 25 度的坡体在地震中极易发生滑坡；断裂带中岩体破碎、裂隙发育，则非常有利于滑坡的形成。

易滑（坡）岩、土分布区。松散覆盖层、黄土、泥岩、页岩、煤系地层、凝灰岩、片岩、板岩、千枚岩等岩、土的存在为滑坡、泥石流的形成提供了良好的物质基础，四大岩类的地质灾害频度统计显示，松散堆积层、泥页岩（千枚岩、片岩）、灰岩（砂岩）、花岗岩频数依次减少。

（二）我国地质灾害与降水的关系

滑坡、泥石流等地质灾害孕育形成的因素十分复杂，但就作用于地质灾害暴发过程最基本的自然因素而言，其主要受特定的地质地貌与恶化的自然生态环境的控制，并受灾害气象因素和降水量异常及其相互作用的支配。暴雨、泥石流发生的直接激发因素是降水过程的特征（雨型、降水总量和强度）。滑坡也主要受降水诱发。因此，研究地质灾害气象条件预报方法要从降水与地质灾害的关系分析入手。

1. 地质灾害空间分布与降水分布的关系

我国的地质灾害分布不仅与地质条件有关，还与降水的分布密切相关。统计研究和经验表明，我国的地质灾害具有广域性和地域差异性，除了上海外，我国其他省（区、市）都发生过地质灾害。

总体上看，无论从灾害点分布密度，还是灾害发生频次上看，我国南部都重于北部，南部不仅滑坡、泥石流多发区面积大、数量多，而且多发区内的崩塌、滑坡、泥石流密度也大于北部，尤其是西南地区几乎每年雨季都有多次滑坡、泥石流灾害出现。这与以前的研究结论一致。地质灾害的空间分布与我国的降水分布一致。滑坡、泥石流灾害发生强烈的地区都是暴雨频发、降水丰沛的山区。

与暴雨相比，泥石流、滑坡的发生具有更强的局地性。一般来说，暴雨的水平尺度量级差别较大，从几千米到百千米以上，而滑坡、泥石流和崩塌都是小范围的局部山地灾害，水平尺度一般不超过千米量级。因此，在用降水量制作地质灾害预报时，要充分考虑地质灾害与气象条件之间的尺度差异，精细的地质灾害预报必须建立在丰富及时的地学因子实时观测资料和精细的降水预报的基础上。

2. 地质灾害时间分布与降水分布的关系

我国属于东亚季风气候区，降水有明显的季节变化趋势。伴随着降水的季节性变化，我国的地质灾害也具有明显的季节性变化特征。1951~2002 年我国各大区域地质灾害发生频次月分布分析结果表明，冬半年（10月到第二年的 4 月），为我国地质灾害发生少的时段，这与冬半年我国盛行冬季风、降水较少正好一致。5 月，华南前汛期开始，江南、华南和西南地区的降水逐步增加，开始发生地质灾害。6 月，江南、华南的地质灾害达到高峰期。6 月下旬到 7 月江淮梅雨开始，主要雨带北抬到西南地区到江淮、黄淮一带，地质灾害高发地带也随着雨带向北推移到这一带，西南地区、江淮地区、黄淮地区的地质灾害达到峰值。华北、东北和西北地区的地质灾害高发期在 7~8 月，此时也正是北方雨季。西南地区东部受江淮梅雨和华西秋雨的影响，泥石流、滑坡等地质灾害有一个较长的频发期，出现在 7 月和 8 月。随着华南后汛期的来临，9月华南、江南的地质灾害出现了次峰值。由此可见，降水带的季节性转移与地质灾害的频发时段有着很好的对应关系，这也说明降水是地质灾害的主要诱发原因。

对我国地质灾害时空分布的统计研究表明，我国降水诱发地质灾害具有广域性和地域差异性的特点，其分布与我国的雨带分布一致，具有南方大于北方、东部多于西部的特点；同时对我国地质灾害发生时间的统计发现，降水带的季节性转移与地质灾害的频发时段有着很好的对应关系，这也进一步说明降水是地质灾害的主要触发原因。

二、近年来我国地质灾害发生日趋频繁，减灾形势极其严峻

在全球气候变暖、地震活动加强、人类活动加剧的大背景下，极端天气情况造成的特大泥石流、滑坡灾害呈上升趋势。近年来，我国西南地区连续发生大规模泥石流、滑坡灾害：2010 年 6 月 28 日贵州省关岭发生山体滑坡，造成 38 户 107 人被埋，滑坡造成的泥石流总长 1.5 千米左右（王治华等，2011）。2010 年 7 月 27 日，四川汉源县瀑布沟水电站移民搬迁新建的万工乡集镇发生山体滑坡和泥石流，造成 23 人死亡，92 户（涉及 391 人）房屋倒塌（许强等，2010）。2010 年 8 月 7 日夜，甘肃舟曲暴发特大规模泥石流，并形成堰塞湖，造成 1 435 人死亡，330 人失踪的特大灾害（张成勇，2010）。仅仅 6 天后，四川绵竹清平乡强降水引发泥石流灾害导致 7 人死亡、5 人失踪（苏鹏程等，2011）。2010 年 8 月 14 日四川汶川县多处发生滑坡、泥石流和山洪灾害，直接受灾人口 3 万人，失踪 41 人（李德华等，2012）。2010 年 8 月 18 日云南怒江贡山再次发生特大规模泥石流灾害，造成 90 多人失踪，2 人死亡（苏鹏程等，2012）。这些灾害在造成重大人员伤亡的同时还造成巨大的财产损失，并严重影响了当地社会经济的发展。有关部门统计，2010 年 1~8 月由于强降水引发的泥石流灾害数量约是上年同期的 10 倍，造成的人员伤亡、失踪人数和直接经济损失也大幅度增加。山洪、泥石流、滑坡成为 2010 年雨季仅次于大洪水的自然灾害，造成的人员伤亡已远超洪水灾害，我国泥石流、滑坡等地质灾害的减灾形势极为严峻。

随着我国经济的发展，东、西部地区地质灾害减灾工作还面临不同的问题。目前西部大开发中突发性地质灾害问题突出，兴建西部铁路、公路的规划正在进行，许多线路通过地段地质条件复杂，是地质灾害的多发区。由于大规模的开挖将引发滑坡、崩塌等地质灾害，而随意弃土石将引发泥石流灾害。同时，西部地区城市化加强也引发了不少严重的地质灾害。我国西南、西北不少县城，甚至城

市位于灾害易发区。我国东部地区缓变地质灾害主要包括长江三角洲地区和华北地区两大片，包括地面沉降和地裂缝灾害。这些地区是我国构造沉降区。但是，人为活动的加剧是地面沉降的主因，可以分为两大因素：在20世纪初，主要是地下水的严重超采，导致含水层的压缩沉降；20世纪末，由于高层建筑的增多和浅层地下空间的大规模开发，建筑荷载加大、地下空间扰动和浅部含水层的疏干，导致了浅层地面沉降的加剧（殷跃平，2004）。

中国科学院水利部成都山地灾害与环境研究所研究员崔鹏长期致力于山地灾害的研究，他认为地震趋于活跃、气候变化导致高强度降水频发、人类工程活动逐年增加等，使原本地质环境脆弱的西部山区发生滑坡、崩塌和泥石流等地质灾害日趋频繁。我国国土面积的2/3为山地丘陵，使得遭受山区地质灾害影响的区域多达463万平方千米，高风险区主要集中在西部和青藏高原周边，危及人口为5.578亿人，直接威胁7 000万人。我国每年发生数千至上万起突发性山区地质灾害，造成约100亿元的直接经济损失，死亡1 000人左右，是世界上山地灾害最严重的国家之一。专家提出，近年来，我国尤其是西南山区地质灾害呈现出新的规律。其中，灾害规模大、碎屑运动距离远表现得比较突出。

三、地质灾害减灾任务繁重，具有长期性、复杂性和艰巨性

随着我国经济的高速发展，我国山区城镇化进程和新农村建设均在快速发展，并且在强烈地震作用下和极端天气出现频率不断增加的情况下，造成重大人员伤亡的灾害将不断上升，我国地质灾害将日益严重。同时，我国地质灾害分布面广，数量众多，绝大部分灾害点未得到治理，已经得到治理的灾害点大部分存在防治标准偏低、防治技术落后和工程老化等问题，工程治理任务极其艰巨。在工程防治任务重、周期长的情况下，灾害监测预警预报的重要性更加突出，然而，我国自然条件复杂，地质灾害类型多、成因复杂，区域差异明显，灾害监测预警预报的任务亦十分繁重。因此，地质灾害减灾将是一项长期而艰巨的任务。

减轻地质灾害工作是一项复杂的系统工程，其主要的子系统包括监测、预报、防灾、抗灾、灾害评估、救灾、灾后恢复与重建、规划与指挥、教育与立法、保险与基金、减灾科学技术等。在减灾系统中，监测、预报、防灾、抗灾、灾害评估、救灾构成一个相对完整的过程。减灾系统工程的有效性主要体现在减灾各项措施的整体配合方面，而其建立必须依靠先进的科学技术。而地质灾害突发性、隐蔽性和动态变化的特点，加之人类工程活动增加，加重了地质灾害呈不断上升趋势，增加了地质灾害防治难度。

生态文明建设对地质灾害防治提出了更高的要求。从地质灾害防治的角度看，建设生态文明是超越和扬弃不合理的国土开发强度与布局，提升全社会的文明理念和素质，使人类活动限制在自然地质环境可承受的范围内，走生态良好的文明发展之路，树立把握自然规律，尊重自然地质环境，人与自然、地质环境与经济、人与社会和谐共生发展的生态伦理观念。

生态文明建设总任务对地质灾害防治的要求内容非常丰富。从价值取向看，必须树立先进的"以人为本，兴利与除害相结合，防灾与减灾并重，治标与治本兼顾，政府和社会协同"地质灾害防治理念。人类是自然重要的组成部分，要尊重自然规律，牢固树立地质灾害防治意识，使之成为中国特色社会主义的核心价值要素。从物质基础看，必须拥有足够的物质经济基础。从激励与约束机制看，必须建立完善的地质灾害防治制度和政策，把公平正义的要求体现到经济社会决策和管理中，加大制度创新力度，建立健全法律、政策和体制机制。从必保底线看，必须保障可靠的地质环境安全，有效防范地质灾害风险，及时妥善处置突发地质灾害，维护社会稳定，避免重大危机。从根本目的看，必须消除地质灾害隐患，持续改善和保护地质环境质量。上述内容充分表明，生态文明建设对地质灾害防治提出了更高的新的要求。

四、地质灾害防灾减灾研究具有一定基础，但减灾能力不足，科技支撑较为薄弱

地质灾害研究属于新兴的边缘学科，国外开展较为系统的研究也不足 200 年，我国的研究则更晚，直到 20 世纪 60 年代才开始较为系统的研究。根据学者的研究将地质灾害防灾减灾技术总结为四类：地质灾害监测、地质灾害预测预警、地质灾害风险评估和地质灾害风险管理技术。经过长期的发展，地质灾害监测技术取得了长足的进展，现代物理和"3S"技术已广泛、成功地应用于新型监测仪表（器）和监测方法中。地质灾害预测预警中建立了半定量和定量的地质灾害预测模型。人工智能模型和地理信息系统等新技术的应用为地质灾害的预测提供了新的思路和方法。地质灾害风险评估方面形成了跨学科、跨领域的相互交叉的综合研究体系。地质灾害风险评估得到越来越广泛的重视，研究内容越来越丰富，计算机技术、遥感技术、卫星定位技术等多种高科技手段在地质灾害评估中得到广泛应用。地质灾害风险管理方面注重灾前研究，灾后管理研究较少。

地质灾害形成和运动过程的复杂性，致使泥石流、滑坡基础理论研究在国内外都还处于探索阶段。灾害的形成机理和运动规律的不明确，导致灾害防治和监测预警预报缺乏理论支撑，长期处于经验和半经验状态，使灾害防治和监测、预

警、预报技术的发展受到限制。虽然已开展了大量的地质灾害工程防治，并初步建立了监测、预警、预报体系，但因缺乏有效的科技支撑，现有的防灾减灾工程减灾效益有限，减灾能力亟待提高。西南地区发生的一系列特大泥石流、滑坡灾害更显现了现有减灾技术的局限性。同时，在过去的研究中，相关的基础性研究、共性技术研究和关键技术研究未能有效融合，也影响了综合减灾能力的提升。因此，急需开展泥石流、滑坡等地质灾害的形成机理、运动规律、成灾机制、工程防治技术、监测预警技术和预测预报技术的综合研究，全面提升减灾技术水平和减灾效益，为地质灾害减灾提供有力的科技支撑。

第二节　地质灾害对公共安全的影响

地质灾害对公共安全的影响主要集中在对交通运输、输电线路、城镇、大型工程安全的影响。强降水引发地质灾害冲毁公路、铁路等交通运输通道，毁坏房屋、工程及公共设施、通信和输电线路，导致停电、停水，形成灾害链，灾害破坏力惊人，对村镇乃至县城造成破坏和重大人员伤亡，导致医疗救治、防疫等公共卫生事件，影响城镇安全，社会失稳，造成社会事件。大型滑坡和泥石流破坏生态环境，对生态安全带来影响，给当地造成巨大经济损失，使得百姓因灾致贫，甚至在经济支柱上遭受毁灭性打击，对经济安全带来影响。现代社会中交通运输、输电线路构成城市生命线保障网，一旦被破坏，会导致社会瘫痪。地质灾害导致的灾害链会造成严重灾害事故，影响公共安全，更有甚者影响国家安全。

一、地质灾害对交通运输安全的影响

山区公路、铁路建设往往存在削坡、开挖山脚的现象，斜坡稳定性降低，遇有降水天气，容易发生崩塌、滑坡和泥石流，造成交通中断，严重时车毁人亡。另外，地质灾害还会影响河流航道安全，河道山岸发生滑坡、泥石流，涌入河道会发生涌浪，堵塞河道，造成上游水位上升、下游水位下降，对航运造成危害。影响公路的地质灾害主要有地面沉降、泥石流、滑坡和崩塌灾害，影响铁路的地质灾害主要有泥石流、滑坡和崩塌，影响河流航运安全的地质灾害主要有泥石流、滑坡和崩塌。

成（都）昆（明）铁路是其中受滑坡和泥石流危害最为严重的铁路干线，仅四川境内段已查明的泥石流沟就多达 368 条，自 1970 年通车以来，几乎每年都会因滑坡和泥石流灾害造成中断行车。泥石流曾多次冲毁或淤埋路基和车站、颠覆列车、冲毁桥梁，其中最为严重的是 1981 年 7 月 9 日利子依达沟泥石流冲

毁铁路桥梁，造成列车颠覆，导致 360 人死亡，中断行车 15 天（中国科学院成都山地灾害与环境研究所，1989）。1995 年 7 月 13 日成昆铁路德昌段多条沟谷发生泥石流，造成蒲坝车站和多处路轨被冲毁或预埋，中断行车 4 天 6 小时 38 分钟。

川藏公路是遭受滑坡和泥石流危害最为典型的公路干线之一，自通车以来年年都遭受滑坡和泥石流的危害，其中位于西藏波密的 102 大滑坡和古乡沟泥石流则是川藏公路上最为典型的滑坡和泥石流灾害。102 大滑坡自 1991 年大规模活动以来，据不完全统计，造成翻车事故达 17 起，死亡 6 人，每年中断行车近 50 天以上，其中 1991 年断道达 179 天，成为阻碍川藏公路畅通的最大障碍（王培高和张华，2001）。古乡沟自 1953 年开始有剧烈活动以来，每年 5~9 月泥石流都频繁暴发，少则几次至 10 余次，多则几十次甚至上百次，每次泥石流都会不同程度地危害川藏公路，是川藏地区的重大灾害之一（朱平一等，1997）。

2015 年 11 月 13 日浙江省丽水市莲都区雅溪镇里东村发生山体滑坡，冲毁高速护栏，近 20 幢房屋被埋，造成 38 人死亡（刘传正，2015）。造成此次灾害主要的原因有当地出现明显降水、山体防护加固工程造成山体稳定性降低、楼房建设选址不当。13 日晚当地平均降水量只有 6~8 毫米，但之前的降水量大，截至 13 日上午 8 点的数据显示，近 24 小时平均降水量 36 毫米，有 13 个站点超过 50 毫米。另外，山体刚刚完成加固防护工程，但在降水影响下整体下滑，并没有起到防护效果。楼房建设紧邻危险山体，防范意识薄弱。

2014 年 6 月 19 日 5 时左右，受持续强降水的影响，京广线高桥至沙口间（广东省清远市英德以北约 20 千米处）突发山体塌方，造成由南昌开往广东的 T171 次旅客列车脱轨，泥土冲进列车车厢，造成 5 名旅客轻微擦伤。

2015 年 6 月 24 日，重庆市巫山县小三峡与长江交汇处的江东村发生滑坡，巨大的土方滑落江中，引发 6 米高涌浪，造成停靠在对岸的 1 艘 14 米长的海巡艇沉没，江边 21 艘小船（渔船、农用船为主）翻沉，另有 21 艘靠泊船舶断缆漂航，在江边游泳的 1 人失踪、5 人受伤。灾害发生后，事发航道临时封航，现场打捞救助。

二、地质灾害对输电线路安全的影响

随着水电资源的不断开发和社会现代化进程的发展，越来越多的输电线路、变电场设置在山区，特别是西部山区。由于山区山坡陡峻，地质条件复杂，加上人类工程活动日益加剧，在降水集中、雨量充沛下容易发生崩塌、滑坡、泥石流等地质灾害，地质灾害毁坏输电站和输电塔，造成输电中断，引发漏电、停电危害，已成为影响山区输电线路安全的重要因素之一。四川是全国受地质灾害危害最严重的省之一，截至 2013 年 12 月全省已调查发现地质灾害隐患点 24 221 处，其中滑坡 10 053 处、崩塌 4 264 处、泥石流 8 620 处、沉降 327 处、地面塌陷 712 处、地裂缝 245 处，规模以小型地质灾害隐患点为主，大、中型隐患点较少（王圣伟等，2015）。二滩—自贡的 500 千伏输电线路自 1998 年投运以来，每年均有因地质灾害引起的输电线路设备损坏事件，并被迫进行改造，截至 2008 年，对该线路投入的改造资金已超过 1 亿元（严福章等，2010）。2013 年西昌喜德泥石流导致该县境内的 110 千伏喜乐线 14#塔、110 千伏喜冕线 37#塔、110 千伏越西双回 143#塔损毁，多座电站停机，全县城停电（王圣伟等，2015）。湖北省受地质灾害危害和威胁的输电网主要分布在鄂西地区，据有关调查和统计，地质灾害类型以滑坡、崩塌、泥石流、地面塌陷为主，电网潜在地质灾害所占比例最高的是宜昌，高达 68%，其次为恩施 67%、黄石 45%、十堰 44%、襄阳 3%（王星运等，2013）。

三、地质灾害对城镇安全的影响

受全球气候变化的影响，我国山区灾害性天气频发，并由此引起地质灾害，造成大范围成灾，给当地群众的生命及财产造成严重的危害，而作为山区人口和经济高度集中的城镇也就成为地质灾害危害的主要对象。

前已述及，我国直接受泥石流危害和威胁的县级以上城镇就达 150 多个，近几十年来，我国城镇屡遭泥石流的袭击。例如，甘肃省兰州市洪水沟和盐场堡沟历史上曾多次发生泥石流，造成数百人死亡，其中 1964 年洪水沟泥石流淹没陈官营火车站，淤埋铁路 3.36 千米（谢洪等，2001）。四川省九寨沟县（原南坪县）县城受关庙沟、水泉沟和拨拉沟泥石流的危害，200 多年前关庙沟泥石流曾毁灭过原县城，迫使县城迁至现址，但仍处于泥石流危险区。1984 年三条沟同时暴发大规模泥石流，给县城造成了重大灾害，仅关庙沟泥石流就造成 25 人死亡，全县对外交通、通信、供电断绝，直接经济损失达 1 500 万元（唐邦兴和柳素清，1993）。康定是四川省甘孜藏族自治州的州府，受泥石流危害严重，历史上多次发生泥石流灾害，仅 1995 年泥石流灾害就造成经济损失 5.6 亿元（谢洪等，1997）。更为严重的是，2010 年 8 月 10 日甘肃省舟曲县县城北侧的三眼峪和罗家峪同时暴发特大山洪泥石流，造成 1 492 人死亡，273 人失踪，72 人受伤，受灾人数 20 227 人，毁埋农村居民房屋 5 508 间、农田 0.94 平方千米，毁坏机关事业单位办公楼 21 栋，成为我国有历史记载以来造成损失最大的一次泥石流灾害（王根龙等，2013）。国际上曾发生过更为严重的城镇泥石流灾害，1999 年 12 月 15~16 日委内瑞拉连续的高强度降水导致阿维拉山北坡山体滑坡，数十条沟谷暴发泥石流，造成 3 万余人死亡，33.7 万人受灾，直接经济损失 100 亿美元的特大泥石流灾害，成为世界历史上罕见的特大泥石流灾害（韦方强等，2000）。

滑坡的数量更为庞大，对山区城镇的危害更为普遍和严重。据调查，仅三峡库区的城镇滑坡就多达 826 个（王治华，2007），其中湖北省巴东老县城因受黄土坡滑坡活动的影响而被迫搬迁（王浩等，2016）。我国有 300 多个城镇坐落在相对平缓的滑坡台地上，由于难以异地选址，存在整体滑动的灾难隐患（殷跃平，2013）。自然形成的危害城镇的滑坡众多，但近年来因不合理的工程活动等人为因素形成的危害城镇的滑坡也不断增加。例如，四川丹巴县城为了修建房屋进行切坡工程，2005 年的人工切坡工程高达 29 米，而且未进行任何支护，造成古滑坡体的整体复活，县城随时可能遭遇灭顶之灾，经过地质工作者著名的"丹巴大营救"才保住了丹巴城（殷跃平，2013）。又如，2011 年 3 月 2 日甘肃省东乡族自治县县城撒尔塔文体广场人工改造的土质边坡发生滑坡，虽由于监测预警工作到位，所幸未造成人员伤亡，但仍造成县城严重受损，造成直接经济损失约 4.69 亿元（李松和张川，2013）。

四、地质灾害对大型工程安全的影响

山区大型工程的建设和运行无不遭受地质灾害的影响，从三峡工程、西气东输到南水北调等大型工程的建设和运行维护中，地质灾害均是其中一项重要的安全风险防控内容。

根据我国 2011 年第一次全国水利普查结果，截至 2011 年 12 月 31 日，全国已建水库工程共 97 246 座，总库容 8 104.1 亿立方米，在建水库工程共 756 座，总库容 1 219.02 亿立方米，其中，大型水库 756 座，中型水库达 3 938 座（孙振刚等，2013）。这些水库工程多修建在山区，是受地质灾害影响最大的工程之一。根据湖北省和重庆市的调查，三峡全库区地质灾害存在崩塌、滑坡 4 600 多处，预测蓄水后不稳定库岸和潜在不稳定库岸约 500 千米。其中部分地质灾害对三峡工程的建设和运行会造成较大影响，需要治理的崩塌、滑坡有 570 处，库岸需要防护的有 446 段 253.35 千米，需要搬迁避让崩塌、滑坡有 602 处，需要搬迁库岸有 44 段。需要专业监测的滑坡有 255 处，需要群测群防监测崩塌、滑坡有 3 193 处，塌岸 90 段 40.2 千米（李烈荣等，2010）。通过大量的地质灾害防治，三峡库区地质灾害得到了一定程度的减轻，但在 2008 年 9 月 28 日启动三峡工程 175 米试验性蓄水时仍发生了较多的地质灾害，后逐步平稳。2008 年试验性蓄水在重庆库区共发生地质灾害灾（险）情 243 起，2009 年试验性蓄水发生的地质灾害灾（险）情就降到了 16 起，2010 年有 13 起（任幼蓉和庞皖华，2012）。白鹤滩水电站是金沙江上正在建设的大型水电站，距离坝址仅 6 千米的四川省凉山州宁南县白鹤滩镇矮子沟于 2012 年 6 月 28 日暴发泥石流灾害，造成电站施工人员 17 人死亡、

23 人失踪,并且泥石流堵塞下游正在施工的排水洞,严重威胁下游弃渣场的安全,影响大坝施工进度(贺拿等,2013)。龙羊峡水电站是黄河上游首级大型水电站工程,主坝高 178 米,但在近坝水库南岸距坝前 1.5~15.8 千米的地段发育一系列大型滑坡,这些滑坡规模巨大,其稳定性及滑坡涌浪问题成为龙羊峡工程的重大技术问题之一(余仁福,1995)。

　　西气(油)东输管线工程有很大一部分管线穿越山区,管线的安全运营也受到地质灾害的严重影响。例如,西气东输管线陕西省子长县永坪镇段位于陕北黄土高原上,2007 年 9~10 月陕北地区连续降水,诱发了管线永坪镇段 5 处滑坡,由于滑坡位于管线附近或管线穿越滑坡,对管线的安全造成了严重威胁(张敏和孟铭杰,2009)。兰成渝输油管线途经甘肃、陕西、四川、重庆,均为地质灾害多发区。其中,管线所经过的甘肃陇南地区是我国地质灾害最严重的地区之一,加之管线建设施工对原地质环境的扰动,致使工程竣工后沿线出现了多处滑坡,严重威胁着管线的正常运行(郭富赟和董抗甲,2006)。西气东输三线管道工程是我国从境外引进的天然气战略通道,途经新疆、甘肃、陕西、湖北、湖南、江西等10 余个省区市,全长 5 220 千米。据调查,该管线仅陕西段沿线就有发育地质灾害点 104 处,分布在管道一侧、横坡段、隧道出入口,对管线的安全运营构成了严重威胁(李华东等,2016)。西气东输二线工程从新疆到上海,全长 7 372 千米,是我国又一特大型输气管道工程。据不完全统计,管线沿线地质灾害点有 1 011 处(段),其中滑坡、崩塌、泥石流等地质灾害占 90%以上,这些地质灾害点成为影响管线安全运营的重要因素之一。

　　南水北调西线一期工程位于青藏高原的东部,青藏高原地貌的陡变带(伍法权等,2004),大坝附近、库区、施工公路和输水线路区等区域的崩塌、滑坡、泥石流、山洪等灾害较为发育,对调水工程施工和运行期间的工程安全均会构成一定的威胁。据欧国强等(2005)的研究,南水北调西线一期工程工程区仅泥石流沟就多达 169 条,其中达曲流域东谷—然充乡河流段泥石流分布线密度最大,达到 0.61 条/千米。据此可见,地质灾害对南水北调西线工程的影响巨大,需要对沿线地质灾害采取有效的防范措施。

　　综上所述,小型地质灾害对公共安全影响不大,中大型地质灾害或区域群发性地质灾害构成灾害链,造成大量人员伤亡、停水停电、人员转移安置、紧急救助等问题,对公共安全影响重大,若来不及预防和应急管理及处置不当,会引发社会安全事件;对灾难防疫不作为或处置不当会引发瘟疫等疾病传播,造成公共卫生安全影响;灾害破坏生态环境,造成生态环境难以或无法恢复。灾害累加、社会瘫痪、经济失调,从而灾难上升到影响国家安全的地步。

第三节　地质灾害监测预警防御现状与水平

一、地质灾害监测预警发展现状

（一）国内外地质灾害监测预警现状

随着联合国"国际减灾十年"计划的开展和近年来特大泥石流灾害的频繁暴发，特别是 1999 年委内瑞拉特大泥石流灾害造成数万人死亡，滑坡和泥石流监测预报研究日益成为研究的热点。中国香港、美国、日本、巴西、委内瑞拉和波多黎各等多个国家和地区曾经或正在向公众提供区域性降水诱发滑坡实时预报，预报精度可以达到以小时来衡量。以美国和日本为主的发达国家具有布置密度比较合理的降水监测系统和先进的数据传输系统，获得了长期的比较完整的降水资料，建立了较为完备的滑坡和泥石流监测预报预警系统，并在美国加利福尼亚旧金山湾地区投入使用。日本率先对滑坡、泥石流活动和降水过程进行监测和预警，通过在滑坡和泥石流易发区安装大量的降水监测仪器和滑坡、泥石流活动监测设施，监测灾害性降水过程和灾害的发生，从而发出预报预警（足立胜治他，1977）。美国国家海洋和大气管理局–国家天气局（National Oceanic and Atmospheric Administration-National Weather Service，NOAA-NWS）和美国地质勘探局（United States Geological Survey，USGS）联合开发预报系统，建立快速信息交换机制，联合发布地质灾害预报产品，产品使用与 NWS 灾害性天气预报产品相同的形式。产品中要求使用决策者和应急管理者便于理解的语言，同时包含防灾指导信息。发布产品按预报时效和关注点分为三种：①outlook。当有可能发生泥石流等地质灾害时发布，提前时间较长。②watch。当很有可能发生泥石流等地质灾害，但仍存在一些不确定性因素时发布，最多提前 3 天。③warning。当极有可能发生或者即将发生时，提前 30 分钟到 24 小时发布。Iverson 等（1997）更多地通过对土体的物理特性在降水作用下的变化探索滑坡和泥石流形成机理，寻求泥石流预报的基础理论支持。在基于泥石流形成机理的预报模式尚无法建立的情况下，Wieczorek 等（2003）开展了基于降水遥感的泥石流灾害评估研究，但并未形成完整的泥石流预报模式。欧洲阿尔卑斯山脉地区的瑞士、奥地利和意大利等国家更多地对灾害发生后的危害范围预测进行研究，预测灾害的危害范围和危害程度（Fraccarollo and Papa，2000；Hübl and Steinwendtner，2001），对泥石流和滑坡灾害的时空预报研究较少。1999 年委内瑞拉特大泥石流灾害以后，南美洲的委内瑞拉、秘鲁等国家也开始从事泥石流灾害监测和预报研究。

　　我国对滑坡和泥石流的监测预报研究始于 20 世纪 80 年代，主要由中国科学院依托东川泥石流观测研究站的观测数据进行沟谷泥石流的监测和预报研究，由铁道部依托成昆铁路、宝成铁路等铁路沿线滑坡和泥石流监测数据进行滑坡和泥石流预报预警研究，由水电部门对危害水电工程的滑坡和泥石流灾害进行监测和预警研究，后来又逐步拓展到其他地区。主要的方法是通过对滑坡和泥石流事件的雨量监测数据进行统计分析，分析研究滑坡和泥石流暴发的临界降水条件，根据临界降水条件进行滑坡和泥石流预报。20 世纪 90 年代中后期在临界降水条件研究的基础上，开展了四川和北京山区等地区的区域滑坡和泥石流预测预报研究（谭万沛，1992；韦京莲等，1995；文科军等，1998；晋玉田，1999），主要是利用统计学方法对滑坡和泥石流事件进行统计分析，确定泥石流临界降水量。但这些研究大多属于基础性研究，临界降水量确定的复杂性和不确定性及泥石流预报所需要的降水预报产品的缺乏，使得大部分研究仍属于科学探索阶段，离投入实际应用还有较大差距。2000 年以来，随着我国山区经济和建设的迅速发展，滑坡和泥石流灾害造成的损失越来越严重，对滑坡和泥石流灾害预报的需求越来越迫切，某些地区开始开展地质灾害气象条件等级预报。2002 年，西南部分省（区、市）与相关部门联合建立了地质灾害预报业务；2003 年，中国气象局和国土资源部联合开展了地质灾害气象预报预警工作,使我国泥石流预报进入业务应用阶段。但这些研究和应用系统多是根据各地的基本地质状况，建立潜势预报模型。这些模型不仅因子选择单一，而且基本都以统计预报为主（崔鹏等，2005），缺乏严格的科学支撑，预报能力较弱，精细化程度不够，尚不能完全满足党和政府对泥石流灾害减灾决策的需求和公众对泥石流灾害预报信息的需求。在统计预报的基础上，Wei 等（2007）充分考虑了下垫面因素和地质灾害成因发展了基于地质灾害成因的预报方法，并在我国西南地区的应用中取得一定的效果（齐丹等，2010）。近年来，Zhang 等（2014）开始对基于地质灾害形成机理的预报方法进行探索，并在汶川地震灾区进行了试验性应用（Liu 等，2016）。

　　综合国内外的地质灾害监测方法，大致可以将地质灾害监测方法划分为位移监测、物理场监测、地下水监测、运动过程监测和外部诱发因素监测。这些监测方法的实施主要包括人工监测、简易监测和专业仪器设备监测。目前国内外在滑坡监测的技术、方法、手段上并无太大差距，除了传统的监测方法外，均在探索利用物联网技术进行实时综合监测的方法。

　　综合国内外地质灾害预报预警的现状，基于位移变化和降水统计分析的方法仍是目前主流的地质灾害预报预警方法，基于物理力学机理的预报预警方法均处于探索阶段。

（二）国内地质灾害气象风险业务发展情况

我国是一个地质灾害严重多发的国家，地质灾害种类多、分布广、危害大，严重制约和威胁着地质灾害易发多发地区国民经济发展和人民生命财产安全。党中央和国务院一直高度重视和关注地质灾害防治工作，要求国土、气象等部门及各级地方政府要加强地质灾害监测预防，对可能发生地质灾害的地区要加强监测，建立预警系统，做好监测和预防工作。2003 年 4 月，国土资源部和中国气象局签署了《关于联合开展地质灾害气象预报预警工作协议》，经过十多年的发展，地质灾害气象预警预报工作实现从无到有，预警信息服务范围逐步扩大，预警预报精度不断提高，双方合作领域逐年深化，在创新工作体制、研发预警方法、探索应对机制、带动队伍建设等方面都取得了长足进步。

自 2003 年国家级地质灾害气象预报预警工作开展以来，通过国土资源部（现为自然资源部）和中国气象局联合发文的形式逐渐推动了各级政府开展此项工作。各级国土资源和气象部门建立了良好的合作关系。我国 30 个省（区、市）的国土资源厅（局）、气象局都签署了相应的合作协议，部分省国土资源厅与水利厅也签署了相关合作协议，共享双方信息，共同开展地质灾害气象预警预报工作，其中有 3 个省签署了深化协议，双方深入开展预警及研究工作。

全国 237 个市（区）也相继签署了预警合作协议，完全覆盖了全国地质灾害易发区的山区市（区），其中山西、内蒙古、吉林、黑龙江、江苏、浙江、江西、湖南、广西、云南、青海、新疆等省（区）的所有地级市都签署了预警合作协议，达到全省全覆盖。

全国 1 070 个县（市）也签署了地质灾害气象预警合作协议，基本覆盖了全国山区丘陵区，其中山西、新疆两省（区）签订率为 100%，黑龙江、浙江、江西、湖南、海南、四川、云南等省（区）签订率达 80%以上。

两部局联合成立了国家级、省级、地市级、县级地质灾害气象预警预报服务工作协调领导小组及联络组，建立了双方定期互访和交流机制，共促地质灾害气象预警工作有序深入开展。

国家级地质灾害气象预警预报服务工作协调领导小组组长由国土资源部、中国气象局分管领导担任，联络小组由国家级地质灾害预报预警服务业务单位中国气象局公共气象服务中心和国土资源部中国地质环境监测院组成。省级地质灾害气象预警预报服务工作协调领导小组由省国土资源厅、省气象局分管领导担任，联络小组由省地质环境监测院、省国土资源厅信息中心、省气象台和省气象服务中心等单位组成。开展地质灾害气象预报预警业务的市、县也按照省级领导小组的交流模式，成立了地质灾害气象预警预报服务工作协调领导小组和联络小组，建立了统一定期交流机制。

　　领导小组的主要工作任务如下：领导和组织协调地质灾害气象监测、预报、预警、服务和新技术方法研究利用工作；研究重大合作事项；检查、总结并部署年度合作相关工作。领导小组原则上每年召开 1~2 次工作会议。联络小组的主要任务如下：组织落实和完成协调领导小组商定的合作意向和任务。每年汛期前，联络组会召开专题座谈会，总结上一年度工作，讨论和磋商本年度地质灾害气象预警预报工作流程、会商形式、会商内容、预警产品制作、预警产品审批、预警信息发布等细节问题，部署汛期地质灾害气象预警预报工作。

1. 地质灾害气象预警预报工作流程

　　在地质灾害气象风险预报预警业务开展过程中，各级国土、气象部门以分工负责、逐级指导为原则，制定了详细的预警工作流程（图 3.1），明确了国家、省、市、县四级地质灾害气象预警预报服务业务的任务分工；预警产品和服务产品的类别形式、发布标准与制作标准；服务对象和服务方式；开展信息共享，会商制作，共同签发、协同发布等工作。

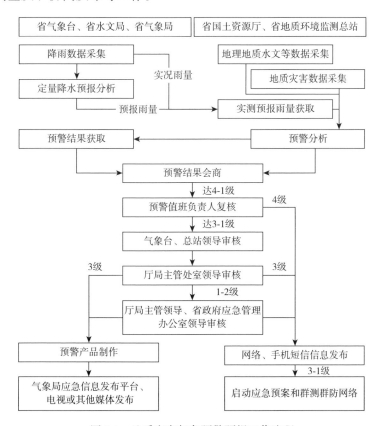

图 3.1　地质灾害气象预警预报工作流程

各地地质灾害的预警业务系统有的设置在气象部门，有的设置在国土部门。在国家级和省级，两部门一般均具有各自的技术和系统，地（市）级一般建在气象部门，县级主要负责实况监测，预警预报来自本部门上级指导。

各地的业务流程既具有预警业务的统一框架，又根据地质环境和业务技术的实际状况，有所侧重、各具特色。业务流程一般分为以下步骤。

数据监测接收：气象部门进行实时气象监测，及时提供管辖区域内气象观测站的实时降水量情况及未来降水预报信息；国土部门提供地质灾害与地质环境的监测信息。

预警模型运算：根据监测数据和降水预报，启动地质灾害预警模型运算，形成客观预报产品。

预警技术会商：业务人员根据模型输出的客观预报产品，同时结合其他信息，进行综合分析，产生初步结论，开展本部门内纵向会商和两部门横向会商，修正客观预报结果。

预警等级确定：根据模型运算和技术会商结论，最终形成预报结果，制作预报产品。根据国土资源部和中国气象局最新要求，地质灾害气象风险预警等级分为四级，由弱到强依次分为四级、三级、二级、一级，当地质灾害气象风险预警等级达到三级以上时，由各级国土资源、气象部门联合签发地质灾害气象风险预警产品并对公众发布。

预警信息发布：预报预警信息的发布一般要经过两部门快速通道共同签发。预警产品通过已建立的渠道联合向相应的受众发布。

预警应急响应：预警信息发出后，各级国土部门和气象部门在积极响应当地政府的决策部署的同时，主动采取诸如组织加强对地质灾害隐患点和易发区的巡查监测、群测群防等多种地质灾害防治手段，最大限度地减小地质灾害的危害。

灾情信息反馈：各级国土部门和气象部门及时反馈地质灾害发生情况、实际降水情况和采取的防范措施，联合开展对预警区域内地质灾害实际发生情况的调查分析和效果评估及预警检验，以不断提高预报预警技术，完善地质灾害气象预警系统，提高预警准确率。

我国经多年防灾减灾的实践，总结出了"政府主导、部门联动、社会参与"的有效方法，并应用在各种抗灾救灾的应急响应中。政府主导的地质灾害应急联动涉及国土、气象、水利、交通、教育、民政、财政、农业、林业、卫生、公安、住建、媒体管理等各个部门，尤其国土资源和气象部门更是冲在第一线，积极发挥应有的作用。

各级政府均高度重视地质灾害防御联动机制的建设，并在预警发出后及时启动、统一指挥、制定措施、展开行动，最大限度地减少损失、降低灾害影响、保护人民的生命财产安全。

预警联动机制分为三个方面，即预警联动预案、联动应急响应、检验评估总结。其中，预警联动预案是基础，联动应急响应是行动，检验评估总结为提高。

预警联动预案：根据国务院颁发的《地质灾害防治条例》和《气象灾害防御条例》，以及 2010 年的《国务院关于切实加强中小河流治理和山洪地质灾害防治的若干意见》、2011 年的《国务院关于加强地质灾害防治工作的决定》等国家对地质灾害的防治部署，国家、省、地（市）、县各级政府和有关部门都建立了应对地质灾害的应急预案，未雨绸缪，加强对地质灾害的综合治理，积极应对地质灾害风险。广东、安徽、江西、贵州、福建、四川等省根据各自的实际和经验，均增添了更具特色的多项有效措施，如四川省总结的"气象预警、预防避让"和"雨情现报、临灾避让"模式，更是成功的宝贵经验。

联动应急响应：地质灾害预警发出后，政府启动应急预案，在政府的统一指挥下，相关部门组成联合应急专家组即刻赶往预警区现场开展指导工作；当地按照"接收预警信息—适时启动应急处置预案—及时上报灾情—抓紧人员疏散—撤离至安全地带"的程序和步骤，进行预警后的应急处置工作；国土部门及时派出技术人员，组织实行 24 小时值班，加强巡逻、巡查、监测和防范工作，及时汇报近情。气象部门利用卫星、雷达等先进手段，加强监测，及时向各方通报最新雨情信息。

检验评估总结：应急响应结束后，国土、气象两部门根据预警结果和反馈信息，有选择地到重点预警地区和重灾区开展地质灾害典型案例现场核查（如国家级国土资源部中国地质环境监测院和中国气象局公共气象服务中心共同对四川川东北、广东清远等地开展联合校验），与当地地质灾害预警业务部门进行沟通，交流预警预报经验和技术方法，收集地质灾害发生的地质环境条件、降水情况、灾情信息、应急反应情况、防灾效果等。在野外调研的基础上，编写野外调查报告，分析总结预报中的成功经验和不足，提出应急对策措施和建议，以逐步提高预报技术水平。

2. 地质灾害气象预警预报技术方法

地质灾害气象预警预报技术水平不断提高，目前业务上用到的地质灾害气象预警技术方法主要为统计预报方法，分为隐式统计预报法、显式统计预报法两种。

1）隐式统计预报法

隐式统计预报法，也称为临界降水判据法，是把地质环境因素的作用隐含在降水参数中，某地区的预警判据中仅考虑临界降水参数建立模型。地质灾害气象预警的主要对象是降水为主要诱发因素的崩塌、滑坡、泥石流等突发性地质灾害，因此在预警中要着重关注可能诱发地质灾害的临界降水。中国地域广大，地质环境类型复杂多样，在不同的地质环境条件下，降水诱发地质灾害的机理不同，临界降水量各异，因此，尽可能细化预警区域的划分，分别将不同预警区的特定环境地质条件下引发地质灾害的降水量临界值作为地质灾害区域预警判据。

将预警区域分为若干预警子区，分区开展历史地质灾害点与实况降水量之间的统计关系，确定各预警区诱发滑坡、泥石流灾害的临界雨量，建立预警判据，从而作为开展地质灾害气象预警预报的模型。随着统计样本的更新，该模型不断更新和修正。

2）显式统计预报法

显式统计预报法也称为第二代预报方法，是一种考虑地质环境变化与降水参数等多因素叠加建立预警判据模型的方法。地质灾害的发生主要受地层岩性、地形地貌等地质条件的内因控制，因此，预警模型中要综合考虑地质环境因素、降水因素，即要克服仅仅依据单一临界雨量指标的不足。该方法可以充分反映预警地区地质环境要素的变化，并随着调查研究精度的提高相应地提高地质灾害的空间预警精度。

该方法基于地质环境空间分析，通过网格剖分计算单元的地质灾害"潜势度"，合并单元分析结果实现区划划分，克服了仅依据单一临界雨量指标的限制，临界诱发因素的表达、预警指标的选定与量化分级等可进一步升级。根据显式预警系统设计思路，根据预警区具体特点，可分区建立预警模型。考虑到地质环境条件的复杂性，可采用一个综合指标"地质灾害潜势度"（G）作为地质环境条件因素的综合指标；选取当日雨量（Rd）、前期雨量（Rp）作为降水诱发因素的指标；以 G、Rd、Rp 作为输入量，以历史地质灾害点的实际发生情况作为输出量，开展统计分析，建立显式统计的预警模型，通用函数如下：

$$T=f（G，Rd，Rp）\tag{3.1}$$

式中，T 为预警指数，据此确定地质灾害气象预警等级；f 为关于 G、Rd、Rp 的函数；G 为地质灾害潜势度，为地质环境条件的量化指标；Rd 为地质灾害发生当日雨量，预警分析时为预报雨量；Rp 为地质灾害发生前的累计雨量。

发生地质灾害后，国家级、省级气象部门及时组织开展地质灾害气象风险预警业务检验，风险预警准确率用命中率、漏报率和空报率表示，检验时以县级区域和单点（滑坡、泥石流）为检验对象。具体方案如下：

命中率：

$$\mathrm{TSR}=\frac{\mathrm{NA+ND}}{\mathrm{NA+NB+NC+ND}}\times100\%\tag{3.2}$$

漏报率：

$$\mathrm{PO}=\frac{\mathrm{NC}}{\mathrm{NA+NC}}\times100\%\tag{3.3}$$

空报率：

$$FAR = \frac{NB}{NA+NB} \times 100\% \qquad (3.4)$$

式中，NA 为预警服务产品发布正确次数；NB 为空报次数；NC 为漏报次数；ND 为无预警服务产品预报正确次数。

针对区域的检验方案：

（1）NA、NB 的确定：如果预报某时段某地质灾害点的预警等级为Ⅳ级以上，而包含该点的县级区划内，在该预报时段内任意一点出现了地质灾害，则记录为一次预报正确。如果在上述区域，该预报时段所有的地质灾害点都未出现地质灾害，则记录为一次空报。

（2）NC、ND 的确定：如果在某预报时段内，某个点出现了地质灾害，则在包含该点的县级区域内，首先检查该区域内是否有预报正确的地质灾害点，如果有预报正确的灾害点，则参照上面第（1）条；如果该区域没有预报正确的灾害点，则记为漏报一次。另外，出现地质灾害的任意两个地质灾害点所影响的县级区划可能会相同。因此评定好该预报时段的所有漏报后，需要对重复记为漏报的点进行去重复处理，只记一次。如果预报地质灾害点无预警，同时也未出现地质灾害，记为预报正确一次。

针对单地质灾害点的检验方案：

如果预报某条地质灾害的预警等级为Ⅳ级以上，而该点出现地质灾害，则记录为一次预报正确；如果无地质灾害，则记为空报一次；如果未发布预警等级，则记为漏报一次；如果预报某地质灾害点无预警，同时也未出现地质灾害，记为预报正确一次。

二、地质灾害监测预报发展趋势

地质灾害的形成机理与动力过程十分复杂，其理论研究尚处于起步阶段，还不足以支持建立以地质形成机理为基础的预测预报模型和系统。现有的地质灾害预报预警多为以统计模型为基础的统计预报，预报的分辨率和准确率都较低。正因如此，目前国内外的地质灾害监测、预报预警研究尚不成熟，虽然建立了一些统计预报预警模型和系统，但都处于探索阶段，尚未形成有效的预报预警模式，也未建立完善的监测和预报业务化流程。但随着地质灾害基础研究和相关技术手段的不断进步，地质灾害监测预报预警呈现出如下的发展趋势。

（1）天、空、地一体的综合监测方法已成为地质灾害监测的新趋势，利用大数据分析技术对综合监测的数据进行科学分析也将成为地质灾害预测、预警、预报的发展方向之一。

（2）为了提高地质灾害监测数据的精度和实时性，物联网技术已开始应用到地质灾害监测中，将逐步成为地质灾害监测的主流技术方法。

（3）对诱发地质灾害的降水监测和预报是地质灾害体本身监测数据以外最重要的输入性数据，对降水诱发的地质灾害的预报预警起到关键作用。降水实时监测技术已基本能满足地质灾害监测预警的需求，但降水预报的准确率和精细化程度尚不能完全满足地质灾害预报预警的需求。精细化的数值天气预报和雷达降水外推将是解决这一问题的主要技术方法。

（4）虽然"群测群防"方法的技术含量较低，但面对庞大数量的地质灾害，该方法仍是今后一定时期内不可或缺的减灾方法。将较为成熟的简易监测和预报预警技术补充到"群测群防"中以提高"群测群防"的准确性，则是解决这一问题的有效方法。

（5）以位移监测数据为主要依据的地质灾害隐患点的预报预警方法虽然简便易行，但预报预警的可靠性相对较低，随着对地质灾害物理力学机制研究的不断深入和监测技术方法的不断进步，以物理场的监测和力学机理分析为基础的监测、预报预警方法将成为今后发展的主流方向。

（6）在区域地质灾害预报预警方面，以引发地质灾害的降水分析为主的统计预报预警方法虽然还将在一定时期内发挥作用，但基于地质灾害形成的下垫面条件和降水触发因素的成因预报预警方法已成为国内外的地质灾害预报预警研究的发展趋势。这种成因预报模式既充分利用了地质灾害形成研究的成果，又充分利用了滑坡和泥石流灾害的监测数据，是在现有条件下提高灾害预报预警分辨率和准确度的有效方法，是目前和今后一定时期地质灾害预报预警研究的重要方向。同时，建立规范的滑坡和泥石流气象监测、预报业务化流程，全面提高灾害预报和服务水平，也成为今后地质灾害预报预警实践工作的重要任务和方向。

（7）随着地质灾害形成机理研究的不断深入，以及相关时空尺度的逐步融合，基于地质灾害形成机理的预报预警方法研究将获得突破，并成为地质灾害预报预警研究和应用的主流方向。

三、成功预警案例

地质灾害的成功预警、各级政府的重视及各部门和人民群众的通力配合是成功避灾的重要途径。在四川清平"8·13"特大山洪泥石流灾害、贵州望谟"6·6"山洪地质灾害中成千上万人成功避险，总结原因，广泛的宣传教育，防灾责任落实到了基层，防灾基础工作到位，预警预报及时准确都是避险成功的关键因素，动员群众积极配合也是做好防灾工作的根本。

1. 四川清平特大山洪泥石流灾害 5 000 余人成功避险

2010 年 8 月 13 日，四川绵竹清平乡发生强降水引发特大山洪泥石流灾害。文家沟山体发生崩塌，沿绵远河近 3 000 米沿岸 10 余条冲沟同时暴发山洪泥石流，上游幸福大桥被冲垮后堵塞老清平大桥，致使绵远河堵塞、河水改道，交通、通信、电力一度全部中断。灾害共造成 379 户民房及学校、派出所等公共设施被泥石流掩埋，600 多户民房进水，300 余亩良田被毁。由于监测预警及时，预案启动坚决，共 5 000 余人成功避险，灾害仅造成 9 人死亡、7 人失踪，创造了临灾避险的奇迹。

2. 贵州望谟山洪地质灾害成功转移 4.5 万余人

2011 年 6 月 5 日 22 时至 6 日凌晨，贵州省黔西南布依族苗族自治州望谟县因特大暴雨诱发山洪地质灾害。灾害发生时恰逢端午节小长假，发生时段为夜间到凌晨，加之灾害发生前后历时短、降水量大、泥石流量大、落差大、破坏力强，灾害防范难度极大。气象、国土资源、水利等部门加强监测，及时发布预警信息，地方政府根据预警信息及时采取应急措施，成功转移 4.5 万余人，黔西南州党委、政府在向国务院救灾工作组汇报时对此给予了高度肯定。

3. 甘肃岷县特大冰雹山洪泥石流灾害预警及时有效

2012 年 5 月 10~11 日，甘肃岷县发生特大冰雹山洪泥石流灾害。气象部门准确预报，及时预警，为组织人员撤离赢得了宝贵时间。甘肃省委书记对气象预警预报工作给予了高度评价和充分肯定，指出"预警预报超前和基层工作扎实是这次灾害损失降低到最低程度的最重要的原因"。国务院工作组组长、民政部原副部长指出，"通过实地查看和走访受灾群众，普遍感觉气象部门提前发布预警预报信息，信息员及时传播预警信息并组织群众转移，有效避免了成片人员伤亡，最大限度地降低了损失"[①]。

4. 四川彭州龙门山镇成功避让群发泥石流

2012 年 8 月 17 日 15 时，成都市国土资源局和气象局共同发布地质灾害气象预警预报，彭州市及时响应，立即启动预案，组织受威胁群众转移。21 时左右龙门山镇银厂沟内开始降水，截至 23 时，共完成银厂沟内受威胁群众 1 700 人、游客 8 000 余人的紧急转移。18 日凌晨 1 时左右，银厂沟内降水量达到 245.7 毫米，地质灾害群发，造成银白公路多处中断，银厂沟内通信中断，大量房屋损毁。因

① 国务院工作组肯定气象预警和信息员在岷县雹洪灾害中发挥重要作用. http://www.cma.gov.cn/2011xwzx/2011xqxxw/2011xqxyw/201205/t20120514_172710.html，2012-05-14.

预警、提前转移及时，临灾应急处置措施得力，灾害过程中银厂沟区域内无人员伤亡，实现了 3 处（龚家湾泥石流、石英沟泥石流、海汇桥泥石流）地质灾害隐患点受威胁群众的成功避险，避免了 5 620 人的伤亡，其中当地农户 460 人，游客 5 160 人。

5. 云南彝良震区有效避免二次受灾

2012 年 9 月 7 日 11 时 19 分，云南省昭通市彝良县与贵州省毕节市威宁彝族回族苗族自治县交界处发生 5.7 级地震。10~11 日，震区出现明显暴雨过程，再度造成公路严重毁坏，部分路段发生严重山体滑坡，地震及暴雨、地质灾害多灾叠加，进一步加大了救灾难度。针对此次暴雨过程，气象部门及时发布暴雨蓝色、橙色、红色预警信号并通过电信部门成功向彝良县受灾群众全网短信发布，为抗震救灾、转移安置工作赢得了宝贵时间，有效减轻了强降水给震区带来的二次灾害，10 日夜间到 12 日共有 2.48 万人得到安全转移。10 日 23 时，昭通市彝良县国土资源局角奎分局与气象局及时发布预警预报信息，要求辖区内地质灾害群测群防监测员逐户通知，将全镇 28 个地质灾害隐患点的群众全部撤离危险区，4 小时后角奎镇河湾村吴湾地质灾害隐患点发生泥石流，由于提前预警、通知及时，隐患点的群众全部提前撤离危险区域，150 余户 1 100 多人成功避险。云南省刘慧晏副省长指出，"气象预报做得非常好，由于气象预报预警服务准确及时，为抗震救灾工作赢得了宝贵时间"。10 月 18 日，云南省李纪恒省长专程到访中国气象局，对这次气象服务在避免重大人员伤亡方面所发挥的重要作用与成效给予了高度评价。

6. 湖南东南部成功避让群发性地质灾害

2007 年 8 月 19 日下午，受 2007 年第 9 号台风"圣帕"影响，郴州、株洲、衡阳、岳阳、益阳等地引发突发性的崩塌、滑坡、泥石流等地质灾害 7 000 余起，其中规模以上地质灾害 624 起，造成 6 人死亡。相关部门及时、准确地发布地质灾害气象预警预报信息为避让地质灾害提供了有力的参考。8 月 17 日向"圣帕"可能影响的郴州、株洲、永州等市县提前 48 小时发出预警，地质灾害预警级别最高达四级（橙色），预警产品信息在湖南各主流电视媒体连续滚动播发，预警信息覆盖全省地质灾害防灾责任人和群测群防网络，及时有效指导各地防灾。各级国土资源部门和群测群防人员，在接到地质灾害预警信息后，立即加强对隐患点巡查和观测，发现地质灾害突发前兆，立即发出临灾预报，在当地党委和政府领导下，组织人员及时撤离，保护群众安全。据统计，"圣帕"影响湖南期间，成功预报突发性地质灾害 46 起，转移群众 3.8 万人，避免人员伤亡 3 500 余人。

7. 陕西宁陕县预警及时，避免人员伤亡 2 000 多人

2003 年 8 月 28 日 20 时至 30 日中午近 40 小时，宁陕县境内普降暴雨，累积降水量达 347.8 毫米，暴雨使县城周围山坡土体含水量达到极限饱和，诱发 69 处地质灾害。宁陕县基础设施遭到严重毁坏，水、电、路及通信设施全部中断，因灾死亡 1 人，失踪 6 人，经济损失惨重。

其间，陕西省国土资源厅与气象局联合发布地质灾害黄色预警，宁陕县国土资源局在县医院大楼设立监测点，对宁陕小学滑坡实施 24 小时不间断监测，8 月 29 日 9 时监测组发现异常，可能发生地质灾害，29 日 12 时 05 分，相关部门迅速组织危险地段的群众紧急撤离，12 时 50 分，危险地段的群众全部撤离到安全地段，山上开始出现落石，13 时 05 分宁陕小学后山发生大面积坡面泥石流灾害，县武装部以下、交通局以上地段 200 余间房屋顷刻间荡然无存，小街拥进了半人深的泥浆。由于监测到位，措施得力，人员撤离及时，避免了 2 000 多人的人员伤亡，有效地保障了人民生命财产安全。

8. 浙江衢州市柯城区七里乡均良村泥石流灾害成功避险

2009 年 8 月 16 日 13 时，受 8 号台风"莫拉克"影响，衢州市柯城区北部九华、石梁、七里等乡镇突降暴雨，暴雨中心七里乡均良、七里、七里排等行政村 3 小时（13：00~16：00）雨量达 154 毫米，均良村发生 50 年一遇特大山洪、泥石流灾害，造成 9 幢 30 间民房倒塌，百余亩农田被毁，大量通信、水电等基础设施受损，直接经济损失 2 000 余万元。由于灾害发生正值下午，当地监测人员发现暴雨有引发小流域山洪、泥石流灾害可能时，迅速上报险情，村委会及时调派人员组织村民转移。由于避灾及时，山洪、泥石流灾害除造成财产损失外，全村 300 余人未发生因灾伤亡。

9. 江西萍乡市湘东区鸟嘴岭滑坡成功避灾

2010 年 5 月 10~13 日，萍乡市湘东区湘东镇河洲村鸟嘴岭出现连续强降水，最大日降水量达 110 毫米，导致山体发生蠕滑变形，滑坡后缘出现多条长短不一的拉张裂缝。5 月 14 日，萍乡市湘东区地质矿产局接到湘东镇河洲村鸟嘴岭滑坡险情报告后，迅速组织人员赶到现场开展应急调查，根据调查结果分析认为存在严重滑坡隐患，立即发出了地质灾害预警，并及时向萍乡市国土资源局和湘东区委、区政府做了报告。萍乡市国土资源局和湘东区委、区政府高度重视，主要领导第一时间带队赴现场调查视察。湘东区政府根据地质灾害险情启动了地质灾害应急预案；湘东镇政府派出机关干部会同河洲村干部，于当日将受威胁的 24 户

110 名村民进行了强制撤离。6 月 19~20 日，受暴雨影响，滑坡后缘裂缝明显加宽，山体继续蠕滑前移，部分民房受滑体挤推倒塌。6 月 22~24 日，滑坡处又连续三天出现强降水，受强降水激发，6 月 24 日凌晨山体发生整体滑动，6 栋民房瞬间被夷为平地，而该 6 栋房屋内的 6 户 28 名村民由于提前进行了转移，成功避免了伤亡。

第四节　未来 5~10 年的地质灾害监测预警防御发展战略和关键技术突破

一、地质灾害监测预警发展目标

建设涵盖我国地质灾害不同发育区的野外定位原型观测研究站网，建设涵盖不同地质灾害类型的国家重点实验室和国家工程技术中心，构建野外定位原型观测与室内物理实验相结合的基础理论研究体系，构成基础理论研究与工程技术研发相结合的研究架构，为地质灾害监测预警提供有力的科学技术支撑。加强地质灾害形成机理的研究，突破基于地质灾害形成机理的预报预警技术瓶颈，显著提高地质灾害预报预警的精度和准确性。充分利用遥感、物联网和大数据分析等现代技术，构建天、空、地一体的地质灾害监测体系和技术规范，为地质灾害预报预警提供实时、充分、可靠的监测数据支持。加强精细化数值天气预报和雷达外推降水技术的研究，为地质灾害预报预警提供精细化的、可靠的降水预报产品支持。建立不同时空尺度的地质灾害监测预警的技术体系、技术规范和业务化运行规范。

（1）进一步深化各级国土资源、气象部门合作机制。继续推动地方各级国土资源、气象部门加快建设地质灾害监测预警信息和气象预警预报信息共享平台，建立完善会商机制，加强日常工作沟通和重大灾害联合会商并逐步规范化、制度化，健全和完善双方信息共享及相互通报机制，共同发布地质灾害气象预警预报信息。进一步加强应急联动能力建设，完善信息互通制度，拓展灾害应急联动方式渠道，丰富应急联动技术手段，提高基层应急防御能力。

（2）共同推进地质灾害易发区气象观测站网建设。加快《全国中小河流治理和病险水库除险加固、山洪地质灾害防御和综合治理总体规划》《全国地质灾害防治"十三五"规划》等规划项目建设实施，共同开展易灾地区灾害风险普查和监测系统建设。加快推动地方各级国土资源、气象部门将地质灾害易发区气象观测站网建设纳入总体工作部署，共同推动在地质灾害易发区建立专门的地质灾害气象观测站网，充分共享监测资源。加快对地质灾害易发区附近气象站的升级改造，加强对已建成地质灾害易发区气象设施的维护。

（3）不断提高地质灾害气象预警预报精细化水平。气象部门开展精细化降水实况分析和预报产品制作，发展暴雨诱发的山洪地质灾害气象风险预警服务业务，国土资源部门开展精细化地质灾害易发区分析，双方联合开展精细化的地质灾害气象预警预报研究，共同提高地质灾害气象预警预报的精细化水平和实用性。针对地质灾害突发性强等特点，联合研发逐六小时间隔的地质灾害气象预警预报产品，逐步开展地质灾害短时临近预警预报业务。

（4）全面提高地质灾害气象预警信息发布能力。推动国家突发公共事件预警信息发布系统县级预警发布管理平台建设。加强易灾地区特别是偏远山区、学校、农村等地区的地质灾害气象预警及气象灾害信息发布传播设施建设。充分利用多种手段发布气象信息，发挥地质灾害群测群防员、气象信息员队伍和基层气象信息服务站的作用，提高地质灾害预警信息发布时效并扩大覆盖面。加强与广电、工信、住房和城乡建设等部门的联系与合作，保证预警预报信息渠道畅通、播发及时。

（5）大力推进地质灾害气象业务标准体系建设。加强科研联合攻关，大力推进地质灾害防治气象业务标准体系建设。加强不同区域、不同地质地貌单元条件下引发地质灾害临界雨量的研究，不断提高地质灾害气象监测预警预报精细化水平。联合制定地质灾害易发区气象观测站建设安装、运行维护、检测校准、通信协议、信息交换共享、预报服务产品制作、信息发布等方面的规范和标准，共同加快相关标准和规范的编制工作，促进地质灾害气象业务的规范化发展。

（6）大力推进地质灾害防灾减灾科普宣传和人才队伍建设。加强地质灾害防灾减灾科普宣传，指导各地应急避险和演练。注重总结典型经验、有效做法，制作简明易懂、形象生动、群众喜闻乐见的动漫、宣传画等。充分利用汛期地质灾害排查、巡查、检查和应急抢险等机会，开展防灾知识宣传培训，增强基层防灾意识和提高临灾避险能力。坚持汛期时段的防范避让措施，加大对人口密集区及重点人员的防范避让演练。加强地质灾害防治应急队伍建设，重点完善和充实县级以下基层防灾减灾队伍。联合加强对各级地质灾害气象预警预报业务人员的培训，提高现有业务水平。

二、研究能力建设规划

（一）野外定位原型观测研究站网建设

地质灾害形成机理和运动规律复杂，仍是国际上研究的难点和热点，急需建立野外定位原型观测研究站，对地质灾害的形成机理和运动规律进行原型观测和研究。我国幅员辽阔，地质灾害类型多样，地质灾害特征区域分异显著，需要在不同区域建设多个野外原型观测研究站，并构成观测研究网络。

目前我国建设了大量的地质灾害监测站点，但绝大部分都为现象观测，不具备观测研究的能力，仅有中国科学院在云南东川和西藏波密建设有地质灾害观测研究站。因此，需要在西南地区、西北黄土地区、东南台风强影响区、东北高寒区等地质灾害发育背景和活动特征差异较大的区域建设观测研究站。

（二）国家重点实验室建设

国家重点实验室是基础理论研究的重要基地，目前地质灾害领域的国家重点实验室仅有依托成都理工大学的地质灾害防治与地质环境保护国家重点实验室，主要优势领域是对高边坡的研究与防治，尚缺少泥石流、地裂缝、地面塌陷等方向的国家重点实验室。建议补充建设这几个方面的国家重点实验室，并与地质灾害野外定位原型观测站网融合，构建野外原型观测与室内物理实验相结合的基础理论研究体系。

（三）国家工程技术中心建设

国家工程技术中心侧重于工程技术的研发与推广，目前我国在地质灾害减灾技术领域的国家工程技术中心空缺，建议尽快建设该领域的国家工程技术中心，加强我国地质灾害监测、预警、预报及工程防治等减灾技术的研发，地质灾害减灾技术规范的制定，以及减灾技术的推广应用。

三、地质灾害监测预警的核心科技问题

（一）地质灾害发育的区域分异规律

我国地质灾害分布广泛，除平原区外的各种地貌类型区均有分布，各种气候带和气候区均有分布，不同区域内发育的地质灾害具有不同的特征，具有显著的区域差异。因此，地质灾害发育的区域分异规律是进行地质灾害研究和减灾应当首先解决的科技问题。

（二）潜在地质灾害的识别

国土资源部已对我国地质灾害隐患点进行了普查和详查，并对地质灾害隐患点进行了监测。然而，每年都会新增大量的地质灾害点，特别是造成重大人员伤亡和财产损失的地质灾害多发生在非地质灾害隐患点。因此，潜在地质灾害的识别是防止发生该类灾害必须解决的科技问题。

（三）地质灾害的形成机理

地质灾害的形成机理是地质灾害研究的核心基础问题之一，也是难点和热点之一。正是这一问题未得到解决，使得地质灾害预警和预报技术长期停留在统计方法和成因分析方法的水平上，导致地质灾害预报预警的准确率难以显著提高。因此，地质灾害形成机理是地质灾害监测预警中必须解决的最核心的科学问题。

（四）基于地质灾害形成机理的预报预警模型

降水引发的滑坡、泥石流等产生的地质背景与机制，滑坡和泥石流等产生的动力来源与机理是核心科学问题，围绕上述科学与技术问题需要开展现场地质调查、物理模型实验、数值模拟仿真、灾害动态时空监测评价等系统研究。最终目的是为暴雨型地质灾害的防治提供计算分析理论和数值模拟平台，最大限度地减轻暴雨诱发滑坡的风险。

四、地质灾害监测预警关键技术

（一）不同时空尺度的地质灾害监测预警技术体系

我国地质灾害数量庞大，分布范围极广，地质灾害减灾实施多层级管理，对于不同等级的管理者其技术需求不同。因此，应当建立不同时空尺度的地质灾害监测预警技术体系，以满足不同层级政府对地质灾害减灾的不同需求。

（二）天、空、地一体的地质灾害监测技术

为了满足不同时空尺度的地质灾害监测预警技术的需求，应当建立不同时空尺度的地质灾害监测技术。充分利用航空、航天遥感技术和地面监测技术，建立天、空、地一体的地质灾害监测技术，为地质灾害预报预警提供不同时空尺度的监测数据支持。

（三）基于物联网技术的地质灾害实时监测技术

地质灾害预警和预报需要实时的监测数据，要求监测数据能够及时传输到控制中心，这就要求充分利用物联网技术，建立地质灾害实时监测网络，发展可以实现海量监测数据能够实时传输的监测技术，确保监测数据的实时性和有效性。

（四）精细化、高准确率的降水预报预警技术

数值天气预报和雷达降水外推技术均为地质灾害预报预警提供了有效的降水预报产品支持。但由于山区地形和天气系统的复杂性，现有的数值天气预报和雷

达降水外推技术均有一定的局限性。因此，应当根据地质灾害预报预警的具体需求，大力发展精细化、高准确率的降水预报预警技术。

（五）基于地质灾害成因分析的灾害评估与预测技术

地质灾害评估和预测是地质灾害减灾的基础工作，但这项工作还远不能满足地质灾害减灾的需求，应基于地质灾害成因分析，发展地质灾害的评估与预测技术。

（六）基于地质灾害形成机理的预报预警技术

基于地质灾害形成机理的预报预警是地质灾害预报预警发展的必然趋势，然而，目前的地质灾害形成机理的研究成果尚不能完全满足地质灾害预报预警的需要，特别是理论研究的点尺度与预报预警实践的坡面尺度和流域尺度不匹配。因此，在加强地质灾害形成机理理论研究的同时，加快解决理论研究和预报预警实践尺度匹配问题，尽快实现基于地质灾害形成机理的预报预警技术的突破。

（七）地质灾害监测和警报技术

由于地质灾害监测预警技术尚不成熟，往往会造成灾害的漏报和误报，为了避免地质灾害漏报可能造成的重大人员伤亡和财产损失，应当加强地质灾害临灾监测和警报技术，为地质灾害危害区的民众提供最后一道防线，确保地质灾害来临时能够逃生。

参 考 文 献

崔鹏，高克昌，韦方强. 2005. 泥石流预测预报研究进展. 中国科学院院刊，20（5）：363-369.

郭富赟，董抗甲. 2006. 兰成渝输油管线西和段 7# 滑坡稳定性分析及治理对策. 甘肃科技，22（8）：75-77.

贺拿，陈宁生，朱云华，等. 2013. 矮子沟泥石流影响因素及运动参数分析. 水利与建筑工程学报，11（1）：12-16.

晋玉田. 1999. 攀西地区泥石流滑坡灾害与降水关系的分析和预报. 四川气象，19（3）：34-38.

康志成，李焯芬，马霭乃，等. 2004. 中国泥石流研究. 北京：科学出版社.

李德华，许向宁，郝红兵. 2012. 四川汶川县映秀镇红椿沟"8.14"特大泥石流形成条件与运动特征分析. 中国地质灾害与防治学报，23（3）：32-38.

李华东，唐培连，姜永玲. 2016. 西气东输三线陕西段地质灾害发育特征及防治. 山西建筑，42（9）：86-87.

李烈荣，黄学斌，徐开祥，等. 2010. 三峡库区地质灾害防治. 福建地质，29（A1）：1-4.

李树德. 1999. 中国滑坡、泥石流灾害的时空分布特点. 水土保持研究，6（4）：33-37.

李松，张川. 2013. 甘肃省东乡县特大滑坡地质灾害形成机制与治理方法. 甘肃地质，22（1）：65-70.

刘传正. 2015. 浙江省丽水市莲都区雅溪镇里东村滑坡灾害. 中国地质灾害与防治学报，（4）：5.

欧国强，游勇，刘希林，等. 2005. 南水北调西线一期工程泥石流研究及其他山地灾害现状. 岩石力学与工程学报，24（20）：3691-3695.

齐丹，田华，徐晶，等. 2010. 基于WRF模式的云贵川渝地质灾害气象预报系统的应用. 气象，36（3）：101-106.

任幼蓉，庞皖华. 2012. 三峡工程175米试验性蓄水重庆库区地质灾害防治及其思考. 重庆国土资源，（4）：29-32.

苏鹏程，韦方强，冯汉中，等. 2011. "8·13"四川清平群发性泥石流灾害成因及其影响. 山地学报，29（3）：337-347.

苏鹏程，韦方强，谢涛. 2012. 云南贡山8·18特大泥石流成因及其对矿产资源开发的危害. 资源科学，34（7）：1248-1256.

孙振刚，张岚，段中德. 2013. 我国水库工程数量及分布. 中国水利，（7）：10-11.

谭万沛. 1992. 四川省泥石流预报的区域临界雨量指标研究. 灾害学，7（2）：37-42.

唐邦兴，柳素清. 1993. 四川省阿坝藏族羌族自治州泥石流及其防治研究. 成都：成都科技大学出版社.

王根龙，张茂省，于国强，等. 2013. 舟曲2010年"8·8"特大泥石流灾害致灾因素. 山地学报，31（3）：349-355.

王浩，蔡文静，陆三福. 2016. 巴东黄土坡滑坡促使旧县城迁移. 西部探矿工程，（12）：5-8.

王培高，张华. 2001. 川藏公路102滑坡群形成机制及其稳定性分析. 公路，（12）：7-11.

王圣伟，邓创，刘友波，等. 2015. 四川电网环境地质灾害隐患统计分析与对策. 能源与环境，（6）：43-46.

王星，鲁胜力，周乐群. 2005. 滑坡泥石流灾害及其防治策略探讨. 水土保持研究，12（5）：138-145.

王星运，谭瑞山，尚义敏，等. 2013. 地质灾害对湖北电网安全运营的影响及治理研究. 路基工程，（6）：38-43.

王治华. 2007. 三峡水库区域镇滑坡分布及发育规律. 中国地质灾害与防治学报，18（3）：33-38.

王治华，郭大海，郑雄伟，等. 2011. 贵州2010年6月28日关岭滑坡遥感应急调查. 地学前缘，18（3）：310-316.

韦方强，高克昌，江玉红，等. 2015. 泥石流预报的原理与方法. 北京：科学出版社.

韦方强，谢洪，Lopez J L，等. 2000. 委内瑞拉1999年特大泥石流灾害. 山地学报，18（6）：580-582.

韦京莲，赵波，董桂芝. 1995. 北京山区泥石流降雨特征分析及降雨预报初探. 北京地质，（1）：10-17.

文科军，王礼先，谢宝元，等. 1998. 暴雨泥石流实时预报的研究. 北京林业大学学报，（6）：59-64.

伍法权，王学潮，国连杰，等. 2004. 南水北调西线一期工程区断层活动性及其对工程的影响分析. 岩石力学与工程学报，23（8）：1370-1374.

谢洪，刘世建，钟敦伦. 2001. 西部开发中的泥石流问题. 自然灾害学报，10（3）：44-50.

谢洪，韦方强，钟敦伦，等. 1997. 四川康定炉城镇山地灾害及防治对策. 中国地质灾害与防治学报，8（1）：83-88.

谢洪，钟敦伦，韦方强，等. 2006. 我国山区城镇泥石流灾害及其成因. 山地学报，24（1）：79-87.

许强，董秀军，邓茂林，等. 2010. 2010年7·27四川汉源二蛮山滑坡-碎屑流特征与成因机理研究. 工程地质学报，18（5）：609-622.

严福章，吴利华，苗胜昆. 2010. 二滩-自贡输电线凉山州段地质灾害分析与对策. 能源技术经济，22（1）：31-35.

殷跃平. 2004. 中国地质灾害减灾战略初步研究. 中国地质灾害与防治学报，15（2）：1-8.

殷跃平. 2013. 加强城镇化进程中地质灾害防治工作的思考. 中国地质灾害与防治学报，24（4）：1-4.

余仁福. 1995. 黄河龙羊峡工程近坝库岸滑坡涌浪及滑坡预警研究. 水力发电，（3）：14-16，37.

张成勇. 2010. 舟曲泥石流地质灾害形成原因分析. 甘肃水利水电技术，46（12）：44-46.

张敏，孟铭杰. 2009. 西气东输管线陕西省子长县永平镇段黄土滑坡形成机制与防治对策研究. 吉林水利，（2）：7-10.

张宗祜. 2005. 环境地质与地质灾害. 第四纪研究，25（1）：1-5.

中国科学院成都山地灾害与环境研究所. 1989. 泥石流研究与防治. 成都：四川科学技术出版社.

朱平一，罗德福，寇玉贞. 1997. 西藏古乡沟泥石流发展趋势. 山地研究，15（4）：296-299.

足立胜治，德山久仁夫，中筋章人，他. 1977. 土石流発生危険度の判定にフやて. 新砂防，30（3）：7-16.

Fraccarollo L, Papa M. 2000. Numerical simulation of real debris-flow events. Physics and Chemistry of the Earth, Part B: Hydrology, Oceans and Atmosphere, 25（9）：757-763.

Hübl J, Steinwendtner H. 2001. Two-dimensional simulation of two viscous debris flows in Austria. Physics and Chemistry of the Earth, Part C: Solar, Terrestrial & Planetary Science, 26（9）：639-644.

Iverson R M, Reid M E, LaHusen R G. 1997. Debris-flow mobilization from landslides. Annual Review of Earth and Planetary Sciences, 25：85-138.

Liu D L, Zhang S J, Yang H J, et al. 2016. Application and analysis of debris-flow early warning system in Wenchuan Earthquake-affected area. Natural Hazards and Earth System Sciences, 16（2）：483-496.

Wei F Q, Gao K C, Jiang Y H, et al. 2007. GIS-based prediction of debris flows and landslides in southwestern China//Chen C L, Major J J. Debris-Flow Hazards Mitigation: Mechanics, Prediction, and Assessment. Rotterdam: Mill Press: 479-490.

Wieczorek G F, Coe J A, Godt J W. 2003. Remote sensing of rainfall for debris flow hazard assessment//Rickenmann D, Chen C L. Debris-Flow Hazards: Mechanics Mitigation, Prediction, and Assessment. Rotterdam: Mill Press: 1257-1268.

Zhang S J, Yang H J, Wei F Q, et al. 2014. A model of debris flow forecast based on the water-soil coupling mechanism. Journal of Earth Science, 25（4）：757-763.

第四章 海洋灾害

第一节 海洋灾害发生发展及演变规律

海洋灾害，是指海洋自然环境发生异常或激烈变化，导致在海上或海岸发生的灾害。海洋灾害主要有风暴潮、灾害性海浪、海冰、海啸、赤潮和绿潮等，以及由于意外和不确定事故造成的海上溢油或者有毒有害污染物泄漏而引起海洋环境变化的海洋次生灾害。海洋灾害种类差别较大，有些是物理环境因素造成的，有些是生态环境因素造成的。本节将主要根据海洋灾害的种类阐述海洋灾害发生发展及演变规律。

一、风暴潮灾害

自 1989 年《中国海洋灾害公报》出版以来，其统计数据表明，风暴潮灾害造成的直接经济损失占全部海洋灾害造成的直接经济损失的 94%，是影响我国沿海地区最主要的灾害之一，已成为沿海地区经济发展的一个严重制约因素。风暴潮灾害损失严重的年份包括 1994 年、1996 年、1997 年、2005 年、2006 年和 2008 年（图 4.1）。

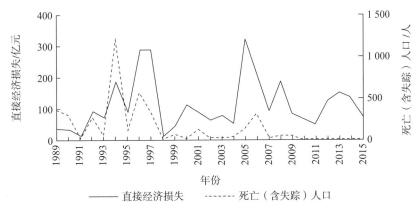

图 4.1　1989~2015 年中国近海风暴潮灾害损失时间序列

　　我国风暴潮灾害的分布几乎遍布各滨海地区，其中渤海、黄海沿岸主要以温带风暴潮灾害为主，偶有台风风暴潮灾害发生，东南沿海则主要是台风风暴潮灾害。风暴潮灾害常用危险性级别来划分，多发区主要集中在渤海湾至莱州湾沿岸（以温带风暴潮灾害为主）、江苏南部沿海到浙江北部（主要是长江口、杭州湾）、浙江温州到福建闽江口、广东汕头到珠江口、雷州半岛东岸到海南东北部（王喜年和叶琳，1989）。

　　由登陆或影响我国沿海的热带气旋引起的台风风暴潮，主要影响长江口及其以南沿岸地区，尤其以长江三角洲沿岸、浙江东南、福建闽江口及邻近地区、广东汕头至珠江口沿岸、雷州半岛东岸和海南北部沿岸等岸段受害最为严重。由冷暖空气活动引起的温带风暴潮则主要影响长江口以北的黄海、渤海沿岸地区，尤以渤海西岸和莱州湾沿岸受灾最为严重。温带风暴潮发生频次虽远远高于台风风暴潮，但其引发的潮灾次数明显较少（杨桂山，2000）。另外，也有研究发现（高建国，1982，1984），同一沿海地区的潮灾有准60年的间隔周期，这可从副热带高压平均位置的南北振动及西行台风年频数兴衰来解释。

　　从灾害损失看，浙江、福建和广东沿海为台风风暴潮损失高发区域，远远多于其他沿海省市，在各省损失中，浙江以20世纪90年代居多，21世纪前10年略少；福建则是21世纪前10年多于20世纪90年代，并且各年代间相差较大；广东从20世纪60年代起，各年代间损失次数相差不是很大，以21世纪前10年略多，其次是20世纪80年代和20世纪90年代。

　　台风风暴潮灾害的季节变化规律离不开热带气旋的季节变化规律（杨桂山，2000；叶琳和于福江，2002）。影响我国的热带气旋一年四季均有生成，但以7~10月为盛季，其中8~9月最多，约占生成的40%，同时登陆的热带风暴也多集中在7~9月。台风风暴潮灾害的多发季节与其是相对应的，每年的6~10月为频发期，发生频次可占全年总数的94%左右，其中又以8月、9月最多，约占全年的56%（图4.2）。

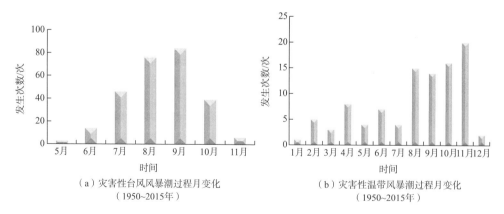

（a）灾害性台风风暴潮过程月变化　　　　　　　（b）灾害性温带风暴潮过程月变化
（1950~2015年）　　　　　　　　　　　　　（1950~2015年）

图4.2　风暴潮灾害季节变化
有一个以上验潮站出现达到黄色预警级别的高潮位，即统计为灾害性风暴潮过程

　　温带风暴潮灾害与诱发它们的温带灾害性天气系统密不可分。冷暖空气活动主要影响长江口以北的黄海、渤海沿岸地区，尤以渤海西岸和莱州湾沿岸受灾最重。每年的 4~11 月为频发期，可占全年总数的 82 %以上，其中又以 10 月、11 月最多，占全年总数的近 40%。据统计，中华人民共和国成立后 8 次较大的温带风暴潮灾害均发生在 4 月、10 月和 11 月。

　　天文大潮对风暴潮灾害的发生起着不可忽视的作用。我国沿海因南北跨度大，各海区年天文大潮的出现时间差异较大。每年的 7 月、8 月、9 月是渤海、黄海沿岸潮位较高的月份，而台风多在这 3 个月影响北方，因此北方风暴潮灾害大多出现在这一时期。东海沿岸大潮出现的时间后推一个月，通常在 8 月、9 月、10 月，而台风此时正活跃在东海，因此东海的大部分风暴潮灾害多发生在这 3 个月中。南海沿岸天文潮的月际变化不大且潮差小，每年影响南海的台风最多，时间最长，5~11 月均有台风登陆于此，因此即使是小潮期，台风引起的强风暴潮叠加在高潮上也会使沿岸受灾，所以南海遭灾的时间通常可达半年之久，风暴潮灾害也最多。

　　近 500 年史料统计的风暴潮灾害变化趋势表明（杨桂山，2000）：16 世纪为我国沿岸风暴潮灾害的相对多发期，平均每 10 年有记载的约 8.4 次，远多于 16~19 世纪 400 年中平均每 10 年的发生频次，其中 16 世纪前半期发生频次较高，平均每 10 年发生 9.2 次，多于 16~19 世纪每 10 年的平均约 1.6 次。17 世纪，风暴潮灾害发生频次有所减少，平均每 10 年仅 7.2 次，少于 16~19 世纪每 10 年的平均频次，其中 17 世纪后半期每 10 年仅有 6.8 次，比 16~19 世纪每 10 年的平均少近 1 次。18 世纪又为我国沿岸风暴潮灾害的相对多发期，每 10 年平均发生 8 次左右，多于 16~19 世纪每 10 年的平均频次。随后的 19 世纪又是风暴潮灾害相对少发期，每 10 年平均仅发生 6.6 次，约比 16~19 世纪每十年平均少 1 次。珠江、长江和黄河三角洲及邻近地区潮灾发生频次的变化也与此相近，均是 16 世纪和 18 世纪偏多，而 17 世纪和 19 世纪偏少。

　　近 50 年的观测资料表明：由热带气旋登陆或影响引起的台风风暴潮灾害，20 世纪 50 年代后期至 60 年代中期、70 年代初期、80 年代中期至 90 年代初期及 21 世纪前十年后期明显偏多；50 年代中期、60 年代后期、70 年代中期、80 年代初期及 90 年代中后期明显偏少。由温带气旋引起的温带风暴潮灾害，50 年代后期至 60 年代中期、70 年代初期、70 年代中后期至 80 年代初期、90 年代中后期至 21 世纪前十年初期及中后期偏多；50 年代初中期、60 年代后期至 70 年代中期、80 年代中期、90 年代初中期偏少，其中 21 世纪前十年中后期呈显著增加的趋势。总的风暴潮灾害在 2000~2009 年发生频次有显著增加的趋势。

　　近 50 年历史潮灾史料和近 50 年风暴潮观测记录研究均表明，平均气温较高的偏暖时段，中国沿海的风暴潮灾害，尤其是台风风暴潮灾害的发生频次较平均气温较低的偏冷时段显著偏多。5 年滑动平均的台风风暴潮灾害发生频次与登陆热带气旋频次之间有着极好的非线性相关关系。因此未来全球变暖背景下，登陆及影响中国热带气旋频次的增加和相对海平面的上升，将导致风暴潮灾害呈加重的趋势。

二、海浪灾害

一般地，我们称有效波高大于等于 4 米的海浪为灾害性海浪。中国近海及临近海域位于欧亚大陆东南岸并与太平洋相通，受到世界上最大的陆地和最大的海洋的共同影响，南北冷暖气流异常活跃。冬季受西伯利亚、蒙古等地冷空气影响，春、秋季受温带气旋的影响，夏季受台风影响。中国近海是世界上海浪灾害发生最频繁的地区之一（许富祥，1996，1998）。

据统计，1968 年至 2015 年波高大于等于 4 米的灾害性海浪过程发生次数多年平均值为 42.2 次。其中温带天气系统产生的灾害性海浪过程的多年平均值为27.1 次，占 64%；灾害性台风浪过程的多年平均值为 15.1 次，占 36%。中国近海灾害性冷空气气旋浪出现次数有明显的年际变化特征。从 20 世纪 90 年代开始，其年际变化周期为 5 年左右。其中 2007 年以来的冷空气及气旋等温带天气系统产生的灾害性海浪的次数均小于多年平均值，2009 年到达低谷以后，最近几年呈现缓慢上升趋势。而灾害性台风浪出现次数的年际变化呈现较好的周期性，从有记录以来到现在，基本维持在 5 年左右的变化周期。但 1995 年到现在，其变化周期有减小的趋势。

东海、台湾海峡和南海是中国近海灾害性海浪出现频率最高的海区，年平均出现天数在 50 天以上，黄海次之。渤海是灾害性海浪出现频率最低的区域。东海、台湾海峡和南海不仅是灾害性台风浪的高发地，冬季也频受灾害性冷空气的影响。渤海和黄海则主要受灾害性冷空气的影响，灾害性台风浪的出现频率较低。中国近海 12 月出现 4 米以上的灾害性海浪天数最多，各海区累计出现天数为 46 天，11 月次之。灾害性台风浪主要集中在 6~11 月，其中 7~10 月是灾害性台风浪出现频率最高的月份，每月各海区灾害性台风浪的累计出现天数均在 10 天以上。而灾害性冷空气和气旋浪过程则主要出现在冬半年，11 月到第二年的 2 月是出现频率最高的月份。

三、海冰灾害

黄海、渤海地处中纬度季风气候带，是全球纬度最低的结冰海域之一。渤海及黄海北部冬季每年均会出现海冰，每年冰情差别较大，对海上生产活动构成威胁，冰情严重时甚至酿成严重灾害（白珊等，1999；刘钦政等，2003；唐茂宁等，2012）。

舰船和港口等受海冰危害的形式大致有以下几种：①封锁港口、航道；②堵塞舰船海底门；③迫使锚泊船舶走锚；④挤压损坏舰船；⑤破坏海洋工程建筑物和各种海上设施；⑥使渔民休渔；⑦船舶积冰（包澄澜，1991）。海冰的危害不仅能损毁舰船、石油平台等，造成严重的经济损失，甚至危及人民群众的生命安全。渤海及黄海北部海冰灾害比较频繁。根据资料，严重和比较严重的海冰灾害大致每五年发生一次，而局部海区海冰灾害几乎年年都有发生。

渤海、黄海结冰区域通常分为辽东湾、渤海湾、莱州湾及黄海北部四个区域。

1. 辽东湾海冰时空分布特点

在常冰年，辽东湾的浮冰最大外缘线离湾底的垂直距离为 60~80 海里[①]，冰型以灰冰和灰白冰为主，间有莲叶冰和尼罗冰。平整冰厚度一般为 20~30 厘米，最大为 50 厘米左右。秦皇岛附近海域浮冰最大外缘线离临近海岸的垂直距离为 5~10 海里，冰型以莲叶冰和尼罗冰为主，间有灰冰和冰皮。平整冰厚度一般为 5~10 厘米，最大为 20 厘米左右。复州角至长兴岛海域浮冰外缘线离临近海岸的垂直距离为 5~10 海里，冰型以莲叶冰和尼罗冰为主，间有灰冰和冰皮。平整冰厚度一般为 5~15 厘米，最大为 30 厘米左右。辽东湾北部鲅鱼圈至葫芦岛以北海域大部分岸段的沿岸固定冰宽度在 3 000~8 000 米，其中河口及浅滩附近可达 1 万米以上。平整固定冰厚度一般在 40~60 厘米，最大可达 100 厘米左右。堆积高度一般在 2~3 米，最大可达 6 米左右。浮冰冰型主要为灰白冰和灰冰，间有莲叶冰和白冰。平整冰厚度一般为 25~35 厘米，最大可达 50 厘米以上。

2. 渤海湾海冰时空分布特点

在常冰年，渤海湾浮冰最大外缘线离西岸 15~25 海里，大致沿 10~15 米等深线分布。浮冰冰型主要为莲叶冰和尼罗冰，间有灰冰和初生冰。平整冰厚度一般为 10~20 厘米，最大达 30 厘米左右。沿岸固定冰主要分布在河北省曹妃甸至山东省老黄河口以西的河口和浅滩附近，沿岸固定冰宽度一般为 1 000~2 000 米，最大可达 4 500 米以上。固定冰厚度一般为 20~30 厘米，最大达 50 厘米左右。堆积高度一般为 1~2 米，最大可达 3 米左右。

3. 莱州湾海冰时空分布特点

在常冰年，莱州湾的浮冰最大外缘线离西岸和湾底（南岸）15~25 海里，大致沿 10 米等深线分布。冰型主要为尼罗冰和莲叶冰，间有灰冰和冰皮。平整冰厚度一般在 8~15 厘米，最大达 25 厘米左右。沿岸固定冰主要分布在湾底（南岸）

---

① 1 海里=1.852 千米。

和西岸的浅滩河口附近。其冰型主要为搁浅冰和沿岸冰。

盛冰期，沿岸固定冰宽度一般为 1 000~2 000 米，最大为 4 000 米左右。固定冰厚度一般为 20~30 厘米，最大为 60 厘米左右，大多由 3 层以上的平整冰冻结而成。

4. 黄海北部海冰时空分布特点

盛冰期，鸭绿江口附近海域浮冰最大外缘线离北岸 20~30 海里，冰厚一般为 20~30 厘米，最大达 50 厘米左右。海冰类型主要为灰冰和莲叶冰，间有冰皮和尼罗冰；大鹿岛附近海域离岸 10~20 海里，平整冰厚度一般为 10~20 厘米，最大达 35 厘米左右，冰型主要为莲叶冰和冰皮，间有尼罗冰和灰冰。

鸭绿江口至大洋河口一带，沿岸固定冰宽度在 2 000~4 000 米，固定冰厚度一般为 20~30 厘米，最大达 50 厘米左右，固定冰堆积高度一般为 1~2 米。总体来讲，鸭绿江口以东附近海域冰情最重，这里滩大水浅，海水的温度和盐度较低，容易结冰。鸭绿江口以西，浮冰外缘线逐渐由宽变窄，海冰大致沿着 15 米等深线分布至长山群岛以西 10 海里左右。

为了向海冰监测、预报和研究及生产部门提供分析和比较各年冰情的标准，国家海洋局结合 1963~1973 年海冰连续观测资料，参考近百年气温资料和历史海冰资料等，以海冰范围和厚度为指标，于 1973 年将渤海和黄海北部的冰情划分为冰情轻年（1 级）、偏轻年（2 级）、常年（3 级）、偏重年（4 级）和重年（5 级）共 5 个等级。

图 4.3 为渤海、黄海冰情等级年代际变化图，20 世纪 50~90 年代渤海及黄海北部冰情总体呈缓解趋势。五六十年代冰情最严重，90 年代冰情最轻。2001~2010 年冰情较 20 世纪 90 年代严重。

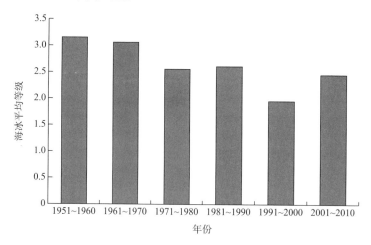

图 4.3　渤海、黄海冰情等级年代际变化图

渤海、黄海海冰发生发展及演变主要是对渤海、黄海局地气候的响应，以大连1~2月的平均气温为例，在1951~2010年共60年的前后各30个年度（1951~1980年和1981~2010年）冬季中，1981~2010年冬季较1951~1980年冬季平均气温上升了1.6℃，升温比较显著，特别是20世纪90年代以来，升温更剧烈。渤海、黄海冬季气温年际变化明显。受渤海、黄海气候变暖影响，在1951~2010年共60年冬季中，后30年较前30年渤海、黄海冰情等级下降了0.6级（刘煜等，2013）。这是这60年海冰变化的最基本事实。这个事实正说明，半个多世纪以来渤海、黄海海冰的变化与全球和东亚地区气候变暖趋势完全一致。

渤海、黄海冰情年际变化特征明显，刘钦政等（2004）利用信噪比的方法分析了1932~2001年的冰级资料，发现海冰变化具有突变特征，1973年以前为重冰年多发阶段，1973年以后以轻冰年为主。2015年郑冬梅等（2015）利用滑动平均t检验法也得出相似的结论，渤海冰情在1972年前后发生了一次由重到轻的气候跃变。此外，白珊等（2001）对1953~2000年冬季渤海、北黄海冰情进行谱分析，认为渤海海冰存在9.6年、2.7年和4.4年的主周期，北黄海海冰的主周期为9.6年、4.4年和3.2年。在渤海冰情年际变化影响因子方面的研究很多，涉及厄尔尼诺–南方涛动（El Niño Southern Oscillation，ENSO）、太平洋年代际涛动（Pacific Decadal Oscillation，PDO）、北极涛动、北极海冰等各个方面，但仍然无法满足海冰预报的需要，其影响机制还需要继续研究。

四、赤潮灾害

赤潮是一种复杂的生态异常现象，发生的原因也比较复杂。赤潮多发于每年4~9月，发生于近海沿岸或半封闭的海域内，是海洋生物、营养物质、各种自然环境条件等内、外部因素综合作用的结果（全先庆和曹善东，2002）。

由于我国海域南北跨纬度较广，兼有北温带、亚热带和热带三个气候带，自然地理差异大，我国近海赤潮呈现出鲜明的季节变化特征。据统计分析，我国赤潮的高发期由南向北依次出现。即南海海域每年的1月就有赤潮发生，东海海域从4月开始步入赤潮的高发期，进入5月，渤海、黄海海域的赤潮事件开始集中暴发。全海区赤潮高发期集中在4~10月，5月达到极大值。赤潮暴发面积最广的月份为5月和6月，月均暴发面积在5 000平方千米以上，大面积赤潮事件主要发生在渤海、黄海和东海海域，南海主要以小面积赤潮为主；渤海、黄海赤潮频发期集中在5~10月，6月和8月是该海区赤潮频次最高的月份；东海区赤潮频发期集中在4~9月，5月和6月是东海赤潮暴发最旺盛的季节，此外东海是我国赤潮灾害重灾区，其发生频率最高、暴发规模最广；南海区赤潮各月发生的频次较为平均（何恩业等，2015）。

　　赤潮发生的内因是海水中存在赤潮生物，赤潮生物除少数属于细菌和原生动物外，绝大部分属于浮游微藻类。在世界各地已报道的 4 000 多种微藻中引发赤潮的种类有 337 种，约占种类总数的 8%，其中以甲藻类最多，有 184 种，占赤潮生物总种数的 55%左右。已知能产生毒素的赤潮藻约有 76 种，其中有毒甲藻 57 种，占有毒赤潮种类总数的 75%，甲藻是重要的浮游植物类群，是形成赤潮灾害的主要门类（王红霞等，2012）。春季出现的赤潮主要是由硅藻引起的，秋季出现的赤潮多数由甲藻引起。赤潮种群之间也存在相互竞争，有些藻种可以产生一些生物活性物质，抑制其他藻种的生长，从而使自己的优势得到维持，这种作用即属于他感作用。他感作用对于生长较慢的微藻占据优势尤为重要。赤潮生物自身具有的生物学特征，如生活周期、增殖率和孢囊形成与萌发等也决定着赤潮发生的周期性和赤潮的持续性（华泽爱，1994）。

　　水体富营养化为赤潮的发生创造了条件，化学因素在赤潮发生、发展和消亡的过程中具有重要作用。研究化学因素在赤潮生消过程中的作用对揭示赤潮暴发机制、预防和控制有害赤潮具有重要意义（Tilman，1982；Sorokin et al.，1996；贺鸿志等，2008）。海水富营养化①是赤潮发生的物质基础和首要条件。氮、磷等营养性物质输入流速小、自净能力差的近海海域，会造成水体富营养化，导致海洋浮游藻类疯狂指数增殖引起赤潮发生、有机质增加和水体缺氧等现象（Hodgkiss and Ho，1997；Egge，1998；Leong and Taguchi，2004）。海湾、河口等近岸浅海水域及内湾、港区、增养殖水域是渔业生产的重要场所，是鱼类的产卵场、繁育场和增养殖区域，也是陆源污染物的纳污区，水体交换能力差，海水利用率高，封闭性强，水体循环速度慢，使水体富营养化比较严重，是赤潮生物滋生繁衍的优良环境，是赤潮的多发区、易发区。当水体中氮、磷等营养性物质及铁、锰、硒等微量元素的增加超过了水体的自净能力时，在合适的水温、盐度、气候条件下，便会引起藻类及其他浮游生物的迅速繁殖（Macstrini et al.，1997；全先庆和曹善东，2002）。铁参与藻类叶绿素合成、电子传递和氮素同化等过程。低浓度铁限制赤潮藻类的生长（de Baar et al.，1995；Maldonado et al.，2002）。锰在藻类光合作用中具有关键作用，外海溶解锰的浓度很低，也常成为浮游植物生长的限制因子（梁舜华和张红标，1993）。赤潮监测结果表明，赤潮发生海域的水体均已遭到严重污染，呈富营养化状态，氮、磷等营养性物质大大超标。工业废水中含有某些金属化合物可以刺激赤潮生物的增殖，在海水中加入小于 3 毫克/分米^3 的铁螯合剂和小于 2 毫克/分米^3 的锰螯合剂，可使赤潮生物卵甲藻和真甲藻达到最高增殖率，相反，在没有铁、锰元素的海水中，即使在最适合的温度、盐度、pH 和

---

　　① 根据营养状态指数式，当耗氧有机物[化学需要量（毫克/升）×无机氮（微克/升）×无机磷（微克/升）]÷4 500≥1 时，则为富营养化。

基本的营养条件下也不会增加种群的密度（王长江，2005）。另外，一些有机物质也会促使赤潮生物急剧增殖，如用无机营养盐培养简裸甲藻，生长不明显，但加入酵母提取液时，则生长显著，加入土壤浸出液和维生素 B12 时，光亮裸甲藻生长特别好（林元烧，1994）。溶解有机氮也是赤潮藻的重要氮源。研究表明，尸胺、腐胺和去亚精胺促进微小亚历山大藻（Alexandrium Minutum）的生长（贺鸿志等，2008）。Stolte 等（2002）研究则发现，河流水体中的高分子溶解含氮有机物也能被塔玛亚历山大藻（Alexandrium Tamarense）作为氮源有效利用。我国近岸海域海水污染依然严重，主要污染区域分布在黄海北部近岸、辽东湾、渤海湾、江苏沿岸、长江口、杭州湾、浙江北部近岸、珠江口等海域。近岸海域主要污染物质是无机氮、活性磷酸盐和石油类。由此可见，加强海洋环境保护，切实控制沿海废水废物的入海量，特别要控制氮、磷和其他有机物的排放量，避免海区的富营养化，是防范赤潮发生的一项根本措施。

　　水文气象和海水理化因子的变化是赤潮发生的重要原因。水温、盐度、光强、pH、水体透光度、溶解氧、降水及水流条件等均为影响赤潮发生的重要因素或辅助条件（全先庆和曹善东，2002）。不同环境因子对赤潮发生的影响程度不同，同一环境因子在赤潮发生中所起的作用也不尽相同。赤潮高发期，较高的水温、较强的光照成为诱发赤潮生物迅速生长繁殖的主要条件；相同条件下，不同盐度的海水形成的锋面处更容易引发赤潮。研究表明：20~30℃是赤潮发生的适宜温度范围，科学家发现一周内水温突然升高大于 2℃是赤潮发生的先兆。盐度在26‰~37‰的范围内均有发生赤潮的可能。此外，温度跃层和盐度跃层的存在也有利于赤潮生物聚集，易诱发赤潮。赤潮生物是一种单细胞动物，缺乏发达的运动器官，没有或仅有微弱的游泳能力，悬浮在水层中常随水流移动，在风力适当、风向适宜的情况下，水体运动可将赤潮生物聚集到适合其生长繁殖的水域（王旭等，2001）。对一些赤潮类型来说，海洋物理过程起着支配作用，水动力是控制海洋赤潮发生的主要因子，如海岸生态系统的大规模平流和输送现象，决定着赤潮藻类的集聚和输送的物理行为（叶属峰等，2004）。径流、涌升流、水团或海流的交汇作用，使海底层营养盐上升到水上层，造成沿海水域高度富营养化。营养盐类含量急剧上升，引起硅藻的大量繁殖。这些硅藻过盛，特别是中肋骨条藻的密集常常引起赤潮。这些硅藻类又为夜光藻提供了丰富的饵料，促使夜光藻急剧增殖，从而又形成粉红色的夜光藻赤潮。监测资料表明，在赤潮发生时，水域多为干旱少雨，天气闷热，水温偏高，风力较弱或者潮流缓慢等环境。对近 10 年来东海赤潮暴发过程的研究分析表明，当海上生物、化学条件具备时，一次稳定的由气旋入海，经强度不大的冷空气演变为高压控制的天气转折过程，往往是赤潮从酝酿到暴发所需的天气过程。近年来，ENSO、温室效应等大范围、长时间的异常气候现象既促进了藻类传播，也提供了适宜的水温、盐度，从而导致了我国近海赤潮的频繁发生。

五、绿潮灾害

绿潮是世界沿海各国普遍发生的海洋生态异常现象，多数是石莼属（*Ulva*）大型绿藻种类脱离固着基，形成漂浮增殖群体所致，会对沿海环境造成严重的危害（于波等，2012）。浒苔（*Ulva prolifera*）属于绿藻门（Chlorophyta）、绿藻纲（Chlorphyceae）、石莼目（Ulvales）、石莼科（Ulvaceae）、石莼属（*Ulva*）（曾呈奎等，1962；张学成等，2005；王浩东等，2012），广泛地分布于低潮区的滩涂、泥沼、沙砾及岩滩中，且全年可生长。

近年来，我国绿潮大面积暴发的时间基本相似，可分为绿潮暴发期、持续期和消亡期。进入5月，随着江苏附近海域表层海温升高，达到绿潮藻种生长繁殖的适宜温度，绿潮浒苔在适宜的条件下生长速度加快，最初在盐城附近海域卫星遥感监测显示有小面积绿潮发生，绿潮覆盖面积和分布面积呈波动增大趋势，在海流和风的作用下向偏北方向漂移，至5月中下旬，绿潮大规模暴发。

绿潮藻体在水文气象条件适宜的情况下持续生长，随着风场和流场的共同作用处于动态的分布变化中，也会不断生长聚集从而形成不同规模的浒苔斑块。6月开始，黄海海面维持偏南风流场，在风应力作用下产生了西北向表层海流，大量浒苔顺着海流边生长边漂移至江苏北部海州湾海岸附近，并在连云港、青岛、烟台等地大规模登陆。7月继续向偏北方向漂移至山东半岛近海处，并有部分登陆。

进入8月，因海水温度上升、营养盐含量降低及其他环境因子的改变，漂浮绿潮藻体逐渐衰老，同时光合作用速率降低，促使藻体浮力发生改变，由海面漂浮变成悬浮或沉降到海底。随着海域环境逐渐不适宜绿潮生长，藻体生物量不断下降，一般到8月中上旬已监测不到大面积绿潮。

浒苔属广温、广盐、低辐照适应、耐酸和微嗜碱的海藻，自然环境适应能力强，在富营养的条件下生长十分迅速。浒苔的繁殖方式多样，具有有性繁殖、无性繁殖两种类型，包括孢子生殖、营养生殖和配子生殖三种方式，其中营养生殖即藻体可断裂形成新藻体或可由藻体上的单个细胞发育成新藻体，这使得浒苔藻类可以在短时间内大量增殖，有报道认为浒苔营养繁殖的生长特性是其在自然海区几乎每年可见的原因之一（刘英霞等，2009）。

了解浒苔对营养盐的需求和不同营养盐条件下浒苔的生长速率，可以为绿潮的监测和治理提供参考。忻丁豪等（2009）通过实验指出当培养水体中的氮：磷为10∶1时，最适宜浒苔藻体的生长。李瑞香等（2009）研究了营养盐中氮、磷元素对浒苔生长的影响，结果显示：不添加营养的对照组，浒苔平均相对增长率为 3.85%/天；添加 10 微摩尔/升和 50 微摩尔/升的两个加氮组，浒苔平均相对增长率分别为 6.31%/天和 6.32%/天；添加 1 微摩尔/升的加磷组，浒苔平均相对增长率低于加氮组，为 5.79%/天；同时加 20 微摩尔/升浓度的氮和 1 微摩尔/升浓度的磷组，平均相对增长率与单加氮的实验组差别不明显。其中浒苔的平均相对增长率最高的情况，出现在同时加氮、磷和微量元素的条件下。另外，实验还表明：微量元素，如铁、锰等，可明显促进浒苔的生长与繁殖。

有研究发现高浓度二氧化碳对浒苔藻类的生长也有一定促进作用，邹定辉和陈雄文（2002）通过对条浒苔培养发现：当密度较高的藻体在培养瓶中生长时通入高浓度二氧化碳空气，藻体相对生长速率明显大于通入正常空气时海藻的生长速率；而在培养瓶中对条浒苔进行低密度培养时，高浓度二氧化碳培养条件对藻体的相对生长速率的影响也减小。

吴洪喜等（2000）研究得出：浒苔孢子体生长的最适水温为 15~25℃，最适盐度范围为 20.2‰~26.9‰，最适 pH 为 7~9，最适光照强度是 5 000~6 000 勒克斯。王建伟等（2007）的研究得出：浒苔配子体在盐度为 24‰、温度为 25℃、光照强度为 72 微摩尔/（平方米·秒）、pH=8 的条件下达到最大生长量。王阳阳等（2010）还研究了低温、低光照强度对扁浒苔生长的影响，发现扁浒苔在温度为 5℃、光照强度为 4 微摩尔/（平方米·秒）条件下，仍然可保持 4.32%/天的特定生长率，表明扁浒苔对低温和弱光具有一定耐受性，且温度和光照共同对扁浒苔的生长产生影响，在实验范围内温度和光照强度越高，扁浒苔生长越快，最大光量子产量也随之提高。李德等（2009）研究指出高的光照强度反而不利于浒苔藻类的生长，认为缘管浒苔最适生长温度为 25℃，最适生长盐度范围为 20‰~27‰，最适生长光照强度为 5 000 勒克斯。

六、海水缺氧

海洋中的溶解氧是重要的生源要素参数，也是海洋生态系统得以维持发展的关键因子。近几十年来，受人类活动的影响，大量的污染物排入近岸海域，造成水体富营养化逐年加剧，致使近岸底层水体缺氧现象也呈不断上升趋势。通常定义水体中的溶解氧浓度 < 2.0 毫克/升为缺氧状态（Renaud，1986），当水体中溶解氧的浓度 < 2.0 毫克/升时，海洋中大部分水生生物将面临死亡，海底拖曳无法捕捉到鱼虾种群。

美国关于缺氧区的最早记录是 1972 年在墨西哥湾到密西西比河出海口近岸海区发现的缺氧区。直到今天，墨西哥湾到密西西比河出海口一带仍是全球面积最大、程度最严重的缺氧区之一。Conley 等（2009）发现波罗的海最早出现缺氧区是 20 世纪 60 年代，其 1991~2000 年缺氧区年均面积为 49 000 平方千米。地中海海湾从 1987 年开始出现缺氧，近几年缺氧现象愈发严重，导致大量海洋生物死亡（Kountoura and Zacharias，2011）。长江口外缺氧区最早发现于 1959 年，近年来随着全球变暖和污染物排放的增加，长江口外底层水体的缺氧现象日益严重（Gu，1980）。1999 年夏季的调查显示，长江口外存在一处面积高达 13 700 平方千米的缺氧区域，氧亏损总量高达 1.59×10^6 吨（李道季等，2002）。夏季，在我国珠江口外海域亦发现有底层水体缺氧现象，1985 年的调查发现珠江口缺氧区主要位于横琴岛和高栏岛附近水域，底层溶解氧含量最低为 1.76 毫克/升，此后，珠江口底层缺氧区面积不断增大（林洪瑛等，2001）。王丽芳等（2007）于 2005 年冬季和夏季的两次调查发现，珠江口上游广州河段的底层溶解氧浓度值分别为 3.09 毫克/升和 1.21 毫克/升，在广州附近水域底层溶解氧浓度最低值分别为 0.48 毫克/升和 0.21 毫克/升。研究表明，全球出现缺氧现象的海域数目呈快速增多的趋势，2004 年全球海洋已知出现"缺氧区"的海区数目共有 149 个，2006 年低氧区数目已达到 200 个，统计显示，2008 年全球海洋出现缺氧现象的海域已经多达 400 多个（Diaz and Rosenberg，2008），比 2006 年数量多一倍。至今，低氧区数量已超过 550 个。众多调查发现，全球缺氧现象主要发生的位置包括南美西海岸、北美东海岸、印度洋北部沿岸、中国东海岸、黑海、地中海、波罗的海等近岸海域。这些海岸带区域人口密集，农业和养殖业发达，这印证了人类活动对缺氧区的形成有着不可推卸的责任。

图 4.4 给出了 1959~2011 年长江口外缺氧区面积及最低溶解氧含量的变化情况，可以看出，1959~2011 年缺氧区的最低溶解氧含量没有明显的降低或增加的趋势。因此，总的来说，1959~2011 年长江口外缺氧区范围不断扩大，缺氧程度也是日益加重。历年观测到的长江口外缺氧区中心位置分布在长江口外凹槽中，在 20~55 米的海域。总体来看，长江口外缺氧区中心位置的分布与长江口外凹槽的走势十分相似。

缺氧的形成与演变规律可以分为生物化学机制和物理机制，从生物化学机制来看，海洋缺氧现象的形成是一个复杂的过程，是物理和生物化学共同作用的结果，受温度、盐度、水交换能力、浮游生物数量及耗氧有机物等诸多因素的影响。河口海岸区域的缺氧研究均指出：河口区域，夏季温度适宜，河流带来的陆源营养盐等物质使得河口区的浮游植物生长旺盛，初级生产力增加，浮游植物通过光合作用产生的氧气也随之增加，与此同时，大量繁殖的浮游植物通过呼吸作用的耗氧量也对应增加；另外，大量陆源溶解态有机物会直接在水体中分解消耗溶解氧，颗粒态有机物中有一部分在细菌等微生物作用下转化为溶解态有机物消耗溶解氧，另一部分难分解的在输运过程中沉降，发生复杂矿化反应，大量消耗溶解氧。近几十年来，随着人为排污加剧，缺氧事件频发，很多研究认为造成水体缺

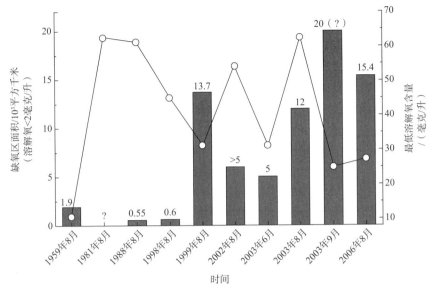

图 4.4 1959~2011 年长江口外缺氧区面积及最低溶解氧含量的变化情况

图中? 表示数据采集情况不确定或者数值准确性不完全确定的情况

资料来源：Zhu 等（2011）

氧重要的"原始驱动力"是水体富营养化。水体富营养化会引起浮游植物暴发性繁殖，大量的植物残体沉降到水体底层，分解消耗大量溶解氧，加剧缺氧状态。对墨西哥湾北部低氧现象进行数值模拟发现，如果密西西比河营养物质总量下降 30%，低氧发生频率就会减少 37%（Justić et al.，2003）。

缺氧现象除了受生物和化学过程影响之外，物理因素在缺氧现象的形成、维持和破坏中也起着重要作用。径流冲淡水、上升流、风、气候变暖对海洋缺氧现象有着重要的影响。径流冲淡水不但可以携带大量陆源有机物，而且可以在河口区形成温盐跃层，限制表层和底层的水体交换。夏季大量径流冲淡水向外扩散，高温低盐的淡水浮在低温高盐的海水上面，咸淡水交界处有着明显的密度差异，一方面，形成温度跃层和盐度跃层，阻碍了表层溶解氧的补充；另一方面，形成锋面，如同一堵墙，阻碍营养物质和颗粒物质的运输，使其在锋面所处位置附近大量沉降。近几十年来美国墨西哥北部湾缺氧现象越来越严重，这与密西西比河、阿查法拉亚河近 50 年来的营养盐通量成数倍增长有着密切的关系（Rabalais et al.，2002）。陆架浅海上升流，一方面，携带外源性低溶解氧入侵，使溶解氧背景值相对偏低，更易发生缺氧现象；另一方面，使底层富含营养盐的水体上升，加剧富营养化并促使藻华暴发，植物残体沉降从而增加底层有机碎屑，其分解需要消耗更多溶解氧。春、夏季，在强烈的南风及西南季风作用下，秘鲁-智利陆架处的高硝酸盐、缺氧的赤道次表层水涌升，使得真光层富营养化，浮游植物生长旺盛，植物呼吸作用增强消耗溶解氧，随后出现缺氧现象（Farías and Cornejo，2007）。风场强弱也影响缺氧现象的发生和发展，风速增加有利于增强水体的垂向混合过程，打破水体层化，促进溶解氧的垂向交换，破坏水体底层缺氧的形成。在路易斯安那州西北部的得克萨斯陆架处，热带风暴使得底层的沉积物再悬浮，降解消耗大量的溶解氧，Justić 和 Wang（2014）通过数值模拟发现，热带风暴过后，得克萨斯陆架底层的溶解氧消耗速度达到 0.5 毫克/天，一周后开始出现缺氧现象。全球变暖，导致海水温度升高，温度与氧的溶解度呈显著负相关，温度越高，氧的溶解度越低，从而使得通过海气交换进入缺氧区表层的溶解氧降低，限制了缺氧区溶解氧的有效补充。此外，温度升高，生物的呼吸作用增强，耗氧量增加。Keeling 等（2010）通过海洋模型研究预测表明，到 22 世纪，全球溶解氧的含量将下降 1%~7%，并且溶解氧的含量在未来的一千年里将持续下降。

可见，生化过程和物理过程共同控制着海洋中溶解氧的变化，缺氧现象是这两大过程相互作用的结果。纵观这些缺氧事件，尽管具体发生时间、地点、生物地理环境不同，但相互之间有共同的特征，海洋水体底层缺氧是由水体层化和有机物的生物氧化过程中大量耗氧共同作用形成的。

七、海上溢油

随着我国海洋运输、海上资源开发的快速发展，海上船舶和油气田溢油等海洋污染事件已成为影响我国海洋环境的重要因素。从 1976 年到 2002 年，我国沿海平均每 4 天发生一起溢油事故。其中，溢油量在 50 吨以上的重大溢油事故 53 起，总溢油量达 29 754 吨（谈杰，2003）。原国家海洋局统计称仅 1998 年至 2008 年，我国管辖海域就发生了 700 多起船舶污染事故，平均每年发生 60 多起，平均每起污染事故溢油量 530 多吨。按照国际海事组织（International Maritime Organization，IMO）MARPOL 73/78 附则 I 的 1991 年修订案规定的标准"溢油量 50 吨及其以上为重大污染事故"，其中发生重大溢油事故共 69 起，总溢油量 3.7 万多吨。值得注意的是，近几年来我国重大污染事故数量显著增长，自 1994 年以来，重大溢油事故每年增加至 5~7 起。1999 年 3 月发生在珠江口的"闽燃供 2"轮与"东海 209"油轮的碰撞事故造成"闽燃供 2"轮溢出重油 580 多吨，使珠海市养殖场、风景旅游区、红树林等环境资源遭受严重损害，受污染的海域面积达到 300 多平方千米。2002 年 11 月 23 日，马耳他籍油轮"塔斯曼海"与中国籍"顺凯 1 号"轮相撞，约 200 吨原油泄漏。2004 年 12 月 7 日，巴拿马籍集装箱船"现代促进"轮与德国"MSC 伊伦娜"在珠江口附近海域碰撞，数百吨燃油溢出。2005 年 4 月 3 日，葡萄牙籍油轮"阿提哥"在进入大连新港时意外触礁，导致数百吨原油泄漏。2009 年 9 月，因台风"巨爵"而在广东省珠海市高栏港搁浅漏油的巴

拿马货轮"圣狄"，足足耗时两个多月，才将污染风险降低至最小限度。2010 年 7
月 16 日中石油大连大孤山新港码头储油罐输油管线发生起火爆炸事故，约 1 500
吨原油进入海洋，大连海域受到严重污染，中国海监船 19 日 13 时 30 分最新监
视结果显示，受污染海域约 430 平方千米，其中重度污染海域约为 12 平方千米，
一般污染海域约为 52 平方千米。事故造成当地海域的生态危害持续 10 年。2011
年 6 月 4 日，康菲石油公司蓬莱 19-3 油田发生溢油泄漏，国家海洋局 7 月 5 日表
示，蓬莱 19-3 油田溢油事故已形成劣四类海水面积 840 平方千米，此次溢油事故
会给渤海生态系统造成长期影响。2012 年 5 月 18 日夜间 8 点，一艘加油船在吴
淞口附近水域沉没，燃料油泄漏 11 吨。事发位置与上海市主要的集中式饮用水源
地青草沙水库等敏感目标相距较近，使城市供水和海岸线生态环境存在一定风险。
2012 年 6 月 25 日夜间至 26 日凌晨，荷属安的列斯籍出港船"密斯姆"轮在南槽
航道 S10 灯浮南侧与一进港船碰撞，致"密斯姆"轮左舷船体破损，船上约有 60
吨燃料油流入长江口水域。事发位置紧靠上海九段沙湿地国家级自然保护区，溢
油对九段沙湿地自然保护区等生态敏感点及沿海岸线生态环境构成极大威胁。
2012 年 12 月 30 日下午，长江口上游江苏常熟白茆沙水域一艘装载有 400 吨重油
的船只沉没，发生溢油事件。受潮汐作用，12 月 31 日上午溢油开始影响崇明岛，
对崇头至南鸽水闸的滩涂、水域造成了严重污染。经统计，崇明县仅滩涂严重污
染面积达 2 300 多亩（东西长约 18 千米），受污染最为严重的是崇西水闸至新建
水闸区域滩涂，长度超过 8 千米。2013 年 3 月 19 日许，英国籍集装箱船"达飞
佛罗里达"轮（长 284.2 米，总吨 54 309，由洋山港驶往釜山港）与巴拿马籍散
货船"舟山"轮（长 289 米，总吨 91 166，空载，目的港澳大利亚）在长江口灯
船东北约 124 海里处发生碰撞，造成"达飞佛罗里达"轮船舶进水，有燃油泄漏。
事故发生后有接近 500 吨 IFO 180（重质柴油）泄漏。事发后一天，进水船只逐
步由拖船拖入洋山港锚地，在拖曳过程中又出现 30 吨左右的油品泄漏（数据主要
来自原国家海洋局北海分局）。

　　国外的溢油事故也时有发生。2002 年 11 月 13 日，装载 7.7 万吨燃料油的巴
哈马籍单壳油轮"威望号"遭遇强风暴与不明物体发生碰撞，船体损坏导致超过
17 000 吨货油泄漏，船舶搁浅又导致近 4 000 吨燃油泄漏，沉于深海的"威望号"
仍存有数万吨货油。该事故导致西班牙、葡萄牙、法国海域生态环境遭到严重污
染，西班牙近 400 千米海岸线，著名旅游度假胜地、近岸河流、小溪和沼泽地带、
渔业与水产养殖业被污染严重，一些野生动物也受到不同程度污染。事故发生后，
西班牙政府调集了国内所有溢油应急响应公司的围油栏、撇油器、海上溢油回收
船舶及人力等资源，并向欧洲其他国家申请应急援助。为了使溢油应急反应决策
合理有效，启用了卫星和航空遥感监视溢油漂移情况，并使用溢油模型预测溢油
漂移轨迹，依据漂移方向采取保护敏感资源的措施。例如，在污染风险大、敏感

资源重要的岸线布放围油栏，在湿地入口处堆筑沙坝，等等。动用清污船 10 多艘，构筑防污染带 200 千米，派出大批专业队伍、陆军、海军官兵，志愿者用铁锹和铁桶清除海滩油污。海上回收液体垃圾 55 500 吨，岸线回收固体垃圾 78 000 吨。2010 年美国又发生一次异常严重的溢油事故，美国墨西哥湾的"深水地平线"钻井平台于 4 月 20 日夜间爆炸，引发大火，大约 36 小时后沉没，造成 11 名工作人员丧生和 17 名人员伤亡，引发约 500 万加仑的原油泄漏，事故持续 3 个月，对墨西哥湾沿岸的生态环境、经济造成重大影响。钻井平台底部油井自 24 日起持续漏油，每天大约 15 万桶原油流入墨西哥湾。根据卫星观测图像，墨西哥湾浮油面积一天内至少扩大两倍，4 月 29 日浮油面积接近 8 000 平方千米，而到 30 日已达约 9 900 平方千米，原油泄漏的速度远超出预期。美国政府于 4 月 29 日全面介入救灾，路易斯安那州、亚拉巴马州、密西西比州及佛罗里达州部分地区已宣布进入紧急状态。奥巴马表示，政府将"动用手中全部资源，不遗余力"解决墨西哥湾的油污扩散危机。专家警告，如果浮油漂至墨西哥湾洋流运行"轨道"，随着洋流南下，穿越佛罗里达海峡，扩散至大西洋，将引发生态灾难和巨额经济损失。生物学家警告，一些生活在墨西哥湾沿岸的野生动物当时正处于孵化期，鹈鹕、短吻鳄等动物处于繁殖期，动物"宝宝"和"家长"都有可能受到泄漏原油的侵害。世界自然保护联盟负责海洋项目的主任说，如果浮油向东扩散，可能会危及海牛栖息地，而海牛是食草性水生哺乳动物，2008 年被联合国列入受保护动物清单，在墨西哥湾，成年海牛数量当时不足 2 500 头。

　　随着世界经济的发展，可以预测，在今后的一段时间内，发生重大溢油事故的可能性会越来越高。溢油事故的频繁发生，使海洋环境遭受严重污染，造成海洋鱼类、鸟类、海藻和海洋哺乳动物的大量死亡。每次重大事故造成的直接经济损失达几百万至上千万元，异常重大事故甚至达上亿元，导致一些以养殖业为生的渔民破产，沿海旅游胜地（如北戴河等）受到溢油污染威胁。因此，研究溢油在海上的漂移扩散过程，预测其影响区域范围和最终归宿，对针对污染风险大、敏感资源重要的岸线布放围油栏和派遣飞机、船舶到达现场进行处理等应急工作起到重要指导作用；对及时有效地采取现场应急处置措施，减轻海上溢油造成的环境和经济损失，保护海洋生态环境和海水水质及沿岸养殖业，实施可持续发展战略具有重要意义。同时也为预报、预测沿岸海域的灾害和防灾、减灾提供科学理论依据和研究方法，对海洋生态环境影响的评价、管理部门应急反应系统的制定等也具有重要实用价值。

八、应对海洋灾害引起安全事故的搜救

　　海难事故在政治、经济、军事上都给世界各国造成了巨大的损失，海难事故

不仅造成海洋环境的污染，还造成人身伤亡和财产损失。

我国是一个海洋大国，海洋渔业作为海洋三大产业中的第一产业在我国海洋经济中占有重要位置，2010 年全国海洋渔业实现增加值 2 813 亿元。据不完全统计，全国各类海洋捕捞渔船约 31 万艘，各类渔港 1 000 余个，海水养殖面积超过150 万公顷，从业渔民达 800 万人。海洋渔业生产安全关系到广大渔民的切身利益，一直是各级政府部门高度关注的民生问题。近年来，随着我国国民经济的快速发展，我国从事海上渔业和海上活动的人员迅速增加。与此同时，海难事故时常发生，遇难人数居高不下。我国也是海运大国，对外贸易中 94%的货运量依靠海运来完成，特别是加入 WTO（World Trade Organization，世界贸易组织）后，我国的海上贸易量逐年增加，随着海运经济的发展和海上活动的日益增多，海上险情逐年增加。随着沿海港口吞吐量迅速上升及船舶通航密度的增加，再加上船舶老龄化和安全管理工作不到位等方面原因，我国沿海海难事故数量呈上升的趋势。频繁的海难事故造成了巨大的人员伤亡和财产损失。我国又是受台风和寒潮灾害影响较严重的国家之一，台风、寒潮易形成灾害性海洋环境，并导致沿海渔船事故频繁发生。

随着海上渔业、经济、贸易等活动越来越密集，海上突发事故的救助也越来越引起国家的重视。我国海事部门统计，仅 2001 年，海上搜救系统共组织了 138 艘次救助活动，救助遇险人员 1 534 人，其中外籍人员 369 人，救助遇险船舶 97 艘，其中外籍船舶 28 艘。2002 年，海上搜救系统共组织了 153 次救助活动，出动救助船舶 181 艘次，救助遇险人员 1 603 人，其中外籍人员 401 人，救助遇险船舶 96 艘，其中外籍船舶 31 艘。2005 年农业部统计资料表明，我国有 187 万名海洋捕捞作业渔民，每年海难事故导致死亡（含失踪）约 3 000 人，伤残近 9 000人。2009 年上半年广东省海上搜寻救助中心值班室接报海上安全事件 245 宗，其中：海难事故 136 宗，船舶过期未到或失去联系 6 宗，联系接送船上伤病员 20宗，船舶误报警 55 宗，其他安全事件 28 宗。海难事故中，中国内地 121 宗，中国港澳台 10 宗，外籍 5 宗（摘自广东省海上搜救中心 2009 年上半年工作情况）。2009 年 10 月至 2014 年 8 月在福建沿海周边海域发生 40 多起海难事故，造成死亡（含失踪）近 180 人，给人民的生命财产造成了巨大损失。2013 年 9 月 29 日，受强台风"蝴蝶"影响，发生 5 艘渔船在西沙珊瑚岛海域遇险的海难事故，其中粤台渔 62108、粤台渔 62116、粤台渔 62150 三艘渔船先后沉没，共 88 人落水。在海军、交通运输部、农业部、海洋局、海警、边防，以及香港、广东和海南等各方面力量的密切配合下，我国对西沙事发海域展开了立体地毯式搜救，经过 9天的大范围搜救，截至 10 月 8 日，共有 26 人获救，62 人遇难或失踪，此次事故造成了巨大的人员伤亡和经济损失。

大量海上事故分析显示，事故中落水人员不会立即失踪或死亡，大部分是因为不能及时得到救援而死亡或漂流失踪。然而，海上搜救工作的特殊性，严重制约了应急搜救工作的及时有效开展：①时效性强，受水温等环境因素制约，落水人员生存时间有限；②发生地点分散、突发性强；③搜寻难度大，搜救目标在风、浪、潮、流等环境因素的作用下位置难以确定；④救助难度大，事故的发生往往与恶劣海况有关；⑤通信不畅，事故发生地远离陆地，缺乏有效的通用公共通信网络覆盖。

海上搜救服务是政府的一项公共事务活动，是国家应急救助体系的重要组成部分，也是国家经济发展的重要保障。2006 年初，国家颁布了《国家海上搜救应急预案》，从组织机构和程序上对我国的搜救工作进行了规范。

随着我国海洋经济的飞速发展，远海海岛资源的开发和利用日益增强，远海海上油气资源开发、海上航运、海洋捕捞等经济活动和军事活动也日益增多，这也大大提高了远海海域海上事故发生概率。恶劣海况和人为失误等，常常造成海上船舶碰撞、人员落水等突发性海上事故，造成人员死伤，发展海上搜救应急的技术支持能力，对保障深远海活动安全具有重要的意义。

第二节 海洋灾害对国家公共安全的影响

公共安全是国家安全和社会稳定的基石，是预防与应对各类重大事件、事故和灾害，保护人民生命财产安全，减少社会危害和经济损失的基础保障，是政府加强社会管理和公共服务的重要内容。海洋灾害是引发国家公共安全的灾害之一。海洋灾害对国家公共安全的影响主要表现在以下几个方面。

一、给沿海人民的生命财产安全造成巨大威胁和重大经济损失

近十几年来，受气候变暖及海平面上升的影响，风暴潮、海浪、海冰等海洋自然灾害数量呈现上升的趋势。"十一五"期间，海洋灾害造成的沿海直接经济损失为 746 亿元，死亡人数约 1 037 人，相对于"十五"期间，直接经济损失增加了 18%。历史上出现过多次死亡万人以上的海洋灾害事件，如 1922 年 8 月 2 日，从汕头席卷而过的一次风暴潮，在几小时内吞噬了 8 万条无辜的生命，伤残者无以计数，这也是 20 世纪中国沿海地区生命财产损失最惨重的一次风暴潮。进入21 世纪，随着海洋预报预警水平和沿海海洋防灾减灾能力的提高，尚未出现过严重的海洋灾害，但是潜在的危险仍然很大。例如，2013 年 5 月 26 日 19 时至 28日 12 时发生在渤海和黄海沿海的温带风暴潮过程，山东省因灾直接经济损失 1.44

亿元,其中倒塌房屋 5 间,损坏房屋 406 间,水产养殖受灾面积 7 240 公顷,毁坏渔船 64 艘,损坏渔船 45 艘,损毁码头 4.00 千米,损毁防波堤 1.58 千米,损毁海堤护岸 5.23 千米,给沿海地区人们的生活造成了较大的影响。

近几十年全球有害藻华的暴发频率、规模、地理分布范围不断增大,沿岸水域暴发的有毒、有害藻华数量逐年增加,不仅给海产养殖业带来了巨大的经济损失,而且使沿海城市居民的生存环境不断恶化,甚至有毒赤潮会危及人类的生命安全。近些年,我国近海由有害藻华造成的最严重的三次经济损失分别在 2001 年、2010 年和 2012 年,直接经济损失分别达到 20.15 亿元、2.06 亿元和 10 亿元。美国、日本、中国、加拿大、法国、瑞典、挪威、菲律宾、印度、印度尼西亚、马来西亚、韩国等 30 多个国家和地区都频繁发生过有害藻华,在我国赤潮也成为影响严重的海洋灾害之一。近年来海洋灾害公报统计,1990~2010 年山东近海发生赤潮灾害 76 次,累计成灾面积 11 984 平方千米;2001~2007 年福建沿海发生赤潮 126 次,累计成灾面积 6 428 平方千米;2012 年我国近岸约有 1.9 万平方千米的海域呈重度富营养化状态,全海域共发现赤潮 73 次,累计面积 7 971 平方千米,赤潮多发区集中于东海近岸海域。近些年来,绿潮浒苔的发生范围和频率也呈递增趋势,逐渐引起全世界的关注和业界的研究热潮。美国、意大利、法国、丹麦、英格兰、荷兰等海洋国家附近的海域都曾受到过绿潮的侵袭。2008 年 5~8 月我国黄海、东海大面积长时间暴发浒苔灾害,造成直接经济损失 13.22 亿元,影响波及山东、江苏、浙江、上海及福建沿海,其中以山东和江苏受灾最严重,此后 2009~2018 年绿潮连年暴发,成为我国近海尤其是黄海主要关注的生态灾害。绿潮的发生范围及其影响虽远低于赤潮,但是大量聚生的绿潮生物在一定程度上会破坏海岸景观,损害潮间带生态系统,也对渔业、水产养殖、海洋环境、景观和生态服务功能产生严重影响。

我国海岸侵蚀造成的损失惊人,危害比想象中要大。据不完全统计,1950~1994 年,仅台风过境时防潮坝破坏超过 100 千米的严重海岸侵蚀灾害就达 12 次之多,损坏海堤 4 133 千米以上。若不加任何防护措施,在未来 50 年岸线后退 70 米的情况下,秦皇岛湾及洋河口以东的 23 处海滩将会消失,其带来的海岸旅游休闲价值的降低按照 2001 年不变价格计算,年均 0.16 亿元。

同时,我国海洋经济的发展,加速了海上石油开采、海洋捕捞与养殖、海洋科学考察、海洋资源的开发利用等海洋产业的发展,加剧了海洋自然灾害对海上生产活动安全的威胁,也增加了海上安全事故发生的风险。近几年来,溢油、海难事故频繁发生。我国海上搜救部门统计,2002~2008 年我国水上交通事故达到 3 600 多起,死亡(含失踪)人数达到 3 000 多人;根据中国渔业互保协会的统计资料,1999~2003 年所有渔船碰撞事故中发生在港口和港口附近海域的共 3 569 艘次,占全部渔船碰撞事故的 57.93%,而发生在其他海域的共 2 592 艘次,占

42.07%。由于港内及港口附近海域渔船较为密集，风、流、潮汐情况也比较复杂，容易发生碰撞事故。另据中国远洋海运集团的统计资料，在中国水域发生的渔船碰撞事故占 62%，在日本和韩国水域发生的渔船碰撞事故占 31%，主要原因是集团各种类型的船舶频繁往返于中、日、韩港口，在这一带水域航行的船舶数量多、时间长，经常面对密集的捕鱼区，增加了航行的难度。另外，随着我国深海渔业及远洋航运业的发展，以及我国远海地区海岛资源的开发和利用，远海地区的海难事故有明显增加的趋势。

此外，近年来发生于海上的空难事故不但造成重大人员伤亡和经济损失，并且后期开展海上搜索和救援工作时，需投入巨大的人力及财力，同时根据其失事海域的不同需要涉及国内各大部委相关部门的沟通协作，甚至需要与其他国家相关部门进行沟通协作。2014 年 3 月 28 日凌晨 01 时 20 分，从马来西亚吉隆坡飞往中国北京的马航 MH370 航班客机失踪，机上载有 239 人，牵动全球人民的心。截至 2014 年 4 月 28 日，来自澳大利亚、马来西亚、中国、日本、韩国、英国及美国等 25 个国家的舰船和飞机开展了一场密集的空中与水上搜救行动，4 月 29日，澳大利亚牵头在南印度洋搜索 MH370 客机残骸工作进入水下搜索阶段。2015年 7 月 29 日，在位于印度洋南端的法属留尼汪岛的海岸上发现一块疑似残骸，并于 9 月 3 日被法国检方正式确认属于马航 MH370 客机。此时，在南印度洋海域开展的海底搜寻工作已接近 6 万平方千米，耗费巨大的人力、财力，但依旧未找到失联客机。

经济的迅猛发展使中国的能源需求与日俱增，这加速了海洋石油运输业和石油开采业的发展；同时也加大了海上溢油事故，尤其是重大溢油事故的风险。国内近几年的重大溢油事故，如 2010 年 7 月 16 日中石油大连大孤山新港码头储油罐输油管线发生起火爆炸事故，2011 年 6 月 4 日康菲石油公司蓬莱 19-3 油田发生溢油泄漏。国外溢油事故也时有发生，如 2010 年美国墨西哥湾的"深水地平线"钻井平台于 4 月 20 日夜间发生爆炸漏油事故等。溢油事故的频繁发生，使海洋环境受到严重污染，破坏海洋生态环境，造成海洋生物的大量死亡，而这种破坏在几年甚至几十年内都得不到恢复，有的甚至是毁灭性的。每次重大事故造成的直接经济损失达几百万至上千万元，异常重大事故甚至达上亿元。如果说石油工业是国民经济的命脉，那么治理溢油之患则成了平衡经济高速增长与保护自然环境的当务之急。一方面，需要依靠采取更加有效的预防措施；另一方面，在溢油事故发生以后，如何较为准确地预测油污的去向、影响范围、靠岸状况和最终归宿则成了事故海域沿岸实施预警应急、最小化损失和评估溢油环境影响的关键。

近几十年来，受人类活动的影响，大量的污染物排入近岸海域，造成水体富营养化逐年加剧，致使近岸底层水体缺氧现象也呈不断加重趋势。发生缺氧的海域数量以每年 5.54% 的指数速率迅速增长（Vaquer-Sunyer and Duarte，2008）。另外，缺氧发生的频率、范围和持续时间均有显著增加。例如，西大西洋最大的缺氧区出现在墨西哥湾北部，密西西比河入海口处，其2002年的缺氧面积达到22 000平方千米，而1993~2009年缺氧区域的平均面积为16 000平方千米（Obenour et al., 2013）。我国珠江口外和长江口外海域也存在底层水体明显的缺氧现象。1999年夏季的调查显示，长江口外存在一处面积高达13 700平方千米的缺氧区域，氧亏损总量高达1.59×10^6吨（李道季等，2002）。Wang（2009）研究发现，在20世纪50年代，长江口外发生夏季缺氧事件的频率为60%，而到了1990年后缺氧事件发生频率达到90%，并且缺氧面积大于5 000平方千米的情况基本上都发生在20世纪90年代末，这说明近几十年来长江口缺氧区范围不断扩大，严重程度也是逐年加剧。

二、海洋灾害所引发的"连带"效应可引发严重的社会问题

海洋自然灾害所造成的伤害是瞬间的、暂时的，但由此给幸存者、死伤者家属、目击者，乃至从媒体和口碑中知悉灾难的所有人造成的心理影响，却是长期的、顽固的，如不加以重视，可能会造成持续性的负面效应。例如，2014年4月17日晨发生的韩国"岁月"号渡轮海难，由于处置不力，韩国政府被置于前所未有的信任危机中，韩国总理被迫引咎辞职。2010年1月，中国葫芦岛市菊花岛遭遇了30年来最严重的海冰灾害，整个岛屿受海冰围困成为一座孤岛，由于当年结冰期比常年明显提前，岛上3 200多名居民的生活必需品和应急物资准备不足，生活和出行受到严重影响。与往年相比明显严重的冰情在岛上引起了一定的社会恐慌，此事引起了中央领导的关注。海上溢油事故则不仅导致事故区域海上生产养殖等海上生产活动直接遭受严重经济损失，同时海洋环境遭受到严重污染，破坏海洋生态环境，造成海洋生物的大量死亡，而这种破坏在几年甚至几十年内都得不到恢复，对生态系统造成长期影响，有的甚至是毁灭性的。有研究表明，全球气候变暖带来的海水温度上升、海表风应力减弱、海水溶解氧变化、海洋酸化等现象有可能进一步加速近海海洋环境和生态系统的恶化，其与有害藻华的频发及绿潮的暴发都有密切的联系。

水体底层缺氧现象对河口、近海海域环境造成严重危害。首先，海洋中绝大多数生物都需要溶解氧来维持。例如，鱼类生长需要6毫克/升的溶解氧，虾、蟹生长所需的溶解氧为2~3.5毫克/升（Gray et al., 2002）。缺氧对海洋中底栖生物的影响最为显著，当溶解氧浓度小于2毫克/升，且持续时间较长时，海洋中的大多数鱼类、浮游动物，特别是运动能力较弱的底栖生物群落将面临大规模死亡（Karlson et al., 2002）。黑海西北部陆架区本是黑海生产力最高的海域，但是水

体富营养化并最终形成底层缺氧现象，导致 1973~1990 年由于缺氧而损失的总生物量约为 6 000 万吨，其中包括 500 万吨的鱼类（Zaitsev，2006）。缺氧事件还会降低海洋物种多样性，改变海洋生物的群落结构，减少鱼类和底栖动物的丰富度，从而影响渔业生产，带来直接或间接的经济损失（Yin et al.，2004）。例如，波罗的海的"死亡区"因为长时间持续缺氧，每年损失的碳有 $2.64×10^5$ 吨，占整个波罗的海总初级生产力的 30%，并造成渔业减产总量为 $1.06×10^6$ 吨（Diaz and Rosenberg，2008）。切萨皮克湾由于缺氧每年损失的碳有 10 000 吨，占整个切萨皮克湾总生产力的 5%。在 1976 年，美国新泽西陆架上发生了一次较大面积底层水低氧事件，该缺氧事件造成了 5.5 亿美元的经济损失，涉及的主要是甲壳类和贝类动物等相关产业（Swanson and Sindermann，1976）。根据对全球范围内由于缺氧造成的生物量损失的评估，超过 $2.45×10^5$ 平方千米的海域内，损失了 $3.43×10^5$~$7.34×10^5$ 吨碳。因此海洋缺氧问题已成为制约海洋产业和海洋经济可持续发展的一个关键问题。随着全球缺氧区域的扩张，释放越来越多的温室气体，如甲烷、氧化亚氮和硫化氢，进而对全球气候产生潜在影响。Naqvi 等（2010）对全球缺氧区每年向大气释放的氧化亚氮和甲烷总量进行估算，结果显示，两者分别为 148 万~311 万吨和 36 万~72 万吨。海洋缺氧事件不但影响了海洋生物化学过程，而且会改变全球的碳氮循环，从而对整个生态系统产生严重的危害（Lam et al.，2009）。生态系统一旦遭到破坏，需要花费很大的人力及费用，更糟糕的是，很多时候这种生态系统的变化是不可逆的。因此，海洋水体的缺氧现象已经引起科学家们的高度重视，成为一个全球性的重大生态环境问题。

第三节　海洋灾害监测预警现状与水平

一、海洋灾害预报预警的现状

（一）风暴潮灾害

按照其引起的天气系统不同，我国的风暴潮分为温带风暴潮和台风风暴潮。其中温带风暴潮以 WRF 风场为驱动，基于自主研发的温带风暴潮预报模型开展业务化预报。预报时效为 5 天，但是 24 小时以上的预报精度较低。根据 2013 年 2 次重大的温带风暴潮过程 65 站次统计：温带风暴潮 24 小时综合预报误差为平均高潮位误差为 21.2 厘米，平均高潮时误差为 16.6 分钟。

台风风暴潮预报方面，考虑台风预报路径的不确定，以台风模型风场为驱动，基于自主研发的台风风暴潮模型，发展了台风风暴潮集合预报技术和概率预报。除了水位、潮时的预报，考虑风暴潮-近岸浪-洪水-天文潮耦合，还开展了风暴潮漫滩、漫堤的预报。随着非结构网格风暴潮模型的发展，风暴潮数值预报系统的分辨率不断提高，近岸最高分辨率达到了50米。根据2013年3次达到红色预警的台风风暴潮过程418站次统计：台风风暴潮24小时综合预报误差为平均高潮位误差为21.8厘米，平均高潮时误差为18.3分钟。

（二）海浪灾害

我国在以文圣常院士为首的科学家的带领下，"七五"期间自主研制了新型混合型海浪数值预报模式，并开始了海浪的数值预报。其后经过"八五""九五""十五"期间的技术改进和模式引进，建立了中国近海及西北太平洋的业务化深、浅水海浪数值预报系统，并在"十一五"期间预报区域进一步向内扩展至近岸"定点"海浪预报，向外扩展至全球海浪预报，成为世界上少数几个可以发布全球海浪数值预报的国家之一。"十二五"期间，随着计算能力的不断进步及我国自主卫星观测能力的不断发展，引入海洋二号（HY-2）卫星高度计海浪资料同化改进预报初始场，建立了分辨率更高、预报时效更长的全球海浪预报系统。2013年7月，国家海洋环境预报中心发布了全球业务化海洋学预报系统，新一代业务化海浪预报系统作为其中的一部分，主要由全球大洋—印度洋—西北太平洋—中国近海4个预报子系统构成，分辨率由全球的1/3°提高到近海的1/30°，实现了全球—区域—近海海浪的高精度模拟。其中全球海浪预报系统是我国第一套正式对外公开发布的具有业务化同化能力的高分辨率预报系统。在台风影响期间，为了提高台风浪数值预报的精度和及时性，以台风模型风场为驱动，基于SWAN模式自嵌套，研制了西北太平洋和中国近海的台风浪数值预报系统。数值模式方面，主要有文圣常院士等在"七五"、"八五"和"九五"期间自主研发的基于文氏谱的混合型海浪模式WENM（wave energy numerical model，波能数值模式），此外，袁业立等（1992）以WAM（the wave model，波浪模式）为基础，建立了可考虑波流相互作用的由地球物理流体力学实验室建立的波浪模型；尹宝树等（1994）建立了适合于浅水的YW-SWP（Yin-Wen sea wave numerical prediction model，尹-文海浪数值预报模式）。

此外，我国还在近岸小区域海浪精细化预报方面开展了一系列工作。通过考虑海浪在近岸浅水区的变浅、水深诱导破碎、波浪折射、非线性相互作用等近岸物理过程，以及潮汐、风暴潮对近岸浪的影响，基于近岸浪-风暴潮耦合模式，采用非结构网格精细刻画近岸复杂的岸线地形，初步建立了台湾海峡、长江口、杭州湾等区域的近岸精细化海浪预报系统，预报系统的最高分辨率达到50米。

预报产品方面，除了传统的有效波高、波向和波周期的预报以外，近几年先后推出了畸形波生成条件、波陡、危险海况等的预报，在台风引起的海浪灾害应急中发挥了较好的作用。我国业务化海浪预报系统现状及参数如表4.1所示。

表 4.1　我国业务化海浪预报系统现状及参数

预报系统	海浪模式	区域设置	分辨率	预报时效	同化方法/同化资料	驱动风场
全球	NWW3	0°~359.666 7°，78°S~78°N	1/3 °	120 小时	最优插值/HY-2	NCEP/GFS
印度洋	NWW3	30°E~122°E，15°S~27°N	1/6 °	120 小时	最优插值/HY-2	NCEP/GFS
西北太平洋	SWAN	105°E~155°E，5°N~45°N	1/10 °	120 小时	—	WRF
中国近海	SWAN	105°E~130°E，5°N~45°N	1/30 °	120 小时	—	WRF
台风浪	SWAN	西北太平洋/中国近海	1/10 °/1/30 °	120 小时	—	台风模型风场
近岸海浪	SWAN	重点河口	小于 100 米（非结构网格）	120 小时	—	WRF

（三）海冰灾害

我国海冰的预报范围包括辽东湾、渤海湾、莱州湾和黄海北部海域。预报手段包括统计预报和数值预报。其中海冰统计预报主要采用数理统计和经验外推方法，预报产品包括年展望、月预报、旬预报和周预报及海冰警报（1~3 天）。预报要素包括海冰范围、海冰类型、一般冰厚、最大冰厚及海冰发展趋势等。海冰数值预报包括中期海冰数值预报、高分辨率海冰数值预报和精细化海冰数值预报，预报要素包括海冰覆盖范围、格点冰厚、格点密集度、海冰速度。中期海冰预报基于粘塑性海冰模式研制，预报时效为 7 天，分辨率为 1/10°，主要提供渤海和黄海北部的海冰预报。高分辨率海冰数值预报也是基于粘塑性海冰模式研制的，分辨率为 1/30°，主要提供辽东湾、渤海湾、莱州湾和黄海北部 4 个区域未来 3 天的海冰预报。精细化海冰数值预报基于弹粘塑性海冰模式研制，分辨率为 1/100°，主要提供 6 个重点保障区域（包括 JZ20-2 平台、觉华岛、秦皇岛、黄骅港、潍坊港、天津港）未来 3 天的海冰预报。

通过与卫星及定点海冰观测资料的对比检验结果来看，海冰数值预报 1~5 天浮冰外缘线预报误差小于 10 千米的保证率为 70%~80%，冰厚预报误差小于 5 厘米的预报保证率比浮冰外缘线保证率高 5% 左右。

（四）海啸灾害

1. 地震海啸实时观测系统

地震海啸监测网通过近岸地震观测台网、验潮站、海啸浮标、海底观测系统等监测手段实现对地震和海啸的实时监测与数据实时传输。其中，地震观测台网主要监测海底地震发生后产生的地层震动，快速确定地震发震时间、震中、震级等震源机制信息；验潮站用于监测海啸影响期间的海啸波幅和海啸波到达时间等信息，主要依托于原国家海洋局分钟级验潮站点；海啸浮标主要布放在潜在地震断层周边，通过监测水位变化进行海啸波监测和早期海啸预警。此外，美国、日本等近年来利用沿岸 GPS 观测站实时测定海底地震导致的断层三维位移来确定初始海啸源参数，进而对海啸波影响范围和程度进行数值计算。

国家海洋环境预报中心搭建了全球及区域海啸地震自动监测分析系统，牵头建设了 25 个海啸预警宽频地震台，接收全球、区域和中国近海地震台网数据，实现全球中强海底地震震源参数的自动测定，使得我国在海啸预警业务领域具备了独立的海底地震监测能力。

国家海洋环境预报中心实时获取全球 500 余个潮位站、41 个海啸浮标数据和原国家海洋局在我国沿岸和岛屿建设的 150 余个分钟级验潮站数据。海啸浮标实时监测是国际公认的最有效的海啸监测手段，原国家海洋局在南海部署了一套海啸监测浮标，实现了对南海潜在地震海啸源区地震海啸的实时监测和预警。

2. 海啸数值预报技术

快速准确的海啸数值模拟及预报技术是海啸预警的关键。国家海洋环境预报中心目前建立了新一代的太平洋、西北太平洋和南海海啸数值预报系统。该系统采用并行计算方法和国际上通用的 NetCDF 输入输出格式，显著提高了模型计算效率。经测试，该模型对太平洋（5 分地形）、西北太平洋（4 分地形）的海啸数值预报可分别在 1 分钟和 7 秒钟内完成，基本满足了快速海啸预警的需求。该系统计算完成后可自动批量处理生成最大海啸波幅场、岸段预报场及海啸传播时间场等产品。

通过深入研究西北太平洋及南海的历史地震活动特性、地质构造环境特征及海啸灾害时空分布情况，筛选了可能对我国有影响的 60 156 个潜在地震海啸源，进行了不同震级、震源深度等参数情况下的海啸个例情景模拟计算，建立了覆盖上述区域的海啸定量预警数据库，发展了快速海啸定量预警信息检索计算方法，建成了西北太平洋及南海海啸定量预警数据库系统。该系统可以对发生在该范围内潜在海啸源区的地震海啸进行预报预警，提供最大海啸波幅场、岸段预报场及沿海重点城市海啸到达时间和最大波高等产品。目前，该系统已经实现了与海啸预警业务流程的无缝衔接，可在地震监测结果确定后 30 秒内得到海啸定量预警结果。

制约海啸数值预报准确性的瓶颈是快速获取强震的震源机制解。实践证明并不是所有大地震都会引发海啸，引发海啸的地震类型主要是倾滑性地震。采用全球虚拟地震台网［GSN（Global Seismographic Network，全球地震台网）、FDSN（The International Federation of Digital Seismograph Networks，国际数字地震台网联合会）]长周期三分量地震波形数据，应用 W-Phase 震相方法和全球一维速度结构模型计算的格林函数，基于简振正型叠加方法计算地震理论波形，可在 10~20 分钟内快速反演得到强震的震源机制解，应用可靠的震源参数模拟海啸波高，可为海啸预警提供快速准确的定量预报结果。

3. 我国地震监测和海啸预警业务平台建设

地震监测和海啸预警业务平台是海啸预警系统的主要组成部分，是地震及海啸实时监测信息的集成终端，是海啸预警产品自动化制作与发布的服务系统，是海啸数值预警产品可视化显示终端。

国家海洋环境预报中心发展了我国第一代地震监测、海啸预警自动化综合应用平台，主要实现了以下监测预警业务应用功能：接收全球多个地震台网的地震台站实时数据，实现了全球海底地震参数的快速分析；集成了全球近海海平面监测站海啸浮标实时监测数据，实现了全球地震海啸信息的实时监测；建立完善了海啸预警业务流程和产品模板数据库，实现了海啸预警产品的自动化制作与发布，海啸预警产品制作及发布时效为海底地震发生后 8~10 分钟，达到了国际先进水平；集成了太平洋、西北太平洋和南海海啸并行数值预报系统和海啸定量预警数据，实现了海啸预警业务流程一体化。

4. 我国地震海啸风险评估

2004 年印度洋大海啸、2011 年日本东北部地震海啸及核泄漏事故引发了世界沿海各国政府对海啸灾害潜在风险的普遍担忧。我国沿海一线承载了全国 40% 以上的人口，创造了 60% 以上的 GDP，集中了大量的经济开发区、石化园区和核电站。国家海洋环境预报中心在系统研究全球和区域主要逆倾滑断层强震震源机制和发生机理的基础上，结合海啸数值模拟技术，系统建立了我国海啸灾害风险评估与区划、沿海大型工程海啸风险排查技术方法体系，牵头编制的《海啸灾害风险评估和区划技术导则》和《沿海大型工程海啸灾害风险排查技术规程》，已成为我国组织开展全国沿海海啸灾害风险评估和沿海重大工程风险排查工作的主要技术依据。2013 年以来，国家海洋环境预报中心已经牵头完成了我国沿海、河北省、南通市和连江县海啸灾害风险评估和区划试点工作，首次绘制了四级海啸灾害风险等级分布图；完成了浙江省玉环、苍南、舟山等地的海啸风险图及应急疏散图编制工作。

海啸风险评估方法分为确定性风险评估方法和概率性风险评估方法。确定性风险评估方法主要是根据历史事件推断出最具破坏性的海啸源，利用海啸传播模式研究其传播、爬高及淹没的过程。概率性风险评估是对历史地震或海啸事件进行震级-年发生频率统计,利用逻辑树(logic tree)或蒙特卡洛方法生成未来可能发生的地震事件集合,并通过海啸数值模型方法对某一岸段的海啸危险性进行统计分析。目前,国际上利用概率思维开展海啸风险评估刚刚兴起。2014 年以来,国家海洋环境预报中心紧跟国际海啸风险评估前沿,发展了海啸发生概率风险评估技术体系,基于地震 G-R 概率统计理论和蒙特卡洛地震事件随机生成方法,采用并行海啸计算模型,在对近 10 万次地震事件进行模拟后,得到我国不同岸段不同重现期的海啸危险性评估结果。我国台湾省海啸灾害风险最高,500 年一遇的最大海啸波高(换算至 1 米等深线)为 2.0~3.5 米;2 000 年一遇大约为 3~6 米,极易发生海啸淹没。主要影响震源来自琉球海沟、小笠原及其他西北太平洋地震俯冲带。我国东海的江苏南部、上海、浙江中北部沿海海啸风险居中。2 000 年一遇最大海啸波高介于 1.5~2.5 米;500 年一遇最大波高大约为 1.0 米。简言之,对于重大基础设施建设和生命线工程,需要考虑海啸影响和防范。南海区域,珠江口沿岸、香港等地岸段的 2 000 年一遇最大海啸波高在 2.5~3.5 米,主要影响震源为菲律宾马尼拉海沟。

(五)赤潮(绿潮)灾害

现阶段,通过赤潮生成机制方面生物要素(赤潮生物)、化学要素(营养盐等)和物理要素(气象要素、水文要素)的研究,得出赤潮预测依据:赤潮生成的物理条件(海温、天气形势等)和赤潮的暴发过程(酝酿阶段、暴发阶段、衰减阶段)。同时发展了多种统计预测法,包括赤潮生成的天气形势、气象海洋要素指标预测法、典型场相似计算法、人工神经网络预测法和环境因子分析法,这些工作及成果为赤潮预测及相关研究的深入开展奠定了良好的基础。

目前赤潮灾害的预测方法主要有三类,即经验预测法、统计预测法和数值预测法。经验预测法主要根据藻类生消过程中环境因子的变化规律进行预测,此方法仅依赖于某个环境因子的异常变化来定性判断赤潮发生,然而赤潮形成往往是多环境因子造成的,因此,在一定程度上限制了该方法的实用性;统计预测法能够综合分析引发赤潮的多个环境因子,基于多元统计方法,对大量赤潮生消过程的监测资料进行分析处理,筛选主要环境因子,同时,利用一定的判别模式对赤潮进行预测,但是由于统计分析方法缺乏发生机理的支持,容易导致对环境因子的筛选和分析的主观性与盲目性,从而难以给出较为稳定和合理的预测结果;而数值预测法则是根据赤潮发生机理,通过海洋生态动力学模型模拟其发生—发展—维持—消亡的整个过程而进行预测的方法,但是该方法对生态动力学模型有诸多要求:要综合考虑物理—化学—生物过程的耦合,模型初始变量及边界条件的资料要来源一致,客观准确反映时空连续变化,模型参数要反映地域特点,模型资料要充分考虑已有资料的可利用性和完整性等。因此,数值预测法,特别是利用物理—化学—生物耦合的海洋生态动力学模型预测，既是赤潮预测技术的未来发展趋势，又是目前研究的难点。

目前，我国业务化预报体系在有害藻华预测中主要还是参考其发生的水文气象条件和某些关键指标的预警值。国内预报部门主要还是以各赤潮监控区常规监测和应急监测的实时数据及浮标数据作为参考依据，再结合海洋生态动力学模型进行赤潮（绿潮）预测。

在赤潮（绿潮）灾害的防灾减灾中，卫星遥感技术在近十年时间里，越发显示了其技术价值，通过海洋遥感卫星数据对赤潮（绿潮）进行的大范围、全天候、全天时、多频次、多角度动态监测，可为掌握赤潮（绿潮）生消全过程提供系统的现场跟踪，可为更好地预测预报赤潮（绿潮）提供第一手现场资料和判断依据，在深入了解和认识赤潮（绿潮）灾害暴发机制、制订灾害应急方案、防灾减灾管理等方面都发挥了积极作用。我国从 20 世纪 80 年代开始赤潮卫星遥感技术研究，利用卫星遥感探测等手段建立了赤潮卫星遥感跟踪预报模型。我国近海绿潮浒苔的预报系统也是参考美国有害藻华业务化预报系统（harmful algal bloom operational forecasting system，HAB-OFS）来设计的，依靠 AVHRR、SeaWiFS、HY-1 等卫星遥感图片的解析和风场、流场的数值预报对未来 3 天浒苔发生的水文气象环境、漂移扩散的空间轨迹及移动距离和速度进行预报。现阶段，由于缺乏现场同步观测数据且没有考虑浒苔本身的生长繁殖过程，只考虑其在水平方向的物理运动过程，忽略风场和流场的随机误差及岸界影响，我国的浒苔预报系统还不能对浒苔的潜在影响范围和环境影响强度进行预测。

人工神经网络是模仿人的大脑神经元结构、特性和大脑认知功能构成的信息处理系统。它容易建立模型，能够快速反应，因此适用于实时监测和预报，还具有学习、联想、容错、并行处理等种种能力，尤其是用于机制尚不清楚的高维非线性系统的模拟。鉴于人工神经网络在处理非线性模式识别上具有优势，特别适用于多因素与条件下不确定和模糊信息的处理，因此逐渐被应用于包括赤潮预测在内的生态系统问题的研究。基于人工神经网络赤潮预报技术，建立了气象、水文环境等动力条件的赤潮统计预报模型，赤潮发生率的预报精度可提高到 33%。

（六）海水缺氧问题

近几十年来，科学家已开发各种海洋数值模式用来模拟和预测水体缺氧的机理、发展等相关问题，包括统计模型和动力模型。统计模型即基于观测资料建立溶解氧与其他水文化学要素的经验关系，通过监测其他要素的变化来预报水体溶解氧含量的变化。Greene 等（2009）利用多元回归模型来预报夏季墨西哥湾缺氧海域面积，并描述密西西比河的硝酸盐浓度和总磷浓度。Kauppila 等（2003）利用多元回归分析研究了波罗的海北部 19 个河口溶解氧含量、饱和率、叶绿素、营养盐、土地利用和流域地形之间的关系，建立了溶解氧含量变化的经验预报模型，发现底部水体溶解氧含量变化主要由流域植被覆盖面积比例和地形控制，此外与盛行风场的风区大小有关。动力模型是基于物理过程来预测溶解氧浓度，主要在于突出物理与生物相互作用对复杂的生态系统动力学的影响。日本使用一个3DCHEM 水动力和富营养化复合模型模拟了福冈湾夏季的缺氧现象，并用统计模式计算缺氧区在时空上的出现概率（Karim et al.，2002）。Hofmann 等（2008）通过建立一维模型来研究斯凯尔特河口的氮和碳收支，并估算了溶解氧的几个主要源汇过程，结果表明硝化作用消耗大量的溶解氧，是造成斯凯尔特河口底层水体缺氧的主要生化过程。Justić 和 Wang（2014）利用非结构化网格的有限体积海岸海洋模型（finite volume coastal ocean model，FVCOM）耦合经修正水质分析模拟程序模拟了得克萨斯州陆架处的缺氧的时空变化及其缺氧形成的机制。

统计模型能够对缺氧程度、空间范围和时间变化形成直观形象的认识，在一定程度上可以通过对其他要素的监测来预报河口缺氧区的变化，但其无法表达河口近岸的溶解氧动力过程，因此不具有定量分析研究缺氧动力过程和机制的功能。溶解氧动力模型能够较为完整地描述河口近岸生态动力过程，通过敏感性实验分析溶解氧含量对各生态要素和物理过程变化的响应。相比较而言，动力模型更符合现有预报的需求，也能更准确地切合预报区域的情况，而统计模型更多的是一种概率上的统计，有一定的借鉴意义，但是对预报能起到的作用不如动力模型大。

由于国内对缺氧现象的研究起步较晚，还处于比较初级的阶段，利用生态模型对缺氧机制的研究还没有较好地展开，目前还没有专门为缺氧预报而开发的业务化的生态动力学数值预报系统。受观测资料少而零散、海洋环境认知不足等因素的影响，我国目前的海洋生态环境预测能力总体上较低，数值预报技术的业务化水平有待提高。

（七）海上溢油的应急响应

目前，中国溢油的预报海域范围主要为中国近海，大部分海域为二维溢油业务化预报，其中渤海区域为三维溢油业务化预报，正在向中国近海全海域发展三维溢油预报模型。三维溢油数值模拟采用"油粒子"模型，通过改进模型中垂向运动模拟方法，考虑海流、海浪、浮力及湍流对溢油的垂向分布作用，将溢油数值预报模型同三维海流预报系统、海面风场预报系统相衔接，从而实现了三维溢油漂移扩散运动的模拟。溢油模型可对海面油井平台瞬时或者连续溢油、海面航行油轮连续溢油、海底沉船连续溢油、海底输油管道连续溢油、提取卫星图片中油膜形态和油膜位置等多种不同溢油源类型开展数值预报。数值预报包括溢油未来漂移轨迹及搜寻范围短期预报，预报要素包括溢油漂移轨迹、扩散范围、影响海域、影响岸线、登陆岸线及时间、溢油浓度分布情况、残油量等，短期预报时效为 2~5 天。通过将检验结果与实际案例对比来看，24 小时内溢油路径预报偏离角度不超过 20 度。

（八）海上危化品泄漏的应急响应

国内关于污染物扩散模型的研究发展较快。欧剑等（2008）为了模拟胶州湾四方港区工程实施前后点源污染物的分布情况，建立了动边界的平面二维水动力、污染物扩散数值模型，数值求解采用 ADI（alternative direction implicit，交替方向隐式）方法，研究发现工程实施后，研究水域水质超标面积略有增加。但由于海水运动速度随深度变化，同时海水还存在着垂向运行，而二维数值模型无法反映这种情况。因此，研究学者开始建立三维数值模型来研究污染物在三维空间上的分布情况。张存智等（1997）利用 ADI 法模拟了大连湾潮流场及污染物浓度分布，建立了污染源输入与纳污水域响应的数值模型；曹颖和朱军政（2009）基于 FVCOM 建立了象山港三维潮流数值模型，同时基于有限体积法开发了一个三维对流扩散模型，用于模拟污染物质的扩散输运过程，呈现了象山港海湾污染物扩散浓度的三维结构特征。闫菊等（2001）基于三维潮流模型，以保守污染物化学需氧量为例，建立了污染物输运的对流扩散数值模型，对胶州湾的化学需氧量污染物进行了时空分布特征的模拟，结果与实际观测资料符合良好。万修全等（2003）采用曲线网格技术，将 ECOMSED（estuarine, coastal and ocean modelling system with sediments）模式应用于胶州湾的潮流和污染物化学需氧量的稀释扩散研究，建立了一个三维保守污染物化学需氧量输运的对流扩散数值模型，对胶州湾的 M_2 分潮和化学需氧量污染状况进行了模拟研究，发现胶州湾湾内化学需氧量浓度东部比西部高，湾口外的化学需氧量浓度等值线呈舌状分布。王辉等（2012）针对 2011 年 3 月 11 日地震和海啸引发的日本福岛核电站放射性污染物泄漏事件，利用 ROMS（regional ocean modeling system，区域海洋模型系统）模式对北太平洋海洋环流进行了模拟，并在该海洋环流数值模拟结果基础上，对核泄漏物质在海洋中的输运过程进行了 10 年的中长期模拟和预测。国家海洋环境预报中心在"十一五"期间开展了海上突发事故应急技术研究，推动了海洋可溶性污染物输运扩散模式系统的业务化应用，在应对日本核电站事故产生的放射性污染物应急预报中发挥了重要的作用。

（九）海岸侵蚀

海岸侵蚀一般用岸线变化速率和岸滩下蚀速率进行表征，经过科学家多年的工作，目前，在岸线变化、岸滩下蚀等数据观测和获取、数据处理、模拟和预测方面取得了诸多进展。国内对岸线变化的研究基本上集中在一线模式。准确地获取岸线变化的资料是管理和研究海岸侵蚀的关键性工作。传统的资料获取方法可以在精度上有保证，但费时费力，而且得到的资料量有限。遥感技术的发展为迅速、动态、全面地取得岸线资料提供了新的技术手段。在研究中，以有限的历史岸线资料来估计岸线变化的趋势时，还应认识到这些资料的局限性，将潜在的重大错误最小化或避免。数学模型是研究岸线变化较理想的工具。它不存在尺度效应，改变模型的参数容易实现，花费少，节省时间，且在合理考虑各种因素时，其结果可以达到相当高的精度。

（十）海洋灾害引发的搜救应急响应

鉴于海上搜救事故具有突发性、地域不确定性等特点，海上搜救应急预报实行全年 8 小时/日制，24 小时应急电话待命，做好随时应急的充分准备。搜救应急期间 24 小时在岗应急，落实主、副班联合值班，领导带班制度。我国目前的海上搜救应急响应时间为 30 分钟，即从获得海上搜救事故的时间和位置信息起，30 分钟内即可制作完成搜救应急预报单。

我国海上搜救的预报海域范围主要为我国近海，同时具备北太平洋、印度洋，甚至全球搜救的应急预报能力，海上搜救目标主要为海上失事船只及落水的人员、救生筏等，此外，对于发生在海上的其他突发事故可开展针对性的海上目标。例如，坠落于海上的失事飞机残骸、海上货轮运输物体如落水的集装箱、极地清水区中威胁"雪龙"科考船只的冰山等的漂移预测。预报手段以数值预报和经验预报相结合的综合预报为主。目前主要的数值预报方法包括两种：第一种是国家海洋环境预报中心自主研发的 NMEFCSAR（National Marine Environmental Forecasting Center Search and Rescue Model，国际海洋环境预报中心搜救模型）搜救漂移计算方法（李云等，2011）。该方法通过对海上目标进行受力分析，对船舶（渔船）、落水人员等不同失事目标在海上的漂移情况进行分类，建立线性/非线性的漂移速度方程计算人/船舶（渔船）在风场、流场影响下的漂移速度。其中，对于船舶（渔船），非线性方程的预报精度较线性方程有明显改善；漂移轨迹计算采用拉格朗日粒子追踪方法，基于经典的龙格库塔四阶精度对方程进行求解，计算海上目标的未来漂移轨迹、速度、方向及搜寻范围等。第二种是基于国际上流行的海上搜救目标漂移轨迹模型 Leeway（Breivik and Allen，2008）。该方法考虑了海面风场对海上目标水面以上部分的偏移作用，将海上搜救目标漂移轨迹模型 Leeway 矢量分解为下风向和侧风向（左偏，右偏）分量，通过实测数据的统计分析，得出了海上搜救目标漂移轨迹模型 Leeway 下风向分量和表层 10 米风速之间有显著的线性关系，据此建立了海上搜救目标漂移轨迹模型 Leeway 计算方程，针对海上目标进行分类并积累了 63 种漂移参数，漂移轨迹计算同样采用拉格朗日粒子追踪方法，计算海上目标的未来漂移轨迹、速度、方向及搜寻范围等。目前，数值预报结果误差基本能达到实际业务需求，但由于其极大依赖于海面 10 米风场、表层流场的数值预报结果，风场、流场数值预报误差的输入会使海上搜救应急预报的结果产生较大误差，搜救事故区域通常是小区域事件，对风场和流场数值预报精度要求较高，在极端天气情况下，台风位置的预测稍有偏差都可能导致预报风向完全相反，从而导致搜救漂移方向的完全相反。因此，在实际的海上搜救应急工作中，通常采用数值预报和经验预报相结合的综合预报开展预测，即预报员输入不同海流及风场预报系统驱动搜救模型，得到多个搜救数值模拟预报结果，同时结合现场实况风流情况开展的经验预报结果，对所有预报结果进行综合研判，对外发布更为科学合理的集合预报产品。

目前的搜救应急预报产品预报内容更加丰富，从传统的搜救漂移轨迹预报，发展为包括搜救海域海洋环境预报、搜救漂移轨迹预报、建议搜寻范围预报等内容的预报产品，并根据实际应急工作需求，开发了搜救溯源轨迹分析产品；产品形式更加贴合现场搜救部门的需求，目前产品形式主要是基于地理信息系统软件，集成显示多源数据的搜救数值预报结果，结合经验预报给出搜救集合预报产品；发布方式增加了网站、电视、微博、微信等新媒体方式。

二、存在的主要问题

我国已经建立了一系列海洋数值模拟与预报系统，并具备一定的自主研发能力，拥有我国独特的地域和技术特点，其中海浪、海流等要素的数值预报系统在计算分辨率和预报时效方面与国际主流预报机构相当，形成了全球—大洋—近海—近岸的分级预报格局。但与国际先进水平相比，我国在海洋灾害预报预警能力发展方面还存在以下主要问题。

（1）海洋观测资料的综合应用能力不足。完善的数值预报系统离不开准确的初始场和强迫场，数值预报结果的业务应用离不开观测资料的订正和结果的解释应用，而数值预报技术的发展离不开长期的客观检验评估。目前，高时空分辨率的卫星、岸基雷达、Argo 浮标等观测资料未能得到有效应用；全球及区域海洋资料同化系统还不完善；多源数据融合及同化研发相对落后。

海洋温度、盐度、流场等观测数据资料不足，生态要素的观测更远远不够。我国在赤潮（绿潮）的预警预测和防灾减灾研究方面仍有很多问题亟待解决，与发达国家相比仍存在不小差距。虽然近年来我国海洋生态数值模型研究有了迅速发展，但受观测资料少而零散、海洋环境认知不足等因素的影响，我国目前的海洋生态环境预测能力总体上较低，数值预报技术的业务化水平有待提高。原国家海洋局在我国近海设立了 70 余个海洋监测机构和 30 余个赤潮监控区，在赤潮多发期（每年 4~10 月）及频发海域，利用多种手段对赤潮发生情况开展连续监控，及时掌握全海域赤潮发生动态，并在赤潮监控区内开展了常规监测和应急监测工作，已经取得了大量的监测资料。但与美国、日本相比，我国虽然有定量数据库和快速数值模式，能够保证快速应急警报，但灾害预警反应时间还是慢于美国、日本，预报预警平台无法完全实现自动化，灾害预警应急能力有待进一步提升。

（2）数值预报模式关键技术有待突破。考虑多过程、多要素耦合等复杂物理过程的数值预报系统刚刚起步。例如，大气、海洋、海底等界面物理过程和风暴潮、海浪、径流、潮汐等物理要素是近海海洋数值预报的难点。大气-海洋-海冰耦合的一体化预报技术及业务化应用、大区到小区的异模式网格嵌套技术、考虑溢油风化及现场处置方法情况下更好地对现场溢油漂移扩散情况进行模拟预测等。另外，赤潮（绿潮）等海洋生态灾害的致灾机理研究也需要进一步加强，如赤潮成灾机理研究仍然是一个难点和热点，不同赤潮灾种生物其生成机理各有不同，涉及的影响因子繁多复杂，成灾机理需要深入而持久的研究。

（3）海洋数值预报的释用和统计预报有待加强。存在重数值模式研发，轻数值预报产品释用的情况；海洋灾害预报缺乏有效的客观定量预报和概率预报方法。例如，海上危化品这类针对目标较强的预报，目前仍以单一物理要素为依据对污染物输运扩散进行预测，尚没有形成危化品污染物性质参数数据库，突发污染物溢漏事故的业务化数值预报能力较低，受污染源项评估及海洋污染观测资料少等约束，需要及时的海洋环境及污染源监测信息，如污染物质的性质、溢漏发生的日期、持续时间、位置、面积等用于数值初始条件配置，缺少实时性高的现场观测监测数据，对危化品污染输运扩散业务预报方法进行改进及数值预报系统进行有效验证，数值预报技术的业务化水平有待提高。同时，缺乏形式多样、具有针对性的预报产品，高效的信息产品传递网络尚未建立，无法很好地满足国家、地方政府和公众的多方需求。

（4）研发力量分散，模型自主研发的系统性及可持续发展水平有待提升。目前海洋局、气象局、大专院校、科研院所均有开展海洋灾害预报预警技术研究或预报系统建设，但是不同部门间的研究成果缺乏有机整合，研究成果不能较好地应用到业务化预报预警中，不利于预报预警水平的整体提高。尽管我国自主研发了一些风暴潮、海冰和海啸数值预报模型，但自主研发的人才梯队和研发团队尚未形成，研究成果缺乏可持续性。预报系统中大气、海洋等主要模式对发达国家的依赖性强，缺乏独立自主研发的核心模块。此外，全国层面上缺乏统一的检验和交叉对比标准，导致所建立的预报系统的预报技巧难以合理评估。

（5）需要建立及时准确的预报预警业务化系统和公开、透明、高效的信息共享机制。以赤潮（绿潮）预报为例，目前我国的预报主要仍以气象、海温、海流等单物理要素为依据进行间接预测，虽然近年来我国海洋生态数值模型研究有了迅速发展，但没有专门为赤潮（绿潮）预报而开发的业务化预报系统，此外，实时和历史监测数据还存在明显滞后，这给预测赤潮（绿潮）特别是有毒藻华的发生、预报的准确性和稳定性及后报检验都制造了不小难度，预报精度难以提高，这必然会严重制约赤潮（绿潮）等海洋生态灾害预测预警工作的进一步开展。

（6）全方位、覆盖广、效率高的海洋灾害应急救助响应机制需要加强。以海上搜救为例，海上历史搜救事故信息收集困难，海上历史搜救事故信息对于验证、改进我国的海上搜救预报水平有重要作用，尤其是恶劣海况下的事故信息。国内大部分海洋预报机构在开展搜救目标漂移路径预测时，仍然把搜救目标作为一个简单的质点开展模拟预测，但直接计算得出的单点漂移轨迹无法满足搜救部门的需求，海上搜救预报的准确性有待提高。在实际的搜救应急预报工作中，短期的海上搜救海域较小，而海上环境场的预报分辨率对该海域分辨率不够，影响搜救预报的准确性，海上搜救预报技术的精细化水平有待提高。目前，国内用于检验海上漂移预报结果、确定海上漂移参数的海上漂移实验数据较少，观测质量参差不齐，漂移物信息记录不全，海上漂移实验开展得较少。在实际搜救应急预报工作中，由于海上搜救事故的突发性特点，预报产品的内容及形式不能完全满足搜救部门的需求，海上搜救预报产品的针对性及易用性有待进一步改进。

（7）建设海洋灾害风险评估平台。海洋环境风险评估研究较少，缺乏海洋环境预警和海上突发事故应急响应辅助决策支持平台。高效的信息产品传递网络尚未建立，无法很好地满足国家、地方政府和公众的多方需求。目前海洋环境分析、预报信息产品以水文气象为主，缺乏形式多样、具有针对性的预报产品，特别是与社会经济发展、生命财产安全密切相关的分析、预报信息和产品。

（8）需要密切联系经济发展进一步拓展新领域、新思路。例如，随着深海资源的利用和开发，水层较深处的研究需要进一步加强，目前我国对深海的溢油预报研究相对较少，三维溢油预报在复杂海域内的业务化应用相对来说仍然不够成熟，不能满足日益提高的防灾减灾要求。另外，虽然随着观测技术和物理模拟技术的不断提高，人类对海岸物理过程和动力机制的认识在不断提高，但还没有一种数学模型可以对岸线及岸滩变化进行很好的刻画和模拟；虽然对各种海岸侵蚀影响因素影响的时空跨度进行了诸多研究，但除对工程建筑物对海岸侵蚀影响时空跨度的研究较为成熟外，对其余影响因素的研究多基于经验公式或概念模式进行估算；具体到某一岸段，定量地对各种影响要素的贡献大小进行排序，还处在探索阶段，在越来越强调人类活动对海岸环境影响的时代，如何从诸影响要素中分离出人类活动对海岸侵蚀的影响，仍将是今后研究重点之一；在灾害研究和管理越来越重视风险评价和风险管理的背景下，相对于海面上升等灾害风险评估的研究，海岸侵蚀灾害风险评估研究还没有得到应有的重视，相关研究并不多见。

三、与国外同类工作的比较

1. 自主模式研发及多要素、多物理过程耦合预报关键技术研究

国外发达国家及预报机构的业务化海洋预报模式基本为自主研发，且有固定的研发团队，通过用户反馈对模式进行持续的版本更新。耦合预报技术方面，如美国、英国、法国、瑞典、挪威等的海冰预报系统均考虑了大气-海冰-海洋耦合或者海冰-海洋耦合、ECMWF 的大气-海浪耦合预报系统等，多要素、多物理过程的耦合对海洋灾害现象的描述更加符合实际，大大提高了海洋灾害的预报精度。我国在风暴潮、海冰数值预报系统建设方面具有较强的自主研发能力，业务化应用的数值预报系统预报性能与国际主流预报机构水平相当，并且具有我国独特的地域和技术特点，风暴潮漫堤预报等方面甚至走在了国际前沿，但海浪、海流等预报模式的自主研发能力较弱，多依赖于国外模式。近年来，我国也开展了多要素耦合预报技术研发，如近岸浪-风暴潮-天文潮-洪水耦合预报、大气-海洋-海浪耦合预报等，但是尚未大面积推广使用。在海温、海流数值预报系统建设方面，目前数值预报系统主要还是以国外机构免费发布的数值模式为主，专注于自主模式的研发、掌握数值预报核心技术是接下来我国数值预报领域需要解决的问题，同时还需加强机构间交流、共同开发、成果共享等。

2. 预报不确定性及概率预报

国外机构强调对预报结果不确定性的评估，预报系统从确定性预报向概率预报不断拓展。美国、欧洲、日本等多个国家或地区机构除了开展确定性预报外，均已经开始或正在发展集合预报系统及概率预报产品的研发。例如，美国集合海浪预报系统、台风风暴潮集合预报系统、欧洲中心的集合海浪预报系统、英国台风风暴潮集合预报系统、日本台风风暴潮集合预报系统、瑞典海冰集合预报系统等。多年的应用表明，集合概率预报产品的预报技巧要高于单一确定性预报的预报技巧。在集合预报和概率预报方法研究方面，国际上海浪、台风风暴潮、搜救等有较多的工作开展，如多模式、多强迫场和随机扰动等集合预报方法的研究，已经启动了海浪等的业务化集合预报，预报时效长达 10 天以上。同时，开发了各种各样的集合预报产品。而我国在海洋集合预报方面仅处于开始阶段，尚没有成熟的业务化集合预报系统及概率预报产品。

3. 预报产品的针对性和预报系统的精细化

西方发达国家预报机构不满足于常规预报能力的提高，注意力开始转向更具

挑战性的海浪预报业务或开发新预报产品，如灾害性海浪警报业务、主导波破碎率预报。目前极端波动的预报方法研究是灾害性海浪预报研究的热点。Janssen（2003）、Mori 和 Janssen（2006）、Janssen 和 Bidlot（2009）以调制不稳定性理论为基础研究了极端波动（畸形波）的生成条件预报方法，并在 ECMWF 首先推出了极端波动（畸形波）生成条件预报。预报系统从全球、区域到近岸浅水区，分辨率逐步提高到几十米量级，针对特定区域的物理过程不断改进和完善。针对近岸区域的精细化海浪预报，部分国家，如美国制订了发展计划，除了预报传统的有效波高、波向和波周期以外，紧跟国际主流机构的发展趋势，近几年先后推出了极端波动（畸形波）生成条件、波陡、危险海况等的预报。海浪精细化预报方面，在有关项目的支持下，采用非结构网格精细刻画近岸复杂的岸线地形，也初步建立了重要海湾或河口区域的近岸精细化海浪预报系统，预报系统的最高分辨率达到 50 米，但是近岸精细化海浪预报缺乏顶层规划和设计，预报区域和预报产品的随意性较强。

4. 预报精度的客观、定量评估

世界气象组织及全球海洋数据同化实验（Global Ocean Data Assimilation Experiment，GODAE）科学计划设有"相互对比和验证工作组"，专门负责对加入此计划的海洋预报方法和预报结果进行交叉对比和近实时的评估，评估结果可供人们充分了解不同模式或预报系统的性能。但是国内预报精度的评估缺乏横向的比较，评估工作也均由建立预报系统的部门预报员开展，尚未建立客观分析系统，导致评估结果具有一定的主观性；而搜救溢油预报系统的评估常常因为缺乏实际观测资料难以开展。

5. 赤潮（绿潮）的预警预测和防灾减灾

我国赤潮（绿潮）预警监测业务能力还有待提高，浮标、船、站点、卫星等监测手段也需要大量推进。就赤潮遥感监测而言，我国的科研工作起步较晚，早期以科研为主，通过现场赤潮信息的报告，后报赤潮遥感信息的反演结果，缺乏现场的实际验证。1998 年第一次采用 NOAA AVHRR 数据现场获取了第一张赤潮卫星遥感分布图，并将信息及时发布到了国家海洋环境管理部门，得到了现场船舶应急监测和海监飞机的验证，开创了赤潮卫星遥感业务化应用的先河。其后将试点扩大到其他海区，取得了一定的效果。卫星技术的快速发展，赤潮遥感监测技术研发工作的不断深入，海洋水色卫星业的进一步深入发展，空间分辨率、光谱分辨率、波段数量、信噪比等大幅度提高，使得赤潮卫星遥感业务化工作的数据源进一步扩展，监测精度大幅度提高，监测时效也大幅度提高，监测范围相应扩展到全海域。但是由于我国近岸海域二类水体的复杂性，遥感反演要素的局地性非常强，需要进一步加强算法的研究工作，进一步提高监测精度，向更广阔的领域发展。

6. 海洋富营养化和缺氧

虽然近几年来我国海洋生态动力模型研究取得了较大的进展，但由于受海洋观测调查资料、海洋环境认知不足等因素的限制，至今尚未开展业务化的缺氧预报系统。而美国在数值预报方面已取得一定进展。通过政府机构与科研院所的广泛合作，针对墨西哥湾和切萨皮克湾两个缺氧最严重的区域开展监测、预报和研究。美国地质调查局负责全美河流湖泊的水质实时监控，提供长期的营养盐观测数据。路易斯安那州立大学负责对墨西哥湾缺氧区进行定点和断面的观测，观测要素包括与缺氧区相关的物理、化学和生物要素，如温度、盐度、溶解氧、浊度、光合作用的有效辐射百分比、浮游植物生物量。密歇根大学负责对墨西哥湾缺氧区开展数值预报。数值模型主要是基于 Streeter-Phelps 河流模型，用于计算释放有机物的点源下游溶解氧浓度。经过改进之后，模型可用于计算氮负荷变化对溶解氧浓度的影响。因此，可以利用硝酸盐排放负荷来预测当年的缺氧区规模，同时也可以倒过来计算缺氧区要缩小到特定规模需要减少多少硝酸盐排放。与监测结果比较发现，密歇根大学墨西哥湾缺氧区数值预报结果较为准确。

7. 海上危化品等特殊灾害的监测研究与应急处置

瑞典、挪威、芬兰等几个北欧国家对散化泄漏应急反应进行了深入的研究。荷兰国家水利局采用了一维输送、扩散模型对易溶化学品及悬浮化学物质进行了模拟，随后又考虑了溢漏点附近下游地区的横向扩散、盐度和不规则河堤对化学物质输运与扩散的影响。加拿大对油散化溢漏后的归宿和行为及对环境的影响研究开展得比较深入，模拟软件与地理信息系统相连，提供方便快捷的环境参数以供泄漏应急决策之用。丹麦水动力研究所（Danish Hydraulic Institute，DHI）开发的商业软件 MIKE 模型，具有很好的界面，能处理许多不同类型的水动力条件；此外，还有英国和中国香港共同开发的季节性三维综合水质模型、日本的 ODEM（Osaka Dagaiku Estuary Model，大阪大学海湾模型）、美籍华人陈长胜教授研究组开发的 FVCOM 等，在解决海洋、河口区域的水问题方面得到应用。危险化学品等泄漏进入水体后，即使是很低的浓度，也会危害海洋中的生态环境，所以对有害物质在水体中的迁移扩散过程的研究一直受到国内外学者的高度重视。国内外开展了一系列水环境中污染物迁移转化的数学模型研究，提出了有效的理论模型和计算方法。基于先进的数学模型，建立高分辨率的污染物输运扩散预报系统，对海上泄漏危险污染物质的输运扩散趋势进行合理、可信的数值预报并将其结果进行直观的展示，为危险污染物质泄漏事故应急决策、海域环境影响评价、工程规划管理提供有效的判断依据，降低危险污染物质泄漏事故对海洋生态环境造成的破坏。污染物水体扩散的一维、二维水质模型比较成熟，高分辨率的二维稳态模型已经出现，三维模型也有较大发展。尽管如此，用于污染物扩散的模型仍需要进一步发展。

8. 我国对于海岸侵蚀、海水入侵、土壤盐渍化和水土流失等缓发型地质灾害的监测预报才刚刚开始

目前，我国基本掌握了海洋地质灾害的现状、问题和变化趋势，但对于海岸侵蚀、海水入侵等海岸带独有的缓发型地质灾害的监测预报系统尚未开始构建。目前，美国和欧盟的一些发达国家等，针对海岸带的主要地质灾害，建立了长期、周期性的计划。例如，美国大多数州规定，岸线及海岸带调查以 8 年为周期；欧盟建立了海岸侵蚀、海水入侵数据库，并保持定期更新。相比而言，我国尚无海岸带长期和周期性的调查与评估规划，给海岸带防灾减灾带来诸多数据上的限制。全国性海岸带地质灾害调查与监测，调查标准与监测网络尚未正式形成，预警体系更未建立。

9. 应对海洋灾害的搜救与援助

纵观国际海运发达国家的海上搜救系统现状，应用搜寻理论、基于数值模拟方法和地理信息系统技术、利用计算机辅助搜救计划和决策是现有系统的主要特点，并且海上搜救预报方法均采用了 Leeway 方法计算海上目标物受风影响的漂移运动。Leeway 方法的研究始于第二次世界大战（Pingree，1944），积累的漂移物参数达 63 种。这些成果为美国国家搜救手册（National Search Manual，NSM）和美国、加拿大海岸警卫队搜寻计划工具提供了科学的搜救指导。国外在海上漂移观测数据的测量方面有丰富的经验，先后基于间接和直接的方法对 leeway 进行观测（Allen，1999），并对海上漂移实验的开展进行了规范（Breivik et al.，2011），为搜救预报技术的发展提供标准、可靠、高质量的海上漂移实验观测数据。此外，国外的搜救预报系统均考虑了事发时间和事发位置的不确定性，通过增加初始扰动，确定搜寻范围，提高搜救准确率。目前，与海洋发达国家相比，我国海上搜救预报环境保障能力还需进一步提高，不但搜救预报技术的研究起步晚，而且在海上漂移实验观测、漂移预报技术、漂移预报在搜救计划中的应用等方面均存在一定差距，搜救预报精度、产品针对性和易用性等方面难以满足我国快速发展的海上活动安全保障需求，成体系的业务化保障能力亟待提高。

10. 海洋防灾减灾的应急管理

国外发达国家一直提倡参与主体多元化、危机应对网络化、合作协调区域化。美国建立了联邦与州的整体联动机制，并鼓励公民以团体形式参与，提高公民的志愿服务水平、环境保护意识和危机防范意识；日本建立了市民自主应急组织和企业自身应急体系，环境突发事件一般由居民、企业、NGO（non-governmental organization，非政府组织）、NPO（non-profit organization，非营利组织）在内的社会团体协助政府联合应对。我国的应急管理工作基本都是政府牵头，基层社会团体应对环节较为薄弱，没有建立起稳定的社会团体与政府联合应对体系，公众广泛参与较少，环保意识和环境突发事件的应对意识与发达国家相比还存在较大差距。积极引导和提高公众参与意识，建立多元化、网络化、区域化的应急管理体系是我国海洋环境应急管理工作的当务之急，也是衡量我国应对海洋环境灾害能力的重要标准。因此，我国迫切需要在开展赤潮（绿潮）发生机理的综合性研究与多元立体监测基础上，结合经验预测、统计预测和模型预测等多种预测技术手段逐步建立起综合预报预警业务体系。只有以准确的监测信息和预报预警信息作为参考，海洋环境管理者才能采取合理的防灾减灾措施，高效地组织协调全社会共同应对赤潮（绿潮）灾害。

第四节 未来 5~10 年的海洋灾害监测预警发展战略和关键技术突破

一、加强海洋灾害致灾机理研究

加强风暴潮、海浪、海冰、海啸等海洋灾害的发生机理和发展规律研究，重点加强海洋灾害变异及对气候变化的响应机理、不同海洋灾害之间的相互作用机理、海洋灾害对结构物的作用及破坏机理研究。

以海洋生态灾害为例，赤潮成灾机理研究仍然是一个难点和热点，不同赤潮灾种生物其生成机理各有不同，涉及的影响因子繁多复杂，成灾机理需要深入而持久的研究。绿潮也是一种复杂的海洋生态异常现象，发生的原因也比较复杂，其与诸多环境因子关系具有高维非正态、复杂性、非线性等特点，导致其定量分析、预报的难度很大。绿潮在我国的频发是 2007 年以后的事情，绿潮生态学作为一门交叉学科，覆盖了物理、生物和化学等诸多学科，它的发展和完善必然有赖于所有这些学科的发展和完善。绿潮生态学研究还不成熟，基础理论研究还需不断深入。另外，生态灾害中海洋缺氧区的形成是一系列自然和人为因素共同作用的结果，缺氧的存在和缺氧程度的恶化，必然会严重威胁生态系统的健康，对沿海地区的水产养殖产业造成重大的经济损失。缺氧的研究涉及的学科众多，覆盖了生物、化学和物理等诸多学科，它的发展应强调学科间的交叉、渗透与综合。目前，国外在缺氧形成机制、生态效应、影响因素及防治等方面的研究更加成熟，国内对缺氧的研究比较落后，各个方面的技术有待提高。纵观我国缺氧研究的发展历史和研究现状，其未来的发展趋势应加强定量分析物理及生物化学过程对缺氧现象的影响。河口水体底层的缺氧现象是物理过程和生化过程综合作用的结果，物理过程调控着生物化学过程，这两者都是缺氧形成的必要条件，缺一不可。但在不同河口及近岸海域，两者的贡献有所不同。定量估算各物理过程、生化过程对溶解氧收支的贡献，找出导致缺氧的主导因素，有助于加深对缺氧形成机制的理解，为未来制定有效的治理方案提供科学依据。

因此，未来需要加强海洋基础观测数据的优化配置利用，夯实海洋物理化学过程研究，深入开展海洋灾害成灾机理研究。

二、加强海洋观测数据获取、处理、再分析能力和现场观测能力

积极推动海洋观测能力建设，着重加强海气边界层、海洋二氧化碳、海洋生态、海底地震、极地气象和海冰的现场观测能力，为开展海洋环境预报预警研究及结果检验评估提供第一手资料。

完善卫星和地面数据传输网，提升数据传输能力和稳定性，按照不同观测要素、时段建立海洋实时观测数据库，建立多源数据一体化实时监控系统，提高实时数据管理水平。提高多源海洋观测资料同化分析应用水平，重点探索卫星遥感资料、近海及 Argo 浮标、地波雷达资料的同化技术，建立和完善海洋监测和观测系统，还可利用声学技术调查、船舶调查、浮标调查、岸基调查和航空调查，更好地监测海洋相关要素，包括物理、化学、生物要素，建立覆盖不同预报海区、多时间尺度、多要素再分析数据集和产品库。巩固国家海洋环境预报中心在全国海洋实时观测数据中枢的地位，联合加强地区台站的协调与配置。

以灾害性海浪为例，发展基于卫星遥感、浮标、雷达、志愿船和常规观测站点的多源观测资料数值预报同化技术，发展数值预报产品释用技术和方法体系，提高数值预报准确性和可用时效。研制基于集合最优插值技术的卫星高度计有效波高同化模式和基于三维变分技术的海浪谱同化模式，进一步提高海浪预报初始化水平。利用同化技术，同化卫星高度计、浮标、海洋站、地波雷达等多源海浪观测资料，建立西北太平洋海浪波高的再分析产品，发布中国近海各海区多年一

遇的特征波高分析产品；研发定点海浪数值预报释用技术。

以海冰灾害为例，发展多源多参数海冰卫星遥感资料分析产品，建立包括飞机、船舶、雷达、海洋站等观测资料的海冰资料同化系统，有效提高数值初始场精度，开展海冰数值预报产品在海洋石油开发和工程设计中的释用研究；将同化方法应用于渤海和黄海北部海冰–海洋耦合模式中，进行历史冬季海冰季节演变过程模拟及海冰初始场同化数值预报试验。延长预报时效和准确率，逐渐由现在的3~5 天延长到 7 天以上。建立海洋数值预报产品客观评估方法和体系，推进预报产品的客观评估。

在我国海洋环境监测部门和海洋环境预报部门之间逐步建立起高效的数据信息共享服务平台，实现基础监测数据的实时高效传输和预报预警信息及时准确公开发布，实现综合数值预报预警体系的常态业务化。同时，继续提升全方位的海洋环境监测能力，实现全海域监测覆盖能力，在重点监控区利用多种监测手段开展连续监控，及时掌握全海域灾害的发展动态，并进行及时完备的海洋灾害风险评估。

三、加强近海（岸）海洋灾害预报预警能力

在海洋灾害频发区示范开展各类海洋灾害近海精细化数值预报系统建立。采用并行计算等先进技术提高精细化预报计算效率，提高海洋灾害应急响应速度。推进多模式–多初始场等集合预报技术应用，提高数值预报结果的准确度。不断提升海洋灾害应急分析预警能力，通过提高海洋观测资料的监视和分析能力，结合精细化数值预报技术，在重大海洋灾害影响我国近海期间开展 3~6 小时短时临近预报，为沿海政府灾前及灾中应急管理工作提供决策支撑。

发展多要素和多物理过程耦合的综合数值预报系统，建立天文潮、风暴潮、近岸浪、径流、泥沙等多要素物理过程耦合的风暴潮和海浪数值预报系统。开展近岸海浪传播变形的物理机理及其与结构物相互作用的研究，为海浪风险评估提供支撑。研究气–冰–海界面通量等热力学参数化方案，开展渤海–黄海北部海冰–海洋耦合模式业务化预报。

探索发展集合预报、概率预报等先进预报手段。开展海流、海浪数值预报不确定性研究，研制集合背景场驱动或多模式集成的浪流集合预报系统。通过优化资源配置建立集合浪流预报系统，研发概率预报、集合平均及离散度等集合预报产品并业务化对外发布。

在近岸精细化海洋灾害预报系统建设方面进行统一的规划和部署，建立覆盖整个中国近岸区域的分区域精细化预报系统。吸收国际上先进的非结构网格、自适应网格技术等先进技术，建立近岸—近海—外海逐级嵌套的综合预报系统，研

制精细化近岸数值预报产品，其中近岸最小分辨率为 100 米。在海冰预报上，以海上平台附近海域为示范区，基于高分辨率卫星遥感资料，建立网格分辨率为 100~500 米的小区域高分辨率海冰预报模式，集合冰密集度、冰厚和冰速等预报要素，提供冰激振动预报产品。

四、加强海啸等重特大灾害的预报预警能力建设

未来十年，随着我国综合国力的增强及海外发展战略的有力推进，有必要开展全球和区域地震海啸监测预警技术的研究和业务应用，建立并完善地震海啸监测网、海啸预警系统和海啸减灾系统，提高我国及邻近海域、全球大洋的地震海啸监测、分析和预警能力，为我国沿海地区、南中国海周边国家，以及我国海外战略支点和利益延伸区提供快速的海啸预警信息服务，主要体现为以下几个方面的能力建设。

地震和海啸监测能力：地震和海啸监测是海啸预警的基础，重点加强全球重要俯冲带地震和水位深海监测技术、基于全球导航卫星系统（global navigation satellite system，GNSS）的强震及板块运动监测技术和海面波高监测技术的研发，提升深海大洋观测设备制造水平，发展基于上述监测系统的实时海啸源机制反演和沿岸海啸预警技术，使得海啸预警空报率由现在的 70% 下降到 20%，重大海啸预警时效缩短至 5~10 分钟。在南海、琉球海沟东部、台湾东部等具备地震海啸潜在风险的关键海域新布放海啸监测浮标，并与全球海啸浮标观测网联网运行，可有效监控日本南部海槽、东海琉球海沟、冲绳海槽、中国台湾南部至巴士海峡、马尼拉海沟的地震海啸波动，可为南中国海区域周边各国、中国东部及华南沿海提供预警疏散时间。

海啸预警服务能力：通过拓展与东盟、印度洋和太平洋沿岸国家的交流合作构建全球及重点区域海啸监测预警系统，加强海啸高风险区资料共享力度，凸显我国在国际区域防灾减灾中的科技、业务领先水平和大国地位，为实现我国"一带一路"海外发展倡议提供相应的保障和服务。

海啸减灾能力：开展地震海啸灾害的形成机理、发生规律、时空特征、损失程度等研究和分析，制定海啸灾害风险评估体系及相关标准规范，制定核电站等沿海重大工程风险隐患排查技术导则，加强风险隐患排查工作。通过资料整编和利用，完成我国沿海潜在海啸影响区域的重点县（市）的海啸风险评估与区划工作，完成上述重点县市的海啸灾害淹没图和应急疏散图编制工作。对已建和在建的部分沿海核电站、化工企业、大型产业园区等开展风险排查，摸清我国沿海潜在海啸影响区域的重点大型工程风险及隐患。

五、加强海洋生态灾害预警体系建设

在对风暴潮、灾害性海浪、海冰等灾害认识和研究的基础上，拓展海洋生态灾害预报。虽然近几年来我国海洋生态动力数值模型研究取得了较大的进展，但由于受海洋观测调查资料、海洋环境认知不足等因素的限制，至今尚未开展业务化的预报系统。我国应该进一步加强缺氧区海洋生态模型研究，开发业务化的缺氧生态动力学数值预报预警系统，提高近岸海洋生态灾害预警技术和风险评估能力。

需要加强近海近岸精细化海洋生态环境预报技术研究，特别要攻克物理-化学-生物耦合的生态动力学模型预测技术，开展赤潮（绿潮）发生机理的综合性研究与多元立体监测，综合运用物理和生态环境要素初始扰动分析技术、物理-生态耦合业务化数值预报，以及海洋生态环境预报释用方法，开发研制海洋生态集合预报系统，尝试实现具有实用价值的定时、定点、定量预报目标。结合经验预测、统计预测和模型预测等多种预测技术手段逐步建立起海洋生态灾害综合预报预警业务体系，保障我国海洋环境的生态安全。

在海洋生态灾害预报方面，美国对海洋缺氧预报进行过多年的研究，以《赤潮和缺氧研究控制法案》作为总的原则，美国 NOAA 负责全盘战略制定和统一协调，美国国家环境保护局、美国地质调查局等政府部门，密歇根大学、路易斯安那州立大学等科研机构通力合作完成。事实上不止这项工作，在很多领域我们都可以看到美国都是法律和战略规划先行。我国可以借鉴这种思路，在海洋缺氧区研究领域上，站在战略高度上制定全盘规划，以核心部门牵头，然后引入多部门、多机构的合作，共同解决我国近海缺氧等生态灾害问题。

六、加强应对海上突发性灾害的应急能力

随着海上航道的密集及海洋开采的升级，海上溢油成为主要的海上突发性灾害，应对这类灾害，需要加强溢油应急预报服务能力，提高预报精度。溢油数值模拟预报技术的研究已经有较长时间的历史，未来的趋势更注重溢油数值模拟在实际溢油应急处置中方便快捷及准确应用。一方面，要加强溢油数值预报系统同现场信息获取之间的衔接，如利用卫星和航空遥感图片快速识别溢油环境敏感资源并快速数字化进入溢油系统，实现地理信息系统环境敏感资源图与溢油模型快速动态耦合，实现溢油污染快速评估与风险预警等；另一方面，增加现场处置对溢油漂移扩散影响的考虑，如在采取了消油剂、围油栏等现场处置措施后，考虑溢油漂移扩散规律及物理过程的改变等，更好地为现场下一步清污防污方案提供

技术支持。目前针对海面溢油和较浅海域的水下溢油都有比较成熟的预报系统和软件。而随着经济的发展，近海资源越来越短缺，人们逐步将目光放向深海，深海石油的开采必将成为未来能源的一种重要来源，同时深海开采发生事故的风险更大，深海高压、低温的特殊环境下的预报是将来溢油应急预报发展的一个趋势。

从长期来看，海上溢油应急预报的发展主要有：①高分辨率、高精度的溢油预报模型。海上溢油的运动主要受风、流的影响，风流场的预报精度直接决定溢油漂移结果预报的精度，因此在溢油预报中提高风流场的预报精度是关键，深海的三维溢油更需要准确的海流数值预报结果。②高性能并行计算。高分辨率、高精度就意味着计算量以指数倍增加，而溢油作为突发的应急事件，需要在最短的时间内对其做出反应，因此就需要高性能并行技术。将溢油模型改成并行版本可以大大提高计算速度。③物理过程参数化的完善。溢油在海上的许多物理过程还不能完全用数学方程描述出来，尤其像风化的许多方程都是半经验半理论的公式，尚不完善。对于物理过程参数化方案的优化需要大量模拟实验和模式检验评估反馈。④海洋卫星遥感产品等海上观测数据的充分应用。海洋观测的发展将为海洋业务化预报提供更加丰富准确的实时观测资料。海洋卫星遥感将发展成为海洋观测的主要手段。如何更好地将卫星遥感产品应用在溢油应急上是未来发展的一个趋势。同时如何充分利用海上风流观测数据（如开展同化技术研究），进一步提高溢油预报系统的预报准确率也是研究的长期发展方向。⑤考虑复杂现场情况下的仿真溢油漂移扩散模拟技术研究。随着科技的发展，现场应急处置措施也不断更新，考虑这些措施的情况下更好地对现场溢油漂移扩散情况进行模拟预测仍是个难点。例如，实际情况表明，用了消油剂之后，油粒子粒径变小，溢油运动规律发生明显变化；在采用围油栏之后，在现场风浪较大的情况下仍然会有油滴穿过围油栏漂移扩散到外面。因此，为了更好地为现场处置决策提供合理的技术支持，考虑复杂现场情况下的仿真溢油漂移扩散模拟技术研究也应该成为必然的长期发展方向。

另外一种主要的海上突发性灾害就是危化品的泄漏与扩散问题，在这方面的应急能力建设上，三维数值模拟将是研究工作的重点，更精确的海水流动模拟、分别针对不同理化性质的污染物的三维扩散对流模式、如何与污染物在扩散过程中的物理或者化学变化进行耦合、如何与生态动力学模型耦合以模拟出污染物对于海洋水体生态的整体影响等，将是未来研究工作中的重点方向。在海洋危化品污染输运扩散业务预报方面，构建具有丰富污染物性质参数数据库的数值预报系统，提高数值预报技术的业务化水平，同时，进行形式多样、有针对性的预报产品开发，特别是针对人民生活生产安全、与海洋环境保护密切相关的分析、预报信息和产品，提供国家、地方政府及公众多方需求的预报产品。

七、加强应对海洋灾害引起突发事件的搜救能力建设

快速、准确、有效的海上搜救预报应急保障能力，是我国海上搜救预报工作未来发展的主要方向，针对海上搜救预报保障能力的国内现状、存在问题及与国外的差距，在未来 5~10 年拟开展如下几个方面的工作。

（1）建立并完善预报部门与搜救部门的信息沟通机制。保障实时海上事故信息的及时获取、历史海上事故信息的搜集利用，建立海上搜救事故信息库，供预报员开展海上搜救工作参考及相关预报技术的研究。

（2）加强海上搜救预报技术研究工作。其包括海上搜救单模式集合预报技术研究、海上搜寻概率及搜寻范围研究、多源数据及多模型的集合预报技术研究、海洋环境要素对搜救漂移预报的影响研究等，以及开展海上目标的溯源研究工作。

（3）规范并加强海上搜救漂移实验的观测工作。制定海上搜救漂移实验标准规范，对实验的漂移物选择、数据观测方法、数据记录过程等进行规范，完善海上搜救预报模型的验证工作，提高搜救预报的准确性，此外，并以此扩充海上目标物类别，提高我国海上搜救事故的应急能力。

（4）提高海上搜救预报的精细化水平。提高海面环境场，包括风、流、浪等要素的数值预报结果分辨率及预报准确性，尤其是近岸海域的预报结果，并对搜救预报模型的计算方法进行改进与完善。

（5）提高搜救预报产品的针对性及易用性。加强对搜救部门所需预报产品的需求调研，坚持以需求为导向的原则，为每次海上搜救事故应急实时制作有针对性的产品，与搜救部门保持密切沟通，进一步提高预报产品在实际搜救过程中的易用性。

八、加强海洋灾害风险评估和区划工作

大力开展海洋灾害风险调查、分析和评估，并利用评估结果进一步探讨海洋灾害风险管理模式和预防措施，指导沿海政府在灾害高风险区开展防灾减灾工程建设（堤坝、排水设施）、规划紧急避难场所、合理进行土地使用规划等，减小或避免海洋灾害风险和造成的损失。加强海洋灾害承灾体的脆弱性研究和沿海警戒潮位核定方法研究。在我国沿海风暴潮等海洋灾害频发区开展试点评价工作，完成大比例尺风险区划图和淹没疏散图编制工作，为国家重大海洋工程进行灾害风险综合评价。

九、加强全球大洋海洋环境预报保障能力建设

加强全球大洋海洋环境数值预报能力建设，建立和完善大洋主要渔场、海上主要航线和北极航道的海洋环境综合保障系统，为我国远洋运输、渔业捕捞和军事活动提供预报服务。在吸收、消化国内外先进数值预报技术的基础上，推进具有自主知识产权的全球海洋三维动力数值预报模型的研发工作，在模型关键技术上力争取得突破性进展；大力发展全球多源海洋资料同化技术；加强极地海冰数值预报系统和长期变化趋势预测系统建设；改进并完善全球及其他海域海浪数值预报模型。大力开展数值预报产品的综合解释应用工作，提高对数值预报结果的检验订正能力，最大限度发挥数值预报的优势。

十、积极开展海洋领域应对气候变化工作

"十二五"期间，本着"立足国内、吸收引进、有所作为"和"依靠科技创新引领"的原则开展了一系列气候监测预测及分析研究。下一阶段将进一步加强海洋与大气相互作用和海气边界层研究，提升全球和区域短期气候预测能力，加强我国海洋灾害和海洋生态环境对全球及区域气候变化，尤其是 ENSO 演变的响应研究。努力提高对气候变化背景下极端气候事件和海洋快速变化的预测、预警、影响评价、适应对策和应急决策等灾害风险管理能力；评估极地海冰在全球及我国气候变化中的作用，开展极地气候、气-海-冰相互作用研究；开展中国海、大洋及极地二氧化碳时空分布特征研究，开展二氧化碳预测模式和全球气候预测模式的耦合研究。开展海洋领域应对气候变化相关领域的国际交流，积极参与气候变化领域大型国际合作项目，力争参与国际事务并争取海洋领域话语权。

参 考 文 献

白珊, 刘钦政, 李海, 等. 1999. 渤海的海冰. 海洋预报, 16（3）: 1-9.

白珊, 刘钦政, 吴辉碇, 等. 2001. 渤海、北黄海海冰与气候变化的关系. 海洋学报, 23（5）: 33-41.

包澄澜. 1991. 海洋灾害及预报. 北京: 海洋出版社.

曹西华, 俞志明. 2001. 有机絮凝剂在赤潮治理中的应用展望. 海洋科学, 25（5）: 12-14.

曹颖, 朱军政. 2009. 污染物三维对流扩散数值模型//中国海洋工程学会. 第十四届中国海洋

（岸）工程学术讨论会论文集（下册）. 北京：海洋出版社：1020-1025.

陈群芳，何培民，冯子慧，等.2011. 漂浮绿潮藻浒苔孢子/配子的繁殖过程. 中国水产科学，18（5）：1069-1076.

陈伟建，黄志球.2012. 我国海域溢油应急反应体系的现状分析与对策. 航海技术，（2）：63-65.

程明远.2011. 中外海上救助的比较与借鉴. 世界海运，34（12）：43-45.

丁怀宇，马家海，王晓坤，等.2006. 缘管浒苔的单性生殖. 上海水产大学学报，15（4）：493-496.

高建国.1982. 海洋灾害、大气环流和地球自转的关系. 海洋通报，（5）：1-6.

高建国.1984. 中国潮灾近五百年来活动图象的研究. 海洋通报，3（2）：9-19.

高姗，王辉，刘桂梅，等.2010. 南海叶绿素 a 浓度垂直分布的统计估算. 海洋学报，32（4）：168-176.

何恩业，王丹，黄莉，等.2015. 西太平洋副热带高压的变动对我国赤潮发生的影响分析. 海洋预报，32（4）：83-89.

何洁，刘鹏，张立勇，等.2010. 三种大型海藻吸收营养盐的动力学研究. 渔业现代化，37（1）：1-5.

贺鸿志，黎华寿，向文洲.2008. 影响赤潮的化学因素研究进展. 海洋科学，32（11）：69-73.

华泽爱.1994. 赤潮灾害. 北京：海洋出版社.

季荣，陈国华，胡雅蓓，等.1996. 流-风-波共存下溢油漂移的实验室模拟. 青岛海洋大学学报，26（3）：353-360.

季轩梁，刘桂梅，高姗.2013. 水母暴发因素及模型研究的现状和展望. 海洋预报，30（5）：84-91.

金梅兵.1997. 近岸溢油的全动力预测方法研究. 海洋环境科学，16（1）：30-36.

孔凡邨，阮巍.2004. 我国海上搜救管理体系探析. 水运管理，26（7）：22-24.

口英昭，山崎宗广.1985. 海上连续溢油的扩散. 交通环保，（2）：18-23.

李冰绯.2003. 海上溢油的行为和归宿数学模型基本理论与建立方法的研究. 天津大学硕士学位论文.

李道季，张经，黄大吉，等.2002. 长江口外氧的亏损. 中国科学（D 辑），32（8）：686-694.

李德，周亮，林东年.2009. 生态因子对缘管浒苔生长和孢子附着的影响. 现代渔业信息，24（5）：22-24.

李德萍，杨育强，董海鹰，等.2009.2008 年青岛海域浒苔大爆发天气特征及成因分析. 中国海洋大学学报，39（6）：1165-1170.

李瑞香，吴晓文，韦钦胜，等.2009. 不同营养盐条件下浒苔的生长. 海洋科学进展，27（2）：211-216.

李士虎，吴建新，李庭古，等.2003. 赤潮的危害、成因及对策. 水利渔业，23（6）：38，39，54.

李婷，徐安敏，孙成波，等.2010. 生态因子对缘管浒苔氮、磷吸收速率的影响. 热带生物学报，1（3）：197-201.

李燕，李云，刘钦政.2010. 浒苔漂移轨迹预报系统. 海洋预报，27（4）：74-78.

李燕，朱江，王辉，等.2014. 同化技术在渤海溢油应急预报系统中的应用. 海洋学报，36（3）：113-120.

李云，刘钦政，王旭.2011. 海上失事目标搜救应急预报系统. 海洋预报，28（5）：77-81.

梁舜华，张红标.1993. 大鹏湾盐田水域赤潮期间水质锰的变化规律. 海洋通报，12（2）：13-16.

梁宗英，林祥志，马牧，等.2008. 浒苔漂流聚集绿潮现象的初步分析. 中国海洋大学学报，38（4）：601-604.

林洪瑛，刘胜，韩舞鹰.2001. 珠江口底层海水季节性缺氧现象及其引发 CTB 的潜在威胁. 湛江海洋大学学报，21（S1）：25-29.

林元烧. 1994. 光亮裸甲藻的生长特征研究. 厦门大学学报（自然科学版），33（4）：525-531.

零建广. 2003. 海上搜救存在问题及对策. 珠江水运，（2）：21-22.

刘桂梅，李海，王辉，等. 2010. 我国海洋绿潮生态动力学研究进展. 地球科学进展，25（2）：147-153.

刘浩，尹宝树，林建国. 2004. 海面溢油对流扩散的反向计算. 海洋环境科学，23（2）：16-19.

刘钦政，黄嘉佑，白珊，等. 2004. 渤海冬季海冰气候变异的成因分析. 海洋学报，26（2）：11-19.

刘钦政，刘煜，白珊，等. 2003. 2002~2003渤海海冰数值预报. 海洋预报，20（3）：60-67.

刘文通，张洪芹. 1992. 漂流卡与原油膜漂移速度的实验研究. 海岸工程，11（1）：13-18.

刘晓东，卢磊. 2007. 长江感潮河段码头油污染事故风险影响预测. 环境科学与技术，30（5）：58-60.

刘英霞，常显波，王桂云，等. 2009. 浒苔的危害及防治. 安徽农业科学，37（20）：9566-9567.

刘煜，刘钦政，隋俊鹏，等. 2013. 渤、黄海冬季海冰对大气环流及气候变化的响应. 海洋学报，35（3）：18-27.

娄安刚，奚盘根，黄祖珂，等. 1994. 海面溢油轨迹的分析与预报. 青岛海洋大学学报，24（4）：477-484.

马家海，嵇嘉民，徐韧，等. 2009. 长石莼（缘管浒苔）生活史的初步研究. 水产学报，33（1）：45-52.

缪锦来，石红旗，李光友，等. 2002. 赤潮灾害的发展趋势、防治技术及其研究进展. 安全与环境学报，2（3）：40-44.

牟林，赵前. 2011. 海洋溢油污染应急技术. 北京：科学出版社.

欧剑，谷洪钦，王海清，等. 2008. 胶州湾点源污染物扩散的二维模拟研究. 水力发电，34（6）：13-15.

全先庆，曹善东. 2002. 赤潮的危害、成因及防治. 山东教育学院学报，（2）：87，88，91.

任姝彤. 2015. 中国近海突发性海洋灾害的特征分析与评分. 中国海洋大学硕士学位论文.

沈永明，倪浩清，赵文谦，等. 1992. 油-水两相湍浮力回流双流体模型. 力学学报，24（5）：546-555.

孙文心，江文胜，李磊. 2004. 近海环境流体动力学数值模型. 北京：科学出版社.

谈杰. 2003. 船舶油污损害赔偿法律问题研究. 上海海事大学硕士学位论文.

唐茂宁，刘煜，李宝辉，等. 2012. 渤海及黄海北部冰情长期变化趋势分析. 海洋预报，29（2）：45-49.

田千桃，霍元子，张寒野，等. 2010. 浒苔和条浒苔生长及其氨氮吸收动力学特征研究. 上海海洋大学学报，19（2）：252-258.

万修全，鲍献文，吴德星，等. 2003. 胶州湾及其邻近海域潮流和污染物扩散的数值模拟. 海洋科学，27（5）：31-36.

王长江. 2005. 渤海赤潮生态环境评价与非线性预测系统. 天津大学硕士学位论文.

王初升，唐森铭，宋普庆. 2011. 我国赤潮灾害的经济损失评估. 海洋环境科学，30（3）：428-431.

王丹，刘桂梅，何恩业，等. 2013. 有害藻华的预测技术和防灾减灾对策研究进展. 地球科学进展，28（2）：233-242.

王浩东，姚雪，池姗，等. 2012. 中国南黄海浒苔种群世代结构与生殖条件分析. 中国海洋大学学报，42（11）：46-53.

王红霞，陆斗定，何飘霞，等. 2012. 东海三叶原甲藻（Prorocentrum triestinum）的形态特征及其 ITS 序列分析. 海洋学报, 34 (4): 155-162.

王辉, 刘桂梅, 万莉颖. 2007. 数据同化在海洋生态模型中的应用和研究进展. 地球科学进展, 22 (10): 989-996.

王辉, 刘娜, 李本霞, 等. 2014. 海洋可预报性和集合预报研究综述. 地球科学进展, 29 (11): 1212-1225.

王辉, 刘娜, 逄仁波, 等. 2015. 全球海洋预报与科学大数据. 科学通报, 60 (5~6): 479-484.

王辉, 王兆毅, 朱学明, 等. 2012. 日本福岛放射性污染物在北太平洋海水中的输运模拟与预测. 科学通报, 57 (22): 2111-2118.

王吉靓. 2011. 海上溢油风险评价及应急响应设备的优化配置. 大连海事大学硕士学位论文.

王建伟, 阎斌伦, 林阿朋, 等. 2007. 浒苔 (Enteromorpha prolifera) 生长及孢子释放的生态因子研究. 海洋通报, 26 (2): 60-65.

王丽芳, 戴民汉, 翟惟东. 2007. 近岸、河口缺氧区域的主要生物地球化学耗氧过程. 厦门大学学报 (自然科学版), 46 (1): 33-37.

王喜年, 包澄澜. 1991. 海洋灾害及其预报. 海洋通报, 11 (5): 90-94.

王喜年, 叶琳. 1989. 中国大陆沿海的风暴潮及其预报. 海洋通报, 8 (2): 98-105.

王旭, 张占海, 吴辉碇. 2001. 赤潮的研究和预报. 海洋预报, 18 (1): 65-72.

王阳阳, 霍元子, 曹佳春, 等. 2010. 低温、低光照强度对扁浒苔生长的影响. 中国水产科学, 17 (3): 593-599.

王悠, 俞志明, 宋秀贤, 等. 2006. 大型海藻与赤潮微藻以及赤潮微藻之间的相互作用研究. 环境科学, 27 (2): 274-280.

吴洪喜, 徐爱光, 吴美宁. 2000. 浒苔实验生态的初步研究. 浙江海洋学院学报 (自然科学版), 19 (3): 230-234.

吴永成, 翁学传, 杨玉玲, 等. 1996. 胶州湾溢油污染研究. 海洋科学集刊, (37): 25-31.

吴中鼎, 钱成春, 孙芳. 2008. 海洋环境信息在海上搜救中的应用. 海洋测绘, 28 (5): 23-27.

武周虎. 1987. 不平静海面溢油的扩展、离散和迁移模型. 成都科技大学硕士学位论文.

武周虎, 赵文谦. 1992a. 海面溢油扩展、离散和迁移的组合模型. 海洋环境科学, 11 (3): 33-40.

武周虎, 赵文谦. 1992b. 伶仃洋溢油污染风险区划及防污染对策. 水利学报, (10): 42-47.

夏斌, 马绍赛, 崔毅, 等. 2009. 黄海绿潮 (浒苔) 暴发区温盐、溶解氧和营养盐的分布特征及其与绿潮发生的关系. 渔业科学进展, 30 (5): 94-101.

肖景坤. 2001. 船舶溢油风险评价模式与应用研究. 大连海事大学博士学位论文.

忻丁豪, 任松, 何培民, 等. 2009. 黄海海域浒苔属 (Enteromorpha) 生态特征初探. 海洋环境科学, 28 (2): 190-192.

徐洪磊. 2000. 海上溢油动态数值模拟的研究. 大连海事大学硕士学位论文.

徐雯梅. 2009. 我国海上搜救现状及建议. 水运管理, 31 (8): 35-38.

许畅仁, 陈进盛. 2003. 提高我国海上搜救水平. 中国水运, (3): 22.

许富祥. 1996. 中国近海及其邻近海域灾害性海浪的时空分布. 海洋学报, 18 (2): 26-31.

许富祥. 1998. 台湾海峡及其邻近海域灾害性海浪的时空分布. 东海海洋, 16 (3): 14-17.

许志远. 2007. 国家海上搜救能力评价及对策研究. 大连海事大学硕士学位论文.

闫菊, 鲍献文, 王海, 等. 2001. 胶州湾污染物 COD 的三维扩散与输运研究. 环境科学研究, 14 (2): 14-17.

严志宇, 殷佩海. 2000. 溢油风化过程研究进展. 海洋环境科学, 19 (1): 75-80.

颜云榕, 袁路, 安立龙. 2009. 南海资源利用与生态环境保护存在的问题及对策. 海洋开发与管理，26（11）：92-96.

杨桂山. 2000. 中国沿海风暴潮灾害的历史变化及未来趋向. 自然灾害学报，9（3）：23-30.

杨庆霄，赵云英，韩见波. 1997. 海上溢油在破碎波作用下的乳化作用. 海洋环境科学，16（2）：3-8.

杨小庆，沈洪道，汪德胜. 1996. 油在河流中传输的双层数学模型. 水利学报，（8）：71-76.

杨晓武. 2006. 中国海上救助力量状况分析研究. 中国水运（学术版），6（11）：29-30.

叶琳，于福江. 2002. 我国风暴潮灾的长期变化与预测. 海洋预报，19（1）：89-96.

叶属峰，纪焕红，曹恋，等. 2004. 长江口海域赤潮成因及其防治对策. 海洋科学，28（5）：26-32.

衣立，张苏平，殷玉齐. 2010. 2009 年黄海绿潮浒苔爆发与漂移的水文气象环境. 中国海洋大学学报，40（10）：15-23.

尹宝树，王涛，范顺廷. 1994. YW-SWP 海洋数值预报模式及其应用. 海洋与湖沼，25（3）：293-300.

於健，陈秋妹，张钢. 2007. 商船与渔船碰撞分析及预防措施. 青岛远洋船员学院学报，28（1）：4-6.

于波，汤国民，刘少青. 2012. 浒苔绿潮的发生、危害及防治对策. 山东农业科学，44（3）：102-104.

袁业立. 1992. 全动力油膜运动数值模式//冯士筰，孙文心. 物理海洋数值计算. 郑州：河南科学技术出版社：429-473.

袁业立，潘增弟，华锋，等. 1992. LAGFD-WAM 海浪数值模式 I 基本物理模型. 海洋学报，14（5）：1-7.

曾呈奎，张德瑞，张峻甫，等. 1962. 中国经济海藻志. 北京：科学出版社.

张朝贤. 2000. 赤潮的危害和预测预报. 海岸工程，19（2）：86-89.

张存智，窦振兴，韩康，等. 1997. 三维溢油动态预报模式. 海洋环境科学，16（1）：22-29.

张晋文，邓顺华. 2004. 前进中的中国搜救事业. 中国水运，（10）：12-14.

张苏平，刘应辰，张广泉，等. 2009. 基于遥感资料的 2008 年黄海绿潮浒苔水文气象条件分析. 中国海洋大学学报，39（5）：870-876.

张婷，张传松，石晓勇，等. 2010. 2008 年浒苔消亡末期 35°N 断面颗粒有机物垂直分布情况. 海洋环境科学，29（6）：804-807，814.

张新星. 2006. 我国油污应急反应体系运行评估及发展战略. 上海海事大学硕士学位论文.

张学成，秦松，马家海，等. 2005. 海藻遗传学. 北京：中国农业出版社.

张永良，褚绍喜，富国，等. 1991. 溢油污染数学模型及其应用研究. 环境科学研究，4（3）：7-17.

章春华. 2004. 中国海上遇险搜救现状分析及未来发展之对策探讨. 天津航海，（4）：25-28.

赵冬至，张存智，徐恒振. 2006. 海洋溢油灾害应急响应技术研究. 北京：海洋出版社.

赵玲，赵冬至，张昕阳，等. 2003. 我国有害赤潮的灾害分级与时空分布. 海洋环境科学，22（2）：15-19.

赵明慧，周集体，沈永明. 2003. 近海水域综合水质模型 WAHMO 在大连湾的应用. 辽宁城乡环境科技，23（1）：42-46.

赵文谦，江洧. 1990. 石油以油滴形式向水下扩散的研究. 环境科学学报，10（2）：173-182.

郑冬梅，王志斌，张书颖，等. 2015. 渤海海冰的年际和年代际变化特征与机理. 海洋学报，37（6）：12-20.

郑静静，刘桂梅，高姗. 2016. 海洋缺氧现象的研究进展. 海洋预报，33（4）：88-97.

郑苗壮，刘岩，李明杰，等. 2013. 我国海洋资源开发利用现状及趋势. 海洋开发与管理，（12）：13-16.

中华人民共和国海事局. 2004a. 国际航空和海上搜寻救助手册第二卷任务协调. 北京: 人民交通出版社.

中华人民共和国海事局. 2004b. 国际航空和海上搜寻救助手册第一卷组织管理. 北京: 人民交通出版社.

周名江, 于仁成. 2006. 有害赤潮的形成机制、危害效应与防治对策. 自然杂志, 29 (2): 72-77.

周名江, 朱明远. 2006. "我国近海有害赤潮发生的生态学、海洋学机制及预测防治"研究进展. 地球科学进展, 21 (7): 673-679.

邹定辉, 陈雄文. 2002. 高浓度 CO_2 对条浒苔 (Enteromorpha clathrata) 生长和一些生理生化特征的影响. 海洋通报, 21 (5): 38-45.

Abascal A J, Castanedo S, Medina R, et al. 2010. Analysis of the reliability of a statistical oil spill response model. Marine Pollution Bulletin, 60: 2099-2110.

Allen A A. 1999. Leeway divergence. US Coast Guard Research and Development Center, Groton, CT, Report CG-D-XX-99.

Allen A A, Plourde J V. 1999. Review of leeway: field experience and implementation. US Coast Guard Research and Development Center, Groton, CT, Report CG-D-08-99.

Benkoski S J, Monticino M G, Weisinger J R. 1991. A survey of the search theory literature. Naval Research Logistics, 38 (4): 469-494.

Bennett J R, Clites A H. 1987. Accuracy of trajectory calculation in a finite difference circulation model. Journal of Computational Physics, 68 (2): 272-282.

Blokker P C. 1964. Spreading and evaporation of petroleum products on water. Proceedings of the 4th International, Harbour Congress, Antwerp, the Netherlands: 911-919.

Bonneau E R. 1977. Polymorphic behavior of Ulva lactuca (Chlorophyta) in axenic culture I. occurrence of Enteromorpha-like plants in haploid clones. Journal of Phycology, 13: 133-140.

Breivik Ø, Allen A A. 2008. An operational search and rescue model for the Norwegian Sea and the North Sea. Journal of Marine Systems, 69 (1~2): 99-113.

Breivik Ø, Allen A A, Maisondieu C, et al. 2011. Wind-induced drift of objects at sea: the leeway field method. Applied Ocean Research, 33 (2): 100-109.

Chen H Z, Li D M, Li X. 2007. Mathematical modeling of oil spill on the sea and application of the modeling in DAYA Bay. Journal of Hydrodynamics, 19 (3): 282-291.

Christie A O, Evans L V. 1962. Periodicity in the liberation of gametes and zoospores of Enteromorpha intestinalis link. Nature, 193 (4811): 193-194.

Conley D J, Björck S, Bonsdorff E, et al. 2009. Hypoxia-related processes in the Baltic Sea. Environmental Science & Technology, 43 (10): 3412-3420.

Coppini G, de Dominicis M, Zodiatis G, et al. 2011. Hindcast of oil-spill pollution during the Lebanon crisis in the eastern Mediterranean, July-August 2006. Marine Pollution Bulletin, 62 (1): 140-153.

Dan A, Hiraoka M, Ohno M, et al. 2002. Observations on the effect of salinity and photon fluence rate on the induction of sporulation and rhizoid formation in the green alga Enteromorpha prolifera (Müller) J. Agardh (Chlorophyta, Ulvales). Fisheries Science, 68 (6): 1182-1188.

Daniel P, Marty F, Josse P. 2002. Improvement of existing operational oi lspill and object drift Prediction system in western Mediterranean Sea. Proceedings of Enroute to GODAE: 329-330.

D'Asaro E. 2000. Simple suggestions for including vertical physics in oil spill models. Spill Science

& Technology Bulletin，6（3~4）：209-211.

de Baar H J W，de Jong J T M，Bakker D C E，et al. 1995. Importance of iron for plankton blooms and carbon dioxide draw down in the Southern Ocean. Nature，373：412-415.

Delvigne G A L，Hulsen L J M. 1994. Simplified laboratory measurements of oil dispersion coefficient application in computations of natural oil dispersion. Proceedings of the 17th Arctic and Marine Oil Spill Program Technical Seminar，Environment Canada：173-187.

Delvigne G A L，Sweeney C E. 1988. Natural dispersion of oil. Oil and Chemical Pollution，4（4）：281-310.

Diaz R J. 2001. Overview of hypoxia around the world. Journal of Environmental Quality，30（2）：275-281.

Diaz R J，Rosenberg R. 2008. Spreading dead zones and consequences for marine ecosystems. Science，321（5891）：926-929.

Egge J K. 1998. Are diatoms poor competitors at low phosphate concentrations？ Journal of Marine Systems，16（3~4）：191-198.

Elliott A J. 1991. EUROSPILL：oceanographic processes and NW European shelf databases. Marine Pollution Bulletin，22（11）：548-553.

Elliott A J. 2004. A probabilistic description of the wind over Liverpool Bay with application to oil spill simulations. Estuarine Costal and Shelf Science，61（4）：569-581.

Elliott A J，Dale A C，Proctor R. 1992. Modelling the movement of pollutants in the UK shelf seas. Marine Pollution Bulletin，24（12）：614-619.

Elliott A J，Hurford N，Penn C J. 1986. Shear diffusion and the spreading of oil slicks. Marine Pollution Bulletin，17（7）：308-313.

Elliott A J，Jones B. 2000. The need for operational forecasting during oil spill response. Marine Pollution Bulletin，40（2）：110-121.

Fanneløp T K，Sjøen K. 1980. Hydrodynamics of underwater blowouts. Norwegian Maritime Research，4：17-33.

Farías L，Cornejo M. 2007. Effect of seasonal changes in bottom water oxygenation on sediment N oxides and N2O cycling in the coastal upwelling regime off central Chile（36.5°S）. Progress in Oceanography，75（3）：561-575.

Fay J A. 1969. The spread of oil slicks on a Calm Sea//Hoult D. Oil on the Sea. New York：Plenum Press：53-63.

Fay J A，Hoult D P. 1971. Physical processes in the spread of oil on a water surface. International Oil Spill Conference Proceedings，（1）：463-467.

Fingas M F. 1995. A literature review of the physics and predictive modelling of oil spill evaporation. Journal of Hazardous Materials，42：157-175.

Fitzgerald R B，Finlayson D J，Allen A. 1994. Drift of common search and rescue objects-phase Ⅲ. Contract Report Prepared for Canadian Coast Guard，Research and Development，Ottawa，TP# 12179.

Frost J R，Stone L D. 2001. Review of search theory：advances and applications to search and rescue decision support. Report CG-D-15-01，US Coast Guard Research and Development Center，1082 Shennecossett Road，Groton，CT，USA.

Gao S，Wang H，Liu G M，et al. 2012. Chlorophyll a increases induced by surface winds in the northern South China Sea. Acta Oceanologica Sinica, 31（4）: 76-88.

Gao S, Wang H, Liu G M, et al. 2013. Spatio-temporal variability of chlorophyll a and its responses to sea surface temperature, winds, height anomaly in the western South China Sea. Acta Oceanologica Sinica, 32（1）: 48-58.

Garćia-Martínez R, Flores-Tovar H. 1999. Computer modeling of oil spill trajectories with a high accuracy method. Spill Science & Technology Bulletin, 5（5~6）: 323-330.

Gray J S, Wu R, Or Y. 2002. Effects of hypoxia and organic enrichment on the coastal marine environment. Marine Ecology Progress Series, 238: 249-279.

Greene R M, Lehrter J C, Hagy Ⅲ J D. 2009. Multiple regression models for hindcasting and forecasting midsummer hypoxia in the Gulf of Mexico. Ecological Applications, 19（5）: 1161-1175.

Gu G W, Wei H P, Cai B T. 1991. Model and numerical study on buoyant jets in crossflows: Yantai marine outfall system. Water Science and Technology, 24（5）: 175-181.

Gu H K. 1980. The maximum value of dissolved oxygen in its vertical distribution in Yellow Sea. Acta Oceanologica Sinica, 2（2）: 70-79.

Guo W J, Wang Y X. 2009. A numerical oil spill model based on a hybrid method. Marine Pollution Bulletin, 58（5）: 726-734.

Hackett B, Breivik Ø, Wettre C. 2006. Forecasting the drift of objects and substances in the oceans// Chassignet E P, Verron J. Ocean Weather Forecasting: An Integrated View of Oceanography. Berlin: Springer: 507-524.

Haley K D, Stone L D. 1980. Search Theory and Applications. New York: Springer.

Henrik R. 2000. Probable effects of langmuir circulation observed on oil slicks in the field. Spill Science and Technology Bulletin, 6（3~4）: 263-271.

Hiraoka M, Dan A, Shimada S. 2003. Different life histories of Enteromorpha prolifera（Ulvales, Chlorophyta）from four rivers on Shikoku Island, Japan. Phycologia, 42（3）: 275-284.

Hodgins D O, Hodgins S L M. 1998. Phase Ⅱ leeway dynamics program: development and verification of a mathematical drift model for liferafts and small boats. Technical Report Project 5741, Canadian Coast Guard, Nova Scotia, Canada.

Hodgins D O, Mak R Y. 1995. Leeway dynamic study phase Ⅰ development and verification of a mathematical drift model for four-person liferafts. Prepared for Transport Development Centre, Transport Canada Report # TP 12309E.

Hodgkiss I J, Ho K C. 1997. Are change in N: P ratios in coastal waters the key to increased red tide blooms. Hydrobiologia, 352（1）: 141-147.

Hofmann A F, Soetaert K, Middelburg J J. 2008. Present nitrogen and carbon dynamics in the Scheldt estuary using a novel 1-D model. Biogeosciences, 5（4）: 981-1006.

Horiguchi F. 1991. Fate of Oil Spill in the Persian Gulf. UDC: 551. 463. 8. 26（4）: 39-62.

Hoult D P. 1972. Oil spreading on the sea. Annual Review of Fluid Mechanics, 4: 341-368.

Hoult D P, Fay J A, Milgram J H, et al. 1970. The spreading and containment of oil slicks. The 3rd Fluid and Plasma Dynamics Conference, Los Angeles.

Huang J C. 1983. A review of the state-of-the-art of oil spill fate/behavior models. Proceeding 1983 Oil Spill Conference. Washington DC: American Petroleum Institute: 313-322.

Janssen P. 2003. Nonlinear four wave interactions and freak waves. Journal of Physical Oceanography, 33: 863-884.

Janssen P, Bidlot J. 2009. On the extension of the freak wave warning system and its verification. ECMWF Technical Memorandum Number 588.

Ji Q Y, Zhu X M, Wang H, et al. 2015. Assimilating operational SST and sea ice analysis data into an operational circulation model for the coastal seas of China. Acta Oceanologica Sinica, 34 (7): 54-64.

Ji X L, Liu G M, Gao S, et al. 2015. Parameter sensitivity study of the biogeochemical model in the China coastal Seas. Acta Oceanologica Sinica, 34 (12): 51-60.

Johansené Ø. 1984. The Halten Bank experiment observations and model studies of drift and fate of oil in the marine environment. Proceedings of the 11th Arctic Marine Oil Spill Program Technical. Seminar, Environment Canada: 18-36.

Johansené Ø. 1987. DOOSIM- a new simulation model for oil spill management. Proceedings 1987 Oil Spill Conference. API Publication, No. 4452. Washington DC: 529-532.

Johansené Ø, Skognes K. 1988. Statistical simulations of oil drift for environmental risk assessments and consequence studies. Proceedings of the 7th Arctic Marine Oil Spill Program Technical Seminar, Environment Canada: 355-366.

Johansené Ø, Skognes K. 1995. Oil drift in ice model. Offshore Operators Committee, Stavanger, Norway.

Johns H O, Bragg J R, Dash L C. 1991. Natural cleansing of shorelines following the Exxon Valdez spill. International Oil Spill Conference Proceedings: 167-176.

Jones R K. 1997. A simplified pseudo-component oil evaporation model. Proceedings of the 20th Arctic and Marine Oil Spill Program Technical Seminar, Environment Canada: 43-61.

Jorda G, Comerma E, Bolaños R, et al. 2007. Impact of forcing errors in the CAMCAT oil spill forecasting system. A sensitivity study. Journal of Marine Systems, 65 (1~4): 134-157.

Justić D, Rabalais N N, Turner R E. 2003. Simulated responses of the Gulf of Mexico hypoxia to variations in climate and anthropogenic nutrient loading. Journal of Marine Systems, 42 (3~4): 115-126.

Justić D, Wang L. 2014. Assessing temporal and spatial variability of hypoxia over the inner Louisiana-upper Texas shelf: application of an unstructured-grid three-dimensional coupled hydrodynamic-water quality model. Continental Shelf Research, 72: 163-179.

Kapraun D F. 1970. Field and cultural studies of Ulva and Enteromorpha in the vicinity of Port Aransas. Contributions in Marine Science, 15: 205-285.

Karim M R, Sekine M, Ukita M. 2002. Simulation of eutrophication and associated occurrence of hypoxic and anoxic condition in a coastal bay in Japan. Marine Pollution Bulletin, 45 (1): 280-285.

Karlson K, Rosenberg R, Bonsdorff E, et al. 2002. Temporal and spatial large-scale effects of eutrophication and oxygen deficiency on benthic fauna in Scandinavian and Baltic waters—a review. Oceanography and Marine Biology, 40: 427-489.

Kauppila P, Meeuwig J J, Pitkänen H. 2003. Predicting oxygen in small estuaries of the Baltic Sea: a comparative approach. Estuarine, Coastal and Shelf Science, 57 (5~6): 1115-1126.

Keeling R F, Kortzinger A, Gruber N. 2010. Ocean deoxygenation in a warming world. Annual Review of Marine Science, 2: 199-229.

Keesing J K, Liu D, Fearns P, et al. 2011. Inter-and intra-annual patterns of Ulva prolifera green tides in the Yellow Sea during 2007-2009, their origin and relationship to the expansion of coastal seaweed aquaculture in China. Marine Pollution Bulletin, 62 (6): 1169-1182.

Korotenko K A, Mamedov R M, Mooers C N K. 2000. Prediction of the dispersal of oil transport in the Caspian Sea resulting from a continuous release. Spill Science & Technology Bulletin, 6 (5~6): 323-339.

Kountoura K, Zacharias I. 2011. Temporal and spatial distribution of hypoxic/seasonal anoxic zone in Amvrakikos Gulf, western Greece. Estuarine, Coastal and Shelf Science, 94 (2): 123-128.

Lam P, Lavik G, Jensen M M, et al. 2009. Revising the nitrogen cycle in the Peruvian oxygen minimum zone. National Academy of Sciences, 106 (12): 4752-4757.

Lehr W J. 1996. Progress in oil spread modeling. Proceedings of the19th Arctic and Marine Oil Spill Program Technical Seminar, Environment Canada: 889-894.

Lehr W J, Cekirge H M, Fraga R J, et al. 1984a. Empirical studies of the spreading of oil spills. Oil and Petrochemical Pollution, 2 (1): 7-11.

Lehr W J, Fraga R J, Belen M S, et al. 1984b. A new technique to estimate initial spill size using a modified Fay-type spreading formula. Marine Pollution Bulletin, 15 (9): 326-329.

Lehr W J, Simecek-Beatty D. 2000. The relation of Langmuir Circulation processes to the standard oil spill spreading, dispersion, and transport algorithms. Spill Science & Technology Bulletin, 6 (3~4): 247-253.

Leong C Y, Taguchi S. 2004. Response of the dinoflagellate Alexandrium tamarense to a range of nitrogen sources and concentrations: growth rate, chemical carbon and nitrogen, and pigments. Hydrobiologia, 515 (1~3): 215-224.

Li M. 1996. Representing turbulent dispersion in oil spill models. Proceedings of the 19th Arctic and Marine Oilspill Program Technical Seminar, Calgary, Canada: 671-684.

Li Y, Zhu J, Wang H. 2013. The impact of different vertical diffusion schemes in a three-dimensional oil spill model. Advances in Atmospheric Sciences, 30 (6): 1569-1586.

Li Y, Zhu J, Wang H, et al. 2013. The error source analysis of oil spill transport modeling: a case study. Advances in Atmospheric Sciences, 32 (10): 41-47.

Liu D S K, Leendertse J J. 1981. A 3-D oil spill model with and without Ice Cover. Proceedings of the International Symposium on Mechanics of Oil Slicks, Paris, France.

Lonin S A. 1999. Lagrangian model for oil spill diffusion at sea. Spill Science & Technology Bulletin, 5 (5~6): 331-336.

Lou A G, Wu D X, Wang X C, et al. 2001. Establishment of a 3D model for oil spill prediction. Journal of Ocean University Qingdao, 31 (4): 473-479.

Mackay D, Buist I, Mascarenhas R. 1980a. Oil spill processes and models. Environment Canada Report.

Mackay D, Paterson S, Trudel K. 1980b. A mathematical model of oil spill behavior. Environment Canada Report, EE-7.

Maestrini S Y, Berland B R, Bréret M, et al. 1997. Nutrients limiting the algal growth potential (AGP) in the Po River plume and adjacent area, Northwest Adriatic Sea: enrichment bioassays with the test algae Nitzschia Closterium and Thalassiosira Pseudonana. Estuaries, 20 (2): 416-429.

Maldonado M T, Hughes M P, Rue E L, et al. 2002. The effect of Fe and Cu on growth and domoic acid production by Pseudo-nitzschia multiseries and Pseudo-nitzschia australis. Limnology and Oceanography，47（2）：515-526.

Marianoa A J，Kourafalou V H，Srinivasan A，et al. 2011. On the modeling of the 2010 Gulf of Mexico Oil Spill. Dynamics of Atmospheres and Oceans，52（1~2）：322-340.

Martins I，Marques J C. 2002. A model for the growth of opportunistic macroalgae（Enteromorpha sp.）in tidal estuaries. Estuarine，Coastal and Shelf Science，55（2）：247-257.

Matsumoto K，Takanezawa T，Ooe M. 2000. Ocean tide models developed by assimilating TOPEX/POSEIDON Altimeter data into hydrodynamical model：a global model and a regional model around Japan. Journal of Oceanography，56（5）：567-581.

Mehmet A，Tayfan A，Wang H. 1973. Monte Carlo simulation of oil slick movements. Journal of the Waterways Harbors and Coastal Engineering Division，99（3）：309-324.

Mellor G，Blumberg A. 2004. Wave breaking and ocean surface layer thermal response. Journal of Physical Oceanography，34（3）：693-698.

Milgram J H. 1983. Mean flow in round bubble plumes. Journal of Fluid Mechanics，133：345-376.

Milgram J H，Burgess J J. 1984. Measurements of the surface flow above round bubble plumes. Applied Ocean Research，6（1）：40-44.

Mori N，Janssen P. 2006. On kurtosis and occurrence probability of freak waves. Journal of Physical Oceanography，36：1471-1483.

Nan C R，Zhang H Z，Lin S Z，et al. 2008. Allelopathic effects of Ulva lactuca on selected species of harmful bloom-forming microalgae in laboratory cultures. Aquatic Botany，89（1）：9-15.

Naqvi S W A，Bange H W，Farias L，et al. 2010. Marine hypoxia/anoxia as a source of CH4 and N2O. Biogeosciences & Discussions，7（7）：2159-2190.

Obenour D R，Scavia D，Rabalais N N，et al. 2013. Retrospective analysis of midsummer hypoxic area and volume in the northern Gulf of Mexico，1985-2011. Environmental Science & Technology，47（17）：9808-9815.

Pacanowski R C，Philander S G H. 1981. Parameterization of vertical mixing in numerical models of tropical oceans. Journal of Physical Oceanography，11（11）：1443-1451.

Pingree F. 1944. Forethoughts on rubber rafts. Technical Report Woods Hole Oceanographic Institution.

Price J M，Johnson W，Ji Z G，et al. 2004. Sensitivity testing for improved efficiency of a statistical oil-spill risk analysis model. Environmental Modelling & Software，19（7）：671-679.

Qiao B. 2001. Oil spill model development and application for emergency response system. Journal of Environmental Sciences，13（2）：252-256.

Rabalais N N，Turner R E，Wiseman Jr W J. 2002. Gulf of Mexico hypoxia，aka "the dead zone". Annual Review of Ecology and Systematics，33：235-263.

Reed M，Daling P S，Brandvik P J，et al. 1993. Laboratory tests，experimental oil spills，models and reality：the Braer oil spill. Proceedings of the 16th Arctic and Marine Oil Spill Program Technical Seminar，Environment Canada：203-209.

Reed M，French D，Rines H，et al. 1995. A three dimensional oil and chemical spill model for environmental impact assessment. International Oil Spill Conference Proceedings，1：61-66.

Reed M，Johansen O，Brandvik P J，et al. 1999. Oil spill modeling towards the close of the 20th century：overview of the state of the art. Spill Science & Technology Bulletin，5（1）：3-16.

Reed M，Turner C，Odulo A. 1994. The role of wind and emulsification in modelling oil spill and drifter trajectories. Spill Science and Technology Bulletin，1（2）：143-157.

Renaud M L. 1986. Hypoxia in Louisiana coastal waters during 1983：implications for fisheries. Fishery Bulletin，84（1）：19-26.

Rye H，Brandvik P J. 1997. Verification of subsurface oil spill models. International Oil Spill Conference Proceedings，1：551-557.

Sebastião P，Soares C G. 2006. Uncertainty in predictions of oil spill trajectories in a coastal zone. Journal of Marine Systems，63（3~4）：257-269.

Sebastião P，Soares C G. 2007. Uncertainty in predictions of oil spill trajectories in open sea. Ocean Engineering，34（3~4）：576-584.

Seibin A，Ikuko S. 1959. Variablity of morphological structure and mode of reproduction in Enteromorpha linza. Journal of Japanese Botany，17（1）：92-100.

Shen H T，Yapa P D. 1988. Oil slick transport in rivers. Journal of Hydraulic Engineering，114（5）：529-543.

Sorokin Y I，Dallocchio F，Gelli F，et al. 1996. Phosphorus metabolism in anthropogenically transformed lagoon ecosystem：the Comacchio lagoons（Ferrara Italy）. Journal of Sea Research，35（4）：243-250.

Sousa A I，Martine I，Lillebo A I，et al. 2007. Influence of salinity，nutrients and light on the germination and growth of Enteromorpha sp. Spores. Journal of Experimental Marine Biology and Ecology，341：142-150.

Spaulding M L，Howlett E. 1996. Application of SARMAP to estimate probable search area for objects lost at sea. Marine Technology Society Journal，30（2）：17-25.

Spaulding M L，Kolluru V S，Anderson E，et al. 1994. Application of three-dimensional oil spill model（WOSM/OILMAP）to Hindcast the Braer spill. Spill Science and Technology Bulletin，1（1）：23-35.

Spaulding M L，Odulo A，Kolluru V S. 1992. A hybrid model to predict the entrainment and subsurface transport of oil. Proceedings of the 15th Arctic and Marine Oil Spill Program Technical Seminar，Environment Canada：67-92.

Stolte W，Panosso R，Gisselson L A，et al. 2002. Utilization efficiency of nitrogen associated with riverine dissolvedorganic carbon（>1 kDa）by two toxin-producing phy-toplankton species. Aquatie Microbial Ecology，29：7-105.

Stolzenback K D，et al. 1977. A review and evalution of basic tcchniques predicting the behavior of surface oil slicks. Massachusetts Institute of Technology. Sea Grant Program No. MITSG 77-8.

Swan C，Moros A. 1993. The hydrodynamics of a subsea blowout. Applied Ocean Research，15：269-280.

Swanson R L，Sindermann C J. 1976. Oxygen Depletion and Associated Benthic Mortalities in New York Bight. Silver Spring：National Oceanic and Atmospheric Administration.

Tilman D. 1982. Resource competition and community structure//Gavrilets S. Monographs in Population Biology. Princeton：Princeton University Press：1-10.

Tkalich P，Chan E S. 2002. Vertical mixing of oil droplets by breaking waves. Marine Pollution Bulletin，44（11）：1219-1229.

Trancoso A R，Saraiva S，Fernandes L，et al. 2005. Modeling macroalgae using a 3D hydrodynamic ic-ecological model in a shallow, temperate estuary. Ecological Modeling, 187(2~3): 232-246.

Ullman D S, O'Donnell J, Kohut J, et al. 2006. Trajectory prediction using HF radar surface currents: Monte Carlo simulations of prediction uncertainties. Journal of Geophysical Research, 111(C12005), DOI: 10. 1029/2006JC003715.

Vaquer-Sunyer R, Duarte C M. 2008. Thresholds of hypoxia for marine biodiversity. Proceedings of the National Academy of Sciences of the United States of America, 105 (40): 15452-15457.

Vethamony P, Sudheesh K, Babu M T, et al. 2007. Trajectory of an oil spill off Goa, eastern Arabian Sea: field observations and simulations. Environmental Pollution, 148 (2): 438-444.

Waldman G A, Johnson R A, Smith P L. 1973. The spreading and transport of oil slick on the open ocean in the presence of wind, wave and currents. Department of Transportation United States Coast Guard, Report, No. CG-D-17-73: 77.

Wang B. 2009. Hydromorphological mechanisms leading to hypoxia off the Changjiang Estuary. Marine Environmental Research, 67 (1): 53-58.

Wang D F, Lu Y H, Noguchi T. 2003. Effects of exoge-nous polyamines on growth, toxicity, and toxin profile of dinoflagellate Alexandrium minutum. Shokuhin Eiseigaku Zasshi, 44 (1): 49-53.

Wang H, Jin Q H, Gao S. 2008. A preliminary study on the response of marine primary production to monsoon variations in the South China Sea basic characteristic. Acta Oceanologica Sinica, 27(5): 21-35.

Wang H, Liu G M, Sun S, et al. 2007. A three-dimensional coupled physical and biological model study in the spring of 1993 in Bohai Sea of China. Acta Oceanologica Sinica, 26 (6): 1-12.

Wang H, Wang D K, Liu G M, et al. 2012a. Seasonal variation of eddy kinetic energy in the South China Sea. Acta Oceanologica Sinica, 31 (1): 1-15.

Wang H, Wang Z Y, Zhu X M, et al. 2012b. Numerical study and prediction of nuclear contaminant transport from Fukushima Daiichi Nuclear Power Plant in the North Pacific Ocean. Chinese Science Bulletin, (26): 3518-3524.

Wang S D, Shen Y M, Zhong Y H, et al. 2005. Two-dimensional numerical simulation for transport and fate of oil spills in seas. Ocean Engineering, 32 (13): 1556-1571.

Williams G N, Hann R, James W P. 1975. Predicting the fate of oil in the marine environment. International Oil Spill Conference Proceedings, 1: 567-572.

Yapa P D, Li Z. 1997. Simulation of oil spills from under-water accidents I : model development. Journal of Hydraulic Research, 35 (5): 673-687.

Yapa P D, Shen H T, Angammana K. 1994. Modeling oil spills in a river-lake system. Journal of Marine Systems, 4 (6): 453-471.

Yin K, Lin Z, Ke Z. 2004. Temporal and spatial distribution of dissolved oxygen in the Pearl River Estuary and adjacent coastal waters. Continental Shelf Research, 24 (16): 1935-1948.

Youssef M, Spaulding M. 1993. Drift current under the action of wind and waves. Proceedings of the Sixteenth Arctic and Marine Oil Spill: 587-615.

Zaitsev Y P. 2006. Ecological consequences of anox ic events at the north-western Black Sea shelf// Neretin L N. Past and Present Water Column Anoxia. Berlin: Springer Netherlands: 247-256.

Zhang B, Zhang C Z, Ozer J. 1991. SURF-A simulation model for the behavior of oil slicks at sea// Ozer J. Oil Pollution: Environmental Risk Assessment (OPERA). Proceedings of the OPERA Workshop, Dalian, China: 61-85.

Zhang D F, Easton A K, Steiner J M. 1997. Simulation of coastal oil spills using the random walk particle method with Gaussian kernel weighting. Spill Science & Technology Bulletin, 4（2）: 71-88.

Zhao W Q, Wu Z H. 1988. A model of spreading, dispersion and advection caused by an oil slick on the Unstable Sea Surface. Proceedings of 6th APD-IAHR Congress, Kyoto, Japan.

Zheng L, Yapa P D. 1997. A numerical model for buoyant oil jets and smoke plumes. Proceedings of the 20th Arctic and Marine Oil Spill Program Technical Seminar, Environment Canada: 963-979.

Zheng L, Yapa P D. 1998. Simulation of oil spills from underwater accidents. II: model verification. Journal of Hydraulic Research, IAHR, 36（1）: 117-134.

Zhu Z Y, Zhang J, Wu Y, et al. 2011. Hypoxia off the Changjiang（Yangtze River）Estuary: oxygen depletion and organic matter decomposition. Marine Chemistry, 125: 108-116.

第五章 生物灾害

第一节 生物灾害发生发展及演变规律

一、农业病虫害

我国是农作物生产大国，也是世界上农作物病、虫、鼠、草等生物灾害发生最严重的国家之一。我国常年存在的农业有害生物多达 5 670 多种，其中可造成严重危害的有 500 多种，有 43 种属全球 500 种最具危害性的有害生物。有研究表明，2008 年至 2011 年，全国农作物病虫害种（类）数量出现了明显增长，其中粮食作物病虫害由 50 种增加到 153 种，增长了约 2.1 倍；经济作物类病虫害由 25 种增加到 87 种，增长了约 2.5 倍；油料类病虫害由 13 种增加到 38 种，增长了约 1.9 倍；棉花病虫害增长最少，由 9 种增加到 22 种，增长了约 1.4 倍（张丽等，2013）。

1980~2014 年我国主要农作物病虫害平均发生面积近 2.67 亿公顷/年（图 5.1），危害总损失约 8 650 万吨/年，其中粮食损失约 5 430 万吨/年，棉花损失约 138 万吨/年，油料损失约 80 万吨/年，其他作物损失约 3 000 万吨/年。2005 年以来农作物病虫害发生面积和危害损失居高不下。

小麦病虫害主要包括小麦条锈病、小麦赤霉病、小麦蚜虫、吸浆虫等。其中，小麦蚜虫年平均发生面积约 1 330 万公顷，在黄淮海地区冬小麦抽穗灌浆期危害损失最为严重；小麦条锈病集中在西南、西北麦区及汉水流域麦区，发生面积约 200 万公顷次/年，近年来受西南地区春旱的影响，条锈病发生有所减轻；小麦赤霉病为较典型的气候型流行性病害，发生面积约 370 万公顷次/年，主要集中发生在西南和江淮江汉麦区，曾于 20 世纪 90 年代后期和 2012 年出现两次"北上"的情况，河南和山东发生了历史罕见的赤霉病危害。

水稻病虫害主要包括稻飞虱、稻纵卷叶螟、稻瘟病、水稻螟虫等。稻飞虱和稻纵卷叶螟主要危害我国南方水稻种植区，年平均发生面积约 1 870 万公顷次和 1 470 万公顷次；因其成虫具有远距离迁飞的特点，俗称"两迁害虫"，这两种害

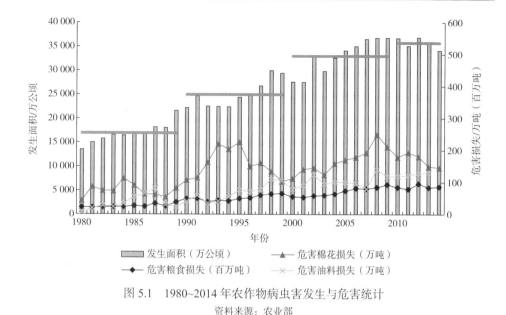

图 5.1　1980~2014 年农作物病虫害发生与危害统计

资料来源：农业部

虫均有境外虫源迁入，春、夏季从东南亚国家的水稻种植区随西南季风和台风外围气旋迁入我国。

　　玉米病虫害主要包括玉米螟、黏虫、玉米大小斑病等。其中玉米螟为常发性害虫，年平均发生面积约 1 270 万公顷次，重发区域为东北和华北春玉米区，以及黄淮海夏玉米区。黏虫也具有随盛行气流远距离迁飞的特点，2012 年三代黏虫在东北、华北、黄淮、西北和西南地区大暴发，全国发生面积近 930 万公顷次。

　　棉花病虫害以棉铃虫和黄枯萎病发生为主，年平均发生面积 2 200 万公顷次，最高发生面积出现在 1992 年，达到 3 000 万公顷；年平均危害损失 135.0 万吨。

　　油菜病虫害年平均发生面积 600 万公顷，主要包括油菜菌核病和油菜蚜虫等。2012 年、2013 年北方马铃薯种植区夏季降水频繁，导致马铃薯晚疫病发生面积骤增，全国发生面积均接近 270 万公顷次。

　　蝗虫是我国历史上发生最悠久，曾对农牧业发展影响最大的害虫。我国的蝗虫种类有 900 余种，主要危害种类有东亚飞蝗、亚洲飞蝗、西藏飞蝗和北方草原区土蝗。东亚飞蝗主要分布在我国华北黄淮的黄河滩区、环渤海湾沿海和湖库区附近。20 世纪六七十年代东亚飞蝗得到了有效的控制，但是由于气候变化及一些农业改革的负面影响，1989 年东亚飞蝗秋蝗出现了起飞扩散危害的严重情况；90 年代末期至 21 世纪初，蝗虫发生"死灰复燃"，发生面积和范围达到了近 30 年来的最高峰，最高发生面积出现在 2003 年，达到 280 万公顷；近几年来，发生面积有所减少，发生面积保持在 130 万~150 万公顷。

目前危害我国农业生产的鼠（鼠形动物）约 51 种，2012 年农田鼠害发生面积约 2 700 万公顷次，危害农户 1.24 亿户。草地螟是间歇性发生的北方农牧区重大害虫。近 25 年来有两次发生高峰，即 20 世纪 80 年代前期和 90 年代后期至 21 世纪前期。发生面积最大的年份是 2008 年，达到 720 万公顷，之后发生面积骤降。

"十二五"期间，我国农作物病虫草鼠害持续偏重发生。全国每年发生面积 4.5×10^4 万~4.8×10^4 万公顷次，每年累计防治面积 5×10^4 万公顷次，通过防治每年挽回粮食损失 1 亿吨左右。其主要特征如下。

（1）粮食作物多种重大病虫害持续重发。以稻飞虱、稻纵卷叶螟和稻瘟病、纹枯病为主的水稻病虫害，在华南、江南、长江中下游等稻区年均发生面积 1 亿公顷次。以蚜虫、纹枯病和赤霉病为主的小麦病虫害，在长江中下游、黄淮、华北等麦区年均发生面积超过 6 000 万公顷次。以玉米螟、棉铃虫和大斑病为主的玉米病虫害，在东北、华北等地偏重发生，年均发生面积超过 7 400 万公顷次。以晚疫病为主的马铃薯病虫害，在东北、华北、西北、西南等地年均发生面积超过 600 万公顷次。

（2）经济作物病虫害在局部地区偏重发生。以黄萎病、苗病、铃病和棉铃虫、盲椿象、棉蚜、棉叶螨为主的棉花病虫害，在新疆和黄河、长江流域棉区年均发生 1 200 万公顷次。以菌核病为主的油菜病虫害，在江汉平原、长江中下游等地年均发生 300 万公顷次。

（3）蝗虫和农区鼠害在局部地区严重发生。飞蝗和土蝗在华北、华南、西南、西北等局部地区出现高密度蝗群，年均发生 130 万公顷次和 190 万公顷次。农区鼠害在东北、华南等地危害严重，年均发生 2 800 万公顷次。

（4）新发、突发多种危险性病虫害。2015 年黄淮海夏玉米区玉米南方锈病大发生，新疆与河北发现甜菜孢囊线虫病，苹果蠹蛾已传入辽宁，对农业生产构成潜在威胁。

二、林业病虫害

我国现有林业有害生物 8 000 余种，能造成严重危害的达 292 种，年发生面积约 1 067 万公顷，直接经济损失和生态服务价值损失达 880 多亿元，相当于全国林业总产值的 1/10。林业生物灾害是"不冒烟的森林火灾"，更是森林的"内伤"，具有很强的隐蔽性、潜伏性、暴发性和毁灭性，严重威胁着我国生态安全和人民生命财产安全。近年来，我国的林业生物灾害发生面积呈明显的上升趋势，发生面积已由 1985 年的 530 万公顷上升到 2007 年的超过 1 200 万公顷，2007年至 2013 年林业有害生物适生范围不断扩大，发生期提前，世代数增加，发生周期缩短，发生范围和危害程度加大，发生面积均维持在 1 100 万~1 300 万公顷（图 5.2）。

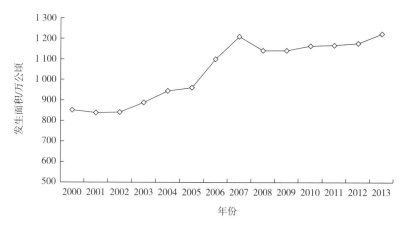

图 5.2　2000~2013 年全国主要林业有害生物发生面积
资料来源：国家林业局

　　我国林业部门目前列入重大防控计划的病虫害主要包括松材线虫病、美国白蛾、森林鼠（兔）害、松毛虫、松蚧虫、松树钻蛀性害虫、杨树蛀干害虫、杨树食叶害虫、杨树病害、经济林有害生物、有害植物等。其中，松材线虫病主要分布在我国华东和西南地区，松蚧虫主要分布在我国长江以南地区，杨树蛀干害虫分布在我国除华南和西南南部的其余大部分地区，这三类病虫害近年来总体得到控制。

　　美国白蛾 1979 年首次传入我国，2004 年以来发生面积持续上升，目前主要分布在环渤海和黄淮海地区，美国白蛾寄主植物种类多，自然迁飞扩散的危险性大。森林鼠（兔）害主要发生在新疆、内蒙古、宁夏、青海、黑龙江、甘肃、陕西等地，2009 年至今发生面积均在 200 万公顷左右，并呈现持续小幅增加的趋势。松毛虫在 2005 年至 2013 年已持续多年低位波动，目前逐渐进入周期性高发阶段，2013 年南方马尾松毛虫和东北落叶松毛虫发生危害均呈现出明显增长态势。2007 年至 2013 年，受南方地区频繁发生的干旱影响，以松墨天牛为代表的松树钻蛀性害虫、杨树食叶害虫发生面积持续上升。油茶、核桃、枣和八角等经济林病虫发生面积持续多年增加，危害种类多样，分布广泛，其中新疆为全国省（区、市）中经济林果有害生物发生最为严重的，占全国经济林果发生总面积的三分之一。薇甘菊、金钟藤等有害植物主要分布在我国西南、华南地区，危害初步得到控制。

　　其他次要有害生物的间歇性暴发成灾或危害扩散也不容忽视。仅 2013 年，次要有害生物的危害就引起了广泛关注，其中胡蜂在陕西突发危害，致 44 人死亡；

森林白蚁在贵州兴义危害林地 1.67 万公顷，损坏房屋 4 493 间，直接经济损失约 3 417.4 万元；竹蝗在湖南多地暴发成灾，发生 2.9 万公顷（同比增加 39.7%），成灾面积 1.0 万公顷，直接经济损失经评估达 $1.34×10^4$ 万元。

2001 年以来，我国林业发展进入新时期，林业建设由以生产木材为主向以生态建设为主转变，由以采伐天然林为主向以采伐人工林为主转变，由毁林开荒向退耕还林转变，由无偿使用森林生态效益向有偿使用森林生态效益转变。林业新时期我国森林生物灾害的特征也发生了变化（张星耀等，2004），主要表现在以下几个方面。

（1）以生态环境恶化为诱导因素的森林生物灾害频繁发生。例如，频繁的旱涝、酸沉降、沙尘暴、土地荒漠化、地下水位下降和水资源格局变化及水体污染、城市空气污染等构成的生态环境的整体恶化，以此为诱导因素的森林生物灾害将不可避免地频繁发生。近年我国东北及北方大部分城市阔叶树出现烂皮病的大量死亡现象、东北地区樟子松出现枯梢病的大量死亡现象，大连市黑松出现枝枯病的大量死亡现象，其本质是生态环境整体恶化诱导所致。

（2）西部生态脆弱区，人工生态系统的寄主主导性生物灾害发生普遍。我国西部地区自然条件恶劣，生态环境脆弱，气候和土壤环境对于自然林木生长不利，防护林建设所建立的主要是人工林生态系统，其结构的单一性和栽培的脆弱性无法回避，加之寄主主导性灾害的病原物和害虫一般为广布种，在这些区域广泛分布，因而寄主主导性灾害普遍发生。

（3）传统频发的森林重大防控生物灾害发生的同时，次要性的生物灾害逐步演化成主要威胁。以松毛虫、蛀干性害虫为代表的有害生物，由于其种群的异质性和种的多样性及广布性，灾害在全国范围内区域性、周期性间歇发生。与此同时，一些次要性生物灾害正在逐步或必然地演化成主要威胁。例如，沙棘是荒漠化地域植被恢复极为重要的生态、经济型树种，但是近年来木蠹蛾对其危害严重，造成大面积枯死。

三、草原生物灾害

我国有约占国土面积 40% 的草原，草原生态环境是全国生态建设的重要组成部分。长期以来，天然草原被当作宜农荒地不断被开垦；草原牧区人口和牲畜增长过快，草原超载过牧，不堪重负；在天然草原上滥挖、乱采等人为活动，加剧破坏了草原植被；投入不足，基础设施薄弱，建设标准低和保护不力，造成草原建设速度赶不上退化速度，天然草原面积每年减少 65 万~70 万公顷。上述种种因素，导致我国草原生态环境日趋恶化。此外，沙尘暴、荒漠化等生态灾难日趋严重，气候变化导致的极端气候事件发生规律的复杂化也加剧自然灾害对草原生态环境的影响。

与草地生态环境恶化互为前提，生物灾害（鼠、虫、病）日益严重，特别是草地鼠、虫害已成为全国性的问题，控制草地鼠、虫害也就显得非常重要。20 世纪 90 年代以来，我国天然草地鼠害发生频率高，规模逐渐扩大，灾害损失逐渐增加。受危害面积已由 20 世纪 90 年代的平均 2 700 万公顷上升至 2009 年的近 4 000 万公顷，每年鼠害造成的牧草损失超过 60 亿元。根据农业部 2004~2014 年草原监测数据，草原鼠害危害面积平均为 3 800 万公顷（图 5.3），约占全国草原总面积的 9.5%；草原虫害危害面积为 1 931.5 万公顷，约占全国草原总面积的 4.9%。

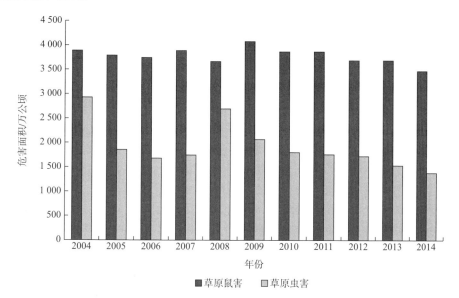

图 5.3　2004~2014 年草原鼠害和虫害危害面积

资料来源：农业部

草地蝗虫分布几乎遍及世界各地的草原地区，受影响地区人口高达 8.5 亿人。西伯利亚草原、北美洲西部大草原、中国西北部草原地区是主要受害区。草地蝗虫的食量很大，每天消耗的牧草大约相当于其体重的一半（李鸿昌等，1983；李鸿昌和陈永林，1985）。此外，草地蝗虫不仅直接采食牧草，还会咬断草茎造成牧草掉落以至对草地造成更大破坏。2000~2005 年内蒙古自治区草原蝗虫连续暴发成灾，发生面积累计达 5 200 万公顷，其中严重成灾面积达到 2 770 万公顷，从东呼伦贝尔市到西巴彦淖尔市形成了一条草原蝗虫暴发带。蝗虫平均密度为 50 只/米^2，最高密度可达 650 只/米^2，年均 15% 以上的草场受到严重破坏。青海省草原蝗虫危害面积达 53.3 万公顷，牧草损失平均达 1.4×10^3 千克/公顷；全省每年被蝗虫啃食掉的牧草总量约 5 亿千克，直接经济损失达 4 000 余万元。

四、畜禽和水产动物疫病

（一）畜禽疫病

我国是世界上畜牧业大国，肉类总产量居世界第一，畜产品具有明显的价格优势。但我国肉类出口量仅占世界肉类出口总量的 3.6%，畜禽动物疫病是影响我国畜牧业持续发展和畜产品国际竞争力的主要因素之一。我国畜禽因疫病死亡率很高，全国猪的年均死亡率为 8%~12%，家禽年均死亡率约为 20%，牛的年死亡率约为 5%，羊的年死亡率为 7%~9%。按目前我国畜饲养量计算，因动物疫病造成的年经济损失达上千亿元。

目前，流行面广、危害严重，或局部发生但潜在危险性较大的疫病至少有 38 种。主要包括口蹄疫、禽流感、炭疽、猪瘟、仔猪流行性腹泻、猪繁殖与呼吸综合征（porcine reproductive and respiratory syndrome，PRRS）、伪狂犬病。其中禽流感、炭疽为自然疫源性人（禽）兽共患传染病，对我国养殖业和公共卫生的威胁不容忽视。

在过去自然散养条件下的畜禽生产模式，畜禽疫病多为个体发生，量少且很少出现流行和群发的可能，防控免疫重视的是对畜禽个体的治疗。随着我国集约化与规模化饲养业的发展和市场经济建立，经营范围扩大，易出现疫病暴发而造成较大的经济损失。同时规模化、集约化饲养场大多是饲养高产畜禽，而高产畜禽的抵抗力或免疫力明显低于低产的畜禽，若加上环境差、应激因素多等，畜禽抵抗力更低，更易引发疫病的流行（何华西等，2001）。

近年来，随着种畜禽的大量引进，国际交流的日益增多，动物传染病的发生越来越复杂，对畜牧业生产的影响呈逐年加重的趋势。目前，我国的畜禽疫病出现了六个新的特点：①传染性疾病危害加重。据有关报道，我国由于动物疫病造成的直接经济损失平均达 260 亿元/年，1996 年达 300 亿元；疫病引起生产性能下降、饲料和人力浪费、药物消耗等造成的间接损失达到 800 亿元，给畜牧业生产造成巨大的损失（苏学文，2000）。②新增疫病种类增多。20 世纪，尤其 90 年代，我国陆续出现了许多新的动物传染病，而且新出现的疫病大多为病毒性传染病，主要包括猪繁殖与呼吸综合征、猪盖他病、鸡类传染性支气管炎、家禽肾病综合征等。③发病非典型化和病原出现新的变化。例如，猪瘟由典型向非典型，即慢性（温和型）和繁殖障碍型转化，多见于猪瘟流行的老疫区或流行后期的幸存病猪，也可能发生在免疫接种制度不健全的农村散养区。④多病原交互感染（混合感染）病例增多，即各种继发症、并发症逐渐增多。常见的诸如猪弓形体病并发猪瘟、仔猪副伤寒并发猪瘟、猪肺疫并发猪瘟等，这给传染病的诊断、控制和扑灭带来了巨大的困难。⑤环境性病原微生物致病性日渐严重。例如，由病原性大肠杆菌引起的仔猪黄白痢、仔猪水肿病；由沙门氏菌引起的仔猪副伤寒、禽伤寒和副伤寒；由破伤风梭菌引起的家畜破伤风等。⑥营养、代谢及中毒性疾病的发生日益突出。营养代谢病，如高产奶牛的醋酮血症、妊娠绵羊的毒血症、家禽痛风等；中毒性疾病尤其农药、除草剂、种衣剂中毒，霉败饲料中毒，菜（棉）籽饼中毒，含氟物质中毒，临床药物过量中毒等时有发生。

（二）水产动物疫病

我国是世界上从事水产养殖历史最悠久的国家之一，养殖经验丰富，养殖技术普及，已从沿海地区和长江、珠江流域等传统养殖区扩展到全国各地。养殖品种呈现多样化、优质化的趋势。我国进行规模化养殖的水产品种类已达 50 多种，工厂化养殖、深水网箱养殖、生态养殖等发展迅速。水产养殖业已成为我国农业的重要组成部分，是当前农村经济发展主要增长点之一。

通过对 50 多种大宗水产养殖动物品种的监测，发现 60 多种生物源性疾病。水产动物疾病的发生，是环境、病原体及水产动物本身三者共同作用的结果，主要有以下几类：①病原性疾病。包括病毒性疾病、支原体病、真菌病、细菌性疾病、寄生虫病等。②环境性疾病。非正常的环境因素使养殖水体的温度、盐度、溶氧量、酸碱度、光照等理化因素的变动或污染物质超越了养殖动物所能忍受的临界限度使其致病，如各种原因引起的中毒、重金属等引起的畸形等。③营养性疾病。投喂饲料的数量或饲料中所含的营养成分不能满足水产养殖动物维持生产的最低需要时，饲养动物往往生长缓慢或停止，身体瘦弱，抗病力降低，严重时就会出现明显的症状甚至死亡。④药源性疾病。不良用药导致的肝肾等内脏器官的损坏、抗药性的产生等。⑤生理性疾病。动物本身先天的或遗传的缺陷所导致的某种畸形等，如种质的退化。⑥非生物因素造成的损伤。例如，在捕捞、运输和饲养管理过程中，水产动物身体受到摩擦或碰撞而受伤。受伤处组织破损，机能丧失，引起各种生理障碍以至死亡，也可因此为病原微生物提供侵入途径。

"十二五"期间，我国畜禽重大疫病和水产动植物病害疫情主要表现出以下特点。

（1）畜禽重大疫病总体呈平稳态势。猪口蹄疫报告疫情明显下降，但实际疫情要重于报告疫情；以散发为主，局部地区呈地方性流行；O 型和 A 型口蹄疫同时存在，且 A 型口蹄疫的发生大幅上升。猪繁殖与呼吸综合征仍是影响我国养猪业的主要疫病；高致病性猪繁殖与呼吸综合征病毒（highly pathogenic porcine reproductive and respiratory syndrome virus，HP-PRRSV）毒株继续散发，疫情总体平稳。2011~2013 年猪流行性腹泻病毒（porcine epidemic diarrhea virus，PEDV）

变异毒株引起的疫情呈暴发流行，波及我国主要养猪地区，造成巨大经济损失。2011 年伪狂犬病病毒变异毒株的出现引发猪伪狂犬病再度暴发和流行，新的流行毒株呈现致病性增强和抗原性变异，现有疫苗不能完全保护流行毒株的感染。H5 亚型禽流感病毒变异频繁，呈现多血清亚型、多基因型和多抗原群毒株共存的复杂局面。实际疫情多而复杂，以散发流行为主；水禽禽流感发病呈上升态势，呈现区域性流行的趋势。2010 年新发的鸭出血性卵巢炎流行，造成养鸭业较大经济损失。近年来，新发疫病鸡肝炎–心包积液综合征在吉林、黑龙江、辽宁、河南、安徽、山东、湖北、河北、山西等 9 省流行，造成鸡群高发病率和高死亡率，经济损失较大。

（2）重要人畜共患病流行呈上升势头。布鲁氏菌病疫情呈上升趋势，以华北、东北和西北部分省区疫情较严重。2011~2012 年，吉林、内蒙古、新疆、辽宁、山东、江苏等地连续发生 14 起动物炭疽疫情，染病动物和人数量增多，感病牛、羊等家畜为主要传染源。

（3）水产动植物病害疫情不断扩散。"十二五"期间有 73 种水产动植物发生 82 种疾病。直接经济损失达到总产值的 5%以上。鱼类主要发生锦鲤疱疹病毒病和传染性造血器官坏死病等 7 种病毒病、淡水鱼细菌性败血症等 6 种细菌和真菌病及刺激隐核虫病等 5 种寄生虫病。虾类主要发生白斑综合征等 5 种疾病。蟹类主要发生中华绒螯蟹颤抖病等 4 种疾病。其中，鲫造血器官坏死病在异育银鲫主养区危害非常严重，经济损失高达 10%以上。河南锦鲤疱疹病毒病的发病率达到 30%以上，造成的经济损失达到 4 000 万元以上。白斑综合征感染的宿主范围呈现扩大的趋势，已对湖北、江苏等地养殖克氏原螯虾和中华绒螯蟹造成巨大的经济损失。

五、外来入侵生物

随着我国经济快速发展，运输业、旅游业的发展越来越快，与世界各国的交流日益频繁，加快了生物入侵的步伐，有害生物入侵我国的频次增加。由于我国南北跨度 5 500 千米，东西距离 5 200 千米，跨越 50 个纬度及 5 个气候带（寒温带、温带、暖温带、亚热带和热带），来自世界各地的大多数外来种都可能在我国找到合适的栖息地。

据报道，目前入侵我国的外来生物已经确认有 544 种，其中大面积发生、危害严重的达 100 多种；在世界自然保护联盟公布的最具危害性的 100 种外来入侵物种中，中国有 50 多种，涉及农田、森林、水域、湿地、草地、岛屿、城市居民区等几乎所有的生态系统，其中农业生态系统最为严重。

水葫芦、水花生、紫茎泽兰、大米草、马铃薯甲虫、豚草、美国白蛾、松材线虫、薇甘菊等入侵动植物给农林业带来了严重危害。福寿螺、巴西龟、非洲大蜗牛等外来生物作为观赏或食用动物引入中国，但由于环境条件适宜、繁殖速度快，很快成为水体生态系统的破坏者。近 10 年来，中国相继发现了西花蓟马、Q 型烟粉虱、三叶草斑潜蝇等危险性与暴发性物种的入侵，平均每年增加1~2 种。

六、生物灾害防治管理

生物灾害管理活动是依据生物灾害发生客观规律、有关生物灾害的法律法规和其他有关规范性文件，对有害生物实施监测预报、检疫、预防和灾害治理等具体行为。生物灾害的管理必须根据生物学、生态学特性和不同生物灾害的特点，进行科学管理，生物灾害管理工作涉及社会生产生活的各个方面，具有科学性、系统性、社会性、时间性、政策性、目标性、计划性、层次性等特点。

（一）生物灾害的防治管理方法

生物灾害的防治管理主要有以下方法或理论（张国庆，2011）。

（1）单一防治。完全依靠化学防治杀灭害虫。

（2）综合防治（integrated pest control，IPC）：应用适当的技术使害虫种群减少到经济受害允许水平之下，并维持这个低水平的害虫种群。

（3）生态防治（ecological pest control，EPC）。依据整体观点和经济生态学原则，选择单一或组合措施，改善和优化系统结构与功能，使其安全、健康、高效、低耗、稳定、持续，同时将害虫维持在经济阈值水平之下。

（4）综合治理（integrated pest management，IPM）。IPM 是一个偏重于生态学的、多学科综合治理的方法。综合治理策略充分利用了自然防治因素，只是在必需时才用人工防治害虫。大多数农林业病虫害与其寄主共存，也没有必要一定要全部消灭它们，只要它们的种群数量不造成经济损失，可以允许它们与人共存。综合治理策略认为保留一些残存的害虫是有好处的，它维持了生态的多样性及遗传的多样性，同时这些残存的害虫可以成为害虫天敌的食物或寄主，使得害虫天敌得以存活下来，加强及维持了自然控制。

（5）全部种群治理（total population management，TPM）。主要是针对危害人畜的真正的"害虫"，这些害虫是不允许与人共存的，采用彻底消灭的治理方式。首先采用化学防治方法（或其他手段）将虫口密度压到最小限度，再释放不育雄虫，达到彻底消灭害虫的目的。这个策略可以说是与这些害虫的生物学特性有关的（张宗炳，1985）。

（6）大面积种群治理（areawide population management，AMP）。主张采用

系统分析的方法测定多维的、动态的经济阈值，由此决定是否进行防治。一旦决定进行防治，就尽量做到彻底消灭，使害虫数量减到最少。

（二）生物灾害治理策略

由前述生物灾害的管理方法和理论，产生了一系列生物灾害治理策略（张国庆，2011）。

（1）工程治理：对危害严重、发生普遍或危险性大的病虫害，采取有效技术手段和工程项目管理办法，有计划、有步骤、有重点地实行预防为主、综合治理的生产全过程管理，把病虫灾害损失减少到最低水平。其中，始于 20 世纪 90 年代的精准施药管理是一个有效模式。精准施药是指农药精确使用，定时、定量、定点施药。在进行药物治理时，尽量选用只对靶标生物有作用的药物，或尽量选择只对靶标生物有作用的施药方式。这样的药物治理方式对非靶标生物和环境扰动小，有利于施药后生态系统快速恢复健康。

（2）可持续治理：从生态系统的整体功能出发，在充分了解生态系统结构与功能的基础上，加强生物防治、抗性品种应用和有害生物与天敌动态监测，综合使用各种生态调控手段，通过综合、优化、设计和实施，将有害生物防治与其他措施融为一体，对生态系统及其有害生物——天敌关系进行合理的调节，变对抗为利用，变控制为调节，以充分发挥系统内各种生物资源的作用，使农林业生产得以持续发展。

（3）生态系统管理：是一种物理、化学和生物学过程的控制，它们将生物体与它们的非生命环境部分及人为活动的调节连接在一起，以创造一个理想的生态系统。其中最重要的管理模式是生态健康管理，即根据研究对象的生物学特性和生态学特性，运用生态健康原理，采用生态学和管理学手段，使研究对象和谐地融入生态系统中去，使生态系统保持健康状态，或促进生态系统恢复健康。在生态健康管理的理论构架下，形成了"双精"管理的模式，即通过对生态系统健康状况进行实时监测，运用先进的预测技术，对生态系统健康状况进行精准预测预报，对生态系统实施精确管理，维护或恢复生态系统健康。

（4）生物灾害管理。生物灾害管理理论始于 20 世纪 70 年代。生物灾害管理是一个有效组织协调可利用的一切资源，应对生物灾害事件的过程。其根本目的就是通过对生物灾害进行系统的监测和分析，采取 GCSP（graded management、classification management、subarea management、phased management，分级管理、分类管理、分区管理和分期管理）策略和"双精"管理技术，进一步改善灾害应急管理周期中减灾、准备、响应和重建等方面的措施，以尽最大可能通过有效的组织协调来保障生态安全，并将经济财产损失降到最低程度。具体内容包括监测预警、检疫御灾、应急救灾，灾害发生前的各种计划、物资资金准备等备灾措施，灾害发生后的救灾工作和灾后恢复工作，以及避免和减少灾害发生的促进生态健康措施。

第二节 生物灾害对国家公共安全的影响

一、农业病虫害直接造成粮食减产、危害粮食生产安全

农业病虫害对粮食生产的最直接危害就是造成粮食作物大面积的减产甚至绝收；其次是提高生产成本，降低种粮的经济效益，造成严重的经济损失。历史上小麦条锈病、马铃薯晚疫病曾给农业生产带来过毁灭性的灾害。"飞蝗蔽日、禾草皆光"的蝗虫灾害也曾给农业生产和人民生活造成过深重灾难。

我国小麦、水稻和玉米三大作物病虫害连年常发、重发。其中小麦病虫害年平均发生面积 5 800 万公顷次，最高发生面积出现在 1998 年，达到 8 100 万公顷；年平均危害损失 1.2×10^3 万吨，占粮食总损失的 25.5%。水稻病虫害年平均发生面积 8 300 万公顷次，最高发生面积出现在 2007 年，达到 11.9×10^3 万公顷；年平均危害损失 2 783.5 万吨，占粮食总损失的 58.2%。玉米年平均发生面积 3 500 万公顷，最高发生面积出现在 2013 年，达到 8 150 万公顷；年平均危害损失 779.3 万吨，占粮食总损失的 16.3%。

2008 年水稻稻瘟病、水稻纹枯病、稻飞虱、稻纵卷叶螟及玉米粗缩病、小麦赤霉病等大暴发，导致作物大面积减产，甚至绝收。当年全国绝收面积 865 万公顷，绝收面积占成灾面积的 39.16%，危害相当严重。其中，山东夏玉米粗缩病暴发，发生面积 76.5 万公顷，济宁、临沂、枣庄等地市有 5.91 万公顷玉米翻种，绝产 1.67 万公顷（张丽等，2013）。

2012 年三代黏虫在内蒙古、吉林、黑龙江、辽宁、河北、山西、北京、天津等地部分玉米田块暴发，发生面积共为 361.3 万公顷，危害程度之重为近 20 年罕见。危害严重田块玉米穗位以下叶片被蚕食仅残留主脉，籽粒灌浆和产量受到较大影响，严重田块甚至绝收。黑龙江 7 市 30 多县均有发生，发生田块玉米平均百株虫量为 100~200 头，最高百株虫量达 4 000~5 000 头，个别严重田块叶片被吃光。吉林中西部偏重发生，产量严重受损面积达 3.7 万公顷。内蒙古通辽市、赤峰市、兴安盟普遍发生。北京发生面积占夏玉米播种面积的 60%。天津重发面积占发生面积的 26.5%，发生程度为近 30 年罕见。山西晋中等地发生程度则属历史罕见。

2010 年受春夏频繁降水的影响，我国南方水稻产区稻飞虱和稻纵卷叶螟等"两迁"害虫呈现发生时间早、迁入峰次频繁和灯下虫量高三大特点。其中，稻飞虱对水稻的危害包括三方面：一是直接刺吸危害。虫群集于稻丛基部，刺吸茎

叶组织汁液，消耗稻株养分，使谷粒不饱满，秕谷率增加；虫量多、受害重时引起稻叶失水发黄、腐烂枯死（俗称"冒穿"、"透顶"或"塌圈"），导致减产。二是产卵危害。稻飞虱产卵时刺伤水稻茎叶组织，形成大量伤口，促使水分由刺伤点向外散失。三是传播或诱发水稻黑条矮缩病等病害。水稻感染黑条矮缩病后典型表现为植株矮缩、叶色深绿、叶背及茎秆出现条状乳白色或蜡白色，后变深褐色小突起、高位分蘖及茎节部倒生气须根、不抽穗或穗小、结实不良。

病虫害防治工作则通过防控和减少有害生物对粮食作物的危害，从而提高粮食单位面积产量、促进粮食稳产增产、增强粮食综合生产能力，是实现粮食生产持续发展和粮食生产安全的重要保证措施。根据美国、英国、德国、日本等发达国家试验结果，如果一年不进行病虫害防治，农作物产量降低30%；如果连续两年不进行病虫害防治，则损失又增加一倍。据联合国粮食及农业组织发布的研究报告，在不防治的情况下，20世纪80年代病虫草鼠危害的产量损失率为34.3%；20世纪末达到42.1%（陈友权和王建强，2014）。

二、林业、草原病虫害及外来有害生物危害生态安全

生态安全是人类生存的基本保证，是公共安全的重要组成部分。生态安全包含两重含义：一是生态系统自身是否安全，即自身结构是否受到破坏；二是生态系统对于人类是否安全，即生态系统所提供的服务是否满足人类的生存需要。生态系统自身的安全是生态安全的基础。但是，林业有害生物、草原鼠虫害严重破坏森林生态系统和草原生态系统的健康可持续发展。

（一）森林生态系统遭受有害生物的危害

研究指出，全球每年约1.04亿公顷的森林受各种森林灾害致害因子影响，其中生物灾害占65.3%（骆有庆，2015）。我国林业正处于快速发展的过程中。森林覆盖率已从中华人民共和国成立初期的8.6%上升到21.63%。但是，大多是中幼林、人工林，且纯林居多。目前，我国质量好的森林仅占19%，生态功能好的森林仅占13%，处于亚健康和不健康等级的乔木林面积占25%。同时，中幼林比例高达65%，纯林面积高达61%。受经济发展、森林健康状况、检疫水平等条件限制，以及防治工作滞后的影响，林业有害生物灾害极易发生。

林业生物灾害的发生具有隐蔽性、滞后性、持续性和反复性，其控制相比森林火灾这一"明枪"更为困难和复杂，因而林业生态灾害被人们称作破坏森林资源的"暗箭"。目前，我国松材线虫、杨树天牛、林业鼠（兔）等重大有害生物仍呈高发态势，破坏了森林资源，影响了森林质量，降低了森林碳汇能力，威胁到林业"双增"目标的如期实现。

据研究，2006~2010 年，我国林业有害生物年均发生面积 1 151.8 万公顷，约占现有森林面积的 5.9%；林业有害生物引起的年均蓄积损失为 2 551.3 万立方米，约占年均蓄积实际增长量（2.25 亿立方米）的 11.3%。林业有害生物造成的年均直接经济损失 245 亿元（立木资源年均损失 127.9 亿元，非木质林产品年均损失 117.1 亿元），年均森林生态服务价值损失 856.1 亿元，直接经济损失和生态服务价值损失总计为 1 101.1 亿元。森林有害生物造成的生态服务价值损失中，鼠兔害造成的损失值最大，为 607.6 亿元，约占年均生态服务价值损失总值的 71%；虫害次之，损失值为 141.8 亿元，约占年均生态服务价值损失总值的 17%；第三位是病害，损失值为 106.4 亿元，约占年均生态服务价值损失总值的 12%（宋玉双等，2011）。

中华人民共和国成立后，随着我国松林面积的不断扩大和经营管理不当，松毛虫的危害日趋严重；20 世纪 70 年代至 90 年代，全国松毛虫发生面积平均每年约 200 万公顷。松毛虫主要取食松树的针叶，虫口密度大时，一片松林在数日之内就可被取食殆尽，远望枯黄，如同火烧一般。松毛虫在我国分布范围很广，北起大兴安岭，南至海南岛，西至阿尔泰山，东至沿海城镇，我国 25 个省（区、市）均有发生。被害松林，轻者影响树木生长和松脂产量，重者造成树木成片枯死，给林业生产和生态环境建设造成重大损失。

20 世纪 80 年代初随木材贸易从美国侵入的红脂大小蠹，1999 年在山西省大面积暴发，使大片油松林在数月之间毁灭，严重危及其他野生动植物赖以生存的生态环境。

松材线虫病是松材线虫在树体内侵染寄生而导致松树迅速枯死的一种毁灭性病害，传播媒介主要是松墨天牛。该病最早于 1905 年在日本发现，现在日本大流行，除北海道外，几乎席卷全国。仅木材损失每年在 2×10^6 立方米以上，受害松林 6.5×10^5 公顷，占日本松林总面积的 25%。全日本每年的防治费用在 100 亿日元左右。现在，美国、加拿大、韩国均有该病的报道；我国于 1982 年在南京发现黑松遭受此病危害，现已扩散于江苏、安徽、浙江、广东和山东 5 省，受害松林面积约达 3.3 万公顷，已累计致死松树 5 000 多万株，并且严重威胁三峡库区及黄山、庐山等风景名胜区生态安全。

我国西北地区由于实施"三北防护林"生态建设规划，广泛种植杨树，并且树种过于单一，造成光肩星天牛、黄斑星天牛等蛀干害虫的严重危害，大片防护林被危害致死。这类害虫钻蛀到树干内部蛀食危害，造成树木千疮百孔，引起树木生长衰弱，枝干风折或整株树枯死，危害极大。此外，危害树木的一些刺吸式口器害虫，如松干蚧、松突圆蚧、松大蚜、杨圆蚧等亦能造成严重危害。它们吸食树干或叶片汁液，造成树木生长衰弱，提早落叶或整株死亡，严重破坏了"三北防护林"生态建设成果。

（二）草原生态系统遭受鼠虫害破坏、生态建设成果受损

我国拥有各类天然草原近 4 亿公顷，占我国国土面积的 41.7%，是我国面积最大的陆地生态系统，也是畜牧业发展的重要物质基础和农牧民赖以生存发展的基本生产资料。鼠虫害是我国草原上的"三大"自然灾害之一，因其危害造成的牧草损失率一般都在 50% 以上，高者达 80%，甚至绝收。更为严重的是，鼠虫害还导致严重的生态灾难，造成草地生态系统失衡，生物多样性减少，毁坏草场，破坏植被，传播疾病。

首先，草原害鼠不仅大量啃食植物绿色部分，减少生物量；其次，由于老鼠挖掘洞穴的习性，所造成的环境损失远远大于单纯的食草所造成的危害。所有鼠害发生的地方，洞道纵横，水土流失严重。有的甚至形成了大面积寸草不生的"鼠荒地"。此外，由于害鼠啃食或危害植物根系，尤其对依靠根蘖繁殖的禾本科优良牧草危害严重。当其数量高时，草原中优良牧草的比例大幅度下降，利用价值显著降低，在严重地段甚至完全失去利用价值。

21 世纪以来，草原蝗虫年均危害面积维持在 1 000 万公顷以上，内蒙古等地优势种蝗虫亚洲蝗年均危害面积达到 340 万公顷，新疆的意大利蝗年均危害面积达到 100 万公顷，青藏高原的西藏飞蝗年均危害面积达 16 万公顷（洪军等，2014）。我国草原蝗虫灾情在 1996 年前为点片发生，小面积偶然成灾，1997 年至 2004 年连续 7 年暴发成灾，其中危害比较严重的 2003~2004 年，发生面积超过 1 700 万公顷，最高达 1 780 万公顷。另外，与哈萨克斯坦、俄罗斯和蒙古国接壤的新疆、内蒙古等还受到外来蝗虫的侵袭。蝗灾对草场的破坏是毁灭性的，20 年难以恢复，甚至是不可逆的，造成的经济损失也是持续的。蝗灾导致的沙化、退化等生态损失更是无法估量。严重的蝗情不仅给牧区各族人民的生产、生活造成极大损害，而且对环京津风沙源治理工程、天然草场保护工程等国家生态建设项目的成果构成严重威胁。

（三）外来生物入侵破坏生态系统和生物多样性

福寿螺被列入中国首批外来入侵物种。福寿螺原产于南美洲亚马孙河流域。1981 年作为食用螺引入中国，因其适应性强，繁殖迅速，成为危害巨大的外来入侵物种。福寿螺不仅咬食水稻等使农作物严重减产；而且由于养殖过度，口味不佳和市场销量不好而被大量遗弃或逃逸，很快从农田扩散到天然湿地，目前已经在我国一些淡水流域泛滥成灾。水葫芦约于 20 世纪 30 年代作为畜禽饲料引入我国，现疯狂肆虐于南方十多个省市的江河湖泊，致使我国最大的高原湖泊——滇池内很多水生生物处于灭绝的边缘，同时，国家每年至少要投入上亿元的巨资进行打捞。

我国最初从英美引进大米草是为了保护沿海滩涂，可是近年来它在沿海地区过度扩张，覆盖面积越来越大，与沿海滩涂本地植物竞争生长空间，致使南方沿海大片红树林消亡。大米草还破坏了近海生物的栖息环境，影响海水交换能力，导致水质下降并引起赤潮，堵塞航道，致使大量的沿海生物窒息死亡（钱茜和王玉秋，2003）。薇甘菊引自澳大利亚，原本作为护滩植物，但在珠江三角洲一带大肆扩散蔓延，遇树攀缘，遇草覆盖，仅深圳市受薇甘菊危害的林地面积已达4万多亩。由于其能大量吸收土壤水分从而造成土壤极其干燥，对水土保持十分不利。此外，薇甘菊还能分泌化学物质抑制其他植物的生长，曾一度严重影响整个生态系统的生产与发展。

外来物种入侵严重破坏我国生物的多样性，并加速物种的灭绝。外来物种入侵却是威胁生物多样性的头号敌人，入侵物种被引入异地后，由于其新生环境缺乏能制约其繁殖的自然天敌及其他制约因素，造成其迅速蔓延，大量扩张，形成优势种群，并与当地物种竞争有限的食物资源和空间资源，直接导致当地物种的退化，甚至灭绝。此外，一些外来物种入侵，会对植物土壤的水分及其他营养成分，以及生物群落的结构稳定性及遗传多样性等方面造成影响，从而破坏当地的生态平衡。

三、生物灾害危害食品安全和人体健康

（一）农作物感染病虫害后产生毒素

小麦感染赤霉病后，会产生以脱氧雪腐镰刀菌烯醇（即呕吐毒素）为主的真菌毒素。食用病麦会发生眩晕、发烧、恶心、腹泻等急性中毒症状，严重时会引起出血，影响免疫力和生育力等；此外，呕吐毒素作为国际公认的第三类致癌物，各国都严格限制其在食品中的含量。玉米穗腐病主要由禾谷镰刀菌（*fusarium graminearum*）、串珠镰刀菌（*fusarium verticillioides*）、层出镰刀菌（*fusarium proliferatum*）、青霉菌（*penicillium spp*）、曲霉菌（*aspergillus spp*）、枝孢菌（*cladosporium spp*）、单瑞孢菌（*trichothecium spp*）等近20多种霉菌浸染引起。曲霉菌中的黄曲霉菌（*A.flavus*）不仅危害玉米等多种粮食，还产生有毒代谢产物黄曲霉素，引起人和家畜、家禽中毒。

（二）动物疫病危害宿主和人体健康

据历史记载，我国在20世纪30~40年代，每年死于牛瘟的牛达到200多万头；90年代末，欧洲疯牛病给养牛业带来了毁灭性的打击，直至社会发生动荡。2011~2013年猪流行性腹泻病毒变异毒株引起的疫情呈暴发流行，波及我国主要

养猪地区，造成巨大经济损失。2011~2012 年，吉林、内蒙古、新疆、辽宁、山东、江苏等地连续发生 14 起动物炭疽疫情，染病动物和人数量增多，感病牛、羊等家畜为主要传染源。2010 年新发的鸭出血性卵巢炎流行，造成养鸭业较大经济损失。近年来，新发疫病——鸡肝炎-心包积液综合征在吉林、黑龙江、辽宁、河南、安徽、山东、湖北、河北、山西 9 省流行，造成鸡群高发病率和高死亡率，经济损失较大。

动物疫病不仅给畜牧业生产造成经济损失，还会危害人类健康。在已知的 200 多种动物传染病和 50 多种动物寄生虫病中，至少有 160 多种可以传染给人，推测远远不止此数；可以通过人与患病动物的直接接触传播，也可经由动物媒介和受病源污染的空气、水和食品等传播。人体受某些动物疫病的传染，不仅有害健康，而且会造成严重的危害，在历史上和现实中都有许多事实存在。有的动物疫病能致人死亡；有的虽不迅速致人于死，但使人长期虚弱，丧失劳动力；有的使人因食品源或职业活动而感染某些动物疾病，患上恶疾。所以要保护畜牧业生产就要防治动物疫病，防治动物疫病是保护人体健康，扑灭和控制人畜共患疾病的必要措施，或者说是一个重要前提。

（三）林业有害生物直接或间接危害人类健康

红火蚁自 2004 年在我国大陆首次发现以来，在广东、湖南和广西已致使 15 000 多人次被叮蜇致伤，有 200 多人需接受专门治疗。吸血昆虫蜱在东北、西北原始林区传播森林脑炎，1997 年以来，仅大兴安岭林区就发生感染病例 79 例，导致 5 人死亡。2005 年以来发生的胡蜂袭人事件，已累计造成数十人死亡，严重干扰了当地人民群众正常生产生活。

此外，林业有害生物的主要种类鳞翅目幼虫体上大多附有毒毛，随风飘落，造成水源污染并引发疾病，其中松毛虫就曾在广东、江西、浙江、安徽、湖北、福建、甘肃及河北等地致使防治人员及当地群众发生皮炎、关节痛、畏寒、低热、头晕、头痛、食欲不振、肠胃不适等情况。20 世纪 70~80 年代，安徽省由于松毛虫毒毛而发生的中毒事件达上千例。此外，青杨脊虎天牛蛀空树木，导致枝干风折，造成多起砸死砸伤群众、家畜，毁坏过往车辆事件等。

（四）外来有害生物对人类的健康危害逐渐被发现

外来生物对人类健康可构成直接威胁。豚草花粉是人类变态反应症的主要致病原之一，所引起的花粉症对全世界很多国家的人类健康带来了极大的危害。每到豚草开花散粉季节，体质过敏者便发生哮喘、打喷嚏、流清水样鼻涕等症状，体质弱者可发生其他并发症并死亡。一些外来动物，如福寿螺等是人畜共患的寄生虫病的中间宿主，麝鼠可传播野兔热，极易给周围居民带来健康问题。疯牛病、口蹄疫、艾滋病更是对人类生存的巨大挑战。

四、气候变化引起生物灾害分布、流行发生变化

在全球气候变暖背景下，温度升高、降水变异、极端天气气候事件增多增强，以及人类活动包括农林业管理制度变化，在一定程度上改变了有害生物系统适生的生态环境条件，致使有害生物适生区、危害时段发生变化，从而引起有害生物分布、流行及种群类型结构等发生变化。研究表明，全球性的气候变暖，将对作物病虫害的发生世代、越冬北界及分布范围产生巨大的影响，危害将呈加重趋势（刘雨芳和古德祥，1997）；气候变暖后，一些区域病虫害的危害程度将加重10%~20%，因病虫害造成的粮食减产幅度将进一步增加（祝新建和胡宝霞，1999）。气候变暖拓宽了农业病虫害的适生区域，必然对病虫害的地理分布产生重要影响。气候变暖使受低温限制的昆虫增加了向两极和高海拔扩散的机会。近20年来小麦蚜虫在华北地区的严重发生，与气候变暖密切相关。近几十年来冬季温度增高，有利于条锈菌越冬，菌源基数增大，春季气候条件适宜，促使小麦条锈病的发生、流行加重。与20世纪90年代以前相比，目前小麦条锈病发生的海拔高度升高了100~300米（霍治国等，2012），危害范围明显扩大；发生时间也由3月提早到了2月。气候变暖后，多种迁飞性作物害虫比现在分布更广、危害更大。中国黏虫越冬北界从33°N北移到36°N附近地区，大致与现在的1月-20℃等温线相接近；冬季繁殖气候带，也从27°N北移至30°N附近地区，造成黏虫越冬和冬季繁殖面积扩大上亿亩之多（李祎君等，2010）。研究显示，近50年来年平均温度每升高1℃可导致病害发生面积增加6 094.4万公顷次，年平均降水量每增加1毫米/天可导致病害发生面积增加6 540.4万公顷次，年日照时数每减少100小时可导致病害发生面积增加3418.8万公顷次（王丽等，2012）；农业害虫发生面积率距平与平均温度、平均降水强度距平呈显著正相关。平均温度、平均降水强度分别每增加1℃、1毫米/天，虫害发生面积将增加0.96亿公顷和1.06亿公顷；虫害发生面积率距平与年日照时数距平呈显著负相关，也就是日照每降低100小时，虫害发生面积将增加0.591亿公顷（张蕾等，2012）。

此外，研究结果表明，在诸多造成我国森林病虫害普遍发生和严重危害的因素中，气候变暖是重要因素之一。全国年均温度的上升尤其是暖冬对病虫害发生面积的增加起着重要的促进作用。气候变暖，有效积温增加，森林植物物候提前，使得林业有害生物发生期相应提前，世代数相应增加。在1972~2002年，广东潮安县年均温度上升1℃多，过去一般以3代幼虫越冬的松毛虫近年来出现3、4代幼虫重叠越冬的现象。美国白蛾在辽宁一般1年2代，在辽西、辽南个别年份，也曾出现过第3代幼虫，但多数于5龄左右死亡，不能完成世代。

而 1994 年，辽宁省温度偏高，在锦州出现完整的 3 代；近年来，在河北和天津美国白蛾都已陆续出现完整的 3 代。此外，蚜虫类、螨类、毒蛾类、小蠹虫类在气温升高 1~5℃区的繁殖世代数将可能增加 1~4 代，卷蛾类在气温升高 2~5℃区、舟蛾类与蚧类在气温升高 3~5℃区、舞毒蛾与美国白蛾和松毛虫类在气温升高 4~5℃区可能增加 1 代，部分天牛类及吉丁虫类在气温升高 3~5℃区的世代发育数也将受到影响。此外，气候变暖，有效积温增加，昆虫区系分布正在向北变迁。油松毛虫原分布在辽西、北京、河北、陕西、山西、山东等地，现已向北、向西水平扩展，广泛分布在北起内蒙古赤峰市约相当于北纬 42.5°或 1 月均温 0~8℃等温线以南，东部南端相当于 1 月均温 0℃等温线以北；垂直扩展呈岛状分布于海拔 800 米以上（如泰山顶和崂山顶），或西北黄土高原海拔 500~2 000 米的油松林间。20 世纪 50 年代，白蚁只在广东危害严重，随后扩散到福州、杭州、上海、武汉、南京、合肥、蚌埠等地区，70 年代扩散到徐州一带，80 年代扩散至西安，2000 年后又相继在天津和北京出现（国家林业局森林病虫害防治总站，2012）。赵铁良等（2003）根据 1961~2001 年的历史资料得出我国冬季平均气温、年平均气温变化与全国森林病虫害发生面积之间的线性相关系数分别为 0.668 4 和 0.551 6，均达到显著水平。

五、化学农药的大量使用危害食品质量安全

我国是一个农药生产使用大国。农药生产企业有 2 000 多家，农药原药年生产量 40 万吨，由于农药器械落后，"跑、冒、滴、漏"问题严重，农药的利用率只有 20%~30%，此外，农民在作物收获前仍然喷洒农药，没有安全间隔期。70%~80%农药直接渗透到生态环境中，对土壤、地表水、地下水和农林产品造成污染，并对所有环境生物和人类健康造成严重的、持久的和潜在的危害（詹祖仁等，2007）。

化学农药大致分为三大类，即杀虫剂、杀菌剂、除草剂等（苗建材，1992），其中杀虫剂使用量最大。杀虫剂是非特效毒药，不是只对一种目标害虫，而是对所有的生命都有毒性，对人类的危害最大。有研究报道，现在全世界每年因杀虫剂中毒者近百万人、死亡者数万人（姚建仁等，2001）。有一些化学农药虽然急性毒性较低，但施用后对环境具有严重的潜在危害性，有较高的慢性致病性，最终可能会引起动物的致畸、致癌，甚至致基因突变（宋玉双，2006）。

研究证实，喷洒农药后有 40%~60%的农药降落在土壤中，而土壤中残留的化学农药可通过各种途径转移至动植物体内，积累于动物体内的农药还会转移至蛋和奶中，进而造成各种禽兽产品的污染。人类以动植物的一定部位为食，由于动植物体受污染，必然引起食物的污染，最终造成农药对人体的危害。因此，残留

农药的转移及生物浓缩的作用，使农药污染变得更为严重（杨景辉，1995；蔡道基，1998）

此外，使用化学农药造成的有害生物抗药性（resistance）、再猖獗（resurgence）和残留（residue）日益严重。一是长期使用同类农药，导致害虫产生抗药性使防治效果下降，不仅增加了防治费用和成本，而且加剧了化学农药对环境的污染；二是由于化学农药大多缺乏选择性，不仅对害虫有杀伤毒害作用，而且对害虫的"天敌"及传粉昆虫等益虫益鸟也有杀伤作用，破坏了生态平衡，造成害虫再度猖獗和次要害虫上升的后果；三是大量的化学农药被施用后，以各种形式积累残留在自然环境中，经过生物富集浓缩增加了毒性，不仅使害虫的天敌更易受到毒害作用，而且通过食物链传递极大地威胁着人体的健康（姚建仁等，2001）。

基于化学农药对生态环境的破坏作用显著，农药正朝着"高效、低毒、低残留、安全"方向发展，生物农药的大面积应用、长残效农药的限用和禁用，有利于提高农林畜水产品质量安全。随着农药剂型的改进，新型农药器械的开发和农药使用技术水平的提高，农药对农林畜水产品质量安全的负面影响将越来越小。例如，应用苏云金杆菌（B.t）防治技术防治森林虫害在我国已是一种比较常见的方法，它属于微生物杀虫剂，它能够有效防治上百种虫害类型，特别是能有效防治鳞翅目害虫，不仅不会对人畜造成伤害，也不会对自然环境产生影响，且防治效果明显超过普通的杀虫剂。又如，白僵菌是一种真菌杀虫剂，能够进入害虫体内，借助于大量繁殖的方式使害虫失去代谢功能，最终起到杀灭害虫的目的。利用白僵菌进行防治属于一种无污染的技术手段，对人畜无害，不会对自然环境产生影响。白僵菌可有效防治大约70余种害虫，只需在果树地面附近均匀撒下白僵菌菌粉或与25%对硫磷微胶囊剂混合液混合喷雾，即可取得良好的防治效果。

第三节　生物灾害监测预测现状与水平

一、我国农业有害生物监测预报现状

（一）传统的农业病虫害测报工作

我国农业有害生物监测预报工作主要由农业植保部门承担，是目前从监测网络、技术方法、标准规范、预警发布服务等各个层面较为完善、规范的一个生物灾害监测预报预警领域。中华人民共和国成立70年来，农业有害生物监测预警工作为各级农业决策部门指挥重大病虫防治工作做出了重要贡献。

（1）网络化的病虫害监测防控体系：坚持专业性测报和群众测报相结合的方法，在加强专业测报站建设的基础上，广泛建立群众性的测报组织。2000年以来，

农业部门建设了 1 000 个以上病虫预警与控制区域站，初步形成了从农业部（现为农业农村部）到省、市、县级较为完善的病虫测报体系。截至 2007 年，我国已有 31 个省（区、市）、338 个市（地、州）、2 450 个县（市、区）建立了承担病虫测报工作的植保机构（刘万才等，2010a）。显著改善了病虫监测预警、疫情阻截、应急防控的条件，建立了水稻、小麦数字化监测预警平台，实现了植物检疫审批的网络化管理，全面提升了我国农业病虫害监测预警能力、植物疫情监管阻截能力和重大病虫防控能力（危朝安，2010）。

（2）病虫调查方法：1987~1990 年将小麦条锈病、稻瘟病、稻飞虱、棉铃虫等 15 种主要测报病虫害列为标准化项目，按照国家标准编制测报调查规范，并于 1995 年 12 月由国家技术监督局颁布在全国范围内实施，成为中华人民共和国成立以来首批植物病虫害测报调查规范国家标准。2000 年后制定了小麦、水稻、玉米、蔬菜和果树病虫及杂食性害虫测报技术规范、病虫电视预报制作技术等农业行业标准 11 个，并修订了 1995 年颁布的 15 个国家标准（刘万才等，2010a）。

（3）病虫测报技术的发展：20 世纪 60 年代前后开展了病虫指标预测法、数理统计预测法和综合分析预测法等的研究，并在病虫预报中得到了广泛应用。20 世纪 70~80 年代，对多种重要病虫害的损失估计、防治指标、经济阈值等进行了研究。近年来，随着电子计算机的发展，数学模型、病虫数据库及专家系统也在病虫测报中得到了很好的应用。遥感技术、昆虫雷达在我国农业病虫监测中的研究与应用亦取得了新的发展（刘万才，1996）。农业病虫测报部门先后和科研、教学单位合作，对黏虫、稻飞虱、稻纵卷叶螟、麦蚜、草地螟和小麦条锈病、白粉病等主要病虫进行了研究，在摸清流行规律、迁飞性路线的基础上，创造性地开展异地长期预测，明显提高了预报的准确性，预报时间也大大提前。据统计，全国病虫监测对象种类由 15 种增加到 26 种，中长期预报准确率提高 5~10 个百分点，水稻病虫和重大病虫周报已基本实现数字化，重大病虫防控处置率普遍达到 90% 以上（危朝安，2010）。特别是 2006~2008 年对粮食作物重大病虫害发生程度的预报准确率达到了 100%（刘万才等，2010a）。

（4）重大病虫害数字化监测预警系统：全国农业技术推广服务中心病虫测报部门自 1996 年起开始探索现代信息技术在病虫测报领域上的应用，先后建成了"全国病虫测报信息计算机网络传输与管理系统"和"中国农作物有害生物监控信息系统"，在病虫数据采集和病虫监测预警中发挥了重要作用。2009 年起对原系统进行了换代升级，开发建设了"农作物重大病虫害数字化监测预警系统"。该系统的主要特点如下：①系统覆盖面广，覆盖了我国主要粮、棉、油 6 大作物近 50 种重大病虫害，实现病虫监测调查数据的采集和分析处理。②数据更新频率高，系统全天候运行，全国各级病虫测报技术人员定期通过田间调查采集病虫发生数据，及时通过系统上报数据，数据更新频率高。此外，系统所有数据表全部按照国家或农业行业标准设计，提高了数据的规范化，有利于数据共享。③系统加强了在数据分析与挖掘及地理信息系统分析等功能上的研究开发，基本可满足病虫监测预警需要。④系统应用力度大，系统自开发起就面向农业生产，病虫监测调查数据传输、分析处理全部通过该系统，系统应用效率高，并通过每年举办应用技术培训班等方式，促进该系统的推广应用。该系统实现了对水稻、小麦、玉米、马铃薯、棉花、油菜等作物重大病虫害的数字化监测预警，对提升我国农业病虫害监测与防控能力、保障国家粮食安全发挥了重要作用。该系统部署于全国农业技术推广服务中心，已在我国 32 个省级植保站和 1 122 个市、县病虫测报区域站推广应用（黄冲等，2016）。

（二）病虫害气象预测预报

农作物病虫害除了受其自身的生物学特性影响外，还受农作物品种、耕作栽培制度、施肥与灌溉水平的制约，特别是受气象条件的影响较大。温度、降水、湿度、风和光照（包括太阳辐射）等气象条件既与各类病害的发生流行及害虫的生长发育、繁殖和活动有着密切的关系，同时也是病虫害发生的自然控制因子。特别是其综合影响对于病虫害发生发展有重要作用（叶彩玲等，2005）。气象因子常常是病虫害暴发的直接驱动因子。几乎所有大范围流行性、暴发性、毁灭性的农作物重大病虫害的发生、发展、流行都与气象条件密切相关，或与气象灾害相伴发生。近年来，植物保护和气象部门联合开展针对作物病虫害发生、发展的环境气象条件研究得到了较大发展。

病虫害气象预测预报是利用经验的、统计的、数学模式的技术方法，根据病虫害与气候气象条件的相关分析，对某个区域或较大范围的病虫害发生期（流行期）、发生量、发生程度（流行程度）进行长、中、短期气象预测预报服务，是病虫害预测的一个重要方法之一。国内外学者对农作物病虫害气象预报预测进行了大量的研究，主要包括不同气候事件及气象要素与农作物有害生物的各特征的相关研究。研究涉及的对象不仅有真菌、细菌、病毒等微生物引起的生物病害，而且还有非生物因素引起的生理病害。从研究结果来看，在时效上建立了短期、中期、长期的预测预报模型。预报内容涉及病虫害发生期预测、流行速率及流行程度预报、发生量预报及农作物病虫害气候分区研究等（陈怀亮等，2007）。

此外，根据气象条件对病害发生流行和害虫生长发育影响的程度建立定量评价指标和预测模型，预报未来一段时间病虫害发生发展的气象风险等级也是近年来病虫害气象预报的一个重要方面（王建林等，2005；郭安红等，2009；薛晓萍等，2009）。每年 4~9 月病虫害防治关键期或猖獗期之前，气象部门利用病虫害气象风险预报业务平台，发布小麦赤霉病和条锈病、水稻稻瘟病和稻飞虱、玉米螟、棉铃虫等病虫害气象风险预报业务服务产品。产品给出气象条件适宜、较适宜和不适宜病虫害发生、发展的风险区域分布。在实时预报业务中，结合作物发育期信息（物候信息）、气象要素监测、天气预报及地理信息数据，按站点或格点计算促病指数和虫害适宜度综合指数，划分病虫害发生、发展风险等级，从而确定气象条件适宜、较适宜和不适宜病虫害发生、发展的区域分布。

（三）基于遥感和地理信息系统的农作物病虫害监测预测

近年来遥感技术的发展，为大面积、快速获取作物和环境信息提供了重要的手段，是未来大面积病虫害监测和预测预报与产量损失评估的重要手段。植物在病虫害侵染条件下会在不同波段上表现出不同程度的吸收和反射特性的改变，即病虫害的光谱响应，通过形式化表达成为光谱特征后作为植物病虫害光学遥感监测的基本依据。而在病虫害遥感探测的研究与实践中，研究者往往不直接使用光谱反射率，而是基于各种类型的植被指数进行分析，也就是说，植被指数在反映不同作物病虫害方面的特点和能力是作物病虫害遥感监测模型的重要信息来源。迄今为止，已有多种不同形式的植被指数被相继提出，通常具有一定的生物或理化意义，是植物光谱的一种重要的应用形式（张竞成等，2012）。针对不同类型的病虫害及病虫害的不同特点，研究者提出了各种各样的病虫害监测方法和模型。大致可以分为两类：一类是基于高光谱非成像数据建立的模型；另一类是基于图像的数据分析方法。这些方法涉及了多元统计分析、数据挖掘算法和图像分析方法，总的目的是使所建立的模型具有较高的精度和专一性。

地理信息系统是一门空间信息管理技术，也是一种计算机系统，可以实现诸如数据采集、管理、分析和表达等功能。在病虫害的监测预报应用中，地理信息系统集成遥感影像、农业气象数据、病虫害发生生境因子、地面调查数据、作物病虫害监测预报模型及基础地图数据进行空间分析，以专题图形式真实地反映病虫害的分布和发生病虫害的危险等级，借助于 WebGIS（网络地理信息系统）技术在网络平台对空间数据的发布与共享，实现了病虫害预报模型网络化运行和大面积实时的遥感病虫害专题图发布，以便用户及时采取防治措施，从而达到高效、大面积防治病虫害的目的（宫彦萍等，2008）。

（四）面向公众的重大农业病虫害预报预警服务

过去传统的病虫预报发布主要依靠各级植保测报机构印发的病虫情报、明白纸等纸质媒体。近年来，随着现代科技的发展，以及国家支农惠农政策的加强，各种媒体为农服务的意识也在增强，宣传病虫发生信息的积极性明显提高。目前，除传统的病虫情报等途径外，病虫预报电视发布已成为广大农民获取病虫害发生和防治信息的主要渠道之一。据统计，我国已有 28 个省（区、市）的 1 350 个县开展了病虫电视预报，预报对象涉及 90% 以上的农作物中超过 60% 的主要病虫害种类，有一半以上的农民收看这一节目。2009 年 5 月 22 日，农业部和中国气象局签署联合制作和发布农作物有害生物预报预警信息的合作协议，进一步加强有害生物灾害防控工作。2009 年以来，双方密切监测气象条件对农作物有害生物发生、发展的影响，联合在 CCTV-1 新闻联播之后的天气预报中发布了《农作物病虫害预警信息》，进一步扩大了病虫测报在农业防灾减灾中的公共服务作用。

除此之外，病虫预报预警信息在全国 200 多个涉农网站转载，为相关机构与广大农户及时了解病虫信息提供了方便。目前，手机短信也正在被开发成一种新的快捷预报发布方式。同时，广播、报纸等传统媒体也都主动加大了对病虫预报信息的宣传力度。病虫预报的发布正在由过去比较单一的文字形式逐步向多元化、形象化和可视化的方向迈进，在适时宣传动员，指导广大农民有效开展病虫害防治中发挥的作用越来越大。

二、我国的草原鼠虫害监测防控现状

（一）草原鼠害防控现状

我国草原上分布的鼠类有 100 余种，常见的草原害鼠有大沙鼠、长爪沙鼠、黄兔尾鼠、布氏田鼠、赤颊黄鼠、达乌尔黄鼠、东北鼢鼠、鼹形田鼠、草原鼢鼠等 20 多种，主要分布在青海、内蒙古、西藏、甘肃、新疆、四川、宁夏、河北、黑龙江、吉林、辽宁、山西、陕西 13 个省（区）。2003~2012 年，草原鼠害年均防治面积为 650 万公顷，呈现缓慢增加趋势。从防治技术手段上看，十年间生物防治比例由 2003 年的 62% 上升至 2012 年的 82%，提高了 20 个百分点。

防控组织体系：防治草原鼠害是我国较早采取的草原保护措施之一，通过长期工作实践，逐步确立了"预防为主，综合防治"的防治方针和"属地管理，分级负责"的工作原则，形成了"统筹规划、统防统治、国家扶持、农牧民参与"的工作机制和"以生物防治为主，化学、物理措施为辅"的技术路线。

防控技术：目前，全国已经形成以"生物防治为主"的鼠害防控模式，运用 C、D 型肉毒素、招鹰控鼠、野化狐狸等生物技术防治鼠害的面积占防治总面积的比例达到 80% 以上。

（二）草原虫害防控现状

草原虫害防治是农业部（现为农业农村部）较早大规模组织开展的防灾减灾工作之一。在长期的实践工作中，草原虫害防治始终坚持"预防为主，综合防治"的植保方针，逐步建立了"以生物防治为主，化学、物理防治为辅"的技术路线。在虫害常发和重发区，建立健全监测预警体系；采用生物制剂、植物源农药、天敌防控等生物技术防控虫害，同时结合围栏封育、人工种草、草地改良等措施改善草原生态系统，达到降低虫口密度、挽回因灾损失、减少环境污染、维护生物多样性的目的，使草原害虫密度长期控制在经济阈值以下，做到有虫无害，实现草原生态系统平衡。

三、我国林业有害生物监测预报

我国林业有害生物监测预报工作主要由国家林业和草原局森林病虫害防治部门承担。林业有害生物监测预报是预防工作的重要组成部分，是科学开展灾害救治的基础，也是防止危险性和检疫性有害生物扩散蔓延的关键，在巩固林业和生态建设成果，保护森林资源，促进生态文明中具有重要的作用。

（一）全国林业有害生物监测预报体系

我国设立国家、省、市、县四级森防机构，按照《森林病虫害防治条例》，县级森防机构组织森林病虫害情况调查，并向上一级部门报告调查情况；而国家、省、市级别用户需要综合分析下辖单位测报数据，定期发布辖区内短、中、长期趋势预报。

此外，我国林业部门已在全国布设了 1 000 个国家级中心测报点、2 098 个省级测报点和 22 703 个基层测报点（监测点），配备了调查取样、通信交通、信息传输等设备，形成了以各级测报点为终端、各级测报机构为枢纽、国家森林病虫害预测预报中心为核心的全国测报网络系统，全国林业有害生物监测覆盖率已提高到 82.8 %，并逐步将天然林、灌木林、荒漠植被和有害植物纳入监测范围，主测对象增加到 15 类 182 种。

（二）林业有害生物测报技术

近年来，我国的森林生物灾害的测报研究获得了长足的发展。在研究深度上，由初始的有害生物的种类、分布的普查，发展到灾害的发生发展规律和危害机制的研究，由植株和器官水平发展到细胞、生理和生化层面的研究，有些研究已上升到分子水平；在研究的广度上，由对单个灾害研究和调控发展到围绕寄主树种—有害生物—有益生物—生存环境四位一体的多方位、立体研究和调控。研制出松毛虫、松突圆蚧等一批危害特别严重的害虫的有效综合治理模式。近年来，随着计算机和遥感技术的发展，"3S"技术在林业中的运用为森林病虫害的测报工作带来了帮助。以地理信息和森林资源数据为基础，应用 GPS、地理信息系统和遥感技术进行综合集成，有效地对森林病虫害进行预测预报、灾情监测和损失估算。

（三）国家级林业有害生物灾害监测与预警系统

为了减轻森林病虫危害，现阶段我国每个县都建有森林病虫害防治站，负责森林病虫害的监测、预报和防治。为了能够在现有的林业灾害信息系统基础上，实现全国范围内林业有害生物灾害信息的网络化采集、传输、处理、分析、评价、发布与共享，林业病虫害防治管理部门利用"3S"技术，建立了国家级林业有害生物灾害监测预警系统（常原飞等，2011）。在该系统中，用户通过核心的业务服务来上报、查询和统计全国范围内的林业有害生物监测和管理数据，通过系统集成的模型预测服务来预测有害生物的发生、发展趋势，并通过空间数据服务将这些结果制作成直观的专题地图发布出来，在服务管理中心的组织下，用户可以将所需要的功能以服务的方式注册到国家级系统中，并与其他服务自由地组合成适合其使用的服务链。

（四）重大林业有害生物预警服务

2007年国家林业局和中国气象局签订《林业有害生物监测预报合作框架协议》。协议的签署，对进一步加强林业有害生物灾害监测预报工作，提高监测预报的科学性、时效性和准确性，最大限度地防灾减灾，保护森林资源和国土生态安全，更好地为广大林农和社会公众服务，具有十分重要的意义。通过研究，根据预测的有害生物连片发生面积、可能造成的林木直接经济损失来确定林业有害生物预警等级。根据2006年国务院发布实施的《国家突发公共事件总体应急预案》和2007年施行的《中华人民共和国突发事件应对法》，将林业有害生物灾害划分为四级，即Ⅰ级（特别严重）、Ⅱ级（严重）、Ⅲ级（较重）和Ⅳ级（一般），依次用红色、橙色、黄色和蓝色表示。

四、国内畜禽和水产养殖动物疫病监控现状

目前中华人民共和国农业部兽医局负责管理组织动物疫情监测、报告、调查、分析、评估与发布工作。2008年农业部发布的《中华人民共和国农业部公告 第1125号》对原《一、二、三类动物疫病病种名录》进行了修订，并发布了新定的《一、二、三类动物疫病病种名录》，包括一类动物疫病（17种）、二类动物疫病（77种）及三类动物疫病（63种）。此外，按照《中华人民共和国动物防疫法》，县级以上人民政府按照国务院的规定，根据统筹规划、合理布局、综合设置的原则建立动物疫病预防控制机构，承担动物疫病的监测、检测、诊断、流行病学调查、疫情报告及其他预防、控制等技术工作。

（一）水生动植物病情测报体系

经过 10 多年的发展，我国共有 30 个省（区、市）参与了水生动植物病情测报工作，初步建立起国家、省、市、县、测报点的五级测报工作体系，建立了"数据定期采集、分级统计、逐级上报、统一发布"的工作制度。全国现有监测点 4 000 余个，基层测报人员近万人。截至 2014 年底，全国共建设 13 个省级水生动物疫病监控机构，628 个县级水生动物防疫站，3 个流域水生动物疫病诊断实验室和 1 个水生动物病原库。按照分级负责的原则，国家级机构侧重组织实施水生动物疫病的诊断、检测、监测和流行病学调查等工作，省级机构侧重病原学监测与诊断，负责疫情监测、病原鉴定，县级防疫站侧重疫病信息的采集、采样和临床诊断。形成了国家、省、县三级水生动物疫病监测网络，具备了履行水生动物疫病监测职责的基本手段和条件。2014 年监测水产养殖面积 435 万亩，对鱼类、甲壳类、两栖爬行类和贝类总计 61 个养殖品种开展常规例行监测，共监测到较为严重的疾病 62 种。部分省（区、市）还组织实施了以省级直报点为基础的重大疫病直报工作制度，对辖区内发生的重大水生动物疫情，测报人员可通过直报系统向省级主管部门汇报（吕永辉，2015）。

（二）畜禽动物疫病监测体系

随着《中华人民共和国动物防疫法》《重大动物疫情应急条例》《国家动物疫情测报体系管理规范》等法律法规的颁布，畜禽动物疫病监测机构和机制得到了确立，监测体系逐步健全，初步形成了国家、省、县三级动物疫病监测网络体系，县级动物疫情监测机构进一步细化监测流程，并将监测网点延伸到镇、村、组、场（户），形成全方位覆盖的畜禽动物疫病监测体系。并且随着全国兽医实验室建设步伐的不断加快，县级以上兽医实验室的基础设施更加完善，各种仪器设备基本能够满足当前动物疫病监测工作需求，监测能力得到了明显改善。

（三）动物疫病监测技术和方案

监测方法由最初以临床监测为主发展到现在的兽医临床、病理、血清学、病原学、分子生物学、流行病学调查等多种方法并重；监测方式由被动监测转变成主动和被动相结合，集中监测和日常监测相结合，定点监测和动态监测相结合；监测病种由以强制免疫病种监测为主拓展到对一、二、三类动物疫病的全面监测；监测的范围由少量局部定点监测发展到全方位多层次动态监测；监测设备由靠肉眼和普通显微镜监测发展到现在应用高端仪器和设备，引入酶、荧光、同位素标记技术、核酸测序、免疫反应等多项先进技术，监测能力稳步提升。

（四）基于地理信息系统的动物疫病监测预警系统的发展

建立畜禽疫病监测预警信息系统，有效控制畜禽疫病的发生和流行，是确保我国畜牧业快速、健康、持续发展的保证，也是确保畜禽产品质量安全和人类健康的重要保障。其中，基于地理信息系统和 GPS 监测的全国高致病性禽流感防控决策系统，实现了高致病性禽流感疫点的准确定位，疫点、疫区、受威胁区地理信息的查询和直接显示（李长友，2006）；利用网络地理信息系统、物联网等技术手段构建的家禽肿瘤性疾病预警系统实现了家禽肿瘤性疾病监测、风险因素评估、预警等功能（邓振民等，2015）。

五、我国外来生物检疫和防控

我国长期以来实行进出境对外检疫与国内检疫分立的体制。进出境时由质量检验检疫局负责审查，进入国内后检疫由农业、林业等部门分别管理。目前我国有很多涉及外来物种控制问题的法律法规及相关机构，相关法律法规主要有《中华人民共和国进出境动植物检疫法》、《中华人民共和国植物检疫条例》、《中华人民共和国动物防疫法》、《中华人民共和国国境卫生检疫法》、《中华人民共和国家畜家禽防疫条例》和《农业转基因生物安全管理条例》等。这些法律、条例及组织体系主要集中在人类健康与病虫害及杂草检疫有关的方面。

外来有害生物的防控主要有以下几种方法：①人工防治。在我国，人工防除有害植物具有悠久的历史。这种方法同样被用于水葫芦、水花生、大米草、薇甘菊等外来入侵植物的防治。②生物防治。截至 2000 年底，已有七种专一性天敌昆虫被成功地引入控制水花生、普通豚草、三裂叶豚草、水葫芦、紫茎泽兰五种外来有害植物，其中五种在当地已经建立种群，南方水域中的水花生已基本得到控制。③化学防治。化学防治是目前防治斑潜蝇、稻水象甲等外来害虫的最主要的方法，喷施灭幼脲和溴氰菊酯可有效控制美国白蛾。④综合治理。我国在协调运用生物和化学方法综合治理水葫芦方面取得了显著成果，引起国际学术界的重视。

六、美国、韩国、日本的农作物病虫害监测预警建设

（一）美国农作物病虫害数字化监测预警

美国农作物病虫害数字化监测预警网络体系比较健全，从联邦到州均建有功能齐全的网络系统，主要包括：病虫害诊断预警与综合治理网络体系、远程互动视频系统和信息制作与发布系统。其功能涵盖了病虫害发生信息交流、分析处理、监测预警和情报发布等方面（刘万才等，2010b）。

（1）病虫害诊断预警与综合治理网络体系。主要包括植物诊断网络、有害生物综合治理网络和有害生物预警平台。植物诊断网络是美国农业主管和推广部门为快速检测和鉴定识别偶然发生或通过物流传入农业自然生态系统中的农业有害生物，监测和分析重大病虫害发生动态趋势，发布病虫害发生动态信息，并提供技术和信息支持服务等而建立的网络体系。美国国家植物诊断网络（National Plant Diagnostic Network，NPDN）包括西部、大平原、中北部、东北和南方植物诊断网络五个子系统。各个子系统相对独立，根据地域和作物分布特点，分别负责一定区域的病虫害管理与服务。同时，各子系统之间、子系统与全国系统之间又相互联系，可随时灵活互动。当获得授权时，NPDN 可向相关州和联邦政府响应者与决策者报告病虫动态信息。NPDN 系统包括以下主要功能：一是迅速评估和报道潜在的有害生物威胁；二是快速做出诊断响应，特别是由专家通过远程诊断识别系统（distance diagnostic and identification system，DDIS）开展实时会诊；三是通过网络与地区和国家诊断实验室安全可靠地互联；四是与管理机构，包括农业部动植物检疫局（Animal and Plant Health Inspection Service，APHIS）和州农业与消费服务机构建立联系；五是提供高质量和统一样式的样本信息；六是提供高质量的病虫害发生记录和报告；七是培训第一线监测人员队伍。

生物综合治理 IPM 网络系统和预警平台利用诊断网络收集的病虫害发生信息和基层推广人员上报的监测数据分析病虫发生趋势，做出预测预警和推荐防治管理措施。

（2）远程互动视频系统。美国推广机构内部从上到下建有一套高速、高清、全覆盖的网络远程互动视频系统。系统一般以州为中心，州级推广机构建立网络服务平台，郡（县）、相关单位均安装相应的应用终端设备。通过该系统，州、县各级推广机构和人员可以在各自的场所通过视频互动，进行远程培训、教育，以及病虫害的预报预警、分析会商等。州与州系统、州与联邦系统之间在必要的时候也可以互动，在允许的情况下，甚至可以国际互动。同时，还应用一套多媒体联系系统，用于日常工作联系，类似即时通信软件 Skype。通过该系统，推广人员、专家、管理者、种植户可以通过普通网络进行实时在线的交流。

（3）信息制作与发布系统。互联网络、无线通信已成为美国病虫信息发布的主要途径。农业部有一个针对全国范围的信息发布网站，主要发布新发现的和全国范围内危害严重的重大病虫害的发生分布、趋势动态等信息。各州农业厅和推广机构也各有一套信息发布网络和系统。以佛罗里达州为例，州农业推广中心与佛罗里达大学信息中心联合，建设了专门的推广网站，发布包括病虫害信息、防治对策建议、识别鉴定方法等信息。网站一方面以网页的形式发布简报，同时系统通过 E-mail 发送给相关基层推广人员和种植户。州信息系统与国家系统数据互联，县推广中心在向州数据库上报数据的同时，系统通过初步甄别后自动上传到

国家数据库。美国农业推广部门的信息制作设备也很齐全。例如，佛罗里达州推广中心备有全套的视频、音频信息制作和发布系统与设备，可以制作几乎所有的培训、教育、宣传广告、病虫情报等媒体信息。

（二）韩国作物有害生物监测预警建设

韩国农村振兴厅及各级植保机构十分重视测报技术的创新，不断跟踪现代科技发展步伐，开发先进实用的监测预警设备和技术，促进监测预警技术水平的提高。韩国于 20 世纪 90 年代开发应用了自动虫情测报灯，对于中国后来自动虫情测报工具的研发和设计起到了积极的示范作用。韩国于 1997 年着手研发、2000 年建成韩国农作物病虫害监测预报及管理信息系统以来，开始系统积累重大病虫害监测数据资料，比中国最早建成的中国农作物重大病虫害监控信息系统早 5 年。近年来，韩国又开发应用了各类害虫性诱捕器，建成了韩国农作物迁飞性害虫高空监测网，实现了对高空迁飞性害虫的自动捕获、成像处理、自动识别和数据上报等功能，不断提高重大病虫害监测预警的自动化、智能化水平（刘万才等，2016）。

（1）农作物有害生物监测预警体系：由农村振兴厅推广服务局灾害管理科、全国 9 个道农业科学院的灾害管理科和 158 个市（郡）农业技术中心所设的病虫测报站、区域专业试验中心和固定的农户构成。这些测报站同时作为中央、道和市（郡）的病虫系统测报站，由农村振兴厅推广服务局和道农业科学院共同领导。农村振兴厅推广服务局下设灾害管理科，具体负责韩国农作物病虫害的监测预警与防治指导的组织管理工作，有专业人员专门开展全国重大有害生物的信息收集、分析处理、预报发布和防治指导管理等工作。道农业科学院、市（郡）农业技术中心均设有病虫害预警科；各道、市（郡）农业科学院和农业技术中心均有专人从事病虫害监测预警工作，其中中央和道级以信息收集、处理和预报发布为主，市（郡）级以田间病虫害发生调查监测、信息上报、预报发布和具体防治技术指导为主。

（2）预报发布服务：为提高预报准确性，韩国建立了农作物病虫害预报会商制度，每年 4~9 月在病虫害发生的关键时期，由农村振兴厅推广服务局灾害管理科或各道农业科学院灾害管理科负责召集管理、科研、推广、气象、农协等方面的专家定期会商，一般 2 周会商 1 次，其他时间每月会商 1 次。在预报内容上，农村振兴厅主要发布病虫害发生情况和趋势展望，道农业科学院主要发布病虫害发生情况和具体防治技术措施等。病虫预报主要分 3 类：①预报（用绿纸印发），指一般的病虫害发生情况预报；②注意报（用黄纸印发），指需采取一定措施进行防治的病虫预报；③警报（用红纸印发），指发生紧急，急需开展防治的病虫预报。同时，韩国也积极采用网络和电视等现代媒体发布病虫害预报信息。由于韩国的农村人口不足 8%，而且已全部实现了计算机网络入户，利用网络发布病虫预报信息在很大程度上提高了预报信息的到位率和覆盖面。

（三）日本农作物病虫害测报体系建设

日本植物病虫害预测预报体系是开始于 1941 年并于 1951 年在日本合法化的唯一调查网，其目的是及时而经济地进行病虫害防治。开始时，以水稻、小麦和大麦作物的病虫害作为全国防治目标，后来增加了果树、茶叶和蔬菜病虫害。日本农林水产省植物防疫所和动物检疫所，负责全国农作物病虫害预测预报、动物检疫的技术指导工作。日本植物病虫害预测预报体系从农林水产省（一级机构）到都道（二级机构）和市町村（三级机构），自上而下形成测报网络。都道府县设有 48 个病虫害防除所，人员可以根据各岗位的需要灵活交流应用。日本病虫情报发布实行农林水产省和都道府县两级发布制度，日本农林水产省植物防疫科及时通过互联网汇总、统计全国各都道府县 200 余个测报点的数据，根据调查的数据，对照历史统计资料，结合气象和病虫抗药性等情况综合分析做出病虫情报，情报内容包括植物生长状况、病虫发生情况、天气概况、栽培技术指导、防治信息等内容。情报通过日本植保信息网络系统网站发布，都道府县病虫情报分别发送所辖相关机构、市町村及农业团体等组织。

七、美国、日本林业有害生物防控工作

（一）美国林业有害生物防控

美国农业部下设林务局（Forest Service，FS）和动植物检疫局，前者负责本地有害生物和入侵定殖后的外来生物的防治，后者负责防止国外入侵生物的传入。林务局在全国设有 9 个区域性机构，均配有森保专业技术人员，主要负责技术支持和资金配套，具体工作依靠州和地方部门实施。林务局下设森林健康保护司（Forest Health Protection，FHP，与我国的造林绿化管理司防治处类似），主要负责森林健康监测、技术开发、森林健康管理、农药使用管理，并在全国组建 25 个森林健康保护办公室。林务局主要负责国有林的有害生物管理，各级林务局主要进行属地管理，有对私有林有害生物提供技术支持的义务（骆有庆，2015）。

美国提倡对林业有害生物实施早期和现代化技术监测，采取地面、空中配合立体监测方法，有效地监测林地有害生物的发生情况。地面监测主要采用引诱剂和辅器，对大部分有害生物都进行了引诱剂的开发和研究。空中监测主要采用航空遥感技术，利用数码相机或录像进行判图和电子勾绘，对有害生物进行大面积定期监测。平均每 30 平方千米林地为 1 个监测点，每 4~5 年为 1 个监测周

期。每年根据监测结果绘制图表，进行评估，提供有害生物风险评估报告（高冬平，2005）。

美国建立了比较健全的林业有害生物研究机构。一是农业部下设的研究局和相关大学；二是林务局下设的森林研究与发展处，下有森林病虫害研究办公室，统筹林务局系统内的林业有害生物研究；三是在全国建有五个区域研究站，各站设有若干实验室，多与相关大学开展紧密型合作研究。在有害生物的防治策略上，美国以健康森林为目标，以预防和监测为主、应急防治为辅，着重突出对入侵生物的防控，强调无公害治理。在监测预警上，针对优先种类开展深入的预警和公众宣传。大区域的森林健康监测主要采用航空遥感技术，具体种类的森林病虫害则主要依靠航空调查，并均有技术标准和指南；对特殊重大虫害，主要采用信息素诱捕和地面调查相结合的方式。在灾情信息管理上，分全国、各州和重大虫害种类三个层面发布相关分析报告，发布报告层次分明、定性与定量结合、短期与长期结合、宏观与微观交互。美国的林业有害生物防治技术依具体种类而定，主要包括化学防治、生物防治和营林技术，分别有预防、抑制、防治三种措施。防治技术主要针对优先种类，并非所有受害林分均能得到治理。在特殊情况下应急使用化学杀虫剂，不论是航空或地面喷洒，在使用前均须按照《环境保护法》进行环境影响评估。

（二）日本林业有害生物防控工作

据日本农林水产省林业厅统计资料，日本的森林病虫害有 190 多种。其中虫害占 66%；兽害占 5%；病害占 29%。林业受害面积约为 40 万公顷，90% 为针叶树，而大部分又是人工林。日本农林水产省林业厅履行全国的行政管理职能，下属各地区的森林管理局及县（都、府）森林管理署，基层是森林事务所和森林组合（相当于我国的林场组织）。基层单位负责生产抗性苗木、飞机喷雾、地面施药、化学注干和疫木清除等生产性防治任务。中央的林木育种中心和森林综合研究所为独立行政法人，承担病虫害防治技术研究任务。目前，日本防治森林病虫害主要采取化学防治和生物防治，并向着综合防治的方向发展。在生物防治方面，日本农林省林业试验场早在 20 世纪 30 年代就开始用病原微生物、寄生蜂类防治森林害虫，现已经取得了一些成果。其中以利用核型多角体病毒等病原微生物，在天然更新或人工造林地对松毛虫进行防治的历史最久，效果也最好。

日本在松材线虫病的防治上取得了较大的进展，在九州岛松材线虫病受害比较严重的佐贺县 1972 年受害松木为 21 856 立方米，2003 年仅为 266 立方米，是高峰期的 1.2%，防治成效明显。其松材线虫病防治的基本思路是分三类防治策略。一是针对完全保护的松林（高度公益机能森林），即指定的保安林、风景林及立地条件恶劣的松林等需要保护的松林实施强制性防治，由中央和县财政直接全部支持；二是周边松林，即完全保护松林周边大约 2 千米宽的松林，主要是采取林分转换或者新造抗病树种的方式进行防治；三是其他松林，主要措施是及时砍伐病死木并实施除害处理，防止疫情扩散。

八、德国重大动物疫病监测预警体系

德国早在 1871 年就立法对动物进行保护，1900 年就已经制定动物防疫方面的法律。德国现行的畜牧兽医法律主要是接受欧盟的指令，再根据德国的情况增加补充一些条款。农业部第三司负责畜牧业管理，保证动物健康和动物安全，设 5 个处室，分别负责动物保护、动物健康、疫病防控、欧盟内食品进出口、国际食品安全和出口食品安全，并负责与世界卫生组织、动物卫生组织等对话。全国共有 433 个兽医管理机构，有 30 个国家级兽医实验室分布在各州。各州设有农业食品消费者保护局、农业协会、食品检验所、动物保险公司等。共有 416 个市县级兽医站，检疫出证等工作由兽医站的兽医官负责，其他工作由兽医雇员完成。养殖场配有兽医或合同兽医，场方有义务通过兽医向政府部门及时申报规定的动物疫病。

德国规定所有饲养者都有义务报告规定的病种，定期为他们举办培训，并为每人发放一本有规定申报病种图谱的小册子，养殖场如发生规定的疫病但不及时申报，政府将取消补贴，保险公司不予理赔，并伴随有巨额的罚款，养殖场主也不能再从事养殖行业。

九、美国、新西兰、日本外来有害生物管理

（一）美国外来有害生物管理

美国非常重视抵御外来有害生物入侵的检疫工作。早在 1912 年，美国国会通过了《植物检疫法》，1917 年又颁布了补充法令，各州政府也制定了相应的检疫法规。联邦政府在农业部内设立了动植物检疫局，其职责是统一管理并组织实施口岸检疫、境内监测、有害生物防除和宣传教育。

美国实行的是全面性检疫制度，采取防止一切有害生物入境的检疫措施，不管国内是否有分布，都要实施检疫。具体包括：①从外国引入具有繁殖能力的种苗材料必须提前申报；新品引种前，必须经过有关专家的风险性评估，以确定是否允许进口。②可能携带有潜在危险性有害生物的植物及繁殖材料，必须经过 2 年的隔离试种，即使是商业性引种，也必须经过 1~2 年的隔离试种。③禁止从疫情发生国引进寄主植物及产品。④进口的种苗不能带土，不能携带有害生物，包

装材料不能带木材及活虫等。⑤带有有害生物的植物及产品必须经过严格的熏蒸消毒和加热等处理措施，并出具除害处理证明，经复检无有害生物后方允许入境。美国没有制定明文的"检疫性有害生物名单"，但有禁止或限制进口的植物名单（高冬平，2005）。

1988年，美国牵头，与加拿大、墨西哥的林务局、森林保健局、动植物检疫局共同资助成立了北美危险性林业外来有害生物信息系统数据库。美国、加拿大、墨西哥三国数十位专家组成的专家组，历经数年，收集世界各国危险性森林病虫资料，进行风险评估评定危险等级，并于1998年成功研制了北美危险性林业外来有害生物信息数据库。始建时收录有98种危险病虫害，计划每年增加20~50种。该信息数据库面对三国各有关部门开放，为林业外来有害生物的防范、检疫提供依据。

（二）新西兰外来有害生物管理

新西兰是一个远离大陆的太平洋岛国，长期地理隔绝的自然史演化出了世界上独一无二的生物世界。数百年来，来自欧洲的殖民者有意或无意地引入了数以百计的哺乳动物和鸟类等外来物种，使新西兰许多独特的本土物种遭遇灭顶之灾，严重破坏了当地的生物多样性和天然景观，进而威胁到旅游业和畜牧业这两个经济支柱产业。同样的入侵，对新西兰而言却具有更高的危险性，因此它也就成为世界上最重视外来物种入侵问题的国家之一（刘春兴等，2009）。

针对外来物种无意入侵的管理，新西兰农林部及其下设的生物安全局在这一体系中发挥主导作用；此外，环境部、渔业部、旅游部、经济发展部、外交与贸易部及海关等的相关机构各司其职，共同组成一个完整而协调的外来物种无意入侵防控体系。生物安全局是生物安全体系中的牵头管理机构，颇具新西兰特色，由农林部里的具有企业性质的新西兰生物安全机构和检疫机构合并而成。这一机构的首要任务是贯彻"新西兰生物安全体系"，对外来物种入侵问题给予了特别关注，以确保其自然资源、独特的动植物和公民健康等不受危害。

对于有意入侵外来生物的管理工作，环境部及其特别设立的环境风险管理局是牵头管理机构，农林部、卫生部和食品安全署等机构共同参与。环境风险管理署的主要职责是进行事先的外来物种风险控制，即任何人要申请从国外引入、养殖或在野外试验外来物种，须由该机构首先进行环境风险评估，其次做出是否允许进口的最终决定。这样就在源头上控制了可能有重大风险的外来物种的进入，最大限度地保证整个国家的生物安全。

（三）日本外来有害生物管理

日本的生物入侵管理体制与美国和新西兰都有所不同，采用了体制内解决问题的思路。也就是说，它既没有设立新的实体性机构，也没有成立新的协调性机构，而是通过综合性的生物入侵专门立法来重新划分原有部门的职权，确立了以环境省和农林水产省为主体，并有国土交通省和厚生劳动省等机构参与的基本管理架构（刘春兴等，2009）。其中，环境省在新体制中发挥着最重要的作用，环境省内负责具体工作的机构是自然环境局，其工作重点是研究如何事先就把有害的外来物种拒之门外，而非事后的消极补救；此外，设在环境省内的中央环境审议会是日本内阁最重要的环境咨询机构，由非专任的跨部会的官员与学者组成，负责协调包括外来种问题在内的环境相关议题，其他行政机构或公众有疑难问题时可向他们咨询。农林水产省的作用仍是相当重要的，境外入侵的管控工作由农林水产省设在全国各口岸的动植物防疫所等分支机构负责；境内的管理机构则是各地方的动植物疫病防除所。国土交通省的相关职责主要有两方面：一是防止远洋船舶的压舱水所导致的海洋外来种入侵；二是清除已入侵日本水域生态系统的外来水生物种，具体执行部门是综合政策局和河川局等。另外，厚生劳动省是日本负责医疗卫生的主要部门，对于外来种引起的健康问题也负有一定的管理职责。

第四节　未来 5~10 年的生物灾害监测预测发展战略和关键技术突破

一、我国生物灾害监测预警主要问题简析

（一）种类繁多，发生演变机理复杂，基础性研究亟待加强

我国生物灾害种类繁多，每种生物灾害的发生演变除了自身的种群增长规律外，还受到气象、气候条件，适生环境（包括生境条件及周围生物条件、天敌等），人类活动等各个方面的影响。针对大多数农林病虫害来说，其突然暴发、周期性猖獗、不规律地扩散迁移等问题的机制和原因尚不清楚，特别是对其孕灾环境、致灾因子、成灾规律、灾变机理的认识不足，因而造成了生物灾害整体测报准确率不高、防治工作被动的局面。

近年来气候变化导致的我国降水、温度分布格局的变化，以及人类活动对生态系统的干扰，导致一些次要或偶发农林牧有害生物突发或常发成灾，给人民生命财产造成损失。例如，随着玉米生产的发展和品种改良，玉米病原菌种类不断演替，20 世纪 50 年代是丝黑穗病和黑粉病为主；60~70 年代发展为以大、小叶斑病为主要流行病害；80 年代病毒病又逐年加重；90 年代以来，穗、茎腐病等病原菌又成为优势种类。

我国常发有害生物变异和快速演进加速,新的小种或生物型不断出现,发生呈上升趋势,危害进一步加剧。例如,1991~1992年四川盆地稻区稻瘟病大流行,其原因在于大面积主栽品种感染病菌新优势小种而丧失抗性;2011~2013年猪流行性腹泻病毒变异毒株引起的疫情呈暴发流行,波及我国主要养猪地区,造成巨大经济损失;2011年伪狂犬病病毒变异毒株的出现引发猪伪狂犬病再度暴发和流行,新的流行毒株呈现致病性增强和抗原性变异特征,现有疫苗不能完全保护流行毒株的感染。但是,目前我国对于重要病原物侵染过程、分子识别及其在寄主体内扩展的分子病理学基础、病原物致病力分化及其生理小种、毒性基因和害虫生理型、抗药性产生的遗传变异机理及分子机制等缺乏研究深度,导致对有害生物变异和病虫害种群变动的监测和检测技术提高较慢,预见性差,难以提出相应的技术对策和途径。此外,寄主对有害生物侵害防卫反应的信号传导过程、抗性相关基因的调控表达、重要抗病虫物质的结构和功能尚缺乏深入研究。

对于畜禽和水产养殖动物疫病及外来生物入侵方面的基础性研究更是相对薄弱。例如,近年来新发疫病鸡肝炎-心包积液综合征在吉林、黑龙江、辽宁、河南、安徽、山东、湖北、河北、山西等9省流行,造成鸡群高发病率和高死亡率。但是"十二五"期间仍尚未对其病原学与流行病学进行深入研究,对疫病流行与扩散的风险、疫病对我国养禽业的危害程度及实施免疫防控的必要性也还没有充分认识。另外,由于外来入侵生物类群的多样性、入侵途径的不确定性,外来物种的入侵机制的研究是相当复杂的,不是一个简单的生物学,抑或生态学特性就能解释的问题,而是在不同层次上的多学科(包括分子生物学、生态学、遗传学、进化生物学、生物地理学、生物气候学等)相互融汇与相互交织的学科群理论。

生物灾害防害减灾高新技术创新能力和综合防治技术水平还需要不断提高。此外,区域生物灾害风险分析的理论和方法在我国尚不多见,主要包括研究有害生物灾变高危险区的形成机制和诊断方法、生物灾变群的发生发展规律与区域灾变综合危险性分析、承灾群体和承灾区域的脆弱性解析理论及区域防灾减灾能力的指标体系与分析模型等,从而系统地评估未来5~10年生物灾害风险和可接受风险。

(二)综合监测检疫技术手段需要进一步发展

目前我国在生物灾害的宏观管理体制和格局上,其职能分属农业农村部、国家林业和草原局、生态环境部、国家质量监督检验检疫总局及各级地方政府等,监测网络和平台建设各自归属,监测技术水平和能力不一样、技术规范和标准不统一、资料共享整合程度不高。

(1)监测技术自动化程度不高。相对来说,农林病虫害逐渐从传统的测报向系统的监测和预警发展,并根据需求建立了监测站网和基于地理信息系统的监测预警平台。例如，近两年农业农村部对小麦条锈病、草地螟、稻飞虱和稻纵卷叶螟等重大农作物有害生物都采取了系统监测预警的办法，并且在监测预警准确率上不断提高。但是在农林病虫害监测技术手段上自动化程度尚不高，以人工监测和踏查为主要技术方法，特别是由于林业有害生物隐蔽性较高，监测难度十分大。近年来逐渐发展起来的物联网建设，通过开发标准接口，接入病虫害智能自动监测设备，实现对病虫监测数据自动化采集的功能。但是这方面的工作刚刚起步，今后还有大量工作要做。

（2）生物灾害监测大数据开发利用程度不高。一方面，充分利用和发挥现代信息技术在农作物病虫害监测预警上的作用，将遥感技术、GPS、地理信息系统、人工智能决策支持系统和计算机网络管理系统应用于生物灾害的监测预警研究的力度不够；另一方面，需要积极推动生物灾害演变发展动态、气象环境条件监测、寄主（农林畜禽等）自动化监测技术等，推动测报数据共享，实现生物灾害监测大数据，更好地服务于生物灾害监测预警。例如，应用遥感技术、GPS、地理信息系统等监测气传型病虫害，结合气象条件和高空气流的运行分析，可以更好地监测预报气传型病虫害和迁移性害虫的传播（迁飞）途径与路线。

（3）利用分子标记等生物技术，对病菌群体的遗传结构、生理小种变异动态、生物型变异进行监测、鉴定，预测导致品种抗性丧失的病菌新生理小种和害虫新生物型的监测技术仍有待于长足发展。动物疫病及外来有害生物快速检测技术目前还不健全，便携式、定量化动物疫病和外来有害生物快速检测仪器是有效控制动物疫病和外来有害生物入侵的重要手段。

（三）亟须建立健全完善的预警防控机制

美国、日本等发达国家已将生物灾害的管理纳入国家防灾减灾计划和公共危机应急管理体系。在区域性生物灾害灾变规律、成灾机制上，运用灾害学的系统方法与预测论进行进一步的深入研究和探讨；在生物灾害的预防控制上，充分考虑到人类活动、经济、社会和发展的因素，将生物灾害的预防控制纳入整个社会或者国家的自然灾害预防与减灾体系，并从社会公共危机管理的层面系统设计和统筹安排防灾减灾，通过立法和健全有关的组织与管理制度，建立相应的危机反应机制，研究快速应急处理技术体系。美国甚至将其纳入国家生物反恐的范畴进行严格监测和管理，专门成立有关的国家研究中心或者全国性的研究网络，出台和增补相关的法律条文与司法解释，给各级政府依法行政提供法律支持。相比之下，我国在这些领域的立法和制度建设上刚刚起步。

我国生物灾害的预警防控涉及多部门、多学科。目前，各职能部门尚处于"我管辖、我治理"的体制下，生物灾害的预测预报在职能部门内部开展，主要是对重大防控病虫种类进行发生面积和发生程度的预测，主要是为职能部门内部的防治工作提供决策依据。尚没有建立真正意义上的预报预警机制，相应的长、中、短期预报预警业务或服务尚不健全。因此，国家需要统一规划，进一步加强农业、林业、畜禽和水产动植物病虫害疫情的监测和预报，完善国家测报系统，健全省级和县级测报系统，加强技术培训，提高测报队伍素质，稳定测报队伍，形成国家、省、市、县四级的生物灾害监测和防控体系。实现生物灾害监测预警数字化，显著提高我国生物灾害的监测预报水平。

此外，整合科研院所、大专院校、政府业务管理部门的资源和力量。由于生物灾害的监测预警专业性非常强，必要时各地监测机构要组织相关专家技术人员和管理人员组成生物灾害灾情评估分析和应急预警专家组。由专家组根据当地情况，对生物灾害各项数据信息进行认真科学的评估与分析，并依照评估和分析结果，对当地可能发生的疫病疫情按规定类别、级别分类分项，提出预警和防控措施。政府管理部门按照评估和应急预警方案，及时规避或降低生物灾害发生风险。

针对外来入侵生物和新发、突发生物灾害，建议国家制订"新发、突发生物灾害防控预案"，落实研发和防控经费，加强对新发、突发生物灾害的风险性、传播途径、潜在威胁、发生规律、阻截对策、疫情监测、预警和防控技术体系等的研究。加大对技术人员和广大农民群众宣传培训力度，加大防控示范和推广力度，及时控制新发、突发生物灾害的扩散蔓延。

二、加强生物灾害监测预报检疫评估基础性研究

由于生物灾害种类繁多，并且随着气候变化、人口贸易增长等变化，生物灾害的种类、范围和影响也在不断扩大。在生物监测预报和检疫评估等方面，除了传统的重大防控农林病虫害以外，其他有害生物的认知十分有限，基础研究十分薄弱，必须联合相关部门、大专院校和科研机构对生物灾害监测预报检疫评估的技术方法进行快速提升。

关键技术领域包括：

（1）针对性地加大主要致灾生物体（包括动物、植物和微生物）分子遗传学、病原学、分类学、生理学、生态学、环境学等方面的基础性研究。以农林病虫害、畜禽疫病、外来生物等致灾生物体为着眼点，围绕该种生物体危害的寄主和环境，探索该种生物灾害危害机理、发生规律、暴发成灾机理及灾害影响机制，明确导致生物灾害的生物与非生物因子，摸清生物灾害致灾或危害传导的机制和途径。

（2）发展有害生物自动化监测方法和技术手段，包括采用现代生物化学技术（如信息诱捕技术）、现代信息技术和图像识别技术发展自动化的病虫害探测识别仪器和设备，探索利用昆虫雷达、航空技术、高光谱遥感和物联网远程监控的实时监测技术，以及利用地理信息系统和数字化的智能监测预警技术。

（3）发展动物疫病及外来有害生物快速检测、诊断与除害处理技术，开发便携式、定量化动物疫病和外来有害生物快速检测仪器，开发基于生物学、物理学和化学方法的重要危害生物的分子标识识别及病原体溯源技术，开发基于特异靶点识别和多分子靶点增效的处理技术，有效控制动物疫病和外来有害生物入侵。

（4）发展生物灾害监测大数据挖掘与处理技术，发展生物安全监测数据的整合与转换技术，以及筛选与甄别技术，建立监测数据信息实时获取、整合与分析技术，实现生物安全相关大数据自动化采集、挖掘和分析。

（5）科学评估生物灾害对公共安全影响的危害程度，发展生物灾害危害和应急处置情景模拟技术与生物灾害发生发展动力学评估预测技术。针对不同种类重大生物突发事件、不同区域生物灾害建立风险评估技术，包括致灾因子危险性评价、承灾体脆弱性评价及灾害风险综合评价。

（6）加强有害生物监测预警标准体系建设，建立全国统一的有害生物监测标准体系，规范有害生物信息收集整理和预警发布标准，支持有害生物检疫防治法制化、标准化、规范化管理。

（7）根据生物灾害对公共安全影响的程度、范围建立分类分级防控技术。包括发展生物灾害绿色化学防控技术和非化学防控技术，如定型筛选高效、低毒、低残留的新型创制农药和动物药剂，并对其毒理、环境生态等安全性进行评价。

三、完善生物灾害监测预警网络体系建设

由于生物灾害严重危害我国农林牧副渔生产安全、生态环境安全及人民生活与健康安全，同时生物灾害具有周期性、突发性、扩散性、可控制性等特点，因此，将生物灾害预防控制纳入国家公共安全和自然灾害防控体系，切实做好生物灾害的监测预警、预防控制和应急处置工作。

关键技术领域包括：

（1）构建国家、省、市和县级四级监测预警网络体系。统筹规划生物灾害监测网络，站网格局疏密结合，布局合理；加大站网建设的人力和财力投入，加大监测站网的自动化监测检疫设备更新和技术支持，构建规范化的生物灾害监测预警业务流程，实现上下级别间的知识流、技术流、信息流畅通无阻。

（2）构建生物灾害本底数据库及专家评估系统，包括有害生物种群特征、环境适应性、遗传信息等数据库，发展实时在线监测预警系统，包括样本和数据采集技术，数据流识别、转换和共享技术，跟踪和分析技术，信号预警技术。实现对生物危害事件的实时在线监测预警。开发入侵生物跨境传播定殖的精准预测、评估、预警防控体系，寻找潜在有害物，实现早期识别。

（3）构建专业化的基于地理信息系统的生物灾害监测预警业务平台，实现生物灾害监测数据实时录入、整合分析、网络化运行和大面积实时监控的功能，提高生物灾害信息化管理能力。强化互联网+在病虫害监测预警中的支撑作用，整合生物灾害大数据，实现生物灾害监测预警防控信息化和高效化服务。

（4）构建生物灾害四级预警应急预案，根据预警应急级别不同，国家、省、市和县应急管理部门、专业化防治企业和民众采取不同的应对预案。既保证生物灾害及时监测、及时处置，又保障各级应急管理部门分工明确、管理有序，及时有效地、全方位监控和处置生物灾害。

（5）加强部门联合，整合分析生物灾害监测防控大数据，有效控制生物灾害。生物灾害监测防控管理涉及农业、林业、草原、畜牧、水产、植保、检疫、防疫、公共卫生等多部门、多学科。因此，需要国家统一规划，多部门联合，实现信息共享，加强预警防灾；落实部门防控责任制，加强治理减灾。

（6）制定专门针对防止及控制生物入侵的法律法规，建立生物入侵管理体制。我国现有外来物种控制所涉及的法律法规都是零散分布于各专门法律中的，而且预测、控制等并没有得到足够的重视。亟须制定一整套适合我国国情，具有可操作性的完善的法律法规体系，加强和完善对外来物种引入的评估与审批制度，应充分考虑到入侵种传入的各个环节，针对每一传入途径制定相应的法制管理对策。

（7）加强科普宣传，提高民众对生物灾害的认识度。一方面，提高公众对生物灾害及生物入侵的认知度，特别针对畜禽和水产动物疫病目前报告疫情少于实际疫情的情况，以及公众对外来入侵生物认识麻痹大意的心理，亟须开展科普宣传和教育，提升对动物疫病、外来生物的警惕和防范能力。另一方面，充分利用各种传播媒体对公众开展生物灾害防范科普知识宣传，通过采取群测群防群控的措施，减免和降低生物灾害对人民生命财产造成的危害和损失。

四、实现农林牧副渔产业化高效优质安全管理，有效防控生物灾害

生物灾害具有可防可控性。例如，我国在农业病虫害的防控上采取了"预防为主、防控结合"的模式，有效控制了病虫害对粮食生产的危害。但是，随着气候变化、农业种植结构单一化及病虫害的不断适生演变，单一从病虫害的防控上入手已经不能满足高产、优质、高效农业发展的需求。同样地，在生物灾害的防控上，需要从生物灾害致灾体的预防控制、承灾体（农林牧副渔的生产者主体）的健康经营模式共同入手，才能有效防范生物灾害。

（1）在当前农业供给侧结构性改革的大背景下，探索合理高效调整农业种植结构模式和粮食减灾丰产安全生产模式，保障国家粮食安全（包括供给量安全和品种安全）。包括在粮食主产区示范推广粮食丰产、增效、可持续发展集成技术，病虫草害绿色防控关键技术，等等。

（2）全面推进生态营林、科技营林、健康营林模式，根据当地生态环境特点和生物灾害风险评估，在营林造林和护林生产模式中充分考虑生物多样性保护与林业生态平衡，发展综合考虑有害生物、目标树种、有益生物、生存环境之间关系的"四位一体"林业有害生物生态调控模式。

（3）针对我国畜禽和水产养殖技术现代化程度较低的现状，发展畜禽和水产养殖标准化、规范化新型生产工艺；研发畜禽和水产养殖精细化、智能化饲养管理技术与操作规范。研发优质饲草料供给及生态养殖循环模式。

（4）明确生物灾害对公共安全的危害程度和范围，进而采取不同的生物灾害防控策略，分类管理。针对农林病虫害，全面落实《到2020年农药使用量零增长行动方案》和推广生物防治、生态防治的策略，有效控制农药使用量，保障农林业生产安全、产品质量安全和生态环境安全。针对重大、高传染性畜禽动物疫病，应结合我国实际情况，将根除计划列为国家重大工程，制订和完善根除与净化方案。

参 考 文 献

敖义鹏，潘建军，徐亚东，等. 2015. 当前动物疫病监测现状、存在的问题及对策. 畜禽业,（313）：58-59.

蔡道基. 1998. 农药环境毒理学研究. 北京：中国环境科学出版社.

常原飞，武红敢，董振辉，等. 2011. 国家级林业有害生物灾害监测与预警系统. 林业科学，47（6）：93-100.

陈怀亮，张弘，李有. 2007. 农作物病虫害发生发展气象条件及预报方法研究综述. 中国农业气象，28（2）：212-216.

陈晓明. 2010. 德国的重大动物疫病监测预警体系. 中国牧业通讯,（23）：47-48.

陈友权，王建强. 2014. 我国植物保护事业发展成就与前景展望. 农药科学与管理，35（10）：1-7.

邓振民，柳平增，成子强，等. 2015. 基于信息技术的家禽肿瘤性疾病预警研究. 山东农业大学学报（自然科学版），46（3）：450-456.

高冬平. 2005. 对美国林业有害生物管理工作的思考. 江苏林业科技，32（2）：49-51.

宫彦萍，黄文江，潘瑜春，等. 2008. 基于WebGIS的作物病虫害监测预报系统构建. 自然灾害学报，17（6）：36-41.

郭安红, 王建林, 王纯枝, 等. 2009. 内蒙古草原蝗虫发生发展气象适宜度指数构建方法初探. 气象科技, 37 (1): 42-47.

国家林业局森林病虫害防治总站. 2012. 气候变化对林业生物灾害影响及适应对策研究. 北京: 中国林业出版社.

国家林业局外来有害生物预防与管理赴美考察组. 2003. 美国林业外来有害生物的预防与管理. 中国森林病虫, 22 (5): 41-44.

何海健, 王燕丽, 余建国. 2001. 畜禽疫病的新特点及防制对策. 金华职业技术学院学报, 4 (1): 40-42.

何华西, 钟福生, 陈战云, 等. 2001. 论近年来畜禽疫病的特点及其预防对策. 湖南环境生物职业技术学院学报, 7 (3): 30-33.

洪军, 杜桂林, 王广君. 2014. 我国草原蝗虫发生与防治现状分析. 草地学报, 22 (5): 929-934.

黄冲, 刘万才, 姜玉英, 等. 2016. 农作物重大病虫害数字化监测预警系统研究. 中国农机化学报, 37 (5): 196-199, 205.

黄文江, 张竞成, 罗菊花, 等. 2015. 作物病虫害遥感监测与预测. 北京: 科学出版社.

霍治国, 李茂松, 李娜, 等. 2012. 季节性变暖对中国农作物病虫害的影响. 中国农业科学, 45 (11): 2168-2179.

兰雪琼. 2008. 日本的农作物病虫害测报体系建设及稻飞虱监控技术. 广西植保, 21 (4): 27-28.

李鸿昌, 陈永林. 1985. 内蒙古典型草原蝗虫食性的研究 2. 优势蝗虫在自然植物群落中的取食特性//中国科学院内蒙古草原生态系统定位站. 草原生态系统研究 (第一集). 北京: 科学出版社: 154-163.

李鸿昌, 席瑞华, 陈永林. 1983. 内蒙古典型草原蝗虫食性的研究 I. 罩笼供食下的取食特性. 生态学报, 3 (3): 214-228.

李祎君, 王春乙, 赵蓓, 等. 2010. 气候变化对中国农业气象灾害与病虫害的影响. 农业工程学报, 26 (S1): 263-271.

李长友. 2006. GIS & GPS 技术在我国高致病性禽流感防控工作中的应用研究. 南京农业大学硕士学位论文.

刘春兴, 林震, 温俊宝, 等. 2009. 国外生物入侵管理体制改革的三种典型模式——以新西兰、美国和日本为例. 中国行政管理, (10): 109-112.

刘万才. 1996. 病虫测报的研究进展. 植保技术与推广, 16 (4): 41-43.

刘万才, 黄冲, 刘杰. 2016. 韩国农作物有害生物监测预警建设的经验. 世界农业, (5): 59-63, 67.

刘万才, 姜玉英, 张跃进, 等. 2010a. 我国农业有害生物监测预警 30 年发展成就. 中国植保导刊, 30 (9): 35-39.

刘万才, 武向文, 任宝珍, 等. 2010b. 美国的农作物病虫害数字化监测预警建设. 中国植保导刊, 30 (8): 51-54.

刘雨芳, 古德祥. 1997. 气候变暖后我国作物害虫发生趋势分析. 昆虫天敌, 19 (2): 93-96.

骆有庆. 2015. 国内外林业有害生物防控策略与主要技术 (上). 林业与生态, (2): 20-22.

吕永辉. 2015. 当前我国水生动物疫病监测工作现状分析与对策建议. 科学养鱼, (7): 1-3.

苗建才. 1992. 最新农药使用技术手册. 哈尔滨: 黑龙江科学技术出版社.

钱茜, 王玉秋. 2003. 生物入侵对我国社会经济生态的影响及防治. 国土资源科技管理, 20 (4): 42-46.

宋玉双. 2006. 论林业有害生物的无公害防治. 中国森林病虫, 25 (3): 41-44.

宋玉双, 苏宏钧, 于海英, 等. 2011. 2006—2010 年我国林业有害生物灾害损失评估. 中国森林病虫，30（6）：1-4，24.

苏学文. 2000. 防疫体系建设建议. 中国牧业通讯，（1）：20.

王建林，吕厚荃，张国平，等. 2005. 农业气象预报. 北京：气象出版社.

王丽，霍治国，张蕾，等. 2012. 气候变化对中国农作物病害发生的影响. 生态学杂志，31（7）：1673-1684.

危朝安. 2010. 我国植物保护工作的形势和任务. 中国植保导刊，30（5）：5-7，46.

吴坚，刘跃祥，闫峻，等. 2009. 日本松材线虫病发生与防治及对我国的启示. 中国森林病虫，28（1）：42-45.

谢贤元. 1987. 大面积种群治理（APM）——一种新的害虫治理对策. 昆虫知识，24（5）：296，319-320.

薛晓萍，陈艳春，李鸿怡. 2009. 棉铃虫发生趋势的气象等级预报方法. 生态学杂志，28（4）：776-780.

杨景辉. 1995. 土壤污染与防治. 北京：科学出版社.

姚建仁，郑永权，董丰收. 2001. 浅谈农药残留、中毒与控制策略. 植物保护，27（3）：31-35.

叶彩玲，霍治国，丁胜利，等. 2005. 农作物病虫害气象环境成因研究进展. 自然灾害学报，14（1）：90-97.

詹祖仁，张文勤，罗盛健，等. 2007. 化学农药污染问题及可持续森林保护对策. 林业经济问题，27（3）：280-283.

张国庆. 2011. 生物灾害管理理论研究与生物灾害精确管理. 现代农业科技，（3）：20-23，26.

张竞成，袁琳，王纪华，等. 2012. 作物病虫害遥感监测研究进展. 农业工程学报，28（20）：1-11.

张蕾，霍治国，王丽，等. 2012. 气候变化对中国农作物虫害发生的影响. 生态学杂志，31（6）：1399-1507.

张丽，杨勤民，白小宁. 2013. 我国农作物病虫种类发生演变及灾害损失分析. 中国植保导刊，33（11）：50-53.

张星耀，骆有庆，叶建仁，等. 2004. 国家林业新时期的森林生物灾害研究. 中国森林病虫，23（6）：8-12.

张宗炳. 1985. 全部种群治理（TPM）——一种害虫防治的新策略. 昆虫知识，22（4）：137-139.

赵铁良，董振辉，于治军，等. 2003. 中国森林病虫指数的研究. 林业科学，39（3）：172-176.

祝新建，胡宝霞. 1999. 气候变暖对获嘉县农作物病虫害发生流行的影响. 河南气象，（2）：29.

第六章　结论与防御对策

第一节　自然灾害监测预警技术发展与关键技术建议

一、自然灾害的相关性和复杂性

由于我国特殊的地形地貌条件，无论气象灾害、地震灾害、地质灾害、海洋灾害还是生物灾害，其预测预报均存在相当大的困难。首先，自然灾害涉及地球系统的多圈层相互作用，其孕灾机理复杂；并且由于区域环境演变时空分异规律，灾害的孕灾环境、致灾机理几乎不具有重复性。其次，上述各种自然灾害之间存在相互关联性。大量研究表明地质灾害、海洋灾害、生物灾害等与气象灾害有着密切关系，其中，95%以上的山体滑坡、崩塌、泥石流是由强降水诱发的。稻飞虱、黏虫等在我国的北迁、南回区域均与盛行气流或气候锋带的季节性北进和南退密切相关；地震灾害、地质灾害之间也存在关联性，如 2008 年"5·12"汶川8.0 级特大地震，约触发了 15 000 处滑坡等地质灾害。有些灾害的发生往往由一个主导因素、多个诱发因素叠加导致，错综复杂；并且一系列时间上有先后、空间上彼此相依、成因上相互关系、互为因果、呈连锁反应且依次出现的几种灾害会组成灾害链。再次，目前观测技术手段和时空频率还不能满足对灾害孕灾环境和动力学机理的深入探究与挖掘。最后，灾害的形成除了致灾因子、孕灾环境外，还受承灾体的影响等。

二、未来 5~10 年我国自然灾害监测预报预警关键技术

未来 5~10 年我国自然灾害监测预报预警需要在自然灾害预测预报评估模型、自然灾害监测网络、灾害应急响应水平及减灾避灾和救灾技术四个方面加强能力建设。

（一）加强自然灾害孕灾机理研究，发展预测预报评估模型

虽然气象灾害、地震灾害、海洋灾害等各类自然灾害存在复杂性和预报预测

上的难题，但是自然灾害孕育、发生、发展到突变成灾的演化规律一直是科学界不断追索的关键问题。近年来，迅速发展起来的计算机技术、信息技术、遥感技术等为构建灾害的预测预报评估模型、检验评估提供了有力的技术支撑，近年来数值天气预报、风暴潮漫堤数值预报、冰–海洋耦合模式等模拟技术的发展，为气象灾害和海洋灾害的预测预报做出了应有的贡献，并将在此基础上，对模型进行检验评估和改进，提高模式预报的可信度和准确率。此外，通过自然灾害情景构建推演，采用模型分析等手段，为自然灾害的快速评估提供背景分析。例如，美国地质调查局科学技术降低风险的项目计划（Science Application for Risk Reduction，SAFRR）已经完成了几个重要情景构建和推演的案例，包括 2008 年完成的加利福尼亚州地区圣安德烈亚斯断层引发的地震情景，2010 年完成的暴风雪袭击美国西海岸情景，以及 2013 年完成的阿拉斯加地震引发海啸冲击美国西海岸情景。因此在今后的 5~10 年里，进一步探索灾害成灾机理、发展灾害预测评估模型仍是防灾减灾的重要基础性工作。

此外，灾害链的研究是近年来由我国学者提出的理论概念（郭增建和秦保燕，1987）。许多自然灾害发生之后，常常会诱发出一连串的次生灾害，这种现象就称为灾害的连发性或灾害链。灾害链中各种灾害相继发生，从外表看是一种客观存在的现象，而其内在原因还值得进一步研究和探讨。地球物理灾害链包括地震与洪水、干旱、寒潮、台风、龙卷之间的灾害链，也包括地震和气象与沙漠化之间的灾害链。目前有研究的灾害链包括"地震–地气–台风"、"地裂–地气–台风"、"引潮力–地气–地震和气象灾害"、"大震–地气–大洪"和"构造挤压–闭气–大旱–大震"等。目前已有研究表明灾害链主要包括因果型灾害链、同源型灾害链、重现型灾害链、互斥型灾害链和偶排型灾害链。研究灾害链的内在原因和机理是因为其涉及的各种灾害之间有相关性、互相预报性，因而在防灾减灾上具有战略性。灾害链是一门新的交叉学科，目前在我国处于发展研究中，国外这方面研究也很少见，许多问题还需要各学科交叉研究得到最后解决。

（二）发展自然灾害综合监测能力，建立健全监测网络

2002 年在可持续发展世界首脑会议上提出动议，近年来由多个国家和组织参与的协作与发展起来的全球综合地球观测系统（Global Earth Observation System of Systems，GEOSS）旨在从单独运行的观测系统和计划发展为同步、实时、优质、长期和全球的时空信息观测，并采取一致的标准。中国综合地球观测系统服务的具体内容包括 12 个方面，其首要任务就是减轻因自然和人为灾害所造成的生命财产损失。由于我国自然灾害多发、重发，迫切需要建立实时、多源信息融合的灾害监测网络系统，对灾害的演变、发生、发展进行实时监测和评估。因此，我国综合地球观测系统的持续发展必将提升对突然性自然灾害的全面认识。

此外，自然灾害综合监测能力的提升还包括监测技术手段、仪器设备、时空分布等。其一，对中小尺度的气象灾害，如强对流天气的监测，雷达是最直接有效的监测仪器设备，强对流天气的空间范围往往只有几千米至几十千米，现有雷达的站网布局远远不能满足强对流天气监测的要求，在中小尺度气象灾害监测中必须得到重视。其二，当前海洋灾害的监测站网布局、监测内容远远不能满足海洋灾害防灾减灾的需要，高时空分辨率的卫星、岸基雷达、Argo 浮标等观测资料未能得到有效应用，远洋观测和深海观测尚未开展，近海海岸侵蚀观测尚未形成规模化。传感器是海洋监测技术发展的灵魂，在海洋科学研究、资源开发、海洋权益和环境保护中都有迫切需要，但也是我国海洋监测技术研发最薄弱的环节。其三，地震灾害的监测，仅限于地震发生后对地震波、地形变等的监测，对地震前地球内部物理构造变化目前在监测技术方法上尚不能实现；迫切需要建立健全覆盖我国及海域的立体地震监测网络。推进水库、油田、核电等重大建设工程专用地震台网建设，确保地震监测能力提升仍是今后一段时间的重点工作。其四，地质灾害和生物灾害的专业化监测由于技术复杂、投入大、对操作人员要求高，所以覆盖面还太小，有待于其技术手段向简单、廉价、自动化程度高的方向发展。因此，在今后的 5~10 年里，国家需要针对防灾减灾和应急服务的需求，加大监测技术研发和投入，有针对性地提升不同种类自然灾害的监测技术和手段及监测网络平台建设，并在国家统一组织协调下，各部门联合攻关，互通有无，逐步形成灾害综合监测网络和平台。

（三）构建高效自然灾害预警系统，提升灾害应急响应水平

及时准确地收集、分析和发布相关灾害应急信息是政府防灾减灾科学决策和早期预警的前提，其中建立健全应急预警系统是重要的一环。目前，很多国家建立了自然灾害预警系统，以美国、日本等为代表的发达国家建立的预警系统及机制具有重要借鉴意义。例如，美国地质调查局开发了一套震后快速态势分析、应急响应、综合协调的系统 ShakeMap。该系统能同时对世界各地发生的地震进行分析研判，如 2010 年 1 月海地 7.0 级地震，该系统通过对地震烈度分布叠加人口、建筑等信息，分析约有 200 万人口处在强震区域。目前该系统能在地震发生后 1 分钟内获得地震震中位置和震级，在 2~3 分钟内将地震信息提供给相关机构和人员，在 5~10 分钟内分析出地震烈度分布图，在 10~20 分钟内提供地震灾害后果评估结果，1 小时内给出地震总体分析研判结果。

我国在灾害预警系统建设方面存在的问题主要表现在以下方面：各部门协同预警机制不完善、预警发布渠道不畅通及预警信息发布覆盖率低等，其中，基层和偏远地区预警信息发布和接收能力弱是关键环节。同时，预警信息发布也存在"准确性"，在灾害影响区接收不到预警信息会造成人员伤亡和财产损失，而不在

灾害可能影响区接收到预警信息是资源浪费，称为 over warning。美国国家气象局（National Weather Service，NWS）研发了一种无线紧急预警（wireless emergency alerts，WEA）系统，该系统可以根据暴风或者恶劣天气通过的路径来确定会受影响的人群，从而发送信息，而不是以一个省或一个市为单位盲目群发；具体地说，该系统不是根据手机用户的注册地址来推送预警信息，而是根据用户手机发出的信号，来判别其是否位于灾区之内，再决定是否发送信息，这既提高了预警"准确性"，也有效地避免了 under-warning 和 over-warning。此外，灾害预测预警系统在前端要接入多灾种各种类数量庞大的预警信息，后端要对接全社会各部门的发布传播手段和渠道，全国上下、部门内外尚未建立权威、统一的预警发布法规标准体系。因此，在今后 5~10 年里，建立纵横贯通的预警发布管理平台，增强多手段、新媒体发布渠道的对接应用，建立县级发布管理平台，提高县级预警信息发布能力，建立健全预警信息发布法规标准体系等将是灾害预警系统和平台建设的重要方面。

（四）发展减灾避灾和救灾技术，提升公众防灾减灾能力

自然灾害不可避免造成损失，但可以通过发展减灾避灾和救灾技术减少损失。第一，针对地震突发性强、破坏性大、预警时间短等发展城市及重大基础设施主动减灾技术，提高各类建筑物尤其高地震烈度地区公共建筑的抗震设计标准，加强公共工程的施工质量管理力度，改进公共工程的质量管理方式，等等。第二，针对地质灾害，加大地质灾害隐患点的防治工作，包括：①采取行政法令和技术法规，使拟建工程设施或流动性人、物避开地质灾害危险区或将处于灾害危险区中的已有居民、设施迁出危险区；②通过工程措施，采取建（构）筑物或岩土体改造工程、疏排水工程及生物植被工程等，以加固、稳定变形地质体，调整、控制致灾地质作用，从而制止致灾地质作用的发生、发展及其与受灾对象的遭遇。第三，对于海洋腐蚀灾害，针对浪花飞溅区这个关键部位的腐蚀问题，推进海洋浪花飞溅区的新型包覆技术、钢筋混凝土涂料技术等海洋防腐蚀技术的实用化和产业化，不仅能延长维修周期，节省昂贵的维修保养费用，确保生产正常进行，还能大大延长钢结构物和设施的使用寿命。

关于灾害应急管理方面，针对灾害预防、备灾、响应和恢复四个基本要素开展可操作性灾害应急管理系列工作：①加强灾害应急管理方法的推广实施，包括灾害风险管理、减灾规划和应急方案；②加强灾害应急管理实践，包括灾害救助、灾害恢复、灾害医疗和心理服务、社区应急规划、社区服务、社区开发等；③发展应急服务技术，包括应急搜寻、营救、通信、地图等。

此外，在今后工作中，要进一步加强避灾减灾科普教育基地和平台建设，通过防灾减灾知识进机关、进企业、进社区、进学校、进农村、进家庭活动，全面

增强公众防灾减灾的意识和技能，充分发挥网络、微博等新兴媒体的作用，强化减灾避灾宣传引导和风险应对。

未来 5~10 年自然灾害不同科学领域监测预警防御关键技术如表 6.1 所示，其可视为各个灾害领域需要优先解决的关键技术问题。

表 6.1　未来 5~10 年自然灾害不同科学领域监测预警防御关键技术

学科领域	未来 5~10 年关键技术
气象灾害	自主发展和创新我国数值天气预报技术
	发展强对流监测技术和中小尺度天气分析业务
	发展定量降水估测和预报技术
	发展登陆台风精细结构分析技术
	气象灾害风险评估
	发展国家突发事件预警信息发布技术
海洋灾害	加强海洋灾害发生演变和成灾机理研究
	加强海洋灾害精细化预报预警关键技术研究
	开展海洋灾害应急监测和快速评估关键技术研究
	加强海洋灾害风险评估关键技术研究
	发展海洋灾害信息化集成与服务平台
地震灾害	创新长期地震预测方法，编制新的地震动参数区划图
	地震前兆有效检测、识别关键技术研究
	建设地震预测实验场，检验发展孕震物理模型
	水库地震危险性评估与预测关键技术方法研究
地质灾害	构建基础理论研究与工程技术研发相结合的研究架构
	加强地质灾害形成机理研究，突破地质灾害预警（报）技术瓶颈
	利用遥感、物联网和大数据分析等，发展现代地质灾害监测技术
	加强精细化数值天气预报和雷达外推降水技术的研究
	建立不同时空尺度的地质灾害监测预警的技术体系和规范
生物灾害	加强生物灾害监测预报检疫评估基础性研究
	完善生物灾害监测预警网络体系建设
	加强部门联合，整合分析监测防控大数据，有效控制生物灾害
	建立生物入侵管理体制，制定防止及控制生物入侵的法律法规

三、未来 10~20 年我国自然灾害监测预报预警关键技术

（一）开展多圈层耦合的地球系统模式研发

大气与海洋、陆面、海冰、生物等多个圈层间持续不断的能量与物质交换，使得气候预测需要考虑的因素非常复杂。特别是随着人类活动越来越频繁，人类活动与气候变化的交互作用也日益加深，使气候预测成为全球气象学家共同面对的难题。可以这么说，对地球上各种物理、化学、生物过程考虑得越周全，气候和全球变化的预测才能越准确，所以称之为地球系统模式。目前美国、欧盟、日

本等主要发达国家和地区都有各自较为先进的地球系统模式，在政府间气候变化专门委员会（Intergovernmental Panel on Climate Change，IPCC）评估中位居前列。我国气象部门也将预报模式的发展作为当前的重大核心业务之一。开发高水平的地球系统模式，一是可以提前为防灾减灾做好准备，二是为我国应对气候变化提供决策依据，三是为我国参与国际气候谈判提供科学支撑。

地球系统模式的发展可粗略地划分为三个阶段（王斌等，2008），即基础阶段、过渡阶段与成型阶段。基础阶段即目前以地球流体（大气、海洋）为主体的物理气候系统模式阶段，其中的固体地球部分只考虑了地球表层的陆面物理过程。过渡阶段即未来 5~15 年在物理气候系统模式的基础上考虑大气化学过程、生物地球化学过程（包括陆地生物化学过程和海洋生物化学过程）和人文过程的地球气候系统模式阶段，该模式将具备对碳、氮等循环过程的定量描述能力，但物理气候系统模式的应用、评估、改进和完善仍然是这个阶段的重点之一。成型阶段即在地球气候系统模式的基础上进一步考虑其与固体地球（如地球板块移动及其引发的地形变化、地震、火山爆发等）和空间天气相互作用的相对完整的数值模式阶段，即地球系统模式阶段。

地球系统模式包含的各种规程远比一般的气候系统模式更多，也更复杂，所包含的物理、化学和生物过程几乎涉及了地球科学中的绝大多数研究方向，同时又与计算机硬件及其软件技术的发展高度相关，它的研制还是一个巨大的系统工程，地球系统模式的研发将是未来 10~20 年我国地球科学领域、计算机技术与地球物理领域交叉学科的重要研究方向。

（二）完善气象预报预警与水文、地质、海洋灾害的双向耦合技术研发

（1）加强对中小河流洪水、山洪地质灾害风险预警等业务的科研规划，形成全国上下一体化的水文气象风险预警业务体系。研制气象水文的暴雨-洪水-滑坡耦合模型，建成适应防灾减灾需求、基于地理信息系统的气象风险预警业务服务系统，加强精细化降水预报估测和风险预警技术支撑体系建设，构建高分辨率、长时效的全国山洪、地质灾害、中小河流洪水等气象风险预警业务服务产品体系。

（2）建立海洋气象业务服务协同发展机制，重点开展海上大风、海雾、海上强对流、强降水及海冰等海洋气象灾害风险普查；建立不同等级海洋灾害性天气与近海养殖、海洋捕捞、海上交通及航运、港口作业、盐田生产、海洋油气资源开发、海洋旅游等影响等级的关系，分灾种建立海洋气象灾害监测预警指标体系和影响阈值，开展针对不同行业的海洋气象风险预警业务，细化不同行业的海洋气象灾害防御措施，提升国家海上安全、海上重大突发事件的保障服务能力。研发天气现象、洋面风、能见度及海浪格点化预报技术和产品，开展海洋气象中期

要素概率预报技术研究，发布近海海上大风及海雾概率预报产品；研究建立基于雷达、卫星和数值预报产品等沿岸和近海海上强对流天气监测预警业务。开展全球海洋气象业务，研究建立全球海洋气象要素格点化预报技术，制作发布四大洋海上大风预报产品，提升全球海洋气象服务的精细化水平，增强针对性。

（三）建立从分钟级到月、季、年的无缝隙预测预报预警业务技术

以提高天气预报气候预测准确率为核心，通过建立包括中短期天气预报及月、季、年际、年代际气候预测的"无缝隙"预报系统，着力提高灾害性和突发性天气预测水平，实现定点、定时、定量的灾害性天气临近预报业务，为军事、生态、能源、粮食、水资源、人民生命财产安全等提供全方位气象保障服务。

数值预报模式：构建集合与四维变分混合同化技术框架，重点加强卫星资料同化，完善面向全球和区域的高分辨率资料同化业务系统。加快包括升级模式动力框架在内的全球/区域数值天气预报系统核心技术的发展和应用，完善新一代高分辨率数值天气预报业务系统。发展全球高分辨率气候系统模式，建成具有多尺度预测能力的气候模式预测系统，开发耦合多种物理、化学、生态等过程的地球系统模式。研发建立天气气候一体化模式系统。

预报预测准确率和精细化：完善以数值预报为基础的无缝隙、格点化、精细化、定量化的现代天气业务，建立全球集合预报业务系统，完善融合大数据应用的专业化、智能化预报技术体系和预报系统平台，强化强对流等灾害性天气预报能力，发展海洋、环境、航空、空间天气等专业气象预报业务体系。发展基于多源融合数据的全球气候监测诊断业务，发展多种技术方法相结合的客观预测技术，提升气候基本要素、气候现象、灾害性气候事件的预测和展望能力。推进天气气候业务一体化发展。

综合观测技术：发展我国第三代气象卫星，规划设计第四代气象卫星，发展卫星的主动探测、平流层探测、温室气体探测等技术，提升卫星机动观测能力和定量化观测能力。发展遥测和遥感相结合的综合垂直探测技术，突破遥感、定标、反演算法等关键技术，开发准确、连续、精细的大气三维探测产品。发展天气雷达、气候观测、探空和辐射观测等新技术，研制改进基于新技术的观测设备、观测方法和质量控制技术，提升台站自动观测、专业观测和智能观测的能力。

气候变化监测预估：加强温室气体、气溶胶等大气成分监测评估，增强气候变化监测。建立长序列、高精度的历史数据库和综合性、多源式的观测平台，推进气候变化事实、驱动机制、关键反馈过程及其不确定性等研究。建成包含大气圈、冰冻圈、岩石圈、生物圈和水圈的立体、开放、交互的中国气候综合监测系统。强化气候变化预测预估。发展气候和气候变化综合影响评估模式。

气象服务技术：发展高分辨率精细化气象服务技术，建立能够精准响应用户

请求的精细化气象服务系统。发展基于影响和风险的预报预警与定量化气候影响评估技术，研发集气象灾害区划、灾情收集与监测、灾害风险预估与预警、灾害风险转移及气象防灾增效服务效益评估为一体的灾害风险管理业务系统。发展气象服务数据集成和挖掘技术，构建时空精细化、多要素、无缝隙的气象服务基础数据云平台。

（四）开展预报预警与应急响应技术与机制研究

气象灾害监测预警和风险管理：加强灾害性天气监测预警，建立气象灾害风险预警业务和基于影响的气象预报业务，实现从灾害性天气预警预报向气象灾害风险预警转变。建立气象灾害及次生灾害联合调查常态化机制，完成气象灾害风险普查，建成分灾种、精细化的气象灾害风险区划业务，加强气象灾害定量化风险评估技术研究，切实提升气象灾害风险管理水平。建立气象灾害风险评估制度，依法加强对城乡规划、重大建设项目的气象灾害风险评估。充分发挥金融保险的作用，推进气象灾害风险分担和转移机制，建立气象类巨灾保险制度。开展气象防灾减灾效益评估。

气象灾害预警信息发布和传播：完善国家突发事件预警信息发布系统，建成部门联合、上下衔接、管理规范的国家预警信息发布体系，发挥其在突发事件预警信息发布中的主渠道作用。明确大众媒体和有关企业在突发事件预警信息传播中的职责和义务，加强国家突发事件预警信息发布系统与各类传播手段的对接，形成气象灾害等突发事件预警信息发布与传播的立体网络，消除预警信息接收"盲区"，实现对国土面积的全覆盖。

公共气象服务覆盖面：以满足社会公众普适性气象服务需求为重点，丰富公共气象服务产品，不断提高产品的精细化水平。加强城乡公共气象服务体系建设，消除公共气象服务城乡差异，深入推进公共气象服务"进农村、进社区、进校园、进企业"。创新公共气象服务手段，广泛利用新媒体、新技术，推进交互式、智慧型气象服务，不断提高公共气象服务的针对性、时效性并扩大覆盖面。提升重大活动气象服务保障能力。

国民经济重点领域气象服务：大力发展面向农业、交通、环境、海洋、航空、能源、林业、水文、旅游、物流等国民经济重点行业和领域的气象服务。建立气象影响国民经济重点行业和领域的关键指标体系，增强专业气象服务的针对性和个性化。加强面向不同行业和领域的专业气象服务系统建设，不断提升专业气象服务的能力和水平。

城乡公共气象服务：将气象服务纳入城市"网格化"管理平台，重点围绕城市"生命线"系统，提高城市安全运行气象服务保障水平。推动气象服务融入"智慧城市"建设，为城镇居民提供基于位置的精细、贴身、互动的智能气象服务。

加强城市气候效应研究，为"宜居城市"建设提供气象保障服务。将气象服务主动融入国家新型城镇化、京津冀协同发展、长江经济带等区域发展战略。围绕国家"一带一路"倡议，开展伴随式、全球式气象服务。适应现代农业发展方式转变，创新气象为农服务机制，推动融入农业社会化服务体系，完成全国精细化农业气候资源区划，大力开展面向新型农业经营主体的"直通式"气象服务，为保障国家粮食安全和新农村建设提供有力支撑。

第二节　发展大数据融合技术及其应用，为防灾减灾统筹规划提供支撑

随着信息技术的飞速发展，人类已经进入了以深度挖掘数据价值为核心的大数据时代。人们可以利用大数据技术对数据间的关系进行分析，做出科学的决策，改变过去依靠经验和直觉做决策的方式。首先，可以通过分析海量数据来预测某件事情，虽然在自然灾害的预测中不是确定性预报，但是实时、密集型的数据有助于提升灾害预测的精准性和预测结果的概率；其次，大数据驱动灾情信息传播高速化，对于合理安排防灾减灾救灾人员、规划行动十分必要，可以十分有效地提升灾情管理和服务的标准化与效率（张云霞，2016）。大数据是社会发展、技术进步的必然产物，大数据量大且结构复杂、实时性强，处理原理、技术手段在继承原来数据挖掘、机器学习的研究成果的基础上必将有本质的变革，应用模式和影响也与过去不同，这标志着数据作为重要资源进入一个新的时代。

当海量的数据如潮涌来时，如何在大规模的数据中获取有用的信息，为防灾减灾救灾工作做出贡献是亟须解决的问题。要想逐步实现这个功能，就必须对数据进行分析和挖掘，数据的智能化采集、智能化存储和智能化管理都是数据分析的重要组成部分。也就是说，通过某些规则的制定从各种有关与无关的、海量的信息中，提取出与灾害监测、预报、评估等各个环节相关的信息，是大数据在防灾减灾应用中的一个重要方面。其中，通过自然灾害监测网络或者相关的地球观测系统获取的海量数据一般是先通过顶层设计或者相关规则制定后的智能化、标准化的海量数据集群，相对来说，在采集、管理各个方面已经相对规范和成熟；另外，还有更大量的来自各个渠道的信息需要通过制定相关规则或规范来过滤筛选成为防灾减灾能用的信息，这方面的工作目前处于刚刚起步阶段。

大数据的价值体现在对大规模数据集合的智能处理方面。大数据技术及其采用的实时性数据处理方式、基于云的数据分析平台及开源软件的发展将会在数据处理频率、计算资源、计算能力和服务领域方面不断拓展，从而面向防灾减灾的各个领域发挥作用。大数据技术及其应用，逐渐进入防灾减灾领域的整个过程，

主要表现在优化灾害风险联动评估，监测预测系统化、网络化、有序化，强化灾情灾需的智能评估，极大地提高了灾害预测、灾情收集、灾损统计的效度和信度（段华明和何阳，2016）。

数据融合是一种数据综合和处理技术，是众多传统学科和新技术的集成与应用。多传感器信息融合技术的基本原理就像人脑综合处理信息一样，充分利用多个传感器资源，通过对这些传感器及其观测信息的合理支配和使用，把多个传感器在时间和空间上的冗余或互补信息依据某种准则进行组合，以获取被观测对象的一致性解释或描述。数据融合的基本目标是通过数据优化组合导出更多有效信息。它的最终目的是利用多个传感器共同或联合操作的优势，来提高多个传感器系统的有效性。目前，大多数数据融合是经一种简单的方法合成信息，并未充分有效地利用多传感器所提供的冗余信息，融合方法研究也还处于初步阶段。而且目前很多研究工作亦是基础研究。此外，数据融合技术在防灾减灾领域的研究中并不多见，今后需要进一步开展此类工作。

第三节　发挥政府职能，注重防灾减灾与经济建设并行

2016年，国务院办公厅发布的《国务院办公厅关于印发国家综合防灾减灾规划（2016—2020年）的通知》（国办发〔2016〕104号）指出，"'十三五'时期是我国全面建成小康社会的决胜阶段，也是全面提升防灾减灾救灾能力的关键时期，面临诸多新形势、新任务与新挑战"。"正确处理防灾减灾救灾和经济社会发展的关系，坚持以防为主、防抗救相结合，坚持常态减灾和非常态救灾相统一，努力实现从注重灾后救助向注重灾前预防转变、从应对单一灾种向综合减灾转变、从减少灾害损失向减轻灾害风险转变，着力构建与经济社会发展新阶段相适应的防灾减灾救灾体制机制，全面提升全社会抵御自然灾害的综合防范能力，切实维护人民群众生命财产安全，为全面建成小康社会提供坚实保障。"该通知将"防灾减灾救灾体制机制进一步健全，法律法规体系进一步完善"，"将防灾减灾救灾工作纳入各级国民经济和社会发展总体规划"，"建立并完善多灾种综合监测预报预警信息发布平台，信息发布的准确性、时效性和社会公众覆盖率显著提高"，"防灾减灾知识社会公众普及率显著提高，实现在校学生全面普及"等内容作为规划目标，充分体现了我国党和政府坚持以人为本，把确保人民群众生命安全放在首位，遵循自然规律，通过减轻灾害风险促进经济社会可持续发展的战略部署。

同时，《国务院办公厅关于印发国家综合防灾减灾规划（2016—2020年）的通知》还提出"预防为主，综合减灾"及"政府主导，社会参与"的基本原则。突出灾害风险管理，着重加强自然灾害监测预报预警、风险评估、工程防御、宣传教育等预防工作，并指出中央发挥统筹指导和支持作用，各级党委和政府分级

负责，地方就近指挥、强化协调并在救灾中发挥主体作用、承担主体责任；坚持防灾抗灾救灾过程有机统一，综合运用各类资源和多种手段，强化统筹协调，推进各领域、全过程的灾害管理工作；充分发挥市场机制和社会力量的重要作用，加强政府与社会力量、市场机制的协同配合。

此外，发挥各个专业部门的优势，在灾害监测预警资料共享、技术研发和联合预警方面开展了全方位的合作，在防范自然灾害方面已取得了初步的成效。目前，气象、水文、地质、农业等相关部门相继开展了灾害预警发布工作，取得了较好的服务效益。

一、气象和地质部门联合开展科研和预报预警业务服务

2003 年 4 月，国土资源部和中国气象局签订了《关于联合开展地质灾害气象预报预警工作协议》。截至 2010 年 10 月，我国已有 30 个省（区、市）、223 个市（地、州）、1 035 个县（市、区）开展了区域性地质灾害气象预警预报工作。目前，全国建成国家级地面气象观测站 2 419 个，覆盖全国 85% 以上乡镇的自动气象站 33 000 多个，专业滑坡监测点 7 477 个，崩塌监测点 2 882 个，泥石流沟监测 1 523 条，以专业监测为主的地质灾害监测预警体系已初步建立。多个省级国土资源和气象部门，如北京、江苏、浙江、湖北等通过多年研究成果集成转化，构建了一体化的地质灾害预警平台。预警模型由最初单一的临界降水判据法逐步发展到耦合地质环境要素和降水要素的统计预警方法。预警区划逐步细化，如 2011 年广东省级预警中综合使用了 1∶5 万地质灾害调查数据、小流域数据等形成了 691 个预警区（预警单元）；支撑模型的统计样本由 700 个扩展到 20.8 万个；地质灾害预警时空精度明显提高，全国达 10 千米（24 小时），区域或局地易发区可达 5 千米（3 小时、6 小时）；预警模型研究也由降水转向地震、风、冻融等多元化发展。国家已批准立项，中国气象局正在实施的山洪地质灾害防治气象保障工程，目的正是从气象监测预警角度出发，为提高山洪地质灾害易发地区的灾害防御能力提供气象保障。各级国土资源和气象部门依托新的信息发布技术，不断丰富预警信息发布手段。信息发布渠道从传统的电视、广播、报纸等，发展到通过突发公共事件预警平台、网络、农村气象广播、乡镇信息服务站、手机短信、微信、气象官方微博等新手段。此外，在农村、偏远山区等地因地制宜地利用有线广播、高音喇叭、鸣锣吹哨、逐户通知等方式，及时传递预警信息。另外，通过多年实践，省级、市级、县级预警响应措施也在不断地改进与完善，预警应急响应从刚开始时的重在教育、侧重警示逐步向指导各级政府科学决策、主动避让方面转变。

2003 年至 2012 年，全国共成功预报地质灾害 6 210 起，避免 35 万人伤亡，减免经济损失近千亿元。近年来，成功预报地质灾害次数及避免人员伤亡数量逐

年增加，2006 年以来全国共成功预报地质灾害 4 050 起，避免了 24.5 万人的伤亡。2012 年全国地质灾害防治气象监测预警服务效益调查报告显示，地质灾害预警服务对减少人员伤亡和财产损失的贡献率分别达到 65.7%和 42.1%，总体满意度达到 88.4 分。同时，社会参与力度和防灾减灾意识也在不断增强，2003 年到 2012 年，全国居民地质灾害防灾减灾普及率提高了 30%，农村山区居民普及率达到 60%以上。

此外，国土与气象部门通过联合建设地质灾害综合实验区，如福建泉州、三峡库区、云南玉溪等，加强了地质灾害监测与预报实验，开展了实验数据采集和新技术应用，提高了科学预警预报能力。同时还建成了甘肃兰州、四川雅安、云南新平、福建德化等 20 多个地质灾害预警示范区。

二、农林业和气象部门联合开展科研和预警业务服务

2009 年 5 月 22 日，农业部和中国气象局签订了制作和发布农作物有害生物预报预警信息的协议。双方联合制作并在 CCTV1 新闻联播之后的天气预报中联合发布农作物有害生物预报预警信息，内容涉及草地螟、水稻"两迁"害虫、赤霉病、麦蚜虫、二点委夜蛾等病虫害预报预警信息。2007 年国家林业局和国家气象局签署《林业有害生物监测预报合作框架协议》。根据该合作协议，双方在资料共享、联合发布林业生物灾害预警信息，以及联合开展气象条件与林业生物灾害的耦合预报研究方面进行了全面合作，内容涉及美国白蛾、鼠（兔）、杨树食叶害虫、松毛虫、松树钻蛀性害虫等。

据 2014~2015 年新闻联播天气预报服务效益评估，新闻联播天气预报收视率估计为 6%，收视人口达 7 800 万。有害生物预报预警产品及时播出后，得到了相关部门和各级政府的高度重视，对各地加强监测，提前防御，有效防治，降低损失，保障粮食生产安全、实现稳产增产发挥了重要作用。

第四节　依靠法制推进科技进步，推动防灾减灾工作向灾前预防、综合减灾及减轻灾害风险转变

2008 年以来，党和政府把科技放在优先发展地位，深入实施《国家中长期科学和技术发展规划纲要》，科技攻关取得了一系列举世瞩目的标志性成果。科技在经济社会发展中发挥了支撑引领作用，企业技术创新主体作用进一步增强，基础研究和原始创新能力显著增强，科研基础条件大幅度改善。党的十九大报告提出"加快建设创新型国家"的举措，指出"要瞄准世界科技前沿，强化基础研究，

实现前瞻性基础研究、引领性原创成果重大突破。加强应用基础研究，拓展实施国家重大科技项目，突出关键共性技术、前沿引领技术、现代工程技术、颠覆性技术创新，为建设科技强国、质量强国、航天强国、网络强国、交通强国、数字中国、智慧社会提供有力支撑"①。同时，《国务院办公厅关于印发国家综合防灾减灾规划（2016—2020年）的通知》明确了当前防灾减灾工作的指导思想，"坚持常态减灾和非常态救灾相统一，努力实现从注重灾后救助向注重灾前预防转变、从应对单一灾种向综合减灾转变、从减少灾害损失向减轻灾害风险转变"。因此，依靠科技发展，加强应用基础研究，进行颠覆性技术创新，提升自然灾害监测预报预警能力，解决防灾减灾短板问题是十分必要的。

一、加强基础科学和应用科学研究，开展颠覆性技术、关键共性技术联合攻关

2018年1月，国务院发布的《国务院关于全面加强基础科学研究的若干意见》（国发〔2018〕4号）指出，"为进一步加强基础科学研究，大幅提升原始创新能力，夯实建设创新型国家和世界科技强国的基础"。"遵循科学规律，坚持分类指导。""推动自由探索和目标导向有机结合，自由探索类基础研究聚焦探索未知的科学问题，勇攀科学高峰；目标导向类基础研究紧密结合经济社会发展需求，加强战略领域前瞻部署。突出原始创新，促进融通发展。把提升原始创新能力摆在更加突出位置，坚定创新自信，勇于挑战最前沿的科学问题，提出更多原创理论，作出更多原创发现。强化科教融合、军民融合和产学研深度融合，坚持需求牵引，促进基础研究、应用研究与产业化对接融通，推动不同行业和领域创新要素有效对接。"

颠覆性技术：1995年，美国哈佛商学院教授克莱顿·克里斯滕森出版《颠覆性技术的机遇浪潮》一书，提出了颠覆性技术的概念。颠覆性技术是一种另辟蹊径、会对已有传统或主流技术及其产业和市场产生颠覆性效果的技术，可能是完全创新的新技术，也可能是基于现有技术的跨学科、跨领域的创新型应用。2016年，《国家创新驱动发展战略纲要》提出"发展引领产业变革的颠覆性技术，不断催生新产业、创造新就业"。这是中央文件首次提出这样的新概念和相应的目标要求，充分表明我国政府高度重视推动科技创新发展。同年。中国工程院也提出"引发产业变革的重大颠覆性技术预测研究"重大咨询项目，旨在贯彻创新发展理念和"重视颠覆性技术创新"的要求，汇集专家群体智慧、广泛调研国内外各领域

① 习近平. 决胜全面建成小康社会 夺取新时代中国特色社会主义伟大胜利——在中国共产党第十九次全国代表大会上的报告. http://www.gov.cn/zhuanti/2017-10/27/content_5234876.htm，2017-10-27.

最新研究成果，遴选、提出和研究未来 10 年国内外正在引发产业变革的颠覆性技术，以及未来 20 年有共识必然引发产业变革或看到技术苗头可能引发产业变革的颠覆性技术、引发产业变革的重大颠覆性技术预测研究。引发产业变革的颠覆性技术包括科学原理的创新应用，或跨学科、跨领域技术的集成创新等取得重大突破，或工艺技术取得突破，能够对产品性能或形态产生重大影响；在技术取得重大突破后，以该项技术为核心的产品具有颠覆性创新，有望引发产品与服务（还包括工艺装备和设计方法）的更新换代，或者创造全新的产品形态。

关键共性技术：是以协同国家共性技术和关键技术的创新思维呈现的，它能为开发产业链共性技术带来强劲动力，是市场竞争和产品商业化的基础，是在很大程度上关系国家产业安全的一类战略性关键平台技术。关键共性技术对优化产业技术、推动产业创新升级、增强企业自主创新能力和竞争能力起到至关重要的作用。积极推进这一领域的研究应成为技术创新研究的一个重点，在有利于保持我国经济中高速增长的同时，拉动产业迈向中高端水平。《中国制造2025》指出我国制造业与世界先进水平相比大而不强，必须完善以企业为主体、市场主导、政府引导、官产学研协同的创新体系并加强关键共性技术的研发。工业和信息化部印发的《产业关键共性技术发展指南（2015 年）》中确定了我国优先发展的 205 项产业关键共性技术，表明我国已明确了关键共性技术的重要性和待研发的关键共性技术，但是与发达国家相比，我国现代意义上的关键共性技术研究起步较晚。国内多数企业认为关键共性技术一直处于非营利机构和营利机构的中间地带，既不属于公共品也不具有商业性，研发关键共性技术的风险难以承受。我国关键共性技术在技术创新基金立项分类中，仅被定位于基础研究技术，并未根据其重要性和产业局势而进行调整，导致最终划拨的经费难以支撑技术研发的顺利展开；在国家科技计划项目中，相关政府部门尚未设置专项计划，关键共性技术支持力度远远不够；现有国家重点实验室、国家技术研究中心、国家重点培养的"985""211"高校及龙头企业等机构还没有专门建立进行关键共性技术研发的联盟协会。

二、建立高效、合理的防灾减灾科技创新资源配置机制、科技投入机制、成果转化机制、政策激励机制与人才培养机制

《国务院关于全面加强基础科学研究的若干意见》（国发〔2018〕4 号）指出，创新体制机制，增强创新活力。突出以人为导向，深化科研项目和经费管理改革，营造宽松科研环境，使科研人员潜心、长期从事基础研究。完善分类评价机制，调动科学家、科研院所、高校、企业等方面的积极性创造性。加强协同创新，扩

大开放合作。适应大科学、大数据、互联网时代新要求，积极探索科研活动协同合作、众包众筹等新方式，破解科学难题、共享创新成果。强化稳定支持，优化投入结构。加大中央财政对基础研究的稳定支持力度，构建基础研究多元化投入机制，引导鼓励地方、企业和社会力量增加基础研究投入。建立稳定支持和竞争性支持相协调的投入机制，推动科学研究、人才培养与基地建设全面发展。

进一步完善防灾减灾科技进步政策与创新机制。针对凝练的科学问题，进行优先立项、推进合作攻关；加强政府、社会与科研业务部门的合作，整合相关资源和技术，使其发挥最大作用。通过依法构建和完善"政府主导、部门合作、社会参与"的防灾减灾机制，提高灾害的防御水平。

通过科研体制改革和制度建设，鼓励科研与地方防灾减灾需要紧密结合，开展自然灾害综合研究和治理；鼓励科研机构与企业联合研发防灾减灾技术和装备，实现产业化；与管理部门合作，尝试推广先进的防灾减灾技术和管理方法，探索区域防灾减灾综合管理模式；参与重点防灾减灾工程建设、基础设施建设、试验示范区建设。

在培养选拔高层次人才的基础上，大力培训一线工作的防灾减灾技术人员及管理人员，改善基层技术人员的工作生活条件；通过科研项目、激励措施、分配制度、考核选拔等吸引和稳定人才队伍，培育有竞争力的研究群体，加强创新团队建设；培养防灾减灾后备人才，在我国高校中开办防灾减灾专业教育。

鼓励防灾减灾科研机构、管理部门开展国内外交流合作，学习先进的应用技术及管理经验，追踪最新技术。在跨国、跨区域的防灾减灾工程建设中，政府应积极协调，为项目实施提供帮助和保障。

三、加快科技成果在防灾减灾领域的推广应用

我国防灾减灾领域的科技成果推广应用和真正转化为生产力与产品的比例相对较低，这与防灾减灾的市场性行为缺失及民众对防灾减灾工作的认知度不足有关。2016 年国务院办公厅印发的《国务院办公厅关于印发促进科技成果转移转化行动方案的通知》为加快科技成果的转化提出了更为明确的操作措施，强调要"紧扣创新发展要求，推动大众创新创业"，"更好发挥政府作用，完善科技成果转移转化政策环境"，"建立符合科技创新规律和市场经济规律的科技成果转移转化体系"。在防灾减灾机制进一步走向"政府主导、部门合作、社会参与"的新形势下，加强防灾减灾科技成果的推广应用是十分重要的。

加强政府引导，制定相应的政策措施促进防灾减灾科技成果转化。由于防灾减灾研究工作在我国多以公益性研究单位为主体，独立于企业之外，科技成果得不到有效转移转化，防灾减灾科技成果不能真正惠及民生。政府有关部门应尽快

制定有效的防灾减灾产业技术和结构政策，强化政府在防灾减灾科技成果转移转化政策制定、平台建设、人才培养、公共服务等方面的职能，发挥财政资金引导作用，营造有利于科技成果转移转化的良好环境。

完善需求导向机制，加快防灾减灾科技成果逐步走向市场化。逐步发挥市场在配置防灾减灾科技创新资源中的主体性作用，推进产学研协同创新，大力发展防灾减灾新技术、新产品的市场应用空间。充分发挥市场资本、人才、服务在科技成果转移转化中的催化作用，探索科技成果转移转化新模式。

"节""网"联动，促进科技成果落地转化。形成中央与各级政府为一级节点、防灾减灾部门为二级节点、企业与公益性社会团体为三级节点、广大社区群众为四级节点的"节""网"联动的防灾减灾网路，探索"接地气"成果转化有效路径和脉络。加强部门之间统筹协同、军民之间融合联动，在资源配置、任务部署等方面形成共同促进科技成果转化的合力。

支持防灾减灾重大科技成果产业化前期攻关和示范应用。紧密对接防灾减灾的社会需求，组织防灾减灾科技人员开展科技成果转移转化；通过优化整合后的技术创新引导专项（基金）、基地和人才专项，加大对防灾减灾技术转移机构、基地和人才的支持力度。在成果转化过程中，要保护好知识产权，激发科研人员积极性，建立成果转化认证机制、激励机制。

第五节　推动社会各界广泛参与防灾减灾工作

在自然灾害频发的"十二五"期间，我国社会力量参与防灾救灾的热情持续高涨，在2008年汶川地震抗震救灾中，有300多个社会组织在第一时间组织突击队深入灾区，有6 000多个社会组织直接或间接参与汶川地震抗震救灾工作，开启了社会参与的救灾新模式。支持引导社会力量有序参与防灾救灾工作是健全防灾减灾救灾体制的重要举措。

继续坚持政府主导原则。政府仍承担防灾减灾主体责任，履行统一指挥、综合协调的职责，作为主要救援力量，提供救灾主要保障，统筹灾区需求和救灾资源，实现各参与主体协调配合和各种资源与需求有效对接，形成减灾救灾工作整体合力。

鼓励社会力量参与防灾减灾救灾工作，同时依照有关法律法规加强监督和指导。在救灾方面，社会力量参与救灾具有组织灵活、服务多样和汇聚资源等特点，本地社会力量具有熟悉灾区地理环境、通晓本地方言、距离受灾地区近、后勤自给保障便利等优势，在政府大规模、集体性救灾行动外，社会力量多元参与能够满足受灾群众多样化的需求，发挥不可或缺的作用。另外，日常防灾减灾工作涉及对象数量众多、工作周期长，应积极鼓励和支持社会力量参与日常防灾减灾各项工作。

　　加强减灾救灾综合协调，建立常设的社会力量参与救灾协调机构或服务平台，为灾区政府、社会力量、受灾群众、社会公众、媒体等相关各方搭建沟通服务的桥梁。协调机构或服务平台在救灾应急工作中发布灾情、救灾需求和供给等指引信息，促进供需对接匹配，实现救灾资源高效优化配置。在日常工作中，保持与有关社会力量联络互动，开展政策咨询、业务指导、项目对接、跟踪检查等工作。

　　强化防灾减灾宣传教育，增强群众防灾减灾意识。通过政府购买服务、提供场地、协助动员等方式，支持社会力量面向社会公众尤其是在中小学校、城乡社区、工矿企业开展防灾减灾知识宣传教育和技能培训，并将防灾与生计、环境保护、资源利用、地区发展紧密结合，充分调动各利益相关者的积极性，保持社区层面防灾减灾活动的持久化。

参 考 文 献

段华明，何阳. 2016. 大数据对于灾害评估的建构性提升. 灾害学，31（1）：188-192.

郭增建，秦保燕. 1987. 灾害物理学简论. 灾害学，2（2）：25-33.

王斌，周天军，俞永强，等. 2008. 地球系统模式发展展望. 气象学报，66（6）：857-869.

张云霞. 2016. 用"大数据理念"提升灾情管理与服务能力. 中国减灾，（5）：16-19.